DK园艺植物百科

[英] 英国皇家园艺学会◎著
彭 婷 袁 玲 周 洁◎译

长江出版传媒 湖北科学技术出版社

RHS DK

3000 多种

植物种植的

专家指南

目　　录

打造特殊景观效果的植物 / 213

关于本书

这本书的核心内容围绕两大主题展开：第一部分探讨植物的生长适应性，根据不同环境条件（如光照、土壤、气候等）提供科学的种植建议，帮助读者优化植物布局；第二部分聚焦植物的功能性与美学设计，一方面解析如何利用植物的特殊效果（如芳香、观赏性等）满足实用需求，另一方面结合不同花园风格（如东方园林、现代庭院等）的审美特点，指导读者进行主题化景观设计。

植物专题页面 在“植物种植地”章节中有如右版块。这些专题为多种花园常用植物提供了详细的栽培建议。

符号说明

☼	喜光	◐	喜半阴
●	耐阴	💧	喜排水良好的土壤
💧	喜微湿的土壤	💧	喜湿润的土壤
!	有毒	pH	需酸性的土壤
🐝	蜜源植物	✿	可作切花

- ❄❄❄ H7-5，极耐寒植物，能耐至少 -15℃低温
- ❄❄ H4-3，耐寒植物，能耐 -5℃低温
- ❄ H2，半耐寒植物，能耐 0℃低温
- ❀ H1A-C，柔嫩植物，在5℃以下可能受损
- 🏆 英国皇家园艺学会园艺功勋奖（AGM）

植物大小分类

	小型	中型	大型
乔木	近 9 m	10～14 m	15 m及以上
灌木	近 1.4 m	1.5～2.9 m	3 m及以上
藤本植物	近 1.9 m	2～3.9 m	4 m及以上
多年生植物			
一二年生植物	近 59 cm	60～110 cm	1.2 m及以上
水生植物			
球根植物	近 14 cm	15～60 cm	61 cm及以上

植物名称 所有植物都给出了学名或常用名。

关键特征 图片展现了植物最重要的特征，并没有展现全貌。

植物耐寒性 这里标示出了植物在低温条件下的生存能力。然而，植物也可能因为其他原因死亡。

常用名 有些植物不止一个常用名，此处只给出了最广泛使用的。

土壤类型 这个符号表示植物适应的土壤类型。当然，有些植物可以适应更广泛的种植条件。

灌木，中型

珀普斯忍冬‘冬美人’

长势强健。花白色，具甜美香气，冬季开放，花期可持续数周。虽霜冻可能损伤花朵，但新蕾仍会不断萌发。花后可能结出红色浆果。

↕ ↔ 2.5 m

H6

植物类型和大小 这个标注表明植物的类型，如乔木、灌木，并标示出了它的大小，在选择植物时可作参考。同时可参考下面的详细信息。

有毒植物 有些植物吃了对人和动物有害，或者有刺激性的汁液或荆棘，只有戴上防护手套才能接触。

37
适生于黏土的植物

多年生植物，中型

三裂叶金光菊

直立丛生型多年生草本植物。生长周期短，株型紧凑。叶三裂，被刺毛。花量大，花似雏菊，头状花序顶端具黄色向后反折的花瓣，花序梗颜色深且坚硬，夏末至秋季开放。

↕ 1 m ↔ 0.5 m

H6

多年生植物，大型

加拿大地榆

成簇的直立多年生植物。叶片绿色，离生，秋季霜冻时变红。花如瓶刷，白色，从夏末开到早秋。

↕ 2 m ↔ 60 cm

H7

多年生植物，中型

地榆‘淡紫色松鼠’

直立从生型多年生草本植物。叶深蓝色，边缘有锯齿状裂片。花粉紫色，蓬松，花序下垂且高出叶丛，梗呈紫红色，夏季开放。喜肥沃、湿润土壤。

0.9 m ↔ 0.6 m

H6

多年生植物，大型

多皱一枝黄花‘烟花’

直立从生型多年生草本植物。叶狭长，先端渐尖，带紫晕。头状花序较小，由细长、呈穗状排列的金黄色小花组成，夏末至秋季开放。

↕ 1.5 m ↔ 1 m

H7

多年生植物，大型

美国紫菀

叶片细长多毛。在分叉的茎干上开雏菊状的紫色、粉色、红色或白色花朵，从夏末开到秋季。最好种在碱性土壤中，可以抗霉病。‘紫色穹顶’（上图）是最受欢迎的品种。

↕ 1.5 m ↔ 60 cm

H6

多年生植物，大型

翅果唐松草

成簇的多年生植物。叶片微裂，灰绿色。花成束，毛茸茸的，丁香紫色，从夏初开到夏季，紧接着长出吸引人的种子。

1.2 m ↔ 5 cm

H5

多年生植物，大型

弗吉尼亚腹水草‘迷恋’

直立多年生草本植物。叶披针形，深绿色。穗状花序，花小而密，星形，初期紫罗兰色，后逐渐褪为白色，夏末至初秋开放。

↕ 1.2 m ↔ 50 cm

H6

蜜源植物 这个符号表示该种植物有利于吸引传粉昆虫到花园中来传粉。

可作切花 这个符号表示该种植物适合用作切花。

植物大小 指生长状况良好时植物的大小（实际上可能会更大或更小）。

绪　　论

识别不同的植物类群，

评估土壤和种植环境，选择种植风格以及

学习如何种植植物。

识别植物类群

植物根据其生命周期、大小、形状、生长习性及结构被分为不同类别。本篇解释了植物是如何分类的，并介绍了它们在花园中的表现。

一年生植物和二年生植物

在一年内完成发芽、生长、开花、结实和死亡的植物被称为一年生植物，例如许多野生花卉和花坛植物。这类植物既可以通过种子栽培，也可直接购买幼苗。耐寒的一年生植物能抵御霜冻，而柔嫩植物则需要防寒保护。值得注意的是，有些花坛植物本是多年生植物，但园丁们却把它们当作一年生植物栽种。二年生植物的生长周期由两个生长季节组成，第一年发芽并形成茎和叶，越冬后于第二年开花、结实，而后死亡。

一年生植物 可为夏日短暂提供色彩，是夏季观赏的理想植物。

二年生植物 第二年开花然后死亡。

多年生草本植物 每年地上部分都会枯死。

常绿多年生植物 全年可赏。

多肉植物 常绿、耐旱，但多数不耐寒。

多年生植物

这类植物能存活数年。每年春季从地下根系萌发新芽，然后生长、开花、结籽，于秋季地上部分枯萎。大多数品种冬季会进入休眠状态，但也有常绿品种，全年都有叶片；少数种类的地上部分会枯萎至木质基部。部分多年生植物耐寒性较弱，冬季需特殊防护，故常被当作一年生植物栽种以获得短期的观赏效果。除了传统的开花植物，多年生植物还包括多肉植物、香蕉树等大型热带植物、落叶植物、常绿草本植物，以及通过孢子繁殖的蕨类植物。

多年生木本植物 冬季可维持木本构架。

蕨类植物 观叶植物，通常也是常绿多年生植物。

观赏草 多年生植物中的一大类，包括常绿品种。

水生植物　叶片和花朵浮在水面的睡莲，根系固着在水底。

水畔植物　很多鸢尾属植物都是种植在池塘边的理想选择。

水畔植物和水生植物

在水中生长良好的植物主要有两类。一类是水畔植物，通常生长在 8 ~ 15 cm 的浅水区；另一类是水生植物，包括睡莲和其他通常生长在 0.3 ~ 1.9 m 的深水区的植物。一个理想的天然池塘应包含一系列水畔植物和水生植物以形成和谐的生态系统，以及一些“氧合器”，即那些在水下快速生长的植物，它们将氧气释放到池塘中，并与池塘中的杂草和水藻竞争养分，帮助维持水质清洁。金鱼藻和水毛茛是典型的非入侵型“氧合器”。

灌木

这些木本植物的地上枝干或中心树干可以制造出一个稳固的景观构架，形成浓密的景观样貌。在大多数的花园中，它们可以是落叶的或常绿的，在景观中提供一个结构化的框架。灌木大小、形状和习性各异，既可以是覆地生长的，例如百里香和欧石南，也可以是树状的，如山茶花。很多灌木都四季可赏，既有鲜艳的花、装饰性的果实，也有吸引人的秋叶。其他灌木也可以通过修剪和造型而形成特色，用于装饰性条带或框架景观设计。

观花灌木　月季是最受欢迎的夏季观花灌木。

观叶灌木　可以为花园带来质感与趣味。

球根植物　雪滴花是每年最早开花的球根植物。

球根植物

这类植物包括球茎、块茎、鳞茎植物等。常见的球根植物包括秋季种植、春季开花的郁金香和水仙，以及春季种植、夏季开花的大丽花、百合和唐菖蒲。

乔木　形态各异，花园各处都能找到合适之选。

乔木

各种树形和大小的乔木构成了花园的主体框架，其观赏价值主要体现在花朵、树皮和树叶。无论落叶还是常绿树种，树冠形状往往千变万化：有的呈展开的伞状，有的呈圆形，有的呈圆锯形；有的枝条下垂，有的笔直向上。这类植物一般由一根主干或几根细长茎支撑。

攀缘植物

攀缘植物是茎干木质化的多年生植物，演化出多种攀爬方式以适应生长需求。它们主要通过三种方式攀附生长：缠绕型如铁线莲，用叶柄、卷须或茎干螺旋缠绕支架；钩刺型如月季，借带刺的茎干抓住支撑物并向上生长；吸附型如爬山虎、常春藤，通过吸盘或气生根黏附物体。其生长特性多样，有常绿、落叶之分，生长速度不同。多数多年生品种的地上部分会季节性枯萎，但灌木型能形成稳固的枝干结构。因兼具观赏价值和空间塑造能力，攀缘植物成为垂直绿化和庭院立体造景的首选材料。

木质藤本植物　需要支撑物支撑茎干。

多年生攀缘植物　每年地上部分枯死。这类植物适用于较小场地。

评估土壤和选址

植物在适宜的环境中才能茁壮成长，因此提前了解花园的土壤类型和光照条件，将大大提高种植成功的概率。

认识土壤

想要打造一个生机勃勃的花园，第一步就是了解花园的土壤特性。土壤就像植物的“粮仓”，它的结构和成分直接决定了保水能力和肥力水平——因为植物只能吸收溶解在水中的养分。大多数花园土壤都是沙砾和黏土的混合体，但通常会以某一种为主。比如沙质土虽然排水性好，但养分容易随水流失，导致肥力较低；而黏土虽然保水保肥能力强，却容易积水板结。就像我们选择衣服要分季节一样，只有摸清了土壤的“脾气”，才能为它挑选最合适的植物伙伴。

不过沙质土也有优点——质地轻盈，容易翻动。相比之下，黏土就比较难“伺候”了，虽然保水保肥能力强，但质地沉重难耕作，不仅容易积水成涝，干旱时还会龟裂。最理想的当属壤土，它由比例均衡的沙砾和黏土组成，既能痛快排水，又能锁住水分。想判断花园的土壤类型？很简单！从花园不同位置取些土样，放在指尖搓一搓就能见分晓（见下图）。

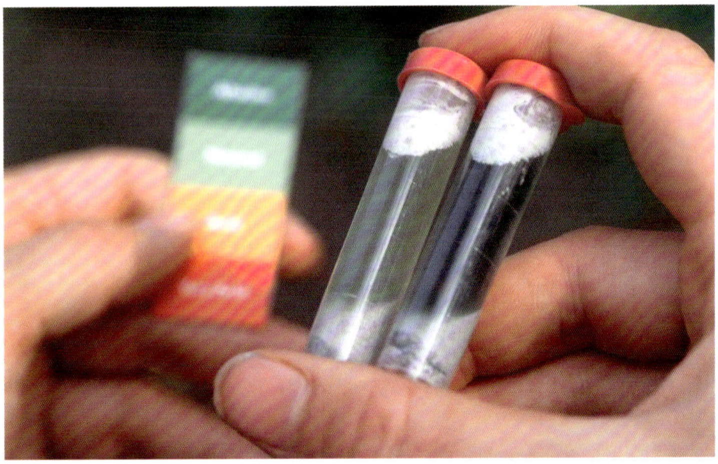

酸碱度（pH 值） 土壤 pH 值会影响所种植物的生长状况，大多数植物能够耐受的 pH 值范围较广，但有些则是很特别的。可以用简便 pH 试纸检测土壤。

沙质土 在手指间揉搓时，会感觉到有沙砾，不能轻易揉搓成形。

黏土 摸起来软软的、黏糊糊的，可以很轻松地塑形成球状或者长柱状。

改良土壤

想让花园土壤变得松软肥沃？秘诀就是定期添加腐熟的有机肥。春、秋两季最适合给土壤“进补”，可以选择像铺被子一样在土表覆盖 7 ~ 8 cm 厚的堆肥，或者将堆肥翻拌进 30 cm 深的土层。这样既能帮助漏水的沙质土保水，又能让板结的黏土透气，坚持每年施用，花园土壤会越来越健康，植物自然长得更茂盛。

改良花境 每年春季或秋季给花境土表铺一层有机物或堆肥，有利于保持土壤健康。

应用覆盖物 覆盖有机物可为土壤提供养分，从而帮助植物获得养分。

黏土改良 拌入有机物能让板结的土壤变松软。

花园朝向

当我们选择植物时，应当花时间去评估花园的朝向和每日所能接受到的日照量。了解方位不仅可以帮助你做出正确的选择，还能合理规划可遮阴的乔木和灌木的种植位置。只要选对向阳处与背阴处的植物，每个花园都能达到理想状态。

朝南的花园

朝南的花园夏季阳光充足，可以为很多植物提供很好的生长条件，然而，这里的土壤很容易干燥，某些植物需要额外浇水。

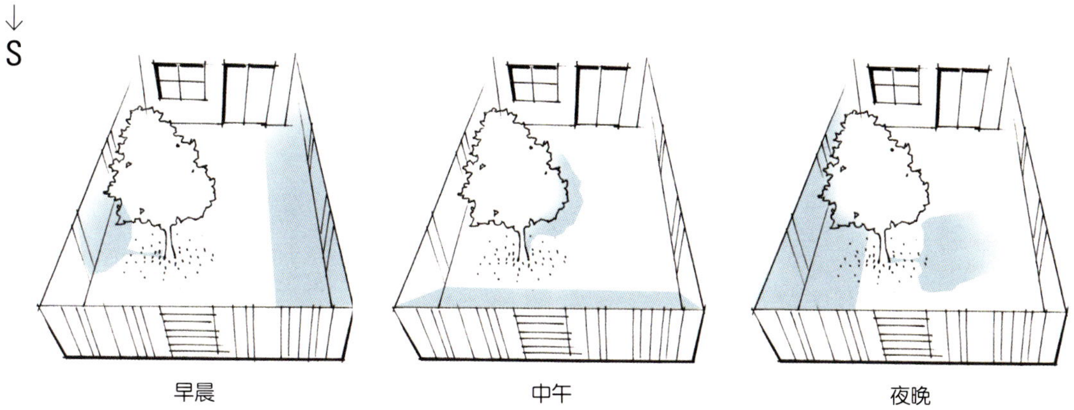

朝北的花园

许多观叶植物和耐阴花卉特别适合北向花园的阴凉环境。栽种时要注意，将乔木和大型灌木布置在花园最里侧，避免它们投下的阴影影响其他植物生长。

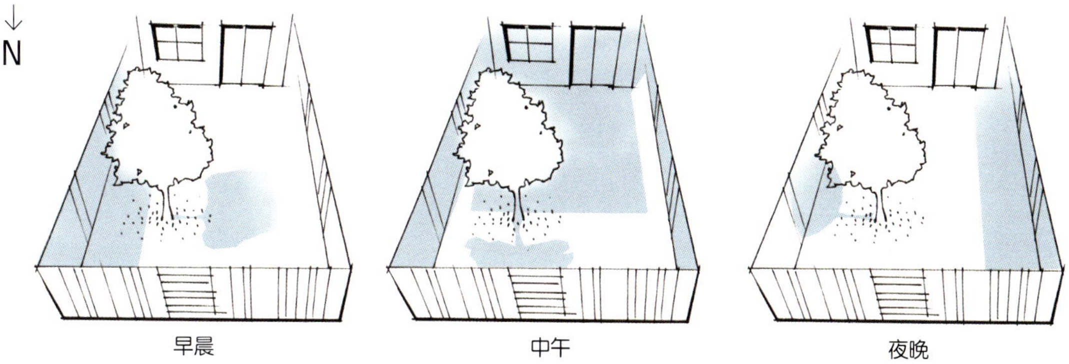

朝东的花园

朝东的花园从早晨到傍晚阳光都很充足，适合大部分喜半阴或斑驳光照的开花植物和观叶植物。可在日照时间最长的地方种植喜阳植物。

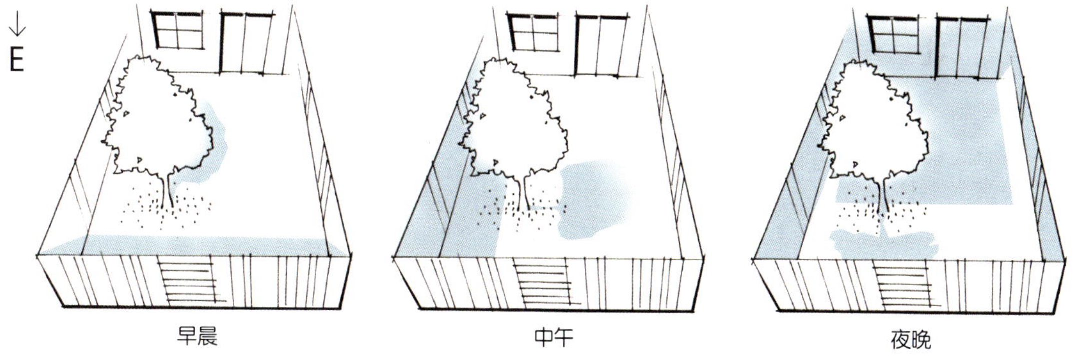

朝西的花园

夏季，从近中午到晚上，朝西的花园可以为全日照植物或喜斑驳光照的植物提供理想的生长环境。喜阳植物可在朝西的花园中光照最强的区域茁壮生长。

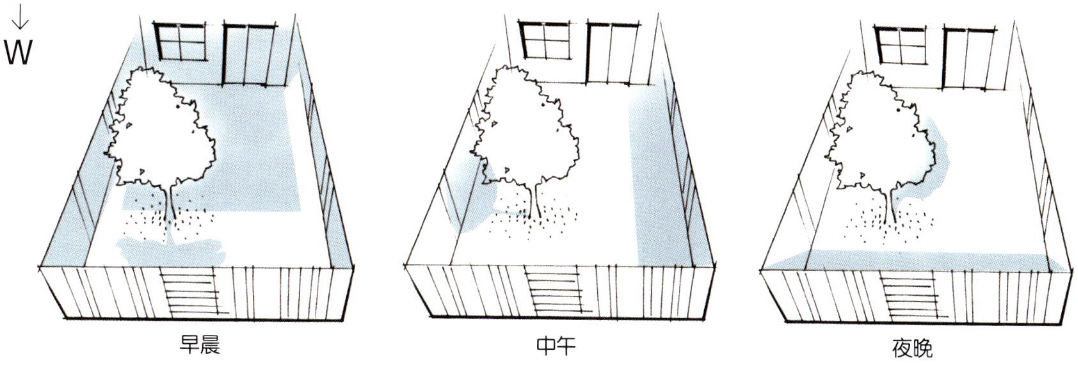

选择种植风格

植物选择与布局能塑造截然不同的园林风格，可以是规整严谨的几何式庭院，也可以是野趣盎然的自然生态景观。你还可以融入东方禅意或现代主义等主题，让植物配置更富个性魅力。

规整式风格

规整式风格深受古希腊和意大利建筑的影响，以及法国文艺复兴时期园林设计的启发，其精髓在于用植物演绎几何秩序之美。这种风格最常见的表现形式包括：由修剪整齐的绿篱构成的几何图案花坛，通过黄杨灌木精心打造的传统绳结式花园，以及严格对称的造型植坛。即便是自然生长的多年生植物，在这种风格中也需要被规整地种植在几何形框架内。有趣的是，这种看似宏大的设计方式，反而特别适合小空间。

规整式花园　这类设计往往以几何图案花坛、精选的植物品种，以及修剪整齐的绿篱和造型灌木为特色。其精髓在于营造强烈的视觉秩序感，园艺师需要通过精心修剪和养护，确保每株植物都严格遵循既定的造型框架，从而维持整体的规整美感。

秩序式花园　通过精心配置的植物打造令人印象深刻的景观。花境可以采用精心搭配的色彩，或者重复种植重点植物以营造出韵律感。花色混搭与叶片纹理的巧妙组合无不透露着源于自然界的灵感。

秩序式风格

秩序式风格的精髓在于通过精心设计的视觉秩序来营造艺术效果，而非单纯模仿自然。这种风格在现代主义的演绎下，往往采用极简的植物品种和几何形植坛布局，同时巧妙融入不对称元素以创造动态美感，在规整的框架中穿插自然式种植。最典型的代表莫过于传统的混合花境。它遵循“前低后高”的黄金法则，让每株植物都能获得最佳展示位，同时又通过植物群组的交错搭配，形成富有流动感的自然韵味。设计师常通过重复出现的标志性植物或统一的色彩主题，在人工秩序与自然野趣之间找到精妙的平衡点，既保持了整体的规整感，又赋予花园生动的韵律。

休闲式风格

休闲式风格以田园风格为代表，设计不拘一格，让各类植物自由蔓延、自然播种，最终以看似随意却别具韵味的方式交织共生。虽然视觉效果依然重要，但园艺师的痕迹反而更难察觉。这类花园往往与自然景观浑然天成，“适地种植”的理念愈发凸显——植物被允许在适宜环境中茁壮生长。许多家庭的后院花园都属于此类，砾石花园更是典型代表，它们以更贴近自然的植物配置，完美契合场地特色。

休闲式花园 通常以传统的村舍花园为典型代表。在这种花园里，植物往往能够自播繁殖，并在最适宜生长的地方自然生长，产生出乎意料的效果。

自然主义风格

自然主义风格的园林设计以复原自然植物群落为理念，通常采用少量野生植物与栽培植物的组合，尤其是观赏草与多年生植物，通过大面积的组合种植营造震撼的视觉效果。这类景观虽能自然融入环境，但养护难度与传统人工造景相当。

自然主义花园 深受自然植物群落的影响，通常以观赏草和多年生植物组合种植，因为这些植物看起来与野生植物极为相似，所以被大量连绵不断地布置在一起。许多草甸式花园都属于这种风格。

野生风格

野生风格摒弃了传统园艺的诸多理念和价值观。在野生花园中，视觉效果并非重点，保护野生生物和促进生物多样性才是关键所在，尤其是在城市环境中，这类花园被视为重要的生态栖息地。在这里，本土植物占据主导地位，包括那些常被认为是杂草的植物，并且还常会设置野生动物池塘等水体设施。这类花园一旦建成便保持自然状态，仅需极少的维护投入。

野生花园 为了吸引野生生物，园内的植物大多选择本土植物，不过也会种植一些人工培育的植物品种。衡量野生花园是否成功的标准主要是生物多样性，而非单纯的视觉美感，而且这类花园的管理也较为宽松。

使用各种类型的植物完成设计

在制订种植方案时，需综合考量植物的形态、质地以及花色、叶色。形态为植株的立体造型——包括柱状、垂状、圆形、穗状或丛生状等；质地则涉及叶片的粗细质感，如浓密粗犷或纤细柔嫩。建议精心布置乔木、灌木等永久性结构元素，例如通过挺拔的针叶树与枝条层叠的蔓生灌木形成对比。接着，引入球根植物、一年生花卉及耐寒草本植物等季节性植物。同时，兼顾全年观赏效果，如色彩搭配和谐或视觉冲击力强的对比组合。最后，可选用具有鲜明对比叶色的植物作为视觉焦点，为整体增添亮点。

平衡形态和结构 这个夏季花境展示了如何利用不同的植物形态来打造和谐景观。

直立形 毛地黄的穗状花序提供了一个视觉焦点，与更圆润的形状形成了鲜明对比。

半球形 葱属植物的半球形花头与修剪整齐的常绿植物的形状相呼应。

圆形 修剪成球形的常绿植物，能在混植中起到视觉引导的作用。

色彩与活力 挺拔的巴西鸢尾茎干摇曳生姿，繁花盛放，释放出蓬勃的活力。

短暂的收益 东方罂粟硕大而娇弱的花朵虽然花期短暂，却能增添花坛的视觉冲击力。

四季交替

花园就像舞台布景，每隔几周就会变换景致，这有助于保持观赏者的兴趣。要上演这场“秀”，请记住，常绿植物虽然全年都能保持色彩，但仍无法与盛夏绽放的花朵或月季初绽的花瓣相媲美。

要打造一个每月都富有变化的花园，你需要提前做好规划：用随季节变化的乔木和灌木点缀边界；令春季绽放的鲜花与秋季火红的浆果形成鲜明对比；用铁线莲等攀缘植物装点主体植物，并巧妙融入早花、中花、晚花的多年生植物。夏季，为一年生植物和柔嫩植物留出空间，以增添花园的夏日趣味。秋季，种植球根植物，待冬季过去，它们会绽放出绚烂的花朵。

早春到仲春 秋季栽种的水仙是春季的一大亮点，它们若以丛植的形式栽种在草坪上或乔木、灌木丛下方效果会更好，而非栽种在花坛里。

暮春 随着春季的到来，郁金香绽放，随后是葱属植物，一直持续绽放到夏季。灌木（如美洲茶和丁香）以及多年生植物（如荷包牡丹和耧斗菜）此刻也已开花。

夏季 夏季花卉的选择很多，包括各种颜色、株高、株型的植物。可将花期较早的植物（如月季）与花期稍晚的植物（如大丽花）配植在一起，持续表现夏季花色的缤纷。

秋季 当夏季的花朵开始凋零，秋季的植物带来了它最宝贵的色彩。闪耀的叶片是这个季节最具吸引力的，也可以种植一些结浆果的灌木、观赏草和花期较晚的花卉，如紫菀。

冬季 随着气温下降，乔木和灌木组成的构架植物显得尤为重要。冬季花卉（如帚石南和球根植物）和茎部色彩鲜艳的植物（如连翘属植物）为冬季增添了令人欣喜的色彩。

如何种植

通过采用经实践检验过的种植方法，可为植物生长提供良好的开端。这些方法可使植物种植的成功率提高，还能培育出适应极端气候条件的强壮植物。

整理场地

最佳的种植时期通常是秋季，此时气候凉爽湿润，大多数植物都能顺利扎根生长。裸根苗、绿篱和月季可以在冬季种植，而耐寒性较差的植物应留待春季种植。务必避免在土壤结冰、积水或者在新植株需要大量浇水的温暖干燥时节进行种植。在计划下种的几周前，就要准备好土壤。先清除大块的石头和碎石，然后用手拔除蒲公英、酸模和旋花科植物等多年生杂草，确保连根拔起。用锄头清除一年生杂草。将场地静置一到两周，待杂草自然生长后即可清理。如果土壤需要改良，可以掺入充分腐熟的有机物（见第 12 页）。

预设植物　种植前将植物在地上排列，调整到最好的角度，将其最好的一面朝前，确保全部的布置达到令你满意的效果。

定植　大多数植物在种植时的深度与它们在容器中的深度相同。种完后，用手或脚将土壤压实，以排出空气，并给植物浇够水。

灌木和多年生植物

大多数盆栽的灌木和多年生植物都是以同样方式处理的。在种植前，先将植物放入装满水的桶中浸泡，确保花盆完全浸没且不再有气泡冒出后取出，静置晾干。同时，挖一个比花盆宽两倍、稍深一点的坑。根据植物根系适当调整土量，并将坑底表土翻松。将植株从花盆中取出并定位后，在根周围重新填土。用手压实土壤，并充分浇水。在植物周围施以有机覆盖物，以帮助保持水分并提高肥力。可以在家里使用可生物降解的或自制的纸盆，或者回收利用食品容器来种植植物。此外，也可以考虑购买裸根苗，这些植物同样有助于减少塑料废弃物，而且如果在购买后不久就进行种植，也能长得很好。

乔木和大型灌木

可采用以下方法种植盆栽的乔木和大型灌木。秋季和冬季供应的裸根植物以同样的方式种植，但要注意在根部周围仔细填土，消除所有气隙。种植时不要添加肥料或有机物，但要提前准备好土壤。大型植物需要大量的后续养护才能成活。秋季种植可减少浇水次数，减轻种植压力。

将植物移出容器或包装。如果打算盆栽植物，应将植物的根仔细理顺，并将其表层土刮去。挖一个与盆深等深的穴，穴宽至少 3 倍于根球直径，将穴周围的土耙松。将植物放入种植穴中，确保根系开始外露的部分接近地表。在根周围填满土，压实土壤以排除气隙，充分浇水。

种植深度 尽量在土壤浅层种植，这样就可以观察到根在茎干上生长的位置。将木棍置于盆钵上，可以判断出正确的种植深度，以调整种植穴的深度。

设立支柱 如果种植的乔木较小，插入支柱（木桩）时要垂直插入，然后用树绳将其固定。对于较大的乔木，要将木桩以 45° 角打入土中，使其延伸至树干高度的三分之一处。

后期管护 种植后，用覆盖物覆盖地面，但在树干周围留出直径 10 cm 的空间。前两年持续浇水，定期检查绑带，并逐步松绑。一般四年后移除木桩。

球根植物

春季开花的球根植物，比如水仙和郁金香，适合于秋季种植；而夏季开花的球根植物，比如百合和唐菖蒲，适合于春季种植。大多数球根植物喜排水良好的土壤，如果土壤是厚重的黏土，可以掺入一些细碎的砾石。或者，也可以将它们种在装有土壤堆肥和砾石混合物的花盆里。

虽然鳞茎、球茎和块茎可以单独种植，但群植效果更好，也更容易定位。首先，要挖一个足够宽的种植坑，深度也要合适。大多数植物的种植深度为其种球高度的 3 倍，但郁金香除外，其种植深度为其种球高度的 4 倍。例如，一个 5 cm 高的水仙鳞茎应种植在 15 cm 深的位置，而一个 5 cm 高的郁金香鳞茎则应种植在 20 cm 深的位置。种植后要浇足水。

栽种种球 栽种时要让鳞茎的尖端朝上。如果担心动物把球茎挖走，可在栽种后用金属丝网覆盖土壤，并用木桩固定金属丝网。

栽种雪滴花 以“在绿叶期种植”而著称的早春开花的雪滴花最适合在春季开花后不久、叶片刚展开的时候进行栽种。

攀缘植物

在种植攀缘植物时，可用支柱将茎蔓引导至固定支撑物，比如篱笆上的铁丝网或棚架上。理想情况下，在秋季，为攀缘植物准备一个与多年生植物相同的种植坑（见第 18 页），坑距离支撑物至少 30 cm。种铁线莲需要挖一个更深的坑，将其根球埋至土中 8 cm 以下深的位置。在种植前应预先定位支柱，并将根球朝支撑物倾斜。

整理根系　取下花盆并检查根球；如果有很多根系露出来，轻轻地解开并分离一些根系，然后再将根球定位以助其成活。

定位植株　将攀缘植物放入种植坑中，使其朝着支撑墙面或棚架的方向倾斜。铁线莲的种植深度比原盆深 5~8 cm。

栽种　将土壤填回坑中，轻轻压实，给攀缘植物浇足水，再用园艺堆肥或树皮覆盖表层。保留一些支柱以支撑幼茎的生长。

牵引固定植物　随着攀缘植物的生长，其茎干需要精心定位，以确保良好的覆盖效果。用麻绳或细线松松地绑住它们，以固定其位置。

水生植物

将水畔植物和深水区水生植物种在装有经消毒处理的表层土或水培土的池塘篮、种植袋中。这些容器能固定土壤，且水流可以通过，为根部提供氧气。种植后，将睡莲等深水区水生植物放在池塘底部的砖块上，让它们的叶子浮在水面。随着植物生长，可适时移除砖块。若为深水区水生植物，可用绳索将其悬吊后逐步下放至适宜深度。浅水区的池塘边缘应种植水畔植物。

像金鱼藻这样的氧合器需置于至少 30 cm 深的水中，使其在水面下充分展开。严禁栽种侵入性水生植物品种，切勿让任何植物蔓延到野外。

填充池塘种植篮　首先，在池塘种植篮的底部覆盖基质或杀菌过的表层土。把植物从原本的容器中取出，放入篮子里。

种植水生植物　在植物周围铺上堆肥。在表面铺上如豌豆大小的砾石以固定堆肥。在浸入水中之前充分浇水，以防气泡将堆肥顶走。

养护管理　在春季分割成熟的水生植物和水畔植物，将健康的部分重新栽种。在盆土表面覆盖粗沙。不需要的池塘植物可作堆肥处理。

盆栽

盆栽植物需要消耗大量的堆肥和水分，所以在种植之前要三思。使用大花盆可以减少浇水次数，但需添加更多的堆肥。选择防冻的陶土或釉面花盆，它们能更好地保持水分。对于阳台和屋顶露台来说，轻质材料的容器是最佳选择。种植时确保花盆底部有排水孔。

固定堆肥 将陶制花盆碎片放置在花盆底部排水孔的上方，以防堆肥掉落或被冲走。

选择堆肥 根据选择的植物来调整堆肥，为喜欢排水良好的土壤的多肉植物添加粗沙，给喜湿的蕨类植物覆盖一层有机物。

种植植物 在种植前确保已浇透植物，种植时将植物从原花盆中倒出并放在堆肥上，在植物周围填土并轻轻压实。

养护管理 在堆肥上层和花盆边缘留 5 cm 的缝隙，以便浇水。规律浇水，特别是在夏季。每年追肥。

草甸式种植

草甸式种植因能吸引传粉昆虫且给人以自然、惬意的感觉而广受欢迎，适用于许多花园，且不受花园风格和规模大小限制。这种种植方式有两种类型——多年生草甸和一年生草甸。

形成多年生草甸要比形成一年生草甸需要更长的时间，可以从播种开始，也可以在现有草坪上直接种植野生草皮或穴盘苗。过度生长的杂草会阻碍多年生草甸的形成，撒播半寄生的小鼻花有助于抑制杂草的长势。

一年生草甸生长更快，通常包括多种农田花卉，有时也与栽培植物相结合。春季，将种子撒播在整理好的、无杂草且平整的土地上。将种子与干沙混合，以便均匀撒播。用耙子压实土壤后，用细雾喷头浇水。用薄草覆盖，直至种子发芽。

直接放置盆栽幼苗 在现有草坪区域或专用花坛中添加盆栽幼苗，可以营造出类似草地的效果。

降低杂草的优势地位 种植小鼻花以降低杂草的活力，让野生花卉和引进的多年生植物能够在草坪中茁壮成长。

播种一年生野花草甸植物 可在春季将易于种植的一年生花卉种子混播于已备好的土地上，这样就能在夏季收获绚烂夺目的盛花美景。

植物种植地

植物选择和可持续性

在选择新的花园植物时，要挑选健康的植株，且其培育过程应尽可能符合可持续原则，这样才能使植物更好地扎根生长，并对环境产生积极的影响。

一定要仔细检查植物是否长得匀称、健康，盆土是否紧实。要留意是否有虫害或病害迹象，并检查根系，避免出现盆土板结、根系大量盘绕在盆壁周围的情况——这些植物可能是较久的存货，不太可能长得很好。堆肥表面有杂草生长也表明植物已在盆中生长很久。

最佳的种植时节是秋季，此时土壤湿润且温度适宜，有利于根系扎根。要避免在夏季购买植物，因为要让植物存活下来可能需要大量的水分。若要从零开始打造花园，大型观赏植物固然颇具吸引力，但这类植物需要投入大量时间与资源精心养护。

考虑裸根植物

园艺爱好者们早已习惯了全年都能买到盆栽植物，但这种便利性却是以破坏环境为代价的：注定填埋的一次性塑料制品、堆积如山的泥炭基堆肥，以及运输过程中产生的碳排放。如今情况正在发生变化，裸根植物可能是一种更具可持续性的选择。

裸根植物包括多年生植物、乔木和灌木，它们在室外生长，出售前会被从土里挖出，且不带花盆和堆肥。月季、绿篱植物和乔木是最为人熟知的种类，它们在秋季和冬季都有供应。越来越多的草本植物以裸根的形式售卖。购买裸根植物可以减少塑料和堆肥的使用，并确保在一年中的最佳时节进行种植，有助于植物的成活。如果你倾向于盆栽植物，可以选择使用可回收容器和不含泥炭的堆肥，并计划好购买盆栽植物的时间。

露地栽培的植物 如山毛榉，可用于制作绿篱或作为园景树。在落叶之后，这些植物会被挖出，并作为裸根植物出售，以便在冬季进行种植。

可持续性采购

在购买植物之前，要先了解其来源。园艺中心和较大的苗圃可能会从多种渠道进货。本地采购的植物通常碳排放量较低，因为它们是在苗圃里从幼苗开始培育的。在本地苗圃中选择那些在当地进行繁育的植物是更具可持续性的选择。虽然采取生物安全措施可以防范从海外进口的植物中引入病虫害的风险，但仍存在这种可能。有些受欢迎的植物品种可能是从野外采挖而来的，购买时要多加注意，予以抵制。

检查植物是否种植在不含泥炭的堆肥中。许多苗圃还采用生物防治的方法来培育植物，从而避免使用农药。在早春购买那些枝繁叶茂的植物时要小心，因为它们可能是来自具有加温设施的玻璃温室，或是来自海外、在防护措施极少的环境中培育的苗木。小而幼嫩的植物在种植前需要的适应期较短。许多植物对当地的生态系统有益，同时也具有观赏价值，比如一些能在夏日提供清凉树荫的乔木，所以选择植物时要慎重考虑。

谨慎选购 当在苗圃或园艺中心购买植物时，要仔细考虑这些植物的种植方式以及种植地点。

减少自来水用量 安装水桶以收集雨水用于花园灌溉在保护环境和节约成本方面都是明智之举。

可持续花园

可持续性不仅仅体现在你在购买植物时的选择，还要考虑如何维护你的花园。尽可能回收利用原有材料并避免使用塑料制品。自己制作堆肥可以减少对袋装、商店购买的园艺基质的依赖，并减少往返垃圾填埋场的次数。收集雨水可减少消耗宝贵的市政供水，此外，一些园艺工具如割草机等，尽可能选择电动的而非耗油的。

拥有一座花园，还能让你在其他方面践行更可持续的生活方式 —— 自己种植水果、蔬菜和鲜切花，能减少从商店购买产品的需求。不妨将你的花园置于当地环境的大背景下考量，它与周边众多地块共同构成了野生动物的重要资源，尤其是在其他地方的栖息地不断消失的情况下，其意义更为凸显。

考虑生物多样性，选择那些能吸引传粉昆虫或为鸟类和大型动物提供食物及庇护所的植物。避免使用杀虫剂，并设置一个野生动物池塘，从而进一步扩大花园访客的种类。野生生物是打造一个美丽且高度可持续花园的关键。

合适的植物，合适的地方，合适的用途

在选择植物时，考虑植物在花园以及更广泛的环境中所带来的益处，同时确保它们能在你所在场地的环境中茁壮成长。

适地种植

“适地种植”的理念是由英国园艺家贝斯·查特推广的，她利用适应特定场地条件的植物打造出了一座花园，这些植物在那里只需少量养护投入就能茁壮成长。这一理念不断发展演变，如今人们更广泛地认识到植物可以在我们的花园中，甚至在当地的环境中发挥的作用，以及选择适合特定地点和用途的植物的重要性。

在前往园艺中心之前，请先思考一下自家花园的特点。充分利用现有的条件要比试图改变现状以适应某种特定植物更具可持续性，也往往更易成功。你需要考虑空间、土壤、朝向以及养护等方面的问题。

花园有多少空间呢？成年植株的大小和形状是重要的考量因素——例如，植物叶片的总面积越大，其提供益处的潜力就越大，包括珍贵的降温效果，但也要考虑一棵高大、开展的大树对于你的花园来说是否会过大。

花园的土壤对植物的选择也很重要。沙质土壤适合耐旱且喜排水良好的植物，而湿润且呈酸性的土壤则能让杜鹃花科的植物茁壮成长，重黏土可能适合那些能在积水环境下生存的植物。

花园中的小气候值得加以利用，所以要考虑你的花园所能提供的庇护程度和朝向。有遮蔽的房屋外墙或许能为那些处于耐寒临界点的植物提供庇护；阴凉、有遮蔽且土壤湿润的花坛或许能让那些在其他地方难以存活的植物得以茁壮成长。倾斜的地形可能会形成一个霜冻小区域，在那里只有最耐寒的植物才能存活下来。

植物养护的难易度也是一个需要考虑的因素——它们是否容易出现病虫害问题？评估所有变量有助于你筛选出候选植物名单，然后就可以开始考虑具体细节了，如植物的形状、质地、颜色以及观赏季节等。

种植有益植物 提升花园观赏效果和生物多样性，可通过种植一系列吸引传粉昆虫的植物来实现，比如耐旱的八宝属植物。

多功能绿篱 绿篱一旦建立起来，就能形成坚固的边界，并带来许多好处，比如吸引野生动物、减轻污染等。

有目的的种植

仔细思考新种的植物必须承担的角色。有时植物需要有比较实际的用途，比如起遮蔽和隐私保护的作用。另外，如果你渴望通过花园来提升幸福感，那么那些能吸引感官、具有甜美香气或柔软质地（见第 238 ~ 241 页）的植物将会是你愿望清单上的首选。

植物具有将效益延伸至花园范围之外的潜力。有些植物能够影响当地的小气候，有助于减轻空气和噪音污染，缓解夏季高温，以及减少山洪暴发。这些效益被称为生态系统效益，尤其在调节城镇和城市环境条件方面非常有用。

例如，种植树冠茂密的树种，或者那种蒸腾（即水分通过植物从土壤进入空气的过程）速率较高的树种，要比种植树冠稀疏或蒸腾速率较低的树种更能有效地降低气温。较高的蒸腾作用还能提高植物从土壤中吸收水分的能力，这在洪水泛滥时期尤为重要。枝繁叶茂的植物有助于减少土壤侵蚀，而卵形、粗糙、多毛或鳞片状的叶片则有助于吸附空气中的污染颗粒（见第 368 ~ 369 页）。

提高生物多样性是另一项生态系统效益——比如，种植能吸引传粉昆虫、鸟类或其他野生动物的植物（见第 242 ~ 249 页）。同时，也要考虑气候的长期趋势。避免种植那些在没有额外灌溉的情况下无法耐受极端高温的植物，记住在夏季干旱和冬季潮湿等多变的气候条件下需要种植适应性强的植物（见第 372 ~ 375 页）。

即使花园很小，你所选择的植物也会产生不同的影响，挑选具有益处的植物所带来的回报不仅仅局限于打造出一个迷人的花园。

减少浇水 要充分利用那些干燥且排水良好的地块，选择耐旱性强的植物品种，这样即使在极端炎热的天气里，这些植物也能在少量灌溉的情况下茁壮成长。

防洪措施 树木和绿篱在暴雨期间能减缓水流速度，与透水型铺装材料相结合，可降低山洪对花园的影响。

一把充满活力的“遮阳伞” 让攀缘植物沿着房屋墙壁攀爬生长，有助于为房屋隔热降温，使其在炎热的夏季保持凉爽。

现代版的绿洲 无论是作为让人感到宁静、闲适的休憩之所，还是作为充满刺激、令人感官愉悦的胜地，花园都有助于提升我们的幸福感。

选择喜阳植物还是喜阴植物

有些植物喜阳，而有些植物则喜阴，不管你的花园环境如何，都有很多美丽的植物可供选择，关键在于根据花园的环境来搭配植物。

喜阳植物

干燥、尘土飞扬的土壤以及炽热的太阳对于植物生长而言是极具挑战性的，那些不适应此类环境的品种很快就会枯萎。然而，一些美丽的植物已经适应并能在这些地区茁壮成长了，其中包括色彩斑斓的观花植物、造型独特的灌木和乔木，即便你的花园土壤是沙质的、花园朝南，你也能选择这些植物。

植物的标签通常会告诉你有助于其存活的条件。植物可能长有小叶片以减少水分蒸发，叶片呈银色以反射光线，还有能吸附水滴的茸毛，从而保护其表面免受阳光照射并减少水分蒸发。多肉植物有肉质茎和叶来储存水分，而其他喜阳植物则有鲜艳的花朵，在强光下闪耀，吸引传粉昆虫。利用这些视觉线索和植物标签来确定最适合你的花园植物。

吸收射线 以下这些喜阳植物的特质展示了植物应对强烈阳光的不同方式。

喜阳植物的关键特征

银叶植物 大多数具有反光银叶的植物都喜欢高温环境，并在强光下闪闪发光。

叶片小 表面积小的叶片可以帮助减少蒸腾作用中的水分流失。

有茸毛的叶片 有茸毛的叶片能帮助植物在干旱时维持生命，降低叶片的蒸腾速率。

肉质茎和叶片 有些原生于干旱地区的植物可以在叶片和根茎中蓄水。

喜阴植物

凉爽的林间地面和其他阴凉的地方是大叶框架植物的理想家园。和喜阳植物不同，这些喜阴植物必须尽可能多地收集可用的阳光，所以这些植物的叶片一般大而薄。一些植物的叶片表面具有蜡质，有助于保持水分，因为树下的土壤会非常干燥。柔和的色彩在背阴处非常显眼，这就是喜阴植物颜色不那么鲜艳的花朵还能吸引昆虫传粉的原因。一些植物在冬季开花，因为这时附近的落叶植物都没有叶片了，可以接收到更多光照。

荫蔽也有很多程度，从北侧边界后面的深度荫蔽，到一天仅有几小时光照时间的斑驳荫蔽。植物在深度荫蔽中生长会受限，最好还是引进尽可能多的阳光。修剪遮在上方的灌木和乔木，考虑移走造成阴影的建筑物。湿润的荫蔽环境比干燥的荫蔽环境更利于植物生长，因此，可以通过加入腐熟的有机肥，或者修建一个塑料衬底的沼泽花园来改善湿度问题。

为了把阴暗、没有生气的荫蔽花园建成阴凉、宁静而优美的绿洲，要把不同纹理、尺寸、形状的观叶植物混合栽植，也要注意选择大量季节性不同的花点亮你的花园。所以，背阴环境绝对不是问题，反而是一个优势。

在背阴处降温 有些植物原产于湿润且有遮蔽的林地，适应远离阳光的生长环境。

喜阴植物的关键特征

大而薄的叶片 叶片宽大，可以吸收低光照来适应阴暗环境。

光亮的叶片 光亮的叶片可以反射光以加强光照。

早开花的球根植物 这些植物在春季光照充足、叶片尚未完全展开的情况下旺盛生长。

常绿叶片 常绿叶片为很多喜阴植物提供了全年生长的条件。

向 阳 处

阳光充沛的花园非常适合种植各种各样的开花植物，还有那些闪闪发光的银叶植物和具有丰富叶色的植物。明亮的露台也是个好去处，能为许多春植球根植物、夏季花坛植物以及可食用植物（包括软果类、地中海蔬菜和嫩绿豆类）提供理想的生长条件。倘若你有池塘，不妨养上几株华丽的睡莲，再在池塘边栽种一些水畔植物，令它们的花、叶倒映在水面上，为你的池塘增添几分雅致。

适生于黏土的植物

黏土因保湿而富有营养物质，可以为整个花园的植物，包括月季、牡丹和铁线莲，提供完美的生长环境。

村舍花境中种满了风铃草、天竺葵、水杨梅、香蜂花、传统的灌木和其他多年生植物，它们都会在向阳的黏土中茁壮成长。如果你想要一些现代设计，可以选择竹子、美人蕉和腹水草。尽管黏土可能在管理上有一点困难，但用正确的方式处理可以变得非常肥沃。黏土易渍水，也易在干旱期开裂，但是这些问题都是可补救的，可以在每年春季使用一层厚的腐熟的覆盖物来帮助改善黏土的结构和加强排水。

灌木，中型

大花六道木‘康迪’

常绿灌木。株型紧凑，生长旺盛。叶小，披针形，叶缘呈粉白色。花淡粉色，呈管状，具芳香，夏秋开放。

↕↔ 1 m

❄❄❄ H5

多年生植物，中型

乌头‘不锈钢’

叶片深绿色。穗状花序茂密直立，帽状银蓝色小花从仲夏开到晚夏。全株有毒。

↕ 1 m ↔ 60 cm

❄❄❄ H7 ! ✿

一年生／二年生植物，大型

尾穗苋

卵圆形叶片绿色。从夏季到秋季，会一直绽放下垂的穗状红色花，也可以室内种植。

↕ 1.2 m ↔ 45 cm

❄ H2 ✿

多年生植物，中型

柳叶水甘草

直立多年生植物。叶片细长，秋季落叶时叶色极具吸引力。一簇簇星形蓝色花从春末开到夏季。适合种于花境的前面或中间。

↕ 1 m ↔ 30 cm

❄❄❄ H5 ! ✿

多年生植物，中型

大星芹‘罐头糖果’

从生型多年生草本植物。叶分裂。头状花序，白色苞片似花瓣状，先端深红色，花小，粉白色，夏秋开放。定期修剪枯枝，秋季剪除地上部分。

↕ 60 cm ↔ 45 cm

❄❄❄ H6 ✿

多年生植物，大型

打破碗花花

叶片深绿色。高大直立的茎干上生长着紫色、红色、粉红色或白色的花，中心是黄色的，可以从夏末开到早秋。

↕ 1.2 m ↔ 45 cm

❄❄❄ H7 ! ✿

多年生植物，中型

欧楼斗菜

直立多年生植物。叶片圆形。高大的茎干上生长着绒球状花朵，可以从春末开到夏初。

↕ 75 cm ↔ 50 cm

❄❄❄ H7

多年生植物，中型

落新妇‘维纳斯’

叶片分离。仲夏，顶端生尖端细长的羽状花序，开浅粉色小花。种子干燥，在冬季也可以保持活力。

↕↔ 1 m

❄❄❄ H7

灌木，大型

达尔文小檗

常绿灌木，生长旺盛。有光滑的深色小叶片。从盛夏到晚秋持续开放无数橙色花朵，并结出蓝色浆果。具刺，因此很适合作为安全篱笆。

↕↔ 3 m

❄❄❄ H5 !

多年生植物，大型

拳参‘壮丽’

丛生型多年生植物。椭圆形叶渐尖，会蔓延生长形成浓密的垫子。夏季，柔软的粉红色花序会出现在叶片上方。

↕ 75 cm ↔ 60 cm

H7

球根植物，大型

大糠百合‘厄勒克特拉’

落叶直立球根植物。叶细长。穗状花序高大，花大呈星状，淡紫蓝色，春末夏初开放。鳞茎长几年后会形成较大的丛生状子鳞茎。

↕ 1.5 m ↔ 50 cm

H4

多年生植物，大型

阔叶风铃草

直立多年生植物。绿色叶片狭椭圆形，茎干细长。盛夏开下垂的钟形紫罗兰色大花。需要一定潮湿和肥沃的土壤。有风的场所需要维护。

↕ 1.2 m ↔ 60 cm

H7

多年生植物，大型

美人蕉‘斑纹’

直立多年生植物。叶片黄绿相间。花亮橙色，从盛夏开到早秋。适宜在肥沃土壤中生长，维持良好的水分管理，避免根茎干旱。

↕ 1.5 m ↔ 50 cm

H3

乔木，中型

加拿大紫荆

落叶乔木。叶片心形，深绿色，秋季变黄。秋季在光秃的茎干上开出浅粉色豌豆大小的花。上图为白花品种。

↕↔ 10 m

H5

灌木，中型

皱皮木瓜

落叶灌木。茎多刺，叶片卵形，深绿色。花红色、白色或粉色，从早春开到春末。果实黄色，具香味。

↕ 2.5 m ↔ 5 m

H6

多年生植物，中型

菊花‘纯真’

丛生型多年生植物。叶呈羽状分裂。花量大，花似雏菊，淡粉色，能吸引传粉昆虫，秋季开放。花后及时摘除残花，需定期进行分株繁殖。

↕ 9.0 m ↔ 6.0 m

H4

攀缘植物，小型

铁线莲‘冰蓝’

落叶攀缘植物。卵形叶渐尖。花淡蓝色，逐渐变成白色，花大，直径可达 18 cm。暮春开放，秋季可二次开花。喜肥沃、凉爽的土壤。

↕↔ 2.5 m

H6

灌木，中型

少花蜡瓣花

落叶丛生型灌木。椭圆形的鲜绿色叶片类似山毛榉的叶片，幼叶呈古铜色。在早春至仲春会开出芬芳的钟形淡黄色花朵。

↕ 1.5 m ↔ 2 m

H5 pH

灌木，小型

美秀溲疏

落叶灌木。树皮片状，叶片深绿色。花星形或杯状，闻起来有甜甜的香味，从春末开到夏初。

↕ 1.2 m ↔ 1.5 m

H5

灌木，大型

毛叶吊钟花

大型落叶蔓生型灌木。叶芽红色，叶片成簇，暗绿色，秋季变为亮红色。花小，钟形，乳黄色，春末夏初开放。

↕4 m ↔3 m

◐ ❄❄❄ H5 pH

多年生植物，中型

圆苞大戟‘火红’

茂密的直立多年生植物。叶片披针状，绿色，叶脉淡红色。初夏开花，花小，橙色至红色，汁液对皮肤有刺激性。

↕75 cm ↔90 cm

◐ ❄❄❄ H7 ⓘ

多年生植物，大型

红花蚊子草

直立多年生植物，生长于潮湿土壤中。叶片大，绿色，深裂，具香味。夏季在细长的茎干上开花，蓬松，粉色。多生长在沼泽、野外区域。

↕2.5 m ↔1.2 m

● ❄❄❄ H5 ✽

多年生植物，中型

旋果蚊子草

落叶多年生沼泽植物。茎干多叶，叶绿色。花羽状，乳白色，盛夏开花，自交繁殖。最好种植在花园池塘或野外区域。

↕90 cm ↔60 cm

● ❄❄❄ H6 ✽

灌木，大型

杂交连翘

强壮的落叶直立灌木。茎干长。花小，星形，黄色，从冬末开到春季。先花后叶，叶小，亮绿色。

↕↔3 m

◐ ❄❄❄ H5 ✽

灌木，小型

银刷树

茂密的落叶灌木。叶片卵圆形，深蓝绿色，秋季变为红色、橙色和黄色。花成簇，瓶刷状，有香味，从仲春开到春末。最好在肥沃土壤中种植。

↕↔1 m

◐ ❄❄❄ H5 pH

多年生植物，小型

天竺葵‘安·福卡德’ 🏆

蔓生型多年生植物，常春藤状。叶片深裂，亮黄色。花小而多，洋红色，中心和脉络黑色，盛夏和秋季开花。

↕50 cm ↔1 m

○ ❄❄❄ H7

多年生植物，中型

路边青‘全橘’

丛生型多年生植物。叶分裂，茎纤细，分枝多。花量大，橙色，单瓣，暮春到仲秋开放。喜肥沃、湿润的土壤。

↕90 cm ↔30 cm

◐ ❄❄❄ H7 ✽

多年生植物，中型

堆心菊‘沙欣的早花’ 🏆

茎直立，粗壮，分枝多，叶深绿色。花似雏菊，橙红色，仲夏到暮夏开放，是优良的花境植物。

↕1 m ↔60 cm

○ ❄❄❄ H7 ⓘ 🐝 ✽

多年生植物，中型

堆心菊 ‘温德利’

直立多年生植物。茎干分枝，叶片深绿色。花似雏菊，橙褐色，花期长，从夏末开到秋季。春季和秋季需要定期分株。

↕80 cm ↔50 cm

○ ❄❄❄ H6 ⓘ 🐝 ✽

多年生植物，大型

向日葵‘柠檬皇后’ 🏆

强壮的直立多年生植物。茎干粗壮，分叉，叶片粗糙，披针形，深绿色。花似雏菊，淡黄色，从夏末开到秋季。喜肥沃土壤，不耐水淹。

↕1.5 m ↔60 cm 或更大

○ ❄❄ H4 ✽

多年生植物，中型

大滨菊

直立多年生植物。叶片披针形，深绿色。花大，白色，从盛夏开到秋季。

↕ 1 m ↔ 60 cm

❄❄❄ H5

多年生植物，中型

赛菊芋

直立多年生植物。叶片大，披针形。花多，黄色或橙色，似雏菊，从夏末开到早秋。

↕ 90 cm ↔ 60 cm

❄❄❄ H6

灌木，中型

乔木绣球

绿色椭圆形叶片渐尖。盛夏扁平的圆顶状白色花序抽出，花期较长。冬季，纸质的残花依然留存。‘安娜贝尔’（上图）有着格外硕大的花头。

↕ ↔ 1.5 m

❄❄❄ H5

乔木，大型

北美枫香

蔓生型落叶乔木。叶大，浅裂，光滑，深绿色，秋季会变为亮橙色、亮红色或亮紫色。也有细长紧凑的栽培品种。

↕ 25 m ↔ 12 m

❄❄❄ H6

多年生植物，中型

黄排草

高大、强壮、成簇的直立多年生植物。叶绿色。夏季开花，穗状花序亮黄色，最好种在较为湿润的土壤中。

↕ 1 m ↔ 60 cm

❄❄❄ H6

多年生植物，大型

美国薄荷

成簇的直立多年生植物。叶片绿色，有香味。夏季开花，花二唇形，管状，紫罗兰色。阳光强烈时需要遮阴，冬季要避免过湿。

↕ 1.2 m ↔ 60 cm

❄❄ H4

多年生植物，中型

黄花芍药

丛生型多年生草本植物。茎直立，叶卵形，蓝绿色，秋季变为黄褐色。花大，碗形，柠檬黄色，暮春至夏初开放。

↕ ↔ 75 cm

❄❄❄ H6

灌木，大型

紫萼山梅花

落叶灌木。茎直立，拱形分枝，叶卵形，深绿色。花白色，钟形，具浓香，花萼紫红色。夏初开放。

↕ ↔ 3 m

❄❄❄ H6

灌木，大型

紫竹

高大的常绿灌木。茎干具沟纹，青褐色，成丛，第二年会变黑。叶片狭长，风吹时会有沙沙声。寒冷干燥时需加以保护。

↕ 8 m ↔ 不定

❄❄❄ H5

多年生植物，小型

流星报春

从生型多年生草本植物。叶淡绿色。花小，紫色，花瓣反卷，春季开放，夏季休眠。白花流星报春（AGM）的花朵为白色。

↕ 20 cm ↔ 15 cm

H5

多年生植物，小型

欧报春‘万达’

常绿或半常绿多年生植物。叶片披针形或卵圆形，青铜色到深绿色。花从冬季开到春季，有蓝色、黄色、紫色、红色和粉色。

↕ 10 cm ↔ 15 cm

H7

多年生植物，中型

乌头叶毛茛

直立从生型多年生植物。叶绿色。花在分枝上开放，白色，中心黄色，从夏季开到秋末。

↕ 75 cm ↔ 50 cm

H7

灌木，大型

黄香杜鹃

落叶灌木。椭圆形披针叶，秋季变为橙色或红色。花漏斗状，亮黄色，有香味，秋季开放。在某些地区可能具有入侵性。

↕↔ 4 m

H6 pH

灌木，小型

绯红茶藨子

落叶蔓生型灌木。叶具芳香，绿色。春季开花，小花成簇下垂，粉色或红色，而后结蓝黑色的果实。

↕↔ 1.2 m

H6

灌木，中型

月季‘仅供您阅览’

灌木月季。易养护，抗性强。花量大，单瓣，具芳香，能吸引传粉昆虫。花初开时杏橙色，后褪为粉红色，花基部带深红色的花斑，夏秋开放。

↕↔ 2 m

H6

灌木，中型

月季‘热可可’

叶色光亮。花量大，杯形，呈簇状，重瓣，花香浓郁，夏秋开放，初开呈铜橙色，后褪为红棕色。抗病虫害能力强。

↕ 2 m ↔ 80 cm

H6

攀缘植物，中型

月季‘慷慨的园丁’

藤本月季。植株具抗病性。粉色的中型杯状花簇生，具香味，重瓣，但花瓣是展开的，夏秋开放。

↕ 3 m

H6

多年生植物，中型

苏氏金光菊‘黄金风暴’

紧凑的直立多年生植物。叶片呈狭卵圆形。坚硬的茎干上长出中心棕色的金色雏菊状花，从夏末开到秋季。冬季可观赏叶片凋落的头状花序。

↕ 1 m ↔ 50 cm

H6

多年生植物，大型

金光菊

高大的直立多年生植物。叶片披针形，茎有分枝。花似雏菊，单瓣，黄色，中心绿色，从夏末开到秋季。冬季可观赏叶片凋落的头状花序。

↕ 2.3 m ↔ 75 cm

H6

多年生植物，中型

三裂叶金光菊

直立丛生型多年生草本植物。生长周期短，株型紧凑。叶三裂，被刺毛。花量大，花似雏菊，头状花序顶端具黄色向后反折的花瓣，花序梗颜色深且坚硬，夏末至秋季开放。

↕1 m ↔ 0.5 m

H6

多年生植物，大型

加拿大地榆

成簇的直立多年生植物。叶片绿色，离生，秋季霜冻时变红。花如瓶刷，白色，从夏末开到早秋。

↕2 m ↔ 60 cm

H7

多年生植物，中型

地榆‘淡紫色松鼠’

直立丛生型多年生草本植物。叶深蓝色，边缘有锯齿状裂片。花粉紫色，蓬松，花序下垂且高出叶丛，梗呈紫红色，夏季开放。喜肥沃、湿润土壤。

↕0.9 m ↔ 0.6 m

H6

多年生植物，大型

多皱一枝黄花‘烟花’

直立丛生型多年生草本植物。叶狭长，先端渐尖，带紫晕。头状花序较小，由细长、呈穗状排列的金黄色小花组成，夏末至秋季开放。

↕1.5 m ↔ 1 m

H7

多年生植物，大型

美国紫菀

叶片细长多毛。在分叉的茎干上开雏菊状的紫色、粉色、红色或白色花朵，从夏末开到秋季。最好种在碱性土壤中，可以抗霉病。‘紫色穹顶’（上图）是最受欢迎的品种。

↕1.5 m ↔ 60 cm

H6

多年生植物，大型

翅果唐松草

成簇的多年生植物。叶片微裂，灰绿色。花成束，毛茸茸的，丁香紫色，从夏初开到夏季，紧接着长出吸引人的种子。

↕1.2 m ↔ 5 cm

H5

多年生植物，大型

弗吉尼亚腹水草‘迷恋’

直立多年生草本植物。叶披针形，深绿色。穗状花序，花小而密，星形，初期紫罗兰色，后逐渐褪为白色，夏末至初秋开放。

↕1.2 m ↔ 50 cm

H6

焦点植物：月季

月季具有精致的花朵、迷人的芳香、漫长的花期，是花园里当仁不让的焦点。

月季已有数千年的栽培历史，因其美丽芳香的花朵以及多样的栽培习性而闻名。它们的形态各异，从低矮的灌木到高耸的攀缘植物，无论何种形态，月季从未失去其魅力，几乎适用于所有设计风格。月季花型多样，比如简单的、吸引传粉昆虫的单瓣花和球形、花瓣多达 40 余片的重瓣花。大多数月季还具芳香。有些月季一年只开一次花，而现代选育品种则能在夏季至秋季持续绽放数月之久，如果及时修剪残花效果更佳。有些月季在秋季至冬季还会结出大且鲜艳的果实。许多月季生命力顽强，易于养护，能在炎热干燥的夏季良好生长，但容易感染疾病，尤其是黑斑病，会导致叶片变色脱落。健壮的野生月季和许多现代选育的月季品种更能抵抗病害。建议选择裸根月季用于冬季种植，因为它们通常生长得更好，且产生的包装废弃物更少。

月季的应用

灌木月季可按照标准进行塑形，你可以将它们种在花盆中、放在门廊边或作为规则式设计的核心。灌木月季优雅的花朵可以为自然风格花园增添色彩和香味，藤本月季可以创造出五彩的花墙。

原生月季　其坚硬、抗病的叶片，初夏盛开的花朵和秋冬结出的美丽果实可以形成一个完美的花篱。它们的刺还能帮助阻挡闯入者。

藤本月季　可以用于传统花园的设计中，将其用金属线固定在凉亭上或弧形拱廊上，为游客提供由花、叶和花香带来的无尽享受。

月季类型

灌丛月季群　这一类群包括大花杂交茶香月季（一茎一花）和聚花丰花月季（图中所示：月季‘凤毛麟角’）。

原种月季群　这些大型灌木在初夏时开单瓣花，通常带有芳香，随后结具有观赏价值的果实（图中所示：月季‘邓奇玫瑰’）。

古老月季群　这一类群的花半重瓣或重瓣，带有香味，初夏开放，花期较短，随后结红色的果实（图中所示：月季‘查尔斯·德·米尔斯’）。

现代灌丛月季群　一般比灌丛月季群的大，比原种月季群的株型更紧凑，花在夏开放（图中所示：月季‘仅供您阅览’

庭院月季和迷你月季群 株型紧凑，花单瓣至重瓣，花量大，花期从夏季一直持续到秋季（图中所示：月季‘婴儿之恋’）。

藤本月季群 这些高大的灌木丛从夏季到秋季会持续数月开花，茎干长，需要设立支柱（图中所示：月季‘克莱尔·奥斯汀’）。

蔓生月季群 可以攀爬至树上或藤架上，花量大，初夏开放。一些现代选育品种可二次开花（图中所示：月季‘敞开双臂’）。

地被月季群 这类蔓生或匍匐生长的月季在短枝上开花，花单瓣至重瓣，夏季开放（图中所示：月季‘萨里’）。

适生于沙质土壤的植物

沙质土壤很容易造成水分和营养物质流失，但是即使是在营养供给如此贫瘠的情况下，仍然有很多植物能够茁壮生长，如果给予它们丰盛的“大餐”，它们反而有可能腐烂或是不能正常开花。

对于这类排水性极好的土壤，应选择耐旱及不喜冬季潮湿的植物。薰衣草、百子莲、棉杉菊、大多数球根植物和一些来自地中海气候地区的植物能在沙质土壤中茁壮成长。比较流行的草原植物如景天属植物、蓍草、鼠尾草和松果菊，可以在阳光充足处的沙质土壤中，作为野花地被植物尽情绽放。如果你想种植一些株型更大、观赏性更持久的植物，可以挑选一些喜干旱条件的灌木和乔木，例如绣线菊属、墨西哥橘属和岩蔷薇属植物。

灌木，中型

粉花六道木 🏆

落叶或半常绿灌木。枝条弯曲呈拱形，绿色叶片呈椭圆形，先端渐尖。仲夏至秋季为盛花期，绽放出粉红色的喇叭状花朵，并有淡淡的清香。

↕ 1.5 m ↔ 2 m

💧❄❄❄ H5

多年生植物，中型

蓍草‘皇冠’

直立多年生植物。灰绿色叶片形似蕨类。夏季开花，头状花序顶端扁平，花色为金黄色。春季需要挨着茎枝放置支撑物。

↕ 1 m ↔ 60 cm

💧❄❄❄ H7 🐝 ✿

多年生植物，中型

蓍草‘红辣椒’

半常绿、直立多年生植物。银绿色叶片似羽毛。夏季开花，头状花序纤小，顶端扁平，小花为绯红色，后渐渐消退。干枯的花可以保留在植株上。

↕ 80 cm 或更高 ↔ 40 cm

💧❄❄❄ H7 🐝 ✿

多年生植物，中型

百子莲‘龙卷风’ 🏆

落叶丛生型多年生草本植物。茎直立，粗壮，叶带状。蓝白相间的喇叭状花朵聚成球形生于茎上，夏秋开放。在寒冷地区，冬季需覆盖地膜保温。

↕ ↔ 70 cm

💧❄❄ H4 ⓘ ✿

多年生植物，中型

藿香‘橘子梦想’

多年生草本植物。茎直立，寿命较短，叶灰绿色，具芳香。穗状花序较长，花粉色和橙色相间，细长喇叭状，夏季开放。

↕ ↔ 90 cm

💧❄❄ H3 🐝

球根植物，中型

波斯葱 🏆

茎干较短，灰绿色叶片狭窄，叶色会随着花朵的出现而消退。初夏开花，球状花序由大量的星形紫色小花朵组成。

↕ 40 cm

💧❄❄❄ H5 ⓘ

多年生植物，中型

六出花‘阿波罗’ 🏆

多年生草本植物。块茎状根，叶狭长扭曲。花呈漏斗状，白色，喉部呈黄色，并带有醒目的黑色斑纹，夏季开放。

↕ 80 m ↔ 40 cm

💧❄❄ H4 ⓘ 🐝 ✿

灌木，小型

银蒿‘鲍维斯城堡’ 🏆

常绿灌木。树冠呈圆形，观叶植物，银灰色叶片，细裂。夏末开花，为了保持叶片的最佳观赏效果，这些细小的黄色小花通常会被摘除。

↕ ↔ 1 m

💧❄❄ H3

多年生植物，大型

黄日光兰

直立丛生型多年生植物。叶片狭窄，呈线形，叶面带纹理。晚春开花，穗状花序，花色为亮黄色，星状，散发芳香。种荚具观赏性。

↕ 1.2 m ↔ 1 m

💧❄❄ H4

多年生植物，中型

南方巴帕迪豆 🏆

丛生型多年生植物。灰绿色全裂叶片。夏季开花，穗状花序由紫色至蓝色的小花朵组成。秋季结果，种荚为深灰色，具观赏性。

↕ 1.5 m ↔ 1 m

💧❄❄❄ H7 ✿

多年生植物，小型

丛生风铃草 🏆

矮生型、丛生型多年生植物。夏季开钟形花朵，花色为紫罗兰色或白色，在密集生长的心形叶丛之上盛开。

↕ 10 cm ↔ 30 cm

💧 ❄❄❄ H5 🐝

多年生植物，中型

距药草

直立多年生植物。肉质叶片呈灰绿色。花序分枝较多，星状小花，花色为深红粉色或白色，从晚春一直开至夏末。可自播繁殖。

↕ 90 cm ↔ 60 cm 或更大

💧 ❄❄❄ H5 🐝

灌木，小型

岷江蓝雪花 🏆

落叶灌木。绿色的小叶片在秋季会转变成红色。天蓝色的小花朵在夏末至秋季绽放。冬季植株枯死，到了春季又会萌发出新芽，重新生长。

↕ 1 m ↔ 1.5 m

💧 ❄❄ H4

灌木，大型

紫荆‘埃文代尔’ 🏆

大型灌木或小乔木。茎干光滑。花量大，似豌豆状，紫红色，暮春开放。先花后叶，叶心形，初开时紫色，后逐渐变为绿色。

↕ 4 m ↔ 2.5 m

💧 ❄❄❄ H5

乔木，中型

南欧紫荆

落叶乔木。绿色的心形叶片尤为迷人。仲春，在叶片尚未长出前，光秃秃的茎枝上会开满亮粉色花朵，随后会在夏末结出长长的紫色荚果。

↕ ↔ 10 m

💧 ❄❄❄ H5 🐝

灌木，中型

墨西哥橘 🏆

常绿灌木。叶亮绿色，有光泽，具芳香，单身复叶。花白色，簇状，有浓郁香气，春末和秋季开放。‘阿兹特克珍珠’的叶细长，呈绿色。

↕ ↔ 2.5 m

💧 ❄❄ H4

灌木，小型

丹瑟罗岩蔷薇

常绿灌木。叶片为灰绿色。薄如纸状的碗形花朵在夏季盛开，花色有白色、粉色和紫色。

↕ 60 cm ↔ 1 m

💧 ❄❄ H4

一年生植物，大型

醉蝶花

茎枝多刺，掌状全裂叶片。夏季开花，圆形头状花序由许多形似蜘蛛的小花朵组成，花色有白色、粉色和紫色，散发出淡雅清香。

↕ 1.2 m ↔ 45 cm

💧 ❄ H2 ✽

多年生植物，小型

轮叶金鸡菊

株型紧凑。深绿色的叶片呈羽状。夏末开花，花期持续时间较长，花量繁多，花朵着生在坚硬而结实的茎枝上。

↕ 50 cm ↔ 45 cm

💧 ❄❄❄ H5 🐝

灌木，大型

红瑞木

直立落叶灌木。新长出的枝干为亮鲜红色，叶片呈深绿色，是广泛种植的冬季景观植物。初夏开乳白色花，花朵凋谢后结出白色果实。

↕ ↔ 3 m

💧 ❄❄❄ H7 ⚠ 🐝

一年生/二年生植物，大型

秋英

株型高大、直立生长的半耐寒植物。枝叶繁茂，叶片呈羽状。花量丰富，初夏至秋季开形似雏菊的红色、粉色或白色花朵。

↕ 1.2 m ↔ 45 cm

💧 ❄❄ H3 🐝 ✽

多年生植物，中型

染料春黄菊

丛生型多年生草本植物。叶呈羽状分裂，具芳香。白色或黄色花似雏菊，夏季开放。'巴克斯顿'（AGM，上图）的花呈柠檬黄色。

↕↔ 1 m

◇ ❄❄❄ H6 ✽

多年生植物，大型

心叶两节荠 🏆

株型高大，枝叶繁茂，叶片大，带褶皱，缺刻浅裂，叶色为深绿色。夏季开花，花枝繁多，白色小花布满枝条，散发出阵阵芳香。

↕ 2 m ↔ 1.2 m

◇ ❄❄❄ H5 🐝

球根植物，大型

大丽花'特维宁 8 点后'

丛生型球根植物。叶缘具明显锯齿，叶片近黑色。花单瓣，白色，中心略带粉色，夏秋开放。花后及时摘除残花可促进开花。冬季需注意防寒。

↕↔ 90 cm

◇ ❄❄ H3 🐝 ✽

灌木，大型

藏东瑞香

常绿灌木，偶尔会落叶。叶片革质，叶色常绿。冬季盛开粉色花朵，散发出浓郁的芬芳。

↕ 3 m ↔ 1.5 m

◇ ❄❄ H4 ⓘ

多年生植物，中型

双距花'霍普利斯'

丛生型多年生草本植物。茎直立，叶深绿色，边缘有锯齿，卵形。花茎高大、纤细、分枝多，花量大，紫红色至紫色，夏秋开放。

↕ 90 cm ↔ 50 cm

◇ ❄❄ H4

多年生植物，小型

常夏石竹'父亲的最爱'

株型矮小的常绿多年生植物。长有灰绿色的线形叶片，枝叶茂盛繁密。整个夏季花开不断，带有栗色花纹的半重瓣白色花朵散发出似丁香的香味。

↕ 45 cm ↔ 30cm

◇ ❄❄❄ H6 ⓘ ✽

球根植物，大型

美丽红漏斗花

直立球根植物。狭长的带状叶片常绿。夏季，长长的向下弯曲的茎枝上缀满了漏斗状的深粉色花朵。可以施有机肥让土壤更肥沃。

↕ 1.5 m

◆ ❄❄ H4

灌木，大型

双盾木 🏆

直立落叶灌木，似小乔木。浅褐色树皮剥裂，叶绿色，先端渐尖。晚春和初夏开花，淡粉色的花朵内侧带有黄色斑纹，散发芳香。

↕ ↔ 4 m

◇ ❄❄❄ H5

多年生植物，大型

松果菊

直立丛生型多年生植物。绿色叶片纤细修长，先端渐尖成锥形。花似雏菊，花瓣向外反卷，花朵中心呈球状，棕褐色。

↕ 1.5 m ↔ 45 cm

◇ ❄❄❄ H5 🐝 ✽

多年生植物，大型

花葱蓝刺头

直立多年生植物。叶片狭窄，具深缺刻，浅蓝色至蓝色的花头似一根根大钉子般抽立出来，夏末结籽。种子头在整个冬季都极具观赏性。

↕ 1.5 m ↔ 75 cm

◇ ❄❄❄ H7 🐝 ✽

球根植物，大型

剑叶独尾草 🏆

株型高大，直立生长，带状叶片丛生。夏季，长长的茎枝顶端会长出由众多黄色小花组成的鱼雷状花序。在多风地区需要设置支撑物，春季施肥。

↕ 1 m

💧❄❄❄ H6 ✿

灌木，中型

结香

落叶灌木。树冠呈圆形，椭圆形叶片深绿色。冬末至初春开花，圆形花序，管状、黄色小花朵上覆盖着纤细柔滑的白毛，散发芳香。

↕↔ 1.5 m

💧❄❄ H4

一年生 / 多年生植物，大型

一年蓬

一年生植物或寿命短的多年生草本植物。茎直立。花小，花量大，呈白色和黄色，雏菊状，夏秋开放，花茎粗壮，分枝多。可自播繁殖。

↕ 1.2 m

💧❄❄❄ H7 🐝 ✿

多年生植物，中型

细裂刺芹‘皮库斯蓝’🏆

多年生草本植物。茎直立，叶有尖刺，带银色和绿色相间的斑纹。蓝色花茎分枝多，银蓝色花头硕大似蓟状，花序外围具蓝色花瓣状苞片。

↕ 70 cm

💧❄❄❄ H5 ✿

球根植物，中型

彩凤兰 🏆

叶缘似波浪般起伏。夏末，带有斑点的茎干顶端长出一簇簇白绿色的花朵，花瓣边缘为紫色，有帽子般的叶形苞片，形似凤梨。

↕ 50 cm

💧❄❄ H4

灌木，大型

阿尔巴尼亚大戟

常绿、直立灌木。在茎干及春季盛开的黄绿色花序四周，会长出一簇簇手指状的灰绿色叶片，形成饰边。摘除凋谢的花枝时应佩戴手套。

↕↔ 1.2 m

💧❄❄ H4 (!) 🐝

灌木，大型

八角金盘 🏆

枝叶繁茂的常绿灌木。硕大的掌状深裂叶片，叶色为深绿色。仲秋盛开一簇簇繁密的白色小花，花朵凋谢后长出黑色的果实。

↕↔ 4 m

💧❄❄❄ H5 (!) 🐝

多年生植物，小型

老鹳草‘罗珊’🏆

落叶蔓生型多年生植物。叶片圆形，具深缺刻，全裂，有大理石般的淡绿色斑纹。夏秋绽放杯状的蓝色花朵，花量繁多，花期可持续数周。

↕↔ 50 cm 或更高、更大

💧❄❄❄ H7 🐝

多年生植物，中型

常青燕麦草 🏆

常绿多年生植物。银蓝色叶片十分坚硬，株型较大，叶片密集丛生。初夏，弯曲的长枝条上盛开麦黄色的花朵，随后进入较长的结籽期。

↕ 1 m ↔ 60 cm

💧❄❄❄ H5

灌木，大型

木槿

落叶直立灌木。叶色为深绿色，叶片缺刻浅裂。夏末至仲秋开花，花朵繁茂，硕大的碟形花朵呈蓝色、紫色或白色。

↕3 m ↔ 2 m

◊ ❄❄❄ H5

多年生植物，小型

紫八宝‘紫帝王’ 🏆

丛生型多年生草本植物，株型紧凑。肉质茎，叶紫色。花玫瑰粉色，夏末和秋季开放。

↕40 cm

◊ ❄❄❄ H7 ⓘ

灌木，小型

薰衣草‘杨柳谷’ 🏆

传统法国薰衣草的一个杂交品种，为株型紧凑的常绿灌木。狭窄的灰绿色叶片散发出芳香。初夏至仲夏开紫色花，花朵顶端长有波浪状苞片。

↕↔ 70 cm

◊ ❄❄ H3

灌木，小型

欧洲刺柏‘药片’ 🏆

生长缓慢的绿针叶灌木。蓝灰色叶片密集生长，呈纤细、稠密的圆锥状。冬季需设置保护设施以抵御寒风的侵袭。

↕80 cm ↔ 45 cm

◊ ❄❄❄ H7 ⓘ

灌木，大型

落基山圆柏

这种针叶植物无须修剪即可长成整齐的窄圆锥形。耐热性好，适宜种植在气候干燥的地方。可将其用作花境的背景植物或焦点植物。

↕6 m ↔ 75 cm

◊ ❄❄❄ H6 ⓘ

多年生植物，大型

秋花火把莲

常绿、直立多年生草本植物。叶呈带状。花茎粗壮，圆球形穗状花序由下向上开花，小花管状，由橙色逐渐褪为黄色。喜肥沃湿润土壤。

↕1.2 m ↔ 1 m

◊ ❄❄❄ H5 ✿

球根植物，大型

百合‘非洲皇后’ 🏆

鳞茎硕大，植株高大，拱形。剑形叶纤细，先端尖。花簇生，橙色喇叭状花朵硕大，具浓香，仲夏开放，花蕾初期略带红色。茎干需支撑。

↕1.5 m

◊ ❄❄❄ H6 ⓘ ✿

球根植物，大型

百合‘完美粉色’

鳞茎大，植株高大，拱形。剑形叶纤细，先端尖。花簇生，粉色喇叭状花朵硕大下垂，极具芳香。

↕1.5 m

◊ ❄❄❄ H6 ⓘ ✿

多年生植物，小型

波状补血草

直立丛生型多年生植物，常当作一年生植物栽种。披针形的深绿色叶片，浅裂缺刻。夏季至初秋开细小、成簇的蓝色、粉色或白色花朵。

↕40 cm ↔ 30 cm

◊ ❄❄ H4 ✿

一年生/二年生植物，小型

柳穿鱼

生长迅速的丛生型植物。叶片披针形，浅绿色。夏季开似金鱼般的小花，花色为深浅不一的红色、粉色、紫色、黄色或白色。

↕20 cm ↔ 15 cm

◊ ❄❄❄ H6 🐝 ✿

多年生植物，中型

山地亚麻

丛生型多年生植物，寿命短。灰绿色叶片呈披针形。碟形花朵在夏季成簇盛开，花色为浅蓝色至深蓝色，凋谢后应及时修剪。

↕60 cm ↔ 30 cm

H4

灌木，小型

狭叶郁香忍冬‘布达佩斯’

落叶灌木。叶先端尖，卵形，幼叶青铜色。花簇生，浅粉色，具芳香，冬季开放，先花后叶。

↕2.5 m

H6 (!)

多年生植物，中型

羽扇豆‘页面’

深绿色叶片，繁茂丛生，全裂复叶，分成形似手指的小叶。初夏会长出高大挺拔的花序，开粉红色的小花。露地种植需要设置支撑物。

↕1 m ↔ 75 cm

H5 (!)

灌木，大型

蜜花

蓝灰色叶片全裂，分成边缘呈锯齿状的小叶片。管状的棕红色小花于晚春盛开。冬季应在根部铺设一层干燥的覆盖物。

↕↔3 m

H3

多年生植物，小型

美丽月见草

寿命较短的丛生型多年生植物。叶片具深缺刻。白色的碟形花朵在夏季傍晚盛开，芳香四溢，随着花朵的成熟，变成粉色匙形。

↕↔30 cm

H5

灌木，中型

云南桂花

常绿灌木。树冠圆形，枝叶茂密，枝条弯曲呈拱形，叶片光滑，深绿色。仲春至春末盛开白色管状花，凋谢后会结出蓝黑色的小果实。

↕2 m ↔ 4 m 或更大

H5

多年生植物，中型

钓钟柳‘斯泰普尔福德宝石’

半常绿直立多年生植物。绿色叶片细长，呈披针形。仲夏至秋季开管状、钟形花朵，花色为紫蓝色，内侧为紫罗兰色和白色。喜肥沃土壤。

↕60 cm ↔ 45 cm

H4

灌木，小型

山梅花‘美人星’

落叶灌木。绿色的小叶片散发出甜美的芳香，春末至初夏盛开白色花朵。可用作花境的背景植物，或者沿着花园的围墙或栅栏种植。天气晴朗时，植株散发出来的香气更浓郁。

↕1.2 m ↔ 2.5 m

H6

多年生植物，中型

俄罗斯糙苏

常绿多年生植物。叶片大，纹理粗糙，叶形为心形。夏季会不时地窜出一枝枝高大粗壮的花茎，其上盛开奶油黄色花朵，花形非常独特。

↕1 m ↔ 60 cm 或更大

H6

灌木，小型

避日花‘鲑鱼跳跃’

半常绿亚灌木。茎直立，多分枝，冬季时幼苗可能会枯萎。圆锥花序纤细，花量大，喇叭形，花瓣外粉红色，内橙色，夏秋开放。

↕1.5 m ↔ 1.2 m

H5

灌木，中型

无毛风箱果‘红衣女郎’

落叶灌木。叶圆形，浅裂。伞形总状花序，花朵小，密集，淡粉色，初夏开放。花与樱桃红色的叶片形成鲜明对比，叶色会逐渐变暗。

↕↔ 1.5 m

◑ ❄❄❄ H7 ✿

灌木，中型

薄叶海桐花‘艾琳·帕特森’🏆

常绿灌木。茎近黑色，叶椭圆形，有白色斑点，冬季叶略带粉色。花小，深紫色，具香味，春季开放。

↕↔ 1.5 m

○ ❄❄ H4 ✿

多年生植物，小型

委陵菜‘吉布森的红衣’🏆

丛生型多年生植物。叶色深绿，叶片似草莓叶。初夏至夏末开放，明亮的绯红色碟形花朵在半阴条件下也能生长。

↕ 45 cm ↔ 60 cm

○ ❄❄❄ ! H7 🐝

灌木，中型

矮扁桃

落叶直立灌木。枝叶繁茂，绿色叶片光滑，叶形为细椭圆形。仲春至晚春，茎枝上开满明亮的粉色碟形花朵。

↕↔ 1.5 m

○ ❄❄❄ H7 ! 🐝

灌木，小型

地中海波萼苏🏆

常绿灌木，株型低矮紧凑。叶小，圆形，灰绿色，密被白色茸毛。花小，粉色，夏季开放。花后需修剪。

↕ 60 cm ↔ 90 cm

○ ❄❄ H4

乔木，大型

猩红栎

落叶乔木。树冠呈半球形，深绿色叶片光滑，具浅裂缺刻。秋季，叶片变成明亮的红色，鲜艳夺目的美景可持续数周。

↕ 20 m ↔ 15 m

○ ❄❄❄ H6

多年生植物，大型

大罂粟（不可栽培）🏆

枝叶繁茂似灌木，灰绿色叶片具深缺刻，全裂。散发着香味的硕大白色花朵极富观赏性，夏末开花，花心金色，花瓣薄如纸片。

↕↔ 2 m

○ ❄❄❄ H5

多年生植物，中型

黑心金光菊

直立多年生植物，因寿命短故常被当作一年生植物。夏秋开花，形似雏菊的花朵为金黄色或红色，带有褐色花心。上图为‘贝基混色’。

↕ 90 cm ↔ 45 cm

○ ❄❄ H3 🐝 ✿

灌木，小型

鼠尾草‘蓝色尖塔’🏆

落叶直立亚灌木。银灰色叶片散发出芳香气味。夏末至秋季开花，穗状花序带分枝，小花朵为蓝紫色，可持续盛开数周。

↕ 1.2 m ↔ 1 m

○ ❄❄❄ H5 🐝 ✿

多年生植物，中型

超级鼠尾草

株型紧凑，深绿色小叶片散发出芳香。初夏至仲夏开花，穗状花序上开满靛蓝色的双唇小花朵。

↕ 80 cm ↔ 30 cm

○ ❄❄❄ H7 🐝 ✿

多年生植物，中型

银香菊

株型丰满的多年生植物。银灰色的叶片细裂，上覆一层柔软茸毛。夏季盛开绒球般的黄色花朵，凋谢后应及时修剪。

↕ 75 cm ↔ 1 m

○ ❄❄❄ H5

多年生植物，中型

紫盆花

丛生型多年生植物。灰绿色叶片呈披针形。夏季，纤细的茎枝顶端盛开半球形的紫色小花，奶油色花药像一根根细针装点着花朵。

↕ 1 m ↔ 30 cm

H5

球根植物，中型

地中海蓝钟花

植株丛生。叶披针形，绿色。花头大，呈球形，花簇生，星形，紫蓝色，偶尔乳白色，暮春开放。

↕↔ 30 cm

H4

多年生植物，中型

毛剪秋罗

直立丛生型多年生植物。椭圆形的灰色叶片上覆有茸毛。仲夏至夏末开圆形的亮粉色小花，花期较长。及时摘除凋谢的花朵防止植株自播。

↕ 60 cm ↔ 45 cm

H7

多年生植物，大型

一枝黄花‘金佳’

茎枝直立、丛生，叶片狭窄，先端渐尖，绿色。仲夏至初秋开花，花枝繁多，金黄色。及时摘除凋谢的花朵以延长观花期。

↕ 1.2 m ↔ 1 m

H6

二年生 / 多年生植物，大型

奥林匹克毛蕊花

半常绿二年生植物或寿命较短的多年生植物。毛毡般的灰色叶片呈莲座状排列。仲夏至夏末开金色碟形花，花序高大。

↕ 2 m ↔ 1 m

H6

灌木，中型

小花绣线菊

蔓生型灌木。茎枝弯曲呈拱形，叶片窄，深绿色。初夏，一簇簇白色或粉色的花朵盛开，花量繁多稠密。

↕↔ 2.5 m

H6

灌木，大型

中国旌节花

落叶蔓生型灌木。树冠伸展，嫩枝紫红色。冬末至初春开黄绿色钟形花朵，随后会长出纤细的深绿色锥形叶片。

↕ 4 m ↔ 3 m

H5 pH

多年生植物，中型

细茎针茅

落叶多年生植物。纤细的绿色叶片丛生。初夏进入花期，圆锥状花序，花朵为银绿色，结籽后呈米黄色，整个植株纤细柔美。

↕ 60 cm ↔ 40 cm

H4

多年生植物，中型

香科状婆婆纳

直立多年生植物。深绿色叶片边缘呈锯齿状。初夏开鲜艳的蓝色花，穗状花序。及时摘除凋谢的花朵以促进翌年花量更为丰富。

↕↔ 60 cm

H6

球根植物，中型

葱莲

不耐寒的球根植物。叶片狭窄、笔直，呈线形。夏季，无叶的茎干上生出白色花朵，花形似番红花。冬季，应将种球挖出储存越冬。

↕↔ 25 cm

H3

焦点植物：鸢尾

鸢尾以其复杂而色彩丰富的花朵而闻名，可用于花境、水岸景观以及盆栽。

鸢尾包含多种适应不同环境的品类。它们通过根茎或球茎生长，部分能在浅水环境中茁壮成长，而另一些则需要干燥、排水良好的土壤。

宿根鸢尾主要分为两大类：有髯鸢尾和无髯鸢尾。有髯鸢尾适合阳光充足、排水良好的花境，较矮小的品种则适用于岩石花园、抬高式花床和花槽。这类鸢尾的根茎容易腐烂，种植时需将其埋入土壤中，或置于土壤之上，以确保充分接受阳光。无髯鸢尾的花瓣更纤细，多生长在阳光充足或半阴的排水良好的花境中。在这类鸢尾中，路易斯安那鸢尾和燕子花能在池塘周边生长，还有部分品种具有入侵性，需用池塘篮进行限制以防止扩散。

球根鸢尾包括适合花境的株型高大的荷兰系、色彩斑斓的朱诺鸢尾，以及适合种植在岩石花园和春季盆栽中的网脉鸢尾。

深受欢迎的鸢尾类型

有髯鸢尾　这个初夏开花的鸢尾种群最大的特征是在最外层的花瓣上有一簇簇胡须般的软毛（图中所示：鸢尾‘本顿·苏珊’）。

无髯鸢尾　这个种群的鸢尾花瓣修长，无软毛，品种包括水生鸢尾，以及可以在全日照或半阴区生长旺盛的西伯利亚鸢尾（图中所示：鸢尾‘威斯利·怀特’）。

水生鸢尾　属无髯鸢尾。包括燕子花（平叶鸢尾、光叶鸢尾）、变色鸢尾、玉蝉花（花菖蒲、紫花鸢尾、东北鸢尾），以及侵略性很强的短旗鸢尾、黄菖蒲（黄鸢尾）（图中所示：花菖蒲‘玫瑰女生’）。

鸡冠状鸢尾　最外层花瓣上带有山脊状花纹。这类初夏开花的鸢尾包括饰冠鸢尾和细叶鸢尾（图中所示：湖沼鸢尾）。

荷兰鸢尾　属球根鸢尾，初夏开花，花瓣修长，叶片线形；适合种植在全日照或半阴的地方（图中所示：鸢尾‘吉卜赛美人’）。

网脉鸢尾　这类春季开花的鸢尾花朵通常具香味，短小的花茎上盛开细小的花朵，夏季至冬季为休眠期（图中所示：维诺格拉多夫鸢尾）。

鸢尾的应用

鸢尾花可以从冬末一直盛开到初夏，其优雅的姿态、缤纷的色彩成为花园景观中一道靓丽的风景线。球根鸢尾在秋季栽种，宿根鸢尾在秋季或春季栽种。

有髯鸢尾丛植　一大丛有髯鸢尾与晚花型‘东方虞美人’搭配种植在一起，构成了自然风格的花境。

水生鸢尾　水生鸢尾为最完美的水岸景观植物。斑锦燕子花（上图）的叶片带有白色条纹，在夏季花朵凋谢后，为花园增添了几分情趣，延续了景观的观赏期。

有髯鸢尾　种植在装有沙砾和排水性良好的堆肥的大型容器中，极具魅力，如果每年春季施肥，植株可以年年开花。

适合打造水岸景观的植物

喜欢水边凉爽环境、潮湿土壤的植物被称为沼泽植物，包括鸢尾属、半边莲属以及多种类型的报春花属植物。

沼泽植物不仅能为花园增添趣味，还有助于促进野生动植物栖息地的构建和维持。如果你拥有一处人工池塘并已经蓄水，那么池塘边的土壤可以与花园其他区域保持一致。也可以按照自然界的沼泽环境在池塘周围复刻一处，环绕池塘挖出一个区域，在池塘专用衬垫上戳几个排水孔，铺在挖好的坑中，然后用一些腐熟的有机肥代替挖出的土壤铺在衬垫上。切记，在旱季时一定要给这个区域浇水。

多年生植物，中型

菖蒲

落叶或半常绿、直立多年生水缘植物。线形叶片绿色。夏季开花，穗状花序，棕色小花不显眼。应种植在浅水区或沼泽花园中。

↕90 cm ↔ 60 cm

💧❄❄❄ H7

多年生植物，大型

假升麻 🏆

从生型多年生植物，植株高大。硕大的浅绿色叶片全裂，分成一些小叶片。仲夏，弯曲呈拱形的枝条上长出似羽毛状的花序，花色为乳白色。

↕2 m ↔ 1.2 m

💧❄❄❄ H6 🐝 ✿

多年生植物，中型

菖蒲‘银纹’

落叶或半常绿、直立多年生水缘植物。带有奶油色斑纹的叶片呈剑形，新萌发出的叶片为玫红色至粉色。春季进行分株。

↕75 cm ↔ 60 cm

💧❄❄❄ H7

多年生植物，小型

金钱蒲

株型紧凑的半常绿多年生水缘植物，适宜栽种在沼泽或池塘中。线形叶片深绿色。金叶菖蒲（上图）带黄色条纹的叶片极为引人注目。

↕25 cm ↔ 15 cm

💧❄❄❄ H6

多年生植物，中型

阿兰茨落新妇‘烽火’ 🏆

从生型多年生植物。叶深绿色，具有深缺刻，全裂。仲夏，细小的茎枝上生出柔软的深粉色花序。喜欢较肥沃的土壤，在荫蔽处也能生长良好。

↕60 cm ↔ 45 cm

💧❄❄❄ H7

多年生植物，中型

落新妇‘鸵鸟羽毛’ 🏆

从生型多年生植物。叶深裂，新叶青铜色，成熟叶深绿色。圆锥花序硕大松散，呈拱形下垂，花浅粉红色，仲夏至夏末开放。

↕1 m ↔ 60 cm

💧❄❄❄ H7

球根植物，大型

大糠百合‘重瓣’

落叶、直立球根植物。叶片位于下部，细长直立。乳白色的星形花朵组成高大的穗状花序，从晚春一直盛开至初夏。

↕↔ 1.5 m

💧❄❄ H4 ⓘ

多年生植物，中型

美人蕉‘厄瑞玻斯’ 🏆

具块茎。植株高大，叶大，披针形，灰绿色。穗状花序有浅黄色、鲑鱼粉色，夏季开放。可在水中生长，能抵御严寒霜冻。

↕1.2 m ↔ 50 cm

💧❄❄ H3

多年生植物，小型

薹草 🏆

常绿多年生植物。金黄色叶片呈拱形下垂。夏季，三角形的茎干上长出黑褐色的穗状花序。可种植于花坛或池塘边缘。

↕ 40 cm ↔ 15 cm

💧 ❄❄❄ H6

多年生植物，中型

棕榈叶薹草

落叶多年生植物。浅绿色叶片呈线形，在植株枯萎前会变成黄色。花朵凋谢后生出的棕色种子头颇具吸引力。秋季修剪。

↕↔ 75 cm

💧 ❄❄ H4

多年生植物，小型

大叶金腰

优良地被植物，宜在潮湿的河岸和池塘边种植。莲座叶大繁茂，具柔毛，苹果绿色，略带红色。花头似蕾丝帽，花粉白色，早春开放。

↕ 20 cm ↔ 80 cm

💧 ❄❄❄ H5

多年生植物，大型

雨伞草 🏆

多年生观叶植物。硕大的圆形叶片有较深的叶脉，秋季叶色会转变为红色。春季叶片长出前，多毛的茎枝上会盛开一簇簇白色或淡粉色的花朵。

↕ 1.2 m ↔ 60 cm

💧 ❄❄❄ H6

多年生植物，大型

大麻叶泽兰

株型高大的直立多年生植物。红色茎干上长有硕大的全裂叶片。从夏末至初秋，一簇簇毛茸茸的粉紫色花朵盛开。

↕ 1.5 m ↔ 1.2 m

💧 ❄❄❄ H7 🐝 ✿

多年生植物，大型

紫红花泽兰

直立多年生植物。略带紫色的绿色茎枝上长有椭圆形的粗糙叶片。夏末至初秋开蓬松的淡紫红色花朵。

↕ 2.2 m ↔ 1 m

💧 ❄❄❄ H7 ✿

多年生植物，大型

槭叶蚊子草

直立多年生植物。绿色叶片带有较深的缺刻。夏末开花，大簇圆锥花序着生于高大挺拔、叶片茂密的花枝顶端，小花为鲜艳的红紫色。

↕ 1.2 m ↔ 60 cm

💧 ❄❄❄ H5 ✿

多年生植物，大型

红花蚊子草

直立多年生植物。叶片大，散发出芳香，复叶，缺刻全裂，分成边缘呈不规则锯齿状的绿色小叶。仲夏开粉色小花，花序似羽毛，花色会变淡。

↕ 2.5 m ↔ 1.2 m

💧 ❄❄❄ H5 ✿

多年生植物，中型

紫萼路边青

圆形的绿色叶片呈莲座状。晚春至夏季开花，粉色至深橙色的钟形小花着生于细长的枝条顶端，花朵下垂。可自播繁殖，但扩散得很慢。

↕↔ 60 cm

💧 ❄❄❄ H7 🐝

多年生植物，小型

蕺菜‘变色龙’

生长旺盛的落叶多年生植物。绿色心形叶片上散布着黄色和红色斑点，散发出芳香。夏季，植株盛开小型白绿色花。具有入侵性。

↕ 10 cm ↔ 不定

❄❄❄ H6

多年生植物，中型

花菖蒲‘水晶光环’ 🏆

直立丛生型多年生植物。叶带状下垂，绿色。花硕大，深紫色或紫红色，边缘带白色花边，外花被片具黄斑，初夏至仲夏开放。

↕ 90 cm ↔ 60 cm

❄❄❄ H6 ⓘ

多年生植物，中型

西伯利亚鸢尾‘蓝色镶边’ 🏆

直立丛生型多年生植物。叶剑形，蓝绿色。花朵硕大，有蓝色、粉色、白色和黄色，春末至夏初开放。‘蓝色镶边’（上图）的花呈淡黄色，带淡蓝色斑。

↕↔ 1 m

❄❄❄ H7 ⓘ

多年生植物，中型

红花半边莲 🏆

落叶多年生植物。光滑的绿色叶片狭长。夏季开花，穗状花序，高大的花茎上盛开着绯红色双唇花。植株有毒，在处理时应佩戴手套。

↕ 75 cm ↔ 23 cm

❄❄ H3 ⓘ ✽

多年生植物，中型

蓝花半边莲

直立多年生植物。浅绿色叶片狭长呈披针形。花期从仲夏至夏末，穗状花序高大，蓝色双唇花朵呈管状。

↕ 1 m ↔ 23 cm

❄❄❄ H5 ⓘ ✽

多年生植物，中型

变色鸢尾

直立丛生型多年生植物。带状叶片弯曲呈拱形。初夏盛开蓝紫色花。可以种植在沼泽或浅水中。

↕ 80 cm ↔ 不定

❄❄❄ H7 ⓘ

乔木，大型

北美枫香

落叶乔木。树冠呈圆锥形，深绿色的叶片光滑硕大，具浅裂缺刻，秋季叶色会转变成橙色、红色或紫色。宜栽种在稍微远离池塘的地方。

↕ 25 m ↔ 12 m

❄❄❄ H6

多年生植物，中型

矮桃 🏆

生长旺盛的丛生型多年生植物。枝条伸展，绿色叶片狭长呈披针形。夏末开花，大量的白色小花组成长长的穗状花序。

↕↔ 1 m

❄❄❄ H6 ✽

多年生植物，中型

小头蓼‘红龙’

蔓生型多年生植物。心形的红绿色叶带有银色和青铜色的斑纹。仲夏会开出微小的白色花。秋季要剪掉开过花的茎干。

↕ 70 cm ↔ 1 m

❄❄ H4

多年生植物，大型

绮丽随意草

直立多年生植物。绿色叶片呈披针形，叶缘带锯齿。夏末开花，玫瑰红色至紫色的双唇花像一顶顶小帽子，组成穗状花序。

↕1.2 m ↔ 60 cm

H7

多年生植物，大型

巨伞钟报春

从生型多年生植物。绿色叶片呈椭圆形。夏季开花，一簇簇形似铃铛的花朵悬挂在修长的茎枝上，散发芳香。及时摘除已经凋谢的花朵。

↕1.2 m ↔ 1 m

H7

多年生植物，小型

日本报春

椭圆形的浅绿色叶片呈莲座状，叶缘有锯齿。初夏，茎枝上盛开红色管状花。‘米勒的绯红色’（AGM，上图）的花色为浓郁的粉红色。

↕↔ 45 cm

H6

多年生植物，中型

高穗花报春

从生型多年生植物。绿色的椭圆形叶片呈莲座状。晚春开花，修长茎枝的叶片上生出顶端尖细的锥形双色（蓝紫与深红渐变）花序。

↕60 cm ↔ 30 cm

H5

多年生植物，大型

天蓝鼠尾草

分枝较多的直立多年生植物。叶片略带黏性，椭圆形至披针形，叶缘有锯齿。夏末至秋季，纯蓝色的双唇花朵盛开。需设置支撑物，秋季覆盖根部区域。

↕2 m ↔ 90 cm

H4

多年生植物，大型

加拿大地榆

从生型多年生植物。叶片全裂，秋季叶色会由绿色变为红色。夏末至初秋，强壮的茎干上开大量白色花朵，形成直立的穗状花序，像是一把把瓶刷。

↕2 m ↔ 60 cm

H7

乔木，大型

落羽杉

落叶乔木，裸子植物，树冠圆锥形。羽状叶绿色，深秋落叶之前转黄（上图）。椭圆形球果小，果期夏季。

↕40 m ↔ 9 m

H7 pH

多年生植物，中型

杂交金莲花

直立从生型多年生植物。深绿色的浅裂叶片有锯齿。晚春至初夏开花，半重瓣的碗形花朵与毛茛科植物的花非常相似。‘柠檬皇后’（上图）的花色为浅黄色。

↕60 cm ↔ 45 cm

H7

适生于池塘的植物

五彩缤纷的水生植物倒映在波光粼粼的池塘中，营造出一处处美观的景象。

在花园里打造一个池塘，无论是小巧玲珑的水池还是供野生生物栖息的生态池塘，都是增加花园生物多样性，营造宁静、凉爽、迷人景观的好方法。可以选用叶片轮廓突出又各具特色的植物，再点缀上一抹色彩，比如明亮的驴蹄草和紫色鸢尾；或者选择色彩稍淡的睡莲和蓝色梭鱼草。在种植时要留意植物标签上的推荐种植深度，因为有些植物喜欢根部完全被水淹没，而有些则更适应浅水环境。切勿将池塘里的水、植物或动物排入自然水道，因为许多外来物种在野外可能具有入侵性。

水生植物，中型

菱叶拔毒散‘红龙’

落叶蔓生型多年生水生植物。明亮的绿色硕大叶片呈椭圆形浮于水面。夏季开淡粉色至白色的小花，花序修长多分枝。

↕ 75 cm ↔ 45 cm

❄❄❄ H7

多年生植物，小型

水芋

落叶或半常绿蔓生型多年生植物。深绿色叶片光滑，呈心形。晚春开花，白色花朵硕大，有佛焰苞，花朵凋谢后会长出红色或橙色的小浆果。

↕ 25 cm ↔ 30 cm

❄❄❄ H7 ⓘ

多年生植物，小型

驴蹄草

落叶多年生水畔植物。绿色叶片呈圆形或心形。春季开花，笔直的茎干上盛开着一簇簇金黄色的杯状花，花朵生于叶片之上。亦适用于水岸景观。

↕ 40 cm ↔ 45 cm

❄❄❄ H7

多年生植物，小型

重瓣花驴蹄草

深绿色叶片呈圆形，夏季盛开一簇簇明亮的金黄色重瓣花。作为观赏植物，亦适用于水岸景观。

↕ ↔ 25 cm

❄❄❄ H7

水生植物，中型

金鱼藻

落叶沉水植物。枝条细长，匍匐生长，深绿色叶片似羽毛般柔软。夏季开白色小花。有助于保持池塘水质清洁，为水中的野生动物提供掩蔽。

↔ 不定

❄❄❄ H5

水生植物，中型

风车草

丛生型多年生草本植物，岸边水生莎草，可通过地下根茎横向生长。茎直立，叶辐射状，似伞骨。花小，绿色，夏季开放。在易受霜冻侵袭地区需加以保护，但在温室中生长良好。

↕ ↔ 90 cm

❄❄ H3

多年生植物，小型

窄叶羊胡子草

蔓生型多年生水畔植物。绿色叶片呈线形。夏季在修长的茎干上长出毛茸茸的白花。将其种在池塘篮中，以免其肆意生长。

↕ 30 cm ↔ 不定

❄❄❄ H7 pH

多年生植物，中型

斑锦燕子花 🏆

直立丛生型多年生水畔植物。剑形叶片带有白色或绿色条纹。蓝紫色花朵在夏季盛开，有时在初秋可以二次开花。

↕ 1 m ↔ 50 cm

❄❄❄ H6 ⓘ

多年生植物，大型

黄菖蒲

直立丛生型多年生水畔植物。叶剑形，呈拱形下垂，绿色。花茎粗壮，花亮黄色，外花被片具褐色斑纹，仲夏开放。

↕ 1.5 m ↔ 不定

❄❄❄ H7 ⓘ ✿

多年生植物，中型

变色鸢尾

直立丛生型多年生水缘植物。叶片呈剑形。初夏，茎干上盛开蓝紫色花朵。‘侦探小说’（上图）的花为白色，花瓣边缘呈紫色，并有紫色脉纹。

↕ 80 cm ↔ 不定

❄❄❄ H7 ⓘ

多年生植物，小型

螺旋灯心草

常绿多年生水畔植物或沼生植物。螺旋扭曲的管状茎干上无叶片，常呈匍匐生长。夏季会开褐绿色的小花，花谢后极易结籽。

↕ 30 cm ↔ 60 cm

❄❄❄ H7 ✿

水生植物，小型

睡菜

多年生水畔植物。从浮在水面上的匍匐状茎基部长出分成三片小叶的叶片。早春，樱桃红色的花苞开出一簇簇白色的带穗边的小花。

↕ 23 cm ↔ 不定

❄❄❄ H7 ✿

多年生植物，中型

猩红猴面花 🏆

蔓生型多年生水畔植物，常作为一年生植物栽种。绿色小叶片上长有细茸毛，边缘带有锯齿。夏季至初秋开大量鲜艳的猩红色花。

↕ 90 cm ↔ 60 cm

💧❄❄ H4

水生植物，大型

欧亚萍蓬草

长势旺盛的沉水型多年生水生植物。茎枝蔓延生长，绿色的圆形叶片漂浮在水面上，与睡莲十分相似。夏季，茎干上会开出散发着酒香味的花朵，花形与毛茛的相近。

↔ 1.5 m

❄❄❄ H7 🐝

水生植物，大型

睡莲‘桃之光’

落叶多年生水生草本植物。叶绿色。浮于水面。花茎高于水面，花朵硕大呈杯状，初期黄色，后变为桃红色，夏季开放。适用于中型水池。

↕ ↔ 2 m

❄❄❄ H5

水生植物，小型

红花矮睡莲

多年生水生植物。圆形的绿色叶片漂浮在水面上，叶片下面为红色，带有紫色斑点。玫瑰红色的杯状花可以从仲夏一直开到夏末，随着花朵逐渐成熟，花色会变为酱紫红色。

↔ 40 cm

❄❄❄ H5

水生植物，小型

金棒芋

落叶沉水型多年生植物。蓝灰色的叶片漂浮在水面上。春季开花，金黄色和白色的穗状花序形似铅笔。有助于保持池塘的水质清洁。

↕ 45 cm ↔ 75 cm

❄❄❄ H5

多年生植物，中型

梭鱼草 🏆

直立型多年生水畔植物。绿色的矛形大叶片表面光滑。夏末，粗壮的茎干上长出花朵浓密的蓝色穗状花序。'晨曲' 开白色花朵。

↕ 75 cm ↔ 45 cm

❄❄❄ H5 ✽

水生植物，小型

小水毛茛

可制造氧气的开花植物，有助于保持池塘的水质清洁。叶片形似小垫子，边缘带锯齿，叶形与常春藤的相近。花朵白色，花心黄色。

↕ 1 cm ↔ 不定

❄❄❄ H7 ! 🐝

多年生植物，中型

松叶毛茛

蔓生型多年生水畔植物。叶片狭窄，呈矛形。夏季开花，坚硬细长的茎枝上生出大量的黄色单瓣花朵。渗出的汁液对皮肤有刺激性。

↕ 70 cm ↔ 75 cm

❄❄❄ H7 ! 🐝

多年生植物，小型

两栖蓼

多年生水畔植物。深绿色叶片呈披针形，漂浮在水面上。仲夏至秋季，矮粗的茎干上长出圆锥状的粉色花序，花谢后结出光滑的棕褐色果实。

↕ 30 cm ↔ 2 m

❄❄❄ H7 🐝

多年生植物，大型

宽叶慈姑

长势旺盛的多年生水畔植物。细长如箭的绿色线形叶片颇具观赏性。夏季，在无叶的茎枝上会盛开白色的三瓣花朵，花心为黄色。

↕ 1.5 m ↔ 60 cm

❄❄❄ H6

多年生植物，小型

慈姑

多年生水畔植物。笔直的绿色箭形叶片颇具观赏性。夏季，一簇簇带有深紫色花心的白色三瓣花盛开。

↕ 45 cm ↔ 30 cm

❄❄❄ H6

多年生植物，中型

沼泽三白草

多年生水畔植物。心形的绿色叶片丛生。夏季开花，花枝纤细、修长，花色为奶白色。具有很强的入侵性。

↕ 1 m ↔ 不定

❄❄❄ H7

多年生植物，大型

沼生水葱

高大挺拔的直立多年生水生植物。茎枝蔓延伸展，茎干光滑，无叶片。夏季会生出棕褐色的花头。

↕ 1.5 m ↔ 不定

❄❄❄ H7

多年生植物，大型

水烛

高大挺拔、长势旺盛的丛生型多年生水畔植物。线形叶片弯曲呈拱形。夏季，细长的茎干上生出深棕色的花头，外形像香肠。为限制其肆意蔓延生长，应将其种植在大型池塘专用的种植篮中。

↕ 1.5 m ↔ 不定

❄❄❄ H7 ✽

多年生植物，大型

宽叶香蒲

株型高大、长势旺盛的多年生水畔植物。线形叶片修长。夏季植株会长出深棕色的花头，外形似香肠，极具观赏性。具有入侵性。

↕ 2.5 m ↔ 60 cm

❄❄❄ H6 ✽

多年生植物，中型

小香蒲

多年生水畔植物。绿色线形叶片。夏末，植株会长出大量的带有黑色的棕褐色花序，花序较短小，外形似香肠。

↕ 60 cm ↔ 30 cm

❄❄❄ H6 ✽

多年生植物，大型

再力花

常绿多年生水畔植物。灰绿色的卵圆形叶片大而狭长，上面覆盖着一层白粉。夏季，细长的茎枝顶端会开出紫色的小花。

↕ 1.5 m ↔ 60 cm

❄ H2

多年生植物，中型

马蹄莲‘绿女神’ 🏆

半常绿多年生水畔植物。叶片大，深绿色。夏季开花，像草帽一样的佛焰苞的喉部散布着白色和黄色的斑点，中心部位为肉穗花序。

↕ 1 m ↔ 60 cm

❄❄ H4 ⓘ ✽

焦点植物：睡莲

睡莲是所有水生植物中最绚丽夺目的，因其夏日盛开的硕大且多彩的花朵和极具观赏性的叶片而备受推崇。

睡莲是池塘和水池中的颜值担当。在整个夏季，它们绚丽的花朵和圆润的叶片营造出层层叠叠的色彩。除了具有观赏价值，睡莲在水生生态系统中也发挥着重要作用——其宽大的叶片有助于调节水温，并为栖息的动植物抵御害虫和捕食者。选购时要查看植物标签上标注的最终生长范围，以确保它适合你的池塘大小和深度。在冬季气温低于 0℃的地区，需选择温室培育的热带睡莲，这类睡莲的花朵高出水面，色彩丰富多样，目前耐寒的蓝花和紫花杂交品种已经上市。多数睡莲适宜生长在 45 ~ 120 cm 的水深范围，矮生品种则能在 30 cm 以下的浅水区茁壮成长。睡莲喜欢阳光充足且远离喷泉和瀑布的静水环境。

睡莲的应用

虽然睡莲可以接受轻度的遮阴，但是在全日照条件下它们的花朵才能达到最佳的盛开状态。新栽种的睡莲的花朵需要经过 1 ~ 2 年才能达到完全开放的尺寸，每隔 4 ~ 5 年进行分株，以保持植株的生长活力。

微型池塘　小型矮生睡莲品种适合种在防漏的露台容器中，如装有池塘衬垫的半桶。

野趣池塘　在火热的夏季，睡莲的叶片可以降低水温，为池塘中的野生动物提供遮阴保护。而且它们有助于抑制海藻的生长，保持水质清洁、健康，水中的氧气含量充足。

规则式池塘　将一两株睡莲作为园景植物种植在一个高台式水景中，可以为一座规则式庭院设计增添几分优雅的韵味。

睡莲类型

小型睡莲　这类睡莲适宜种植在小型池塘和水景中，它们喜欢浅水的环境，种植深度一般在 30 ~ 45 cm。品种有粉红色的‘大绿雀’（顶图）和淡黄色的‘矮海尔芙拉’（上图），这两个品种最终的伸展冠幅可达 90 cm。

中型睡莲　如果你拥有一个较深的中型池塘，或计划在一个大型池塘中种植很多植物，那么这类睡莲是非常理想的选择。中型睡莲的种植深度为 60 ~ 100 cm，‘黄乔伊’（顶图）和‘埃斯卡布克勒’（上图）最终的伸展冠幅可达 1.5 m。

大型睡莲　这类睡莲需要的种植深度达 1 ~ 2 m，植株的最终伸展冠幅超过 1.8 m，所以仅适用于大型池塘和湖泊。‘吸引力’（顶图）花朵为白色和粉色，白睡莲（上图）在夏季会盛开紫白色花朵，花形很大。

适合用作花园边界、树篱和防风墙的植物

植物可以成为漂亮迷人的景观屏障，分隔出相对独立的空间，或者用花朵和树叶标示出边界。

可选择传统、修剪整齐的紫杉或鹅耳枥作为外墙的边界，或选择更随性的榛树、竹子或山楂等。能开出艳丽花朵的树篱植物包括薰衣草、月季和倒挂金钟，它们不仅观赏期长，还能吸引传粉昆虫和其他野生动物。树篱既能防范入侵者，还有助于减轻污染、缓解夏季高温以及减轻暴洪带来的影响，尤其是在城市里。黄杨是打造小型树篱最实用的植物之一，几个世纪以来一直备受推崇，但由于病虫害问题，在许多地区的种植具有挑战性，因此不再推荐（见第 162~163 页）。

灌木，大型

大花六道木‘马焦雷湖’
落叶或半常绿拱形灌木。叶卵形，幼叶青铜色，成熟叶绿色。仲夏至秋季盛开大量白色带淡粉色的喇叭形花朵。春季修剪。

↕3 m ↔ 4 m

❄❄❄ H5

灌木，中型

豪猪刺
常绿灌木。枝叶繁盛茂密，卵形叶片深绿色，茎干多刺。晚春盛开黄色花朵，花谢后会结出蓝黑色果实。夏季，在花朵凋谢后可进行轻度修剪。

↕2.5 m ↔ 3 m

❄❄❄ H5 (!)

灌木，大型

狭叶小檗
常绿多刺灌木。树形为拱形，狭窄的深绿色叶片具刺，背面为蓝灰色。春季植株会开黄色小花，花朵凋谢后会生出蓝黑色的小果实。夏季，在花朵凋谢后可进行轻度修剪。

↕3 m ↔ 5 m

❄❄❄ H5 (!)

乔木，大型

欧洲鹅耳枥
深绿色卵形叶片带叶脉，秋季叶色变为黄色或橙色，冬季茎干上仍挂着枯叶。晚春开绿色柔荑花序。仲夏修剪。

↕25 m ↔ 20 m

❄❄❄ H7

灌木，大型

欧洲山茱萸
落叶灌木。秋季卵形绿叶的叶色会变成紫色。冬季至初春，还未长出叶片的嫩枝上会开黄色小花，花谢后结果，果实可食用。初夏修剪。

↕↔ 5 m

❄❄❄ H6

灌木，中型

多枝秋叶果‘银魅’
常绿直立灌木。株型紧凑，分枝多。叶卵形，正面灰色，背面银色。花小，黄色，春季开放。浆果红色，果期秋季。耐修剪。

↕1.5 m ↔ 1 m

❄❄ H4

灌木，大型

欧洲榛
株型高大，树冠伸展。绿色叶片呈圆形，有深深的叶脉，秋季叶色会转变成黄色。春季开花，柔荑花序黄色，秋季会结出可食用的坚果。

↕↔ 5 m

❄❄❄ H6

乔木，小型

单柱山楂
落叶乔木。茎具刺，绿色叶浅裂，早春萌发新叶，随后开花。花量大，白色。定期修剪可形成致密、规则的树篱。

↕↔ 8 m

❄❄❄ H7 (!)

乔木，大型

莱兰柏‘城市’
生长旺盛的直立针叶树，与其他品种相比生长速度略慢。金色叶片上略带古铜色。每年初秋进行修剪以控制植株的长势。

↕25 m ↔ 4 m

❄❄❄ H6 (!)

灌木，大型

大叶胡颓子‘卡斯尔韦伦’

长势旺盛的常绿灌木。深绿色叶片为宽椭圆形，叶面覆盖一层银粉。夏末进行修剪。类型繁多，色彩斑斓，‘金边’为常用品种。

↕↔ 5 m

❄❄❄ H5

乔木，大型

枸骨叶冬青

生长较缓慢的常绿乔木。深绿色叶片具光泽，并且被长而尖的刺“武装”起来。秋季会结红色浆果。夏末用修枝剪进行修剪。

↕ 20 m ↔ 6 m

❄❄❄ H6 (!)

灌木，中型

南美鼠刺‘苹果花’

株型紧凑，叶片较小，光滑、革质，叶色为深绿色。初夏至仲夏在枝叶稠密的茎枝上开满粉红色花，花量极为丰富。

↕↔ 2.5 m

❄❄ H4

灌木，大型

杂交连翘

落叶灌木。冬末至初春，在绿色小叶片还未长出时，茎枝上会盛开黄色花朵。春季花朵凋谢后修剪。‘变种林伍德’（上图）深受人们的喜爱。

↕↔ 3 m

❄❄❄ H5

灌木，大型

齿叶冬青

常绿灌木。株型低矮、紧凑、整齐。叶缘光滑或有锯齿，卵形，革质，深绿色。花小，白色，夏季开放。花后结黑色浆果，光滑。

↕↔ 5 m

❄❄❄ H6 (!)

灌木，中型

冬青卫矛‘小叶银边’

株型低矮紧凑。叶片狭椭圆形，具锯齿，黑绿色，叶缘有明显白色斑纹。易修剪成致密、低矮、规则的树篱。

↕↔ 1 m

❄❄❄ H5 (!)

灌木，中型

粉花倒挂金钟

落叶直立灌木。披针形绿色小叶片。夏季至初秋，弯曲呈拱形的枝条上悬挂着淡粉色花朵。春季修剪成树篱状。

↕↔ 2 m

❄❄ H4

灌木，小型

薰衣草

枝叶茂密的常绿矮灌木。银灰色叶片纤细修长，散发出芳香。夏季开花，穗状花序，紫罗兰色或蓝色的小花芬芳四溢。冬末修剪。

↕ 80 cm ↔ 60 cm

❄❄❄ H5

乔木，大型

欧洲水青冈

落叶乔木。绿色叶片为椭圆形，叶缘起伏似波浪，带有纹理；秋季，叶色会变成橙褐色，如果经常修剪，整个冬季会一直保持这个颜色。

↕ 25 m ↔ 15 m

❄❄❄ H6

灌木，大型

滨南茱萸

长势迅猛的常绿灌木。椭圆形的绿色叶片为革质。适宜在沿海地区栽种；作为树篱使用时，可在夏季用修枝剪进行轻度修剪，避免损伤叶片。

↕ 8 m ↔ 5 m

❄❄❄ H5

灌木，中型

忍冬

常绿灌木。枝条繁茂浓密，弯曲呈拱形的嫩枝上布满细小的深绿色叶片。春秋可定期修剪。‘巴格森的金色’（上图）的叶片为金黄色。

↕ 2 m ↔ 3 m

❄❄❄ H6 (!)

灌木，大型

萨金特海棠

落叶灌木。枝条蔓延伸展呈拱形。仲春盛开白色或粉红色的花，花朵凋谢后结果，果实小，红色或黄色，呈现出秋季特色景观效果。冬末修剪。

↕4 m ↔ 5 m

❄❄❄ H6

灌木，大型

伯克伍德木樨

枝叶稠密的常绿灌木。叶面光滑呈深绿色。春季中后期开始开花，白色的小花散发出浓郁的芳香，花量繁多。花后修剪。

↕↔ 3 m

❄❄❄ H5

灌木，大型

狭叶总序桂

常绿灌木。株型紧凑，圆形，枝叶繁茂。叶细长，深绿色。花乳黄色，具芳香，春末开放。耐修剪，宜布置在海滨花园中。

↕3 m ↔ 2 m

❄❄❄ H5

灌木，大型

红叶石楠‘红罗宾’

枝叶稠密的常绿灌木。暗红绿色的叶片有光泽，幼叶为亮红色。具观赏性，春季用修枝剪进行修剪，夏季可再次修剪。

↕↔ 5 m

❄❄❄ H5

灌木，大型

粉绿竹

常绿丛生型竹子。竹秆为绿棕色，成熟后转变为黄绿色。叶片细长呈线形，亮绿色。春季应摘除枯枝败叶，砍掉老秆。

↕8m ↔ 不定

❄❄❄ H5

灌木，中型

极地罗汉松

裸子植物，植株生长茂密，呈阔圆形。深绿色叶片狭窄。耐修剪，可逐渐形成整洁低矮的树篱。偶尔结红色小果。

↕↔ 2 m

❄❄❄ H5

灌木，大型

桂樱

枝叶稠密的常绿灌木。深绿色叶片大而光滑。春季会长出穗状花序，开白色小花，花朵凋谢后结红色果实，果实会变黑。春季修剪。

↕8 m ↔ 10 m

❄❄❄ H5

灌木，大型

卢李梅

常绿灌木。叶片大而光滑。初夏开白色小花，纤细的穗状花序散发出芳香，花朵凋谢后结深紫色果实。晚春修剪。

↕↔ 10 m

❄❄❄ H5

灌木，大型

火棘‘莫哈维’

枝叶繁茂的常绿灌木。暗绿色小叶，茎干多刺。初夏开白花，花朵凋谢后结橙红色浆果。可在春季和夏末将植株修剪成规则的树篱。

↕↔ 4 m

❄❄❄ H5

灌木，中型

绯红茶藨子

落叶灌木。叶片形似常春藤叶，缺刻浅裂。春季，枝条上垂下一簇簇红色花朵，结蓝黑色的果实，果实被白霜。春季花朵凋谢后修剪。

↕2 m ↔ 2.5 m

❄❄❄ H6

灌木，中型

粉绿叶蔷薇

茎干为暗红色，弯曲呈拱形，叶片呈灰紫色。夏季开单瓣玫瑰粉色花朵，花心颜色逐渐变淡，秋季花朵凋谢后结出红色果实。冬末修剪。

↕2 m ↔ 1.5 m

❄❄❄ H7

灌木，中型

日本月季

落叶灌木。根蘖发达，易成丛。叶有光泽。花单瓣，深粉色或白色，芳香，夏季开放。果实色彩鲜艳，果期秋季。可能具有入侵性。

↕↔ 1.5 m

💧❄❄❄ H7 🐝

灌木，中型

杜勒布毛核木

落叶灌木。枝叶繁茂，叶小而圆，深绿色。夏季开略带绿色的白花，花朵凋谢后结出白色的圆形果实。可用作自然风格的树篱；早春修剪。

↕ 2 m ↔ 不定

💧❄❄❄ H7 ⓘ ✽

乔木，大型

欧洲红豆杉 🏆

枝叶繁茂的常绿乔木。针状叶深绿色。秋季结红色浆果。春季和夏季对植株进行修剪，可耐重剪。

↕ 15 m ↔ 10 m

💧❄❄❄ H7 ⓘ

灌木，小型

欧洲红豆杉‘波状’ 🏆

常绿裸子植物。株型低矮，分枝多。叶纤细茂密，深绿色。为优良的地被树种，也可修剪成低矮的树篱，尤其适合种在阴凉处。

↕ 50 cm ↔ 3 m

💧❄❄❄ H7 ⓘ

乔木，大型

北美香柏

常绿针叶树。鳞状叶呈扁平状伸展，叶色为黄绿色，背面叶色变淡或呈灰绿色。球果为黄绿色，成熟后颜色变成棕褐色。初秋修剪。

↕ 15 m ↔ 5 m

💧❄❄❄ H7 ⓘ

乔木，大型

北美乔柏

常绿针叶树。叶片深绿色，呈鳞片状，叶面光滑，叶片碾碎后会散发出似菠萝般的香味。绿色的球果成熟后转变为棕褐色。可用作规则式树篱；初秋进行修剪。

↕ 30 m ↔ 8 m

💧❄❄❄ H6 ⓘ

乔木，大型

欧洲小叶椴

落叶乔木。深绿色叶片呈心形，叶面光滑，秋季叶片颜色会转变为黄色。夏季盛开黄白色小花。夏季修剪。

↕ 30 m ↔ 12 m

💧❄❄❄ H6 🐝

乔木，大型

异叶铁杉 🏆

常绿针叶树。枝条下垂，长有扁平的针状叶，叶色深绿，叶下有银色条纹。绿色的球果成熟后变为深褐色。初秋修剪。

↕ 30 m ↔ 10 m

💧❄❄❄ H6

灌木，大型

地中海荚蒾

枝叶繁茂的常绿灌木。深绿色叶片呈椭圆形。冬末及整个春季为盛花期，粉红色花蕾完全绽开后为白色小花，花序顶端扁平。花期过后可进行修剪。

↕↔ 3 m

💧❄❄ H4 ⓘ 🐝 ✽

适合栽种在树篱、墙垣及栅栏旁边的植物

可在墙垣和栅栏旁种植植物，用花朵和绿叶软化坚硬冰冷的表面，而树篱则为五彩斑斓的花朵提供了一个枝叶繁茂的背景。

靠近人工垂直墙面的土壤可能处于遮雨区，即便遭遇倾盆大雨，也会保持干燥。同样，树篱植物会吸收大量水分，导致其周边的土壤变得干燥。能适应这些环境的耐旱植物与适合沙质土壤的植物相同，包括来自多岩石地区的艾蒿和醉鱼草，以及来自地中海地区的常绿大戟和迷迭香等品种。向阳的朝南墙面也是许多娇弱植物的理想生长地，能为它们提供所需的热量和庇护，使其在较冷的气候条件下全年都能在户外存活。

多年生植物，大型

茴藿香

直立多年生植物。披针形叶片带有甘草的气味。夏末开花，会长出蓬松、毛茸茸的淡紫蓝色穗状花序。

↕ 1.2 m ↔ 30 cm

H3

多年生植物，大型

杂交银莲花

多分枝的直立多年生植物。深绿色叶片缺刻全裂。夏末至秋初开花，花朵白色或粉色。‘夏洛特皇后’（AGM，上图）的花色为淡粉色。

↕ 1.2 m ↔ 不定

H7

多年生植物，小型

红花蝶须

半常绿多年生植物。枝条蔓延伸展，密集丛生成垫状，茸毛状的叶片细小呈卵圆形。晚春至初夏开花，毛茸茸、蓬松的玫瑰粉色花头呈小簇状盛开。非常适宜种植在树篱底下。

↕ 15 cm ↔ 30 cm

H5

灌木，大型

总序金雀花

落叶灌木。树冠圆形，叶片为灰绿色，复叶，全裂，小叶展开时覆有丝状软毛。夏末开花，黄色穗状花序散发出菠萝香味。喜欢酸性土壤。

↕↔ 4 m

H5 pH

多年生植物，大型

银叶艾

枝叶繁茂，叶片披针形，边缘锯齿状，叶色为银灰色，叶面覆盖一层茸毛，散发出芳香。夏季，棕黄色的小花组成纤细修长的羽状花序。

↕ 1.2 m ↔ 60 cm

H6

多年生植物，大型

白波菊

株型高大、多分枝。灰绿色叶片呈线形，夏末开花，一朵朵形似雏菊的白色小花竞相绽放。春季应将茎干剪去三分之一以防植株倒伏。

↕ 2 m ↔ 1 m

H6

灌木，大型

互叶醉鱼草

生长旺盛的落叶灌木。茎枝呈拱形，叶片狭窄，叶色为灰绿色。初夏开花，紫色花朵簇生成长长的花序，散发芳香。

↕↔ 4 m

H6

球根植物，中型

异色仙灯

叶片为灰绿色，线形。初夏开白色、黄色、紫色或红色的杯状花朵，每片花瓣上都有一个带黄色镶边的深红色斑点。

↕ 60 cm

H4

多年生植物，大型

阔叶风铃草

绿叶呈椭圆形，边缘呈锯齿状。夏季，长长的成串紫色管状花盛开。及时摘除凋谢的花头；喜碱性土壤。品种有‘布兰特伍德’（上图）。

↕ 1.2 m ↔ 60 cm

💧 ❄❄❄ H7 🐝 ✿

灌木，中型

树银莲花

枝叶茂密的常绿灌木。叶片纤细、光滑，深绿色。初夏至仲夏开白色花，带有黄色花心，散发出芳香。

↕ 2 m 或更高 ↔ 2 m

💧 ❄❄ H4

灌木，中型

美洲茶‘黑暗星球’ 🏆

蔓生型常绿灌木。叶片呈椭圆形，深绿色。晚春开花，一簇簇深蓝紫色的圆形花头挂在弯曲呈拱形的茎枝上。

↕ 2 m ↔ 3 m

💧 ❄❄ H4 ✿

灌木，小型

华丽木瓜 🏆

落叶多刺灌木。春季，盛开红色、粉色、橙色或白色的杯状花朵。会结可食用的黄色果实。‘猩红与金黄’（上图）盛开橙红色的花。

↕ 1 m ↔ 2 m

💧 ❄❄❄ H6 (!) 🐝

球根植物，小型

常春藤叶仙客来

多年生草本植物。植株低矮，具块茎。叶片银绿色，花粉红色或白色，秋冬开放。在向阳处和背阳处都能茁壮成长，尤其适合种在树篱下。

↕ 10 cm

💧 ❄❄❄ H5 (!)

多年生植物，大型

阿尔巴尼亚大戟

常绿直立亚灌木。茎高大，叶纤细，灰绿色，第一年只长叶。黄绿色穗状花序醒目硕大，翌年春季开放。

↕↔ 1.2 m

💧 ❄❄ H4 (!) 🐝

灌木，大型

法兰绒花‘加州之光’ 🏆

生长旺盛的常绿或半常绿乔木状灌木。叶片呈圆形，浅裂，深绿色。晚春至仲秋开碟形大花，花色为亮黄色。

↕ 6 m ↔ 4 m

💧 ❄❄ H4 (!)

多年生植物，中型

大花天人菊

枝叶繁茂但寿命短暂，叶片纤细。花量繁多，仲夏至初秋开红色大花，形似雏菊，花瓣尖端呈黄色。需要定期摘除凋谢的花头。品种有矮生型‘小鬼’（上图）。

↕ 90 cm ↔ 45 cm

💧 ❄❄❄ H5 🐝 ✿

灌木，大型

银穗树

枝叶稠密的常绿灌木。灰绿色叶片革质，叶缘呈波浪状起伏。仲冬至早春开花，枝条上挂满灰绿色的柔荑花序。花序凋谢后再修剪。

↕↔ 4 m

💧 ❄❄ H4 ✿

多年生植物，小型

巨根老鹳草

半常绿多年生植物。茎枝匍匐生长，圆形叶带有较深的浅裂缺刻，散发着芳香。初夏开品红色小花，花量繁多。仲夏修剪枝叶。

↕38 cm ↔ 60 cm

💧❄❄❄ H7

多年生植物，中型

德国鸢尾‘伊迪丝·沃尔福德’

株型高大的直立多年生植物。灰绿色叶片呈剑形。晚春开淡黄色花，花瓣下部为蓝紫色。栽种时应将块茎放置在土壤表面。

↕90 cm ↔ 60 cm

💧❄❄❄ H7 ⓘ

多年生植物，大型

向日葵‘柠檬皇后’🏆

长势旺盛的直立多年生植物。茎干粗壮，多分枝，深绿色叶片呈椭圆形。夏末至初秋开花，花量繁多，淡黄色花朵带有深黄色花心，花形似雏菊。喜欢肥沃土壤。

↕1.5 m ↔ 60 cm 或更大

💧❄❄ H4 ✿

灌木，大型

木槿🏆

落叶直立灌木。深绿色叶片浅裂缺刻。夏末至初秋开蓝色、紫色或白色的单瓣花，带深色花心。‘瓦索蓝’（AGM，上图）开蓝花。

↕3 m ↔ 2 m

💧❄❄❄ H5

多年生植物，小型

黑叶鸢尾‘玛丽·巴纳德’

丛生型多年生草本植物。植株低矮，叶片草状。花深紫色，花瓣基部有黄色斑纹，具香味，冬季和早春开花。

↕↔ 50 cm

💧❄❄❄ H5 ⓘ ✿

灌木，大型

落基山圆柏

狭窄的直立型针叶树，树形呈圆柱状。鳞片状叶片，叶色明亮，呈钢青色，耐高温。可种植在立墙或树篱前的干燥土壤中；不需要修剪。

↕6 m ↔ 75 cm

💧❄❄❄ H6 ⓘ

灌木，中型

大叶羽扇豆🏆

生长迅速的半常绿蔓生型灌木。初夏，在多毛的淡绿色羽状叶片之上长出短小的穗状花序，纯黄色花朵具芳香。喜沙质土壤。

↕↔ 2 m

💧❄❄ H4 ⓘ

乔木，大型

荷花木兰

常绿乔木。树冠呈半球形，硕大的深绿色叶片具光泽。仲夏至初秋开白色大花，散发着芳香。春季修剪枝叶，保持树形整齐。

↕18 m ↔ 15 m

💧❄❄❄ H5

灌木，大型

星花玉兰

落叶灌木，树冠呈圆形。早春，在纤细的绿叶长出之前开花，覆有丝状软毛的花苞绽放出白色星形花朵，具芳香。

↕↔ 10 m

💧❄❄❄ H6

多年生植物，中型

荆芥‘六座大山’

丛生型多年生植物。狭窄的椭圆形叶片带锯齿，灰绿色，具芳香。夏季开满淡紫蓝色的穗状花序，小花呈管状。夏末修剪枝条。

↕1 m ↔ 1.2 m

💧❄❄❄ H7 🐝

球根植物，中型

鲍登纳丽花

具鳞茎。带状叶片春季萌发，夏季枯萎。花茎直立，花头似蜘蛛，粉色花秋季开放。

↕ 60 cm

💧 ❄❄❄ H5 ⓘ ✽

多年生植物，大型

山桃草 🏆

直立丛生型多年生植物。绿色叶片呈披针形，细高的茎枝上缀满白色的星形花朵，从仲夏盛开至初秋。'锡斯基尤粉色'的花朵是粉红色的。

↕ 1.5 m ↔ 90 cm

💧 ❄❄ H4 🐝 ✽

多年生植物，小型

康布里罂粟

多年生草本植物。叶浅绿色，分裂。花茎纤细，花黄色或橙色，春夏开放。在土壤不太干燥的墙脚、篱笆或树篱底部生长茂盛。

↕ 45 cm ↔ 30 cm

💧 ◑ ❄❄❄ H6

灌木，中型

紫红茶藨子 🏆

枝叶繁茂的落叶灌木。茎干多刺，绿色叶片光滑，浅裂缺刻。仲春，红色管状花悬垂在枝条上，形似倒挂金钟，凋谢后结红色果实。

↕↔ 2 m

💧 ❄❄ H4

灌木，中型

迷迭香

常绿灌木。深绿色针状叶散发出芳香。春季，在繁密的枝叶间盛开蓝色小花。'直立约瑟普小姐'笔直挺拔，株型修长。

↕↔ 1.5 m

💧 ❄❄❄ H5 🐝 ✽

灌木，小型

迷迭香'匍匐'

匍匐生长的常绿灌木。叶片狭窄，带有芳香。春季至初夏盛开一簇簇蓝色小花。适合烹饪食用。

↕ 15 cm ↔ 1.5 m

💧 ❄❄ H3 🐝

乔木，小型

小叶槐'金日之王' 🏆

常绿乔木。长长的枝条上布满卵形小叶片，浓密茂盛。冬末至早春，金黄色的钟形花朵盛开。适宜种植在靠南墙的遮蔽处，长势旺盛。

↕↔ 3 m

💧 ❄❄ H4 ⓘ

多年生植物，小型

绵毛水苏

常绿丛生型多年生植物。叶片柔软呈银灰色。夏季开花，淡紫色或粉色小花形成穗状花序。耐干旱。

↕ 38 cm ↔ 60 cm

💧 ❄❄❄ H7 🐝

球根植物，中型

虎皮花

绿色叶片呈剑形，有褶皱。夏季开花，外层花瓣3枚，花色有红色、粉色、橙色等，花瓣上有色彩对比鲜明的斑点。通常仅盛开一天。不耐寒。

↕ 45 cm

💧 ❀ H1C

灌木，中型

锦带花'斑锦' 🏆

枝叶繁茂的落叶灌木。叶片呈椭圆形，绿色叶片镶有奶油白色边。晚春至夏季开花，花量繁多，粉红色花朵呈漏斗形。

↕↔ 2.5 m

💧 ❄❄❄ H6 🐝

适合墙垣、栅栏及立体绿化的植物

攀缘植物和爬墙灌木最适合用来装饰墙垣和栅栏，它们的花色丰富多彩，叶片纹理、质地及株型极富趣味性，尤为引人注目。

为了延长花卉的观赏期，可以种植花期不同的攀缘植物和爬墙灌木。不妨将盛花期在初夏的藤本月季与晚花铁线莲搭配种植，但要避免将需要不同修剪方法的两种铁线莲种在一起，若春季将晚花铁线莲修剪到仅高出地面的话，可能会误剪早花铁线莲的花朵。虽然诸如五叶地锦等自我固定型的攀缘植物可以通过吸盘或气生根黏附在物体表面，但是其他攀缘植物和爬墙灌木，如藤本月季和苘麻属植物，则需要搭设棚架或使用镀锌铁丝将其固定在垂直墙面等建筑结构上。

灌木，中型

红萼苘麻 🏆

常绿灌木。茎枝长而柔软，深绿色叶片呈心形。夏季枝条上悬挂着红色和黄色的钟形花朵。夏季应引导枝条靠着阳光充足的墙壁生长。

↕↔ 2 m

💧 ❄❄ H3

攀缘植物，大型

狗枣猕猴桃 🏆

落叶缠绕型攀缘植物。木质茎，绿色叶片呈椭圆形，成熟植株的叶片上散布着乳白色和粉红色的斑块。夏季开花，白色小花呈杯状。

↕ 4 m

💧 ❄❄❄ H5

攀缘植物，中型

长花海桐 🏆

常绿缠绕型攀缘植物。茎干木质，绿色叶片狭窄。秋季，绿黄色的钟形小花盛开后，植株会结紫蓝色果实，颇具装饰性。

↕ 2 m

💧 ❄❄ H3

攀缘植物，大型

三角梅 🏆

常绿或落叶攀缘植物。茎多刺，叶绿色。花簇生，真正的花为白色，每朵花通常被 3 枚纸状的粉紫色或红色苞片包围。

↕↔ 8 m

💧 ❀ H1C

攀缘植物，大型

红黄萼凌霄‘印第安的夏天’

落叶攀缘藤本。可靠自身的气生根吸附于他物上。奇数羽状复叶，小叶卵形。花大，簇生，喇叭形，橙黄色，喉部近红色，夏季开放。

↕↔ 8 m

💧 ❄❄ H4

攀缘植物，小型

铁线莲‘安琪莉可’

株型紧凑的落叶铁线莲。叶片绿色。初夏至仲秋开花，花量繁多，淡紫色或蓝色花朵可持续盛开很长时间。可以用来装饰月季拱门、柱子。需保持根部阴凉。

↕ 1.2 m

💧 ❄❄❄ H6 ⓘ

攀缘植物，大型

铁线莲‘比尔·麦肯兹’ 🏆

长势旺盛、花期长的落叶铁线莲。叶片为深绿色。仲夏至秋末开黄色钟形花，近乎蜡质的花瓣十分厚实，花朵凋谢后结出毛茸茸的种荚。

↕ 7 m

💧 ❄❄❄ H6 ⓘ ✽

攀缘植物，中型

银币铁线莲‘雪崩’

常绿攀缘植物。植株枝繁叶茂，叶深裂，有光泽，革质，深绿色，早春萌发。花量大，圆锥花序，花象牙白色，略带绿色。

↕↔ 2.5 m

❄❄ H4

攀缘植物，大型

卷须铁线莲‘威斯利奶油’

常绿攀缘植物。叶小，暗绿色。花量大，花小，铃铛形，奶油色，秋季至翌年春季开放。在遮阴且阳光充足的环境中生长最佳。

↕↔ 4 m

❄❄ H4

攀缘植物，中型

铁线莲‘钻石’

落叶攀缘植物。叶绿色。花大，重瓣，淡紫色略带粉色，花期长，夏季开放。适合种植在背阴处的容器中。保持根部阴凉。

↕↔ 2 m

❄❄❄ H6

攀缘植物，中型

铁线莲‘鲁佩尔博士’

落叶早花型铁线莲。叶绿色。鲜艳的粉红色大花，每片花瓣中央带有深粉色条纹，可以在整个夏季持续盛开。保持根部阴凉。

↕ 2.5 m

❄❄❄ H6

攀缘植物，大型

铁线莲‘紫罗兰之星’

落叶晚花型铁线莲。叶片绿色。仲夏至秋季开花，花量繁多，花头稍平，单瓣的紫罗兰色花朵，雄蕊为乳白色。可以种植在树间，或栅栏、墙垣、藤架附近，让其攀附生长。对根部遮阴和覆盖，保持根部阴凉。

↕ 5 m

❄❄❄ H6

攀缘植物，大型

火焰色铁线莲

落叶铁线莲。深绿色叶片缺刻全裂。夏季至初秋，白色小花像星星般布满枝叶间，散发出似杏仁的香气，凋谢后结出毛茸茸的种子头。

↕ 5 m

❄❄❄ H5

攀缘植物，中型

铁线莲‘弗朗西斯·里维斯’

落叶早花型铁线莲。全裂叶片。春季开钟形的紫罗兰色花朵，带有白色花心，从枝条上低垂下来。对根部遮阴和覆盖，保持根部阴凉。

↕ 3 m

❄❄❄ H6

攀缘植物，中型

铁线莲‘根西奶油’

大花型铁线莲。叶片淡绿色。花淡黄色，花瓣中央有苹果绿色的条纹，夏初开放，初秋常再次开花。适合盆栽。保持根部阴凉。

↕ 2.5 m

❄❄❄ H6

攀缘植物，大型

铁线莲‘冰娇’

长势旺盛的落叶晚花型铁线莲。叶片为绿色，缺刻全裂。仲夏至夏末，植株开满白色小花，花瓣下部呈淡紫色。

↕ 4 m

❄❄❄ H6

攀缘植物，中型

朝鲜铁线莲‘琥珀’

落叶攀缘植物。叶有分裂，绿色。花下垂，重瓣，淡黄色，略带粉色，春季和夏初开放，初秋时可再次开放。喜阳，非常耐寒。

↕↔ 2.5 m

❄❄❄ H6

攀缘植物，大型

铁线莲‘马乔里’

落叶攀缘植物。植株大且生长旺盛。叶有分裂，深绿色。花重瓣，星形，桃粉色，春季至夏初开放。保持根部阴凉。

↕8 m

💧❄❄❄ H5 (!)

攀缘植物，大型

红花绣球藤‘粉玫瑰’ 🏆

长势旺盛的落叶早花型铁线莲。叶片为紫色或绿色。晚春开粉红色小花，中心为乳白色。保持根部阴凉。

↕10 m

💧❄❄❄ H5 (!)

攀缘植物，中型

铁线莲‘蓝珍珠’ 🏆

落叶晚花型铁线莲。叶片绿色。仲夏到秋季开天蓝色大花，中心呈乳绿色，每片花瓣上带有粉色或紫色的条纹。

↕3 m

💧❄❄❄ H6 (!)

攀缘植物，中型

铁线莲‘小鸭’

落叶攀缘植物。夏初开半重瓣或重瓣的淡紫色花。初秋时可再次开花，单瓣，浅紫红色和深紫色相间。保持根部阴凉。

↕↔2 m

💧❄❄❄ H6 (!)

攀缘植物，中型

铁线莲‘戴安娜王妃’ 🏆

落叶攀缘植物。花小，粉红色，形似郁金香，夏初至秋季开放。保持根部阴凉。

↕↔2 m

💧❄❄❄ H5 (!) ✿

攀缘植物，大型

铁线莲‘典雅紫’ 🏆

落叶型晚花铁线莲。叶片淡绿色。仲夏到秋末开重瓣的紫色或粉色花，花瓣边缘带褶皱，花心为浅粉色。保持根部阴凉。

↕4 m

💧❄❄❄ H6 (!) ✿

攀缘植物，大型

长花铁线莲 🏆

长势旺盛的落叶晚花型铁线莲。叶片粗糙，呈绿色。仲夏至秋季，一簇簇黄色的管状花悬垂在枝条上，散发出芬芳。保持根部阴凉。

↕7 m

💧❄❄❄ H5 (!)

攀缘植物，中型

铁线莲‘丽贝卡’

落叶攀缘植物。叶片淡绿色。花大，单瓣，鲜红色，偶为紫色，夏季开放。保持根部阴凉。

↕2 m

💧❄❄❄ H6 (!)

攀缘植物，中型

铁线莲‘新幻紫’

落叶攀缘植物。叶片绿色。夏季依次绽放一串串乳白色花，花心由双层银莲花型的紫色花瓣状雄蕊组成。在荫蔽处生长最佳，保持根部阴凉。

↕↔2 m

💧❄❄ H4 (!)

攀缘植物，大型

电灯花 🏆

常绿多年生攀缘植物，常作为一年生植物栽种。叶片深绿色。仲夏到秋季开乳绿色杯状花，散发出芳香，花色会转变成紫色。

↕5 m

💧❄ H2

攀缘植物，中型

智利垂果藤

常绿卷须类攀缘植物，常作为一年生植物栽种。长有绿色小叶片。形似管状的橙色或红色花可以从夏季一直盛开到秋季。

↕3 m

H3

攀缘植物，大型

常绿钩吻藤

常绿缠绕型攀缘植物。细长的披针形叶片为深绿色。夏季盛开一簇簇形似喇叭的亮黄色花朵。植株所有的部位都有毒。

↕6 m

H3 (!)

攀缘植物，大型

八月瓜

常绿缠绕类攀缘植物。叶片圆形，分裂成卵形小叶。花簇生，具芳香，雄花绿白色，雌花略带粉色，春季开放。偶尔会长出形似香肠的紫色果实。

↕8 m

H4

攀缘植物，大型

啤酒花‘金币’

缠绕型攀缘植物。因其粗糙的、叶边带有锯齿的黄绿色浅裂叶片具观赏性而广泛种植。秋季，米黄色、形似松果的花头从枝条上垂下。

↕6 m

H6 (!)

攀缘植物，大型

大叶绣球

落叶自我固定型攀缘植物。叶片绿色，呈心形。夏季开一簇簇细小花朵，带有花瓣状的苞片，宛如戴着花边帽子。

↕12 m

H5 (!)

攀缘植物，中型

橙红茑萝

不耐寒的缠绕型一年生攀缘植物。绿色叶片呈心形。夏末到秋季开花，绯红色的小花呈管状，喉管部位为黄色，散发出芳香。

↕3 m

H1C (!)

攀缘植物/一年生植物，中型

天蓝牵牛‘天蓝’

生长迅速的缠绕型一年生攀缘植物。叶片呈心形。夏季到初秋，巨大的漏斗形天蓝色花在清晨盛开。

↕3 m

H1C (!)

攀缘植物，中型

矮探春‘卷叶’

枝叶繁茂的常绿攀缘植物。亮绿色叶片叶面光滑，复叶全裂，分成若干片小叶。散发着芳香的管状黄色小花从早春一直盛开到初夏。

↕2.5 m

H5

攀缘植物，大型

素方花‘因弗利斯’

落叶缠绕型攀缘植物。茎木质化，叶羽状深裂成小叶，秋季叶色泛红。花簇生，白色，背面红色，仲夏开放。喜阳。冬末修剪。

↕12 m

H5

攀缘植物，大型

扁豆

落叶缠绕型攀缘植物，常作为一年生植物栽种。长有深绿色小叶片。夏季开粉色花，凋谢后结出长长的紫色豆荚。

↕ 6 m

💧 ❀ H1C (!)

攀缘植物，大型

布朗忍冬

半常绿或落叶缠绕型攀缘植物。蓝色或绿色叶片呈圆形。夏季至初秋开绯红色的管状花朵，无香味。需要加设保护设施越冬。

↕ 4 m

💧 ❄❄❄ H5 (!)

攀缘植物，大型

意大利忍冬‘杰出’ 🏆

落叶缠绕型攀缘植物。叶片卵形，被疏毛，幼叶略带紫色。花具香味，管状，初开时红色，随后变成淡黄色，夏季开放。花后结红色浆果。

↕ 4 m

💧 ❄❄❄ H5 (!)

攀缘植物，大型

淡红忍冬‘红棕色美人’

常绿缠绕型攀缘植物。茎木质化。叶茂密，披针形，幼叶红棕色。花小，色彩丰富，有淡粉色、黄色和乳白色，具芳香，夏季开放。

↕ 5 m

💧 ❄❄ H4 (!)

攀缘植物，大型

香忍冬

落叶缠绕型攀缘植物。深绿色叶片呈椭圆形，下部为夹杂着白色的绿色。夏季开乳白色、黄色或红色管状花朵，散发出浓郁的芳香。

↕ 7 m

💧 ❄❄❄ H6 (!) 🐝

攀缘植物，中型

粉红飘香藤 🏆

不耐寒的常绿攀缘植物。叶片为深绿色。粉色花朵呈漏斗状。在气候寒冷的地区应栽种在室内。在炎热的夏季，应在中午进行遮阴。

↕ 3 m

💧 ❀ H1C (!)

攀缘植物，大型

川鄂爬山虎 🏆

落叶自我固定型攀缘植物。深绿色掌状叶片有乳白色的叶脉，秋季叶色会转变成深红色。秋季会结出蓝黑色浆果。

↕ 10 m 或更高

💧 ❄❄ H4 (!)

攀缘植物，大型

五叶爬山虎

落叶自我固定型攀缘植物。绿色叶片呈圆形，复叶，由分离的若干叶缘带锯齿的卵形小叶组成，秋季叶片颜色转变成鲜红色或橙色。

↕ 15 m 或更高

💧 ❄❄❄ H6 (!)

攀缘植物，大型

爬山虎

落叶自我固定型攀缘植物。硕大的绿色叶片浅裂缺刻，秋季叶色转变成深红色，因极具观赏性而被广泛栽种。适宜用于大面积的墙垣或边界栅栏的立体覆盖绿化。

↕ 20 m

💧 ❄❄❄ H5 (!) 🐝

攀缘植物，大型

西番莲‘贝蒂·迈尔斯·杨’ 🏆

常绿或半常绿卷须类攀缘植物。茎纤细。叶浅裂，紫绿色。花紫色，萼片反折，花心有大量花丝，中部具白色条纹，基部有黑色条纹，夏末开放。

↕5 m

💧❄❄ H4

攀缘植物，大型

西番莲 🏆

常绿或半常绿卷须类攀缘植物。深绿色叶片光滑，浅裂缺刻。白色花朵带有紫色花丝，从夏季一直盛开至秋季，花朵凋谢后结出橙色蛋形果实。

↕10 m 或更高

💧❄❄ H4

攀缘植物，大型

黄木香花 🏆

长势旺盛，茎无刺，叶小。晚春，一簇簇无香味的、完全重瓣的玫瑰花形小黄花盛开，仅开一季花。

↕10 m

💧❄❄❄ H5 (!) 🐝

攀缘植物，大型

蓝花丹 🏆

常绿蔓生型攀缘植物。叶片小，深绿色。夏季至初秋，一簇簇天蓝色的花朵盛开。

↕6 m

💧❄ H2 (!)

攀缘植物，中型

紫钟藤 🏆

一年生攀缘植物。绿色叶片呈心形。夏季至秋末开形似伞的花朵，花朵带有粉红色花冠，下部的花管为深栗色。

↕3 m

💧❄ H2

攀缘植物，大型

月季‘阿利斯特·斯特拉·格雷’ 🏆

藤本月季。植株生长旺盛，枝蔓横生。茎弯曲多刺。花簇生，下垂，淡黄色，重瓣，莲座状，带茶香，夏初开放，夏末时再次盛开且开得更好。

↕4 m

💧❄❄❄ H5 (!) 🐝

攀缘植物，大型

月季‘查顿小屋’ 🏆

藤本月季。抗病性强。叶片有光泽，翠绿色。花簇生，中等大小，半重瓣，向外展开，珍珠白色，花瓣基部具明显红色眼状斑块，具淡香，夏秋开放。

↕3 m

💧❄❄❄ H6 (!) 🐝

攀缘植物，中型

月季‘克莱尔·奥斯汀’

藤本月季。植株生长旺盛，抗病性强。花簇生，花朵硕大，重瓣，杯状，乳白色，呈下垂状，花芽黄色，花香浓郁，夏秋开放。耐半阴。

↕3 m

💧❄❄❄ H6 (!) 🐝 ✿

攀缘植物，大型

月季‘希林顿夫人’ 🏆

长势旺盛的攀缘型杂交茶香月季。叶片深绿色，幼叶为棕红色。杏黄色大花散发着芳香，整个夏季持续盛开。

↕5 m

💧❄❄ H4 (!) 🐝 ✿

攀缘植物，中型

月季‘同情心’ 🏆

攀缘型杂交茶香月季。具抗病性。叶片深绿色，叶面光滑。夏季至秋季，带刺的茎枝上盛开重瓣的橙红色或杏黄色花，略带粉红色，芳香四溢。

↕3 m

💧❄❄❄ H5 (!) 🐝 ✿

攀缘植物，中型

月季‘显赫地位’

杂交茶香藤本月季。叶有光泽，深绿色。花大，深红色，重瓣，具淡香，可多次开花。生长旺盛，抗病性强。适合用作篱笆或房屋外墙。

↕3 m

H6

攀缘植物，大型

月季‘永恒的快乐’

长势旺盛的半常绿蔓生型月季。叶片绿色，叶面光滑。一簇簇完全重瓣的粉白色花朵在夏季一次性密集盛开，芳香四溢。适宜栽种在树木、墙垣或藤架旁，任其向上攀爬。

↕5 m

H6

攀缘植物，大型

月季‘园丁的辉煌’

杂交茶香藤本月季。具抗病性。叶片绿色。花量多，花大，金黄色，重瓣，具香气，夏秋开放。

↕3 m

H6

攀缘植物，大型

月季‘漫步的牧师’

长势旺盛的蔓生月季。具抗病性。叶片灰绿色。一簇簇半重瓣、乳白色、带有金色花心的花朵在夏季一次性密集盛开。

↕6 m

H6

攀缘植物，大型

月季‘美人鱼’

藤本月季。绿色叶片光滑。具有良好的抗病性。单瓣的淡黄色或黄色花朵可以从夏季至秋季持续盛开。茎干多刺。

↕6 m

H5

攀缘植物，大型

月季‘敞开双臂’

迷你藤本月季。株型紧凑，具抗病性。花簇生，半重瓣，粉色，金黄色雄蕊，香味似麝香，夏季开放，复花效果好。非常适合用于制作拱门或尖塔造型。

↕3 m

H6

攀缘植物，中型

月季‘夏日啤酒’

藤本月季。具抗病性。叶片深绿色，花期从夏季至秋季，花头扁平，半重瓣，珊瑚粉色花朵呈小簇盛开，散发着芳香。

↕3 m

H6

攀缘植物，大型

月季‘慷慨的园丁’

藤本月季。具抗病性。叶片绿色。花簇生，具香味，粉色，杯状，重瓣，但花瓣是展开的，夏秋开放。

↕3 m

H6

攀缘植物，中型

月季‘热烈欢迎’

迷你藤本月季。株型紧凑，具抗病性。花量大，半重瓣，深橘色，具淡香，夏秋开放。花的开放顺序既可由下往上，也可由上往下。

↕2.5 m

H6

攀缘植物，大型

卷叶茄‘格拉斯内文’

半常绿蔓生型攀缘植物。绿色叶片细长，呈椭圆形。夏秋开带有黄色花眼的紫色或蓝色花朵，散发出芳香。

↕6 m

H4 (!)

攀缘植物，大型

素馨叶白英‘科德哈姆’

半常绿缠绕型攀缘植物。植株生长迅速，根蘖发达。叶片深绿色，有光泽。花簇生，星形，淡紫色，花心带黄色花眼，宜栽种在阳光充足且有遮蔽的地方。

↕4 m

H4 (!)

攀缘植物，大型

络石‘托斯卡尼之星’

常绿缠绕型和吸附型攀缘植物。叶片有光泽，深绿色，卵形，冬季略带古铜色。花有芳香，星形，淡黄色，花心带黄色花眼，夏季开放。宜在温暖且阳光充足的墙壁上生长。

↕10 m

H4

攀缘植物／一年生植物，中型

翼叶山牵牛

缠绕型一年生攀缘植物。叶形为椭圆形至心形，叶片边缘带有锯齿。初夏至初秋开橙色或金黄色花，花朵小而圆，花头扁平，带有深褐色花心。

↕3 m

H2

攀缘植物，大型

络石

缠绕型和吸附型常绿攀缘植物。叶片小而光滑，深绿色，冬季会转变成古铜色。夏季，白色的星形小花成簇盛开，散发出香味。

↕9 m

H4

攀缘植物，大型

紫葛葡萄

长势旺盛的落叶卷须类攀缘植物。叶片大，呈心形，带有纹理，叶色会在秋季转变成红色或紫色。夏季开花，花朵凋谢后会结出黑色浆果。

↕15 m

H5

攀缘植物，中型

美丽旱金莲

缠绕型攀缘植物。蓝绿色的叶片呈圆形，复叶，分成若干卵形小叶片。深红色的花夏季盛开，花朵凋谢后结出鲜艳的蓝色球形果实。适宜栽种在树木旁，任其在树间缠绕攀爬，要保持根部阴凉。在肥沃的土壤中长势最好。

↕3 m

H5 (!)

焦点植物：铁线莲

铁线莲花型丰富多样，植株大小各异，因此无论是在大型花园还是小型庭院中，都是尤为珍贵的景观植物。

铁线莲因其用途广泛而备受青睐，可用于装点拱门和藤架，缠绕着攀爬过树木，还能凭借开满绚丽花朵的藤蔓覆盖墙面与栅栏。除了美丽的花朵，许多铁线莲品种还长有颇具观赏性的种子头，只要精心挑选，几乎一整年都能为花园增添景致。

铁线莲有众多品种和栽培变种。许多夏季开花的品种能开出艳丽的花朵，而在春季、夏末和秋季开花的品种通常花朵较小，还有少数品种能在冬季开花。大多数铁线莲是耐寒的攀缘植物，其缠绕的叶茎需要借助支撑物才能攀附生长。可以在墙面和栅栏上拉上水平的铁丝，或用细长的竹竿引导它们攀附到乔木和灌木上。

为了令铁线莲呈现出最佳观赏效果，需每年进行修剪，修剪方法取决于它们的花期。春季和初夏开花的铁线莲通常只需要轻度修剪，而晚花品种则需要强剪，即将整个地上部分从基部剪除。

铁线莲的应用

将金属线或格架水平固定在墙壁和栅栏的外表面，使铁线莲依附其攀爬，花朵和叶片会将整个墙壁和栅栏覆盖。月季和铁线莲无疑是经典的搭配拱门和藤架的组合，可选择同时开花的品种，以打造最缤纷绚丽的景观效果。

紧凑型铁线莲 这个类型的铁线莲经过特殊培育，可以在花盆中生长，是庭院景观的最佳选择。可以将它们栽种在一个大型容器中，并设置一个三脚架用来支撑植株的茎干。

初夏开花的大花型铁线莲 可以组合栽种以装饰墙壁和栅栏，它们亮丽的花朵可以为花坛和花境营造丰富多彩的背景。

流行的铁线莲类型

常绿型铁线莲 早春开花的小木通和银币铁线莲‘雪崩’叶片常绿，耐寒性不如落叶型铁线莲。需将它们栽种在背风向阳、不受寒风侵袭的地方（图中所示：银币铁线莲‘雪崩’）。

春花型铁线莲 长瓣铁线莲（大瓣铁线莲）和高山铁线莲属于这一类，枝条上低垂的花朵形似铃铛，还有蔓生型绣球藤，这个品种的花朵呈星形（图中所示：铁线莲‘威利’）。

早花大花型铁线莲 这个类型包括很多流行的品种，花朵硕大，单瓣花和重瓣花均有，花色丰富，从晚春一直盛开至仲夏（图中所示：铁线莲‘丽贝卡’）。

夏末开花的大花型铁线莲 这个类型的铁线莲花朵大，花色鲜艳丰富，当季新枝开花，花期从仲夏直至初秋，春季需要强剪（图中所示：铁线莲‘蓝宝石’）。

晚花型铁线莲 这一类型包括唐古特铁线莲和东方铁线莲，它们的花朵呈下垂状，黄色，形似橘子皮。其他品种还包括长花铁线莲、红花铁线莲和圆锥铁线莲（图中所示：唐古特铁线莲）。

冬季趣味景观 有些铁线莲在冬季会开得很旺盛，尤其是在气候温和的地区。你可以选择卷须铁线莲、尼泊尔铁线莲或铁线莲‘冬日美人’（图中所示：卷须铁线莲‘紫斑’）。

适合墙隙和铺装路面的植物

在花园中缓缓蔓延的植物能营造出随性自然的氛围，带来令人惊喜的种植搭配效果。

有些花园植物，尤其是一年生、二年生和多年生植物，会通过种子传播，或是借助地下匍匐茎自然地在花园中蔓延生长。以这种方式繁殖的植物，往往能在更适合它们生长的地方，而不是园丁在花坛和花境中为它们精心准备的地方扎根。新的植株会突然出现在花境边缘、小径上、杂草丛中，以及铺路石的缝隙和墙缝里。在整洁规整的空间里，这种生长习性可能会令人讨厌，但在其他地方，它能让花园显得更有岁月沉淀感，弱化边界的生硬，还能增添一抹迷人的野趣。不过，不要让这些植物蔓延到野外，也要避免在自己的花园中种植任何蔓延性强的植物。

多年生植物，大型

塔林蜀葵 🏆

植株高大的多年生草本植物。叶片深裂，抗锈病。花顶生，柔和的淡樱草黄色（偶有白色），漏斗形，夏季开放。种子自我繁殖力强。

↕ 1.5 m ↔ 50 cm

💧 ❄❄❄

多年生植物，小型

巴夏风铃草

长势旺盛的蔓生型多年生植物。圆形的绿色叶片边缘带锯齿。夏季开星形的紫色花朵。

↕ 15 cm ↔ 不定

💧 ❄❄❄ H5 🐝

多年生植物，小型

草甸碎米荠

多年生草本植物。茎直立，具莲座叶。花粉色或白色，春季开放。喜半阴和潮湿环境。常生于草地、林地花园或落叶灌木下。

↕↔ 40 cm

💧 ❄❄❄ H7 🐝

多年生植物，小型

发状薹草

常绿多年生草本植物。叶密集纤细似草状，古铜色。夏季开花，穗状花序小，褐色。种子可自播在铺装缝隙中。春季修剪枯枝。

↕ 35 cm ↔ 75 cm

💧 ❄❄ H4

二年生植物，大型

毛地黄

二年生草本植物。叶片呈莲座状，阔卵形。在第二年单侧顶生紫色或白色管状花。自播繁殖。

↕ 2 m ↔ 50 cm

💧 ❄❄❄ H7 ⚠ 🐝 ✿

多年生植物，大型

白花柳兰

多年生草本植物。植株直立挺拔。花星形，白色，初夏开放，可持续数周。种荚蓬松，不育。喜排水良好的土壤，忌土壤过于干燥。

↕ 1.5 m ↔ 2 m

💧 ❄❄❄ H7 🐝

球根植物，小型

托氏番红花 🏆

多年生草本植物。具球茎。叶似草状。花淡紫色至紫色，管状，冬末和早春开放。喜阳光充足或半阴环境。

↕↔ 8 cm

💧 ❄❄❄ H6 ⚠ 🐝

球根植物，小型

小花仙客来 🏆

具块茎。秋季长出心形叶片。晚冬，叶片顶端会绽放出花瓣向后翻卷的粉色花朵。通过蚂蚁传播种子。适合生长在花坛以及阳光充足或半阴环境下的矮草丛中。

↕↔ 10 cm

💧 ❄❄❄ H5 ⚠

多年生植物，小型

加勒比飞蓬 🏆

蔓生型多年生植物。绿色叶片呈披针形，叶面多毛，夏季至初秋开花，花朵形似雏菊，由白色转变成粉色，衰败凋谢时呈紫色。

↕ 15 cm ↔ 不定

💧 ❄❄❄ H5 🐝

多年生植物，小型

狐地黄

半常绿多年生植物。叶片柔软，叶色为绿色。晚春至夏季，茂盛的枝条上盛开紫色、粉色或白色的小花。自播繁殖。

↕↔ 8 cm

💧❄❄❄ H6

多年生植物，小型

马内斯科牻牛儿苗

从生型多年生植物。绿色叶片形似蕨类植物的叶片，全裂缺刻。夏季，一簇簇松散的淡紫色花朵持续盛开。自播繁殖。

↕ 45 cm ↔ 60 cm

💧❄❄❄ H5

多年生植物，大型

沼生大戟

多年生草本植物。植株茂密，茎直立，易成丛。花头大，绿色苞片明亮醒目，初夏开放。植株秋季颜色会发生变化。自播繁殖。

↕ 1.2 m ↔ 60 cm

💧❄❄❄ H7 ⓘ

球根植物，中型

花格贝母

多年生草本植物。具鳞茎。叶片狭长。花单生或成对着生于花茎上，钟形，花冠裂片紫色或白色，带清晰网格状图案，春季开放。

↕↔ 30 cm

💧❄❄❄ H5 ⓘ

球根植物，中型

雪花莲

多年生草本植物。具鳞茎。叶片细长，绿色。花白色，下垂，冬末开放。喜排水良好、保水性强的土壤。

↕↔ 15 cm

💧❄❄❄ H5 ⓘ 🐝 ✽

多年生植物，小型

日影老鹳草

落叶蔓生型多年生植物。圆形小叶片具较深的全裂缺刻。初夏开花，花量繁多，花朵呈星形，花色为白色或浅粉色，花瓣上有品红色脉状条纹。

↕↔ 30 cm

💧❄❄❄ H5 🐝

多年生植物，小型

血红老鹳草

蔓生型多年生植物。深绿色叶片全裂缺刻较深，整齐地层层堆叠起来。夏季为盛花期，开圆形的品红色或粉色花，花量繁多。

↕ 25 cm ↔ 30 cm

💧❄❄❄ H7 🐝

球根植物，大型

拜占庭唐菖蒲

多年生草本植物。具球茎。叶片剑形，春季萌发。穗状花序，花漏斗形，洋红色，夏初开放。

↕ 1 m ↔ 30 cm

💧❄❄❄ H5 ⓘ ✽

灌木，小型

欧亚香花芥

作为二年生植物栽种。最初只长莲座叶，第二年长出茂密的茎。花簇生，具芳香，白色或紫色，初夏开放。

↕ 1 m ↔ 40 cm

💧❄❄❄ H6 🐝 ✽

一年生 / 二年生植物，小型

雪白沼沫花

蔓生型一年生植物。绿色叶片形似羽毛。杯形花朵，白色花瓣，黄色花心，整个夏季持续盛开。自播繁殖。

↕ 15 cm ↔ 10 cm

💧❄❄❄ H5 🐝

多年生植物，小型

高山柳穿鱼

寿命短的蔓生型多年生植物。下垂的茎枝上长有灰绿色的肉质叶片，叶形呈披针形。紫色或紫罗兰色的花朵带有橙色花心，花形似金鱼，夏季，成串的花朵持续盛开。可用于装饰墙面和铺砌路面。

↕↔ 15 cm

💧❄❄❄ H7 🐝

多年生植物，中型

紫茉莉 🏆

多年生草本植物。根似胡萝卜，茎直立，枝叶繁茂，叶有光泽。花色丰富，具香味，漏斗形。在荫蔽且阳光充足的环境中通过种子繁殖。

↕↔ 1 m

💧❄❄ H3 ⓘ

球根植物，中型

亚美尼亚蓝壶花 🏆

春季开花的球根花卉。绿色叶片呈线形。深蓝色的钟形小花形成短小的圆锥花序，散发出芳香。

↕ 20 cm

💧❄❄❄ H6 ⓘ 🐝

一年生植物，小型

黑种草

一年生草本植物。茎直立。叶片似蕨类植物。花星形，花色有紫色、蓝色、玫红色和白色，夏季开放。花后果实膨大。可自播繁殖。需及时摘除残花。

↕↔ 50 cm

💧❄❄ H3 🐝 ✿

多年生植物，小型

岩罂粟

从生型多年生草本植物。叶片灰绿色，有分裂，夏季萌发。花橙色，单瓣或半重瓣。可自播繁殖，在阳光充足且排水良好的土壤中会形成群落。

↕ 40 cm ↔ 20 cm

💧❄❄❄ H5

多年生植物，小型

美丽月见草

蔓生型多年生植物。叶片小，全裂缺刻，绿色。花朵呈杯碟状，花色为白色中晕染着粉色，散发着阵阵芳香，从晚春持续盛开至初夏。

↕↔ 30 cm

💧❄❄❄ H5 🐝

多年生植物，小型

橙黄细毛菊 🏆

多年生草本植物。具匍匐茎。莲座叶椭圆形、带毛。花小，橙色或红色，花头似蒲公英，夏季开放。可种植于阳光充足的花境边缘或杂草丛中。

↕ 20 cm ↔ 50 cm

💧❄❄ H3 ⓘ

多年生植物，小型

杂交报春‘哈洛卡尔’

多年生草本植物。杂交品种。莲座状叶片。花呈轮状排列，有淡黄色、粉色、橙色和淡紫色。

↕ 90 cm ↔ 30 cm

💧❄❄❄ H5

多年生植物，小型

康布里罂粟

从生型多年生草本植物。叶片浅绿色，分裂。花茎纤细，花量大，黄色或橙色，仲春至夏季开放。种子可以自播在路面缝隙中。

↕ 45 cm ↔ 30 cm

💧☼❄❄❄ H6 🐝 ✿

一年生植物，小型

小鼻花 🏆

一年生草本植物。叶片有锯齿。花黄色，帽状，夏末开放。果实可发出响声。属于半寄生植物，能够抑制生长旺盛的草类植物，从而让其他野花得以繁茂生长。

↕↔ 40 cm

💧❄❄❄ H5 🐝

二年生 / 多年生植物，中型

南欧丹参 🏆

叶长卵形，具茸毛。花白色或淡紫色，苞片粉红色，春夏开放。播种繁殖。

↕ 1 m ↔ 50 cm

💧 ❄❄❄ H5 🐝 ✿

多年生植物，中型

魔噬花 🏆

莲座叶。花茎纤细，具分枝。花蓝色至紫红色，似小绒球状，夏季开放。喜潮湿土壤。

↕ ↔ 1 m

💧 ❄❄❄ H7 🐝 ✿

多年生植物，大型

蒂立菊 🏆

植株高大，叶片宽大，卵形或心形。花瓣窄，橙黄色，似雏菊，夏秋开放。适合种植在高大的草丛中，通过种子繁殖会进一步蔓延。

↕ 2.5 m ↔ 3 m

💧 ❄❄❄ H7 🐝

灌木，小型

铺地百里香

常绿丛生型亚灌木。蔓延下垂的枝条上长有毛茸茸的深绿色小叶片，散发着芳香。夏季，植株上覆盖着大量细小的紫色或粉色花朵。

↕ 25 cm ↔ 45 cm

💧 ❄❄❄ H5 🐝

球根植物，小型

夏郁金香 🏆

具鳞茎。花茎高而细长，鲜红色，花瓣先端尖，夏季开放。

↕ ↔ 35 cm

💧 ❄❄❄ H6 ⓘ

球根植物，小型

林生郁金香

具鳞茎。花细长，黄色，花苞先端尖，带柠檬般香味，早春开放。

↕ ↔ 25 cm

💧 ❄❄❄ H6 ⓘ ✿

二年生植物，大型

绢毛毛蕊花 🏆

植株高大壮观。莲座状叶大且厚，银色，第一年萌发。花序高大，有分枝，黄色，翌年夏季开放。

↕ 2 m ↔ 70 cm

💧 ❄❄❄ H6 🐝 ✿

多年生植物，大型

柳叶马鞭草 🏆

植株高大挺拔，茎纤细，具分枝。叶片披针形，深绿色。花紫色，有香味，仲夏至秋季开放。

↕ 1.5 m ↔ 60 cm

💧 ❄❄ H4 🐝 ✿

适合露台、阳台和窗台的植物

盆栽观赏植物能为最小的空间增添亮色，而不同尺寸的容器有助于营造富有动感的效果。

可进行盆栽的植物选择范围非常广，既有适合花篮和窗台花箱的漂亮的一年生植物，也有能构成永久性景观的多年生植物，还有能打造出极具视觉冲击力的雕塑感造型的灌木。如果容器足够大，且你能提供充足的肥料和水分，几乎任何植物都能存活。但如果时间和空间有限，就选择那些能耐受一定干旱的植物，如长阶花、薰衣草和石莲花。乔木、灌木和多年生植物最好种植在大型容器中，这类容器能容纳大量混合基质，也就意味着它们能留存更多的水分和肥料。种植时要在最终摆放的位置直接栽种，因为植物长满后容器会非常重。

灌木，大型

苘麻‘富豪’ 🏆

常绿灌木。叶片大，形似枫叶，叶色为绿色。夏季开深红色花，花形似碗。适宜栽种在大型容器中。

↕↔ 3 m

💧 ❄ H2

乔木，小型

鸡爪槭‘血红’ 🏆

落叶乔木。微微发红的暗紫色叶片呈枫叶形，叶色在秋季会转变成鲜红色。春季开紫色小花，花凋谢后结出红色翅果。适宜栽种在大型容器中。

↕↔ 5 m

💧 ❄❄❄ H6

多年生植物，中型

黑法师 🏆

多年生常绿草本植物。茎具分枝。叶片肉质，光亮，深紫黑色，呈莲座状。耐寒且能适应全日照环境。可种在含有粗粒堆肥的花盆中。

↕ 60 cm ↔ 1 m

💧 ❄ H1C

一年生 / 二年生植物，小型

金鱼草

直立生长，绿色叶片呈披针形。晚春到秋季开花，众多双唇花朵组成穗状花序，花色有粉色、红色、酒红色、白色和黄色。

↕↔ 45 cm

💧 ❄ H2 🐝 ✽

多年生植物，大型

杂交百子莲

叶片带状。漏斗形的蓝色花朵形成一簇簇球状花序，从夏末一直盛开至秋季。

↕ 1.2 m ↔ 60 cm

💧 ❄❄ H4 ⓘ ✽

多年生植物，中型

百子莲‘银月’ 🏆

从生型多年生落叶草本植物。叶片带状，叶缘银白色。花茎粗壮，花头硕大，圆形；花蓝色，喇叭形。

↕ 80 cm ↔ 50 cm

💧 ❄❄❄ H5 ⓘ ✽

多年生植物，大型

金边龙舌兰 🏆

多肉多浆类植物。灰绿色叶片呈披针形，先端尖锐，边缘为乳白色。炎热的夏季，高大的茎枝上盛开乳白色花朵。

↕↔ 1.5 m

💧 ❄ H2 ⓘ

多年生植物，小型

绫锦芦荟 🏆

从生型多年生常绿草本植物。植株株型低矮，较耐寒。莲座叶肉质，深绿色，带银色斑点。花红色，管状，夏季开放。耐旱耐强光。

↕ 45 cm ↔ 50 cm

💧 ❄❄ H3 ⓘ

一年生 / 二年生植物，中型

蓝目菊

直立生长，银灰色叶片浅裂。亮橙色花朵形似雏菊，带有深栗色和黑色花眼，花量繁多，可持续盛开整个夏季。

↕ 60 cm ↔ 30 cm

💧 ❄ H1C ✽

灌木，小型

木茼蒿

常绿亚灌木。灰绿色叶片，外形与蕨类植物叶片相似。白色花朵带有黄色花心，从夏季持续盛开至初秋。适宜群植。

↕↔ 80 cm

💧 ❄ H2

多年生植物，小型

秋海棠‘龙翼红’🏆

多年生草本植物，在易受霜冻的气候条件下作为一二年生植物栽种。茎直立。叶片光亮，鲜绿色。花量大，红色，夏季开放。

↕ 40 cm ↔ 30 cm

💧 ❀ H1B ⚠

一年生 / 多年生植物，小型

秋海棠‘薄纱混合’

枝叶繁茂的常绿多年生植物，常作为一年生植物栽种。古铜色圆形叶片。夏季至秋季开花，花色为粉色、红色或白色。

↕↔ 30 cm

💧 ❀ H1B ⚠

多年生植物，中型

苏氏秋海棠🏆

多年生块茎类植物，常作为一年生植物栽种。茎枝蔓生下垂，绿色叶片浅裂缺刻。夏季，单瓣的橙色花朵成簇盛开。深秋，植株枯萎死去。

↕ 1 m ↔ 不定

💧 ❄ H2 ⚠

多年生植物，小型

雏菊

常作为一年生植物栽种。茎枝斜生，株型呈堆状，绿色叶片呈椭圆形。粉色、白色或红色的绒球状花朵春季盛开。可与春季开花的球根花卉搭配种植在花盆、花篮以及窗台花箱中，栽培基质可选用多功能混合基质。

↕↔ 20 cm

💧 ❄❄❄ H7 🐝

一年生 / 二年生植物，小型

鹅河菊

枝叶稠密，绿色叶片呈羽毛状。花形似雏菊，蓝色、粉色、紫色或白色的花朵从夏季一直盛开至初秋。

↕ 25 cm ↔ 45 cm

💧 ❄❄ H3

一年生 / 二年生植物，中型

金盏花

浅绿色叶片呈披针形，散发出芳香。春季至秋季开花，花朵单瓣或重瓣，外形似雏菊，花色为深浅不一的黄色和橙色。

↕↔ 60 cm

💧 ❄❄❄ H5 🐝

多年生植物，小型

小花矮牵牛“百万小铃”系列

半垂吊型多年生植物，常作为一年生植物栽种。叶片细长，深绿色。五颜六色的喇叭状小花从夏季一直盛开至初秋。

↕ 30 cm ↔ 1 m

💧 ❄ H2

多年生植物，大型

美人蕉‘斑纹’🏆

直立型多年生植物。因其绿色带有黄色条纹的叶片极具观赏性而被广泛种植。亮橙色花朵从仲夏持续盛开至初秋。

↕ 1.5 m ↔ 50 cm

💧 ❄❄ H3

多年生植物，小型

发状薹草

常绿多年生薹草。古铜色的草形叶片纤细精致，密集丛生。夏季开花，植株会长出由褐色小花组成的穗状花序。

↕ 35 cm ↔ 75 cm

💧 ❄❄ H4

多年生植物，小型

大岛薹草

多年生常绿草本植物。叶片长，簇生，弧形，初为柠绿色，后变成金黄色。非常适合种在花盆里，因为叶片会向上拱起，可遮住花盆，而且无论是在阳光充足还是光线较弱的环境中，都能全年保持色彩鲜艳。需保持土壤湿润。

↕↔ 50 cm

H7

多年生植物，小型

橘红薹草

常绿多年生薹草。草形叶片斜生，株型呈山丘状，叶色为橄榄绿色至橙褐色。夏季会长出深褐色的穗状花序。

↕ 45 cm ↔ 60 cm

H5

一年生 / 二年生植物，大型

醉蝶花

高大直立，茎枝多刺。复叶，分成多片矛状小叶。夏季开圆形头状花序，由许多形似蜘蛛的小花朵组成。‘玫瑰皇后’（上图）开粉花。

↕ 1.5 m ↔ 45 cm

H2

灌木，大型

毛茎夜香树

不耐寒的常绿灌木。叶片大，呈矛形。夏季开花，鲜艳的粉红色管状花朵密集成簇盛开，散发芳香。

↕↔ 3 m

H3

攀缘植物，小型

铁线莲‘闪烁’

株型紧凑的落叶型攀缘植物。叶片大，绿色。夏季开深紫色花朵，花期长，花色会转变成中度蓝色，花心则褪色变得苍白。

↕ 2 m

H6

一年生 / 二年生植物，中型

两色金鸡菊

绿叶形似蕨类，全裂。细长结实的茎枝顶端长出形似雏菊的柠檬黄色花朵，可持续盛开整个夏季。

↕ 60 cm ↔ 30 cm

H6

多年生植物，中型

彩叶草“贡”系列

常作为一年生植物栽种。植株枝繁叶茂、分枝繁多。叶片大，圆形，叶色丰富，有红色、紫色、粉色、绿色和乳白色。

↕ 60 cm ↔ 45 cm

H1C

乔木，小型

新西兰朱蕉　紫色族群

小型常绿乔木。长而尖的紫色叶片似喷泉般从基部拔射而出，极具观赏性。可栽种在高挑的大型容器中作为主题景观植物。

↕ 3 m ↔ 1 m

H2

一年生植物，中型

波斯菊“纸杯蛋糕”系列

一年生草本植物。株型小巧紧凑，种子繁殖容易。叶片羽毛状，绿色。花大，似雏菊，花瓣边缘呈褶皱状且相互连合，粉色或白色。

↕ 1 m ↔ 45 cm

H3

多年生植物，中型

染料春黄菊

丛生型多年生植物。羽状叶片，散发出芳香。夏季开花，白色或黄色的花朵形似雏菊。‘巴克斯顿’（上图）的花朵为柠檬黄色。

↕↔ 1 m

❄❄❄ H6

多年生植物，小型

双距花‘小舞者’

多年生草本植物。株型低矮紧凑。茎具蔓性。花量大，粉红色，圆形，夏季开放。

↕ 20 cm ↔ 45 cm

❄❄ H3

灌木，中型

南鼠刺‘黄金艾伦’

常绿灌木。株型紧凑，叶片有光泽，金黄色，中部带深色斑纹，春季颜色最鲜艳，且能很好地保持。花簇生，红粉色，钟形，夏季开放。

↕↔ 2 m

❄❄ H3

多年生植物，中型

大丽花‘快乐单眨’

多年生草本植物。具块茎。叶片浅裂，深紫色。花量大，单瓣，粉色，花心具深红色花眼，夏秋开放。宜种植在装有多功能堆肥的大容器中。

↕ 90 cm ↔ 50 cm

❄❄ H3

球根植物，中型

彩凤兰

夏末开花的球根花卉。叶缘似波浪般起伏。带有斑点的茎干顶端长出绿白色的花朵，花瓣边缘为紫色，整个花序形似凤梨，叶形苞片形似帽子。

↕ 50 cm

❄❄ H4

一年生 / 二年生植物，中型

须苞石竹

绿色叶片呈披针形。初夏开花，半球形头状花序，由许多粉色、红色、白色或酒红色的花朵组成，散发出芳香。

↕ 70 cm ↔ 30 cm

❄❄❄ H7 (!)

多年生植物，小型

厚叶石莲花

丛生型多年生草本植物。株型低矮紧凑。叶片肉质，银蓝色。花钟形，粉色或黄色，夏季开放。耐旱耐强光。可种在含砾石堆肥的盆中。

↕↔ 50 cm

❄ H2

灌木，中型

八角金盘

常绿灌木。掌状叶片硕大，叶面光滑，叶色为深绿色。秋季开花，白色小花组成球形头状花序，花朵凋谢后结出黑色果实。

↕↔ 2 m（盆植）

❄❄❄ H5 (!)

一年生 / 多年生植物，小型

石竹“节日”系列

株型紧凑。花量大，花色为粉色、淡紫色或红色，花瓣边缘呈波纹状，花心常有白色斑纹，春季开放，夏末可复花。

↕↔ 20 cm

❄❄❄ H6 (!)

多年生植物，小型

粗柄象腿蕉‘毛里利’

多年生常绿草本植物。形似棕榈树。叶片大而多汁，呈桨状，略带紫红色。可抵御轻微霜冻，但在冬季必须移至室内养护。

↕↔ 3 m

❄ H2

灌木，小型

费利菊

亚灌木，常作为一年生植物栽种。深绿色小叶片丛生，枝叶茂盛浓密。花量繁多，带有黄色花心的蓝色花朵从夏季盛开至秋季。

↕↔ 25 cm

❄❄ H3

灌木，小型

倒挂金钟‘波普尔夫人’

落叶直立灌木。长有深绿色的小叶片。夏季开花，单瓣，花色为红色或紫色。

↕↔ 1.1 m

❄❄ H4 (!)

灌木，小型

倒挂金钟‘塔利亚’

落叶直立灌木。深绿色叶片，背面为栗色。一簇簇从枝条上垂吊下来的红色管状花朵从夏季一直盛开至秋季。

↕↔ 60 cm

H1C (!)

多年生植物，小型

勋章菊‘新的一天喜忧参半’

常作为一年生植物栽种。株型低矮。叶片狭长，灰色，具茸毛。花似雏菊，花色为黄色、橙色、粉色或深红色，夏季开放。

↕↔ 5 cm

❄❄ H3

灌木，小型

非洲菊‘永恒胭脂’

丛生型多年生草本植物。叶片卵形，具浅裂，绿色。花茎长，花粉红色，似雏菊，深秋至晚秋开放。可耐轻微霜冻。

↕↔ 40 cm

❄ H2 (!)

一年生植物，大型

小向日葵‘香草冰’

直立型一年生草本植物。叶片绿色。花奶油白色，花心巧克力色，夏季开放。‘香草冰’（上图）花小，分枝多。

↕ 1.2 m ↔ 60 cm

❄❄ H4

灌木，中型

意大利蜡菊

枝叶稠密的常绿亚灌木。纤细的银灰色叶片散发出咖喱香味。夏季，直立挺拔的茎枝上盛开一簇簇鲜艳的黄色小花，组成半球形头状花序。

↕ 60 cm ↔ 1 m

❄❄ H4

灌木，小型

矾根‘橘子波浪’

常绿丛生型多年生草本植物。叶片浅裂，边缘具褶皱，橙红色，在阴凉处呈红棕色，在光照充足处则呈颜色更深的红色。花白色，夏季开放。非常适合种植在花盆、窗台花箱和装有土壤基质堆肥的花篮里。

↕ 30 cm ↔ 45 cm

❄❄❄ H6

多年生植物，小型

凤仙“灯塔”系列

常绿多年生草本植物，常作为一年生植物栽种。绿叶椭圆形。花圆形，花色为粉红色、紫红色或白色，春秋开放。对凤仙花属的霜霉病具有抗性。

↕ 20 cm ↔ 30 cm

H1C

多年生植物，中型

番薯‘太阳能黑热’

常绿多年生草本植物，常作为一年生植物栽种。枝条蔓生。叶片心形，近黑色。非常适合作为镶边植物种在具有热带风情的花园中。

↕ 30 cm ↔ 90 cm

(!) H1C (!)

多年生植物，小型

同瓣草

茎枝斜生，株型呈堆状，常作为一年生植物栽种。绿色叶片形似羽毛。花量繁多，紫色或蓝色的星形花朵从夏季一直盛开至初秋。

↕↔ 30 cm

❄ H2

灌木，小型

法国薰衣草

常绿灌木。叶片灰绿色。晚春至夏季开花，花叶具香味，蓝色、白色、紫色或粉色花朵上长有直立的“耳朵”。‘基尤红色’（上图）为深粉色。

↕↔ 45 cm

❄❄ H4

一年生 / 二年生植物，小型

六倍利

绿色小叶片。夏季开花，花量繁多，白色、蓝色、粉色或淡紫色的小花将植株覆盖。‘喷泉白’（上图）的花为白色。

↕ 23 cm ↔ 15 cm

❄ H2

灌木，小型

马缨丹

常绿灌木，在易受霜冻侵袭的地区常作为一年生植物栽种。叶片卵形，具芳香。小花簇生，漏斗状，多为红色、黄色和粉色，夏季开放。花对蝴蝶极具吸引力。

↕↔ 60 cm

H1C

多年生植物，小型

鹦鹉嘴百脉根

垂吊型多年生植物，常作为一年生植物栽种。银绿色叶片呈羽状。夏季，花朵成簇盛开，花瓣顶端渐尖，形似鸟喙。

↕ 20 cm ↔ 不定

❄ H2

攀缘植物，中型

香豌豆

一年生攀缘植物。长有卵形绿色叶片。夏季开白色、粉色、紫色或红色花朵，散发芳香。‘高膝’（上图）为矮生品种。定期摘除枯花。

↕ 3 m

❄ H2

球根植物，大型

百合‘金色辉煌’

直立球根花卉。长有细长的绿色叶片。夏季，高高的茎枝顶端盛开喇叭状的金色花朵，具香味。

↕ 2 m

❄❄❄ H6

一年生 / 二年生植物，小型

紫罗兰

绿色叶片卵形。粉色、紫色或白色的花朵形成穗状花序，散发出丁香花的香味，持续盛开整个夏季。“灰姑娘”系列（上图）深受大家喜爱。

↕↔ 25 cm

❄❄ H4

乔木，小型

月桂

常绿乔木。树冠呈圆锥形，主要因其叶片而被栽种，深绿色叶片光滑，革质，具有芳香气味，可用于烹饪。定期修剪以控制株型大小。

↕ 12 m ↔ 10 m

❄❄ H4

球根植物，中型

宽叶蓝壶花‘葡萄冰’

具鳞茎。叶片灰绿色，带状。穗状花序，花序基部紫色，顶端白色，花小，钟形，春季开放。

↕ 25 cm

❄❄❄ H6

球根植物，中型

水仙‘田云雀’
具鳞茎。绿色线形叶片。春季开花，花茎直立，花朝外绽放，喇叭形，具香气，花色为柠檬黄色，花期可持续数周。秋植种球。

↕ 25 cm

💧❄❄❄ H6 ⓘ ✽

球根植物，中型

白花多花水仙
线形绿色叶片。春季，细长的花茎上长有散发着芳香的小花，白色花瓣向下弯折，露出黄色的杯状副花冠。秋植种球。

↕ 23 cm

💧❄❄ H4 ⓘ ✽

多年生植物，小型

龙面花‘威斯利香草’
多年生草本植物，常作为一年生植物栽种。株型紧凑呈垫状。叶片狭长，绿色。花粉白色，带香草味，夏季开放。

↕↔ 30 cm

💧❄ H2

多年生植物，中型

花烟草
直立型多年生植物，常作为一年生植物栽种。绿叶呈卵形。夏季至初秋，白色、粉色或绿色的喇叭状花朵成簇盛开，夜晚会散发出芳香。

↕ 75 cm ↔ 30 cm

💧❄❄ H3 ⓘ

多年生植物，中型

南非万寿菊‘紫色太阳’
常绿丛生型多年生草本植物，常作为一年生植物栽种。叶片狭长，绿色。花似雏菊，橙色与紫色相间，夏秋开放。

↕ 30 cm ↔ 45 cm

💧❄ H3

多年生植物，中型

天竺葵‘阳台红’
常绿蔓生型多年生草本植物，常作为一年生植物栽种。叶片绿色，有光泽，似常春藤。花量大，鲜红色，夏秋开放。非常适合用于挂篮和窗台盆栽，夏季无论炎热还是凉爽都能生长良好。

↕↔ 45 cm

💧❀ H1C ⓘ

多年生植物，小型

天竺葵‘比特勋爵’ 🏆
常绿直立型多年生植物，常作为一年生植物栽种。圆形叶片多毛。花朵深紫红色，花瓣带有褶皱，整个夏季持续盛开。

↕ 45 cm ↔ 30 cm

💧❀ H1C ⓘ

多年生植物，小型

天竺葵“桑塔纳”系列
常绿多年生草本植物，常作为一年生植物栽种。植株直立，枝繁叶茂。叶片深绿色，圆形。花头硕大，花色为红色、粉色、紫色、白色或粉白色，夏季开放。耐夏季炎热和干旱。

↕↔ 30 cm

💧❀ H1C ⓘ

多年生植物，小型

矮牵牛“疯狂”系列
多年生草本植物，常作为一年生植物栽种。叶片深绿色。花大，喇叭状，花色丰富，色彩斑斓，有些呈复色或三色。

↕↔ 30 cm

💧❄❀ H2

多年生植物，中型

麻兰‘金发女郎’

常绿多年生草本植物。叶片弧形，纤细呈带状，近草质，叶缘绿色，中间有一条乳白色的条纹。株型紧凑，非常适合盆栽。

↕60 cm ↔1 m

💧❄❄ H4

灌木，小型

欧洲云杉‘奥赫伦道夫’

株型紧凑、枝叶繁茂的针叶树。短小的绿色针叶紧紧地挤在一起。生长缓慢，随着树龄的增长株型不断丰满。适宜栽种在大型容器中用作常绿景观布置，选用以土壤为主的混合基质，保持水分充足。

↕↔1 m

💧❄❄❄ H7

灌木，小型

矮赤松‘拖把’ 🏆

株型紧凑的常绿针叶树。深绿色针形叶片密集厚实，斜生，形成整齐的山丘状。适宜栽种在大型容器中，选用以土壤为主的混合基质。

↕1 m ↔2 m

💧❄❄❄ H7

灌木，小型

薄叶海桐‘高尔夫球’

常绿灌木。株型紧凑，茎黑色。叶片柔软，椭圆形，具光泽。在阳光充足、温暖且排水良好的土壤环境中生长最佳。

↕↔1 m

💧☼❄❄ H4 ⓘ

多年生植物，中型

高地黄 🏆

直立型多年生植物。叶片纤细，边缘带锯齿，叶色为绿色。夏季开花，花形与毛地黄的花相似，玫瑰紫色的花朵，喉部为黄色。适宜栽种在大型容器中，选用以土壤为主的混合基质，并放置在避风处。

↕1 m ↔45 cm

💧❄❄ H3

多年生植物，小型

白舌假匹菊 🏆

枝叶繁茂的常绿多年生植物。银绿色叶片。菊花形的花朵从晚春一直盛开至初秋。定期摘除凋谢枯萎的花头。

↕15 cm 或更高 ↔30 cm

💧❄❄ H4 ✽

攀缘植物，中型

紫钟藤

落叶型一年生攀缘植物。绿叶呈心形。夏季至秋末开花，形似伞状的花朵悬挂在枝条上，花朵带有粉红色的花冠，下部的花管为深栗色。

↕3 m

💧❄ H2

灌木，中型

雅库杜鹃花 🏆

树冠呈圆形的常绿灌木。叶片深绿色。花朵漏斗形，花蕾为粉色，绽开后为白色，春季开放。栽培基质选用杜鹃花科植物专用的混合基质，注意遮阴，避免全日照。

↕↔2 m

💧❄❄❄ H5 pH ⓘ

灌木，中型

月季‘特鲁德·杰基尔’

直立型灌木月季，具有良好的抗病性。叶片灰绿色。完全重瓣的花朵散发出浓郁芳香，花色为玫瑰粉色，整个夏季持续盛开。

↕ 2 m ↔ 1.2 m

H6

多年生植物，大型

鼠尾草‘阿米斯塔德’

植株直立，枝繁叶茂。叶片先端渐尖，亮绿色，具芳香。花量大，管状，深紫色，花萼黑色，夏季至秋季开放。

↕ 1.2 m ↔ 60 cm

H3

一年生 / 二年生植物，小型

彩苞鼠尾草

直立型一年生植物。叶片灰绿色。夏季开花，管状小花被叶片形的苞片环绕，花色为深浅不一的白色、粉色或紫色。

↕ 45 cm ↔ 20 cm

H5

一年生 / 二年生植物，小型

蛇目菊

蔓生型一年生植物。叶片细长呈卵形，叶色为绿色。夏季盛开形似雏菊的黄色小花，花心呈黑色，花量繁多。

↕ 15 cm ↔ 30 cm

H4

多年生植物，小型

一串红

直立型多年生植物，常作为一年生植物栽种。深绿色叶片呈矛形。管状花朵，花色有绯红色、粉色、紫色和白色，穗状花序，整个夏季持续盛开。

↕ 25 cm ↔ 35 cm

H3

多年生植物，小型

蓝扇花‘蓝色奇迹’

常作为一年生植物栽种。茎蔓生。叶片绿色，有锯齿。花扇形，深蓝色，夏季开放。适合用于窗台盆栽和悬挂式花篮，可施多功能堆肥。

↕↔ 50 cm

H2

灌木，小型

日本茵芋‘神奇马洛特’

常绿灌木。株型紧凑。叶片银绿色，边缘带银色斑纹，披针形。秋季长出粉色花头，圆锥形，冬季花头变成红色，随后翌年春季开出白色花朵，具芳香。

↕ 30 cm ↔ 50 cm

H5

一年生 / 二年生植物，小型

万寿菊

深绿色叶片深裂缺刻，散发出香味。单瓣或重瓣花朵，花色为深浅不一的黄色、橙色、红色或红褐色，从夏季一直盛开至初秋。定期摘除枯萎凋谢的花头。

↕↔ 30 cm

H2

灌木，小型

石蚕

枝叶繁茂的常绿亚灌木。深绿色叶片呈卵形，散发出芳香。夏末至初秋开花，穗状花序为紫色或粉色。

↕ 60 cm ↔ 30 cm

❄❄❄ H6

灌木，小型

百里香

地被植物，属亚灌木。灰绿色叶片细小，呈圆形。夏季，大量紫色、白色或粉色花朵盛开。适宜与其他香草植物搭配在一起栽种在花盆中，选用以土壤为主的混合基质，并混入沙砾。

↕ 30 cm ↔ 40 cm

❄❄❄ H5

一年生 / 二年生植物，小型

旱金莲

枝叶繁茂的一年生植物。绿色叶片呈圆形。红色、黄色或橙色的喇叭形花朵从夏季持续盛开至秋季。适宜栽种在高大的花盆中，以及窗台花箱或花篮中，选用多功能混合基质。“阿拉斯加”系列（上图）的叶片上散布着乳白色的斑点。

↕ 30 cm ↔ 45 cm

❄❄ H3

球根植物，中型

郁金香‘芭蕾舞娘’

晚春开花的百合花形郁金香。叶片灰绿色。橙色花朵单瓣，形似高脚酒杯，花瓣中部有一片区域为橙红色。

↕ 60 cm

❄❄❄ H6

球根植物，中型

郁金香‘纯洁’

早春至仲春开花的球根花卉。叶片灰绿色，带有明显的紫色。单瓣花，花形似碗，花色为乳白色。秋季，将种球群植于花盆中，基质选用以土壤为主的混合基质，并混入砂砾。

↕ 40 cm

❄❄❄ H6

多年生植物，小型

红边婆婆纳

常绿灌木。蓝绿色椭圆形叶片的叶缘呈红色。夏季开淡紫色至白色的花簇。在花期过后进行修剪，以保持其紧凑的株型。

↕ 45 cm ↔ 60 cm

❄❄ H4

多年生植物，小型

大花三色堇

常作为一年生植物栽种。叶片缺刻浅裂，叶色为绿色。花朵大，花瓣褶皱，早春至夏季开花，花色为深浅不一的红色、紫色、黄色或白色。

↕ 23 cm ↔ 30 cm

❄❄❄ H6

一年生 / 二年生植物，小型

百日草‘拇指姑娘 混色’

枝叶繁茂的矮生型一年生植物。深绿色叶片呈卵形。夏季至初秋开花，半重瓣花朵，花色为深浅不一的红色、黄色、栗色或粉色。

↕ 15 cm ↔ 21 cm

❄ H2

焦点植物：大丽花

大丽花花姿迷人、耀眼夺目，从夏季到初秋，它们用色彩鲜艳、形态万千的花朵装点着花园。

大丽花有 14 种不同的花型，植株大小各异，既有紧凑多花的品种，也有高大的巨型品种，因此能适应各种各样的园林环境。

可以用球型、绒球型和圆形装饰花型的大丽花，在长满毛蕊花、鼠尾草等尖塔状植物的花境中营造球形点缀；也可以尝试带尖刺的仙人掌型大丽花，为整体布局增添戏剧感和层次感。单瓣型和女士衣领型大丽花与自然风格的设计相得益彰，比如草原风格的花境，而且许多单瓣品种能吸引蜜蜂和其他有益昆虫。可作为花坛用花的小型大丽花非常适合打造容器花园，较高大的品种则适合大型容器，但它们挂满花朵的花茎可能需要支撑物。

大丽花很容易通过块茎或春季购买的幼苗种植。待霜冻期过去后，将它们种植在室外阳光充足、排水良好的土壤中。同时要注意防范蛞蝓，它们会严重损害植株。冬季需将块茎移入室内，在气候温和的地区，也可以用厚厚的覆盖物将其盖住。

大丽花的应用

茎干短小的大丽花适宜种在庭院或用于花坛景观，定期摘除凋谢的花头，花期会非常长。株型较高的品种适宜用于花境，栽种时可设置支撑物，以保持茎干直立。茎干较长的大丽花是理想的切花植物，从仲夏起可以定期采收鲜切花。

矮生型大丽花 不属于以下八种类型中的任一类型，通常作为花坛花出售，用于打造盆栽或容器花园。可以用适当方法让块茎越冬，翌年再次栽种，也可以在观赏季结束后直接将块茎丢弃。

一些大丽花品种 与紫菀和观赏草一起，大丽花凭借其花色和花型的多样性，在夏末一直绽放着绚烂的花朵，直至初霜降临。

大丽花类型

装饰花型 完全重瓣，花朵带褶皱，宽大的花瓣轻微扭曲，或边缘弯曲（图中所示：大丽花‘美国的黎明’）。

银莲花型 一圈或多圈扁平的花瓣环绕在短短的管状小花周围（图中所示：大丽花‘完全橘子’）。

睡莲型 完全重瓣，花瓣扁平或略微弯曲，花朵形似睡莲（图中所示：大丽花‘卡巴莱罗’）。

女士衣领型 椭圆形的花瓣，里层小花瓣环绕在花朵中心的圆盘四周，形似一个有褶皱饰边的衣领（图中所示：大丽花‘朴’）。

单瓣型 一圈椭圆形花瓣环绕在中心花盘四周，组成形似雏菊的花朵。这类大丽花可以吸引蜜蜂（图中所示：大丽花‘哈德良日落’）。

球型 完全重瓣的球状花朵，有的品种花头顶部扁平，小小的管状花瓣密集地挤在一起（图中所示：大丽花‘乔伊·温妮’）。

绒球型 这是球型大丽花中的迷你类型，花朵规格尺寸特别小，但花形更圆，完全重瓣，管状花瓣（图中所示：大丽花‘白色紫菀’）。

仙人掌型 完全重瓣，花瓣狭窄、尖细，有的花瓣是直的，也有的向内弯曲，看起来非常蓬松（图中所示：大丽花‘希尔克雷斯特王室’）。

适合打造高产露台的植物

拥有露台或庭院的美妙之处在于可将鲜花与观赏园艺作物搭配，打造可食用植物花园，这些植物的味道与外表一样令人称赞。

很多作物适宜栽种在花盆里，像辣椒、西红柿和茄子这类不耐寒作物，需避风、高温环境让果实成熟，在花盆中才能良好生长。若提供大型容器并保证充足供水，矮型和迷你型果树也能在容器中茁壮成长，可安装自动灌溉系统确保水分供应稳定。盆栽水果需定期施肥。花盆是沙拉用叶菜的理想栖息地，盆栽可保护其叶片免受软体动物侵害，而土豆、豆类植物等也能在大型容器中旺盛生长。

球根植物，中型

青葱

鳞茎较小，可于春秋播种，经过6~8周的生长就可以收获。可以购买到白色和红色茎干的品种（上图）。

↕ 25 cm（收获时高度）

❄❄ H3

球根植物，中型

北葱

叶片中空，深绿色，线形，带有淡淡的洋葱味，可用于制作沙拉和开胃小菜。夏季盛开淡紫色或粉色的绒球状花朵。

↕ 30 cm

❄❄❄ H6

灌木，大型

柠檬马鞭草

长有矛形叶片，散发出柠檬的香味，可以用来泡茶或用于甜食调味。夏季开花，小小的白色花朵形成穗状花序。

↕↔ 3 m

❄❄ H3

一年生 / 二年生植物，小型

瑞士甜菜

春季播种。长有大而光滑的绿色叶片，肉质茎干饱满，最好是煮熟后食用。整个夏季都可以采收，需定期浇水。

↕↔ 45 cm

❄❄ H3

一年生 / 二年生植物，小型

芥菜

主要种植价值在于其辛辣的叶片。春夏播种，由于其叶片采收后可以再次长出，所以可以采摘幼叶食用，也可以等叶片长大成熟后再采收。

↕↔ 30 cm

❄❄❄ H5

一年生 / 二年生植物，大型

苋

直立型植物，播种种植。主要种植价值在于其叶片，可以用来制作沙拉，也可以将叶片留下来直至开花。

↕ 1.3 m ↔ 45 cm

❄ H2

一年生 / 二年生植物，中型

辣椒

植株呈灌木状。果形和果色丰富，富含种子。适合盆栽，在温暖的夏季生长效果最佳，能在全日照下茁壮成长。

↕ 90 cm ↔ 45 cm

H1C

一年生 / 二年生植物，小型

甜菜根

春夏播种。散发着泥土香味的根茎味道香甜，一旦大小合适，就可以采收。茎枝和叶片引人注目，适合用于装饰性的容器景观。

↕ 23 cm ↔ 45 cm

❄❄ H3

乔木，小型

柠檬

常绿乔木。绿叶光滑。春季盛开白色花朵，散发出芳香，花朵凋谢后结果，需要近一年的时间果实才能成熟。花期和果期要注意施肥，冬季要采取措施防止植株遭受冻害。

↕ 3 m ↔ 2 m

❄ H2

一年生／二年生植物，小型

胡荽

生长迅速的一年生草本植物。圆形、绿色叶片，散发出芳香气味。播种种植，植株全株都可用于烹饪。

↕50 cm ↔ 20 cm

💧 ❄ H2

一年生／二年生植物，中型

小胡瓜

叶片斜生。夏季开花、结果，亮黄色的花朵和绿色的果实均在叶片下面。在果实幼嫩时采收。

↕↔ 60 cm

💧 ❄ H2 🐝

一年生／二年生植物，中型

矮生南瓜

长势旺盛，夏季开花结果，果实色彩丰富，形状各异。采收幼嫩的果实。定期施肥、浇水。

↕↔ 90 cm

💧 ❄ H2 🐝

一年生／二年生植物，小型

野胡萝卜

根茎短小呈圆形，味道香甜。春夏直接在花盆和窗台花箱中播种，一旦长得足够大就可以采收，然后再开始新一批作物的播种。定期浇水。

↕30 cm ↔ 15 cm

💧 ❄ ❄ H3 🐝

乔木，小型

无花果

大而光滑的叶片缺刻浅裂。夏季会结出小小的梨形果实。在气候较冷的地区，果实会在第二年夏季成熟，所以需要在冬季设置防护措施。

↕3 m ↔ 4 m

💧 ❄ ❄ H4

多年生植物，小型

草莓

植株株型低矮，通过走茎蔓延。可选择夏秋采收果实的四季结果型或只在夏季结一次果的品种。所有品种都可盆栽。定期浇水和施肥。

↕↔ 30 cm

💧 ❄ ❄ ❄ H6 🐝

多年生植物，小型

高山草莓

夏季结果，果实味道清淡，秋季会结第二茬果，果实较小。定期浇水和施肥。

↕30 cm ↔ 不定

💧 ❄ ❄ ❄ H6 🐝

一年生／二年生植物，小型

莴苣

春夏播种或直接栽种小苗。叶片采收后会再次长出，所以可以采摘幼嫩叶片，也可以一直等到叶片成熟、整个叶片球饱满后再采收。

↕↔ 30 cm

💧 ❄ ❄ H3

乔木，中型

月桂 🏆

大型常绿乔木。深绿色叶片带有芳香，可以根据景观需要修剪成各种造型。栽种在避风处。

↕12 m ↔ 10 m

💧 ❄ ❄ H4 🐝

灌木，小型

蓝果忍冬

落叶灌木。白花，春季开放。果实香甜，蓝黑色，初夏开始结果。可将其栽种在大型容器中，夏季要保持土壤湿润，每年春季追施新鲜堆肥。

↕↔ 1.2 m

💧 ❄ ❄ ❄ H7

乔木，小型

苹果

落叶乔木。春季开花，夏秋结果。可以选择甜苹果或烹饪用的苹果，煮熟后食用。选择嫁接在矮化砧木上的树苗，种植在装有土壤基质的大型容器中。

↕8 m ↔ 2 m

💧 ❄ ❄ ❄ H6 🐝

一年生 / 二年生植物，中型

甜罗勒

枝叶繁茂的一年生植物，或寿命很短的多年生植物。鲜绿色叶片散发出芳香。夏季长出粉色穗状花序。

↕ 60 cm ↔ 30 cm

H1B

多年生植物，小型

牛至

蔓生型多年生草本植物。茎枝垂吊，卵形小叶片散发出芳香。夏季开花，淡粉色的花朵与众不同。

↕ 20 cm ↔ 30 cm

H4

一年生 / 二年生植物，中型

欧芹

从生型二年生植物，常作为一年生植物栽种。绿叶全裂缺刻，散发出芳香气味，可用作配菜放入菜肴中。

↕ 80 cm ↔ 60 cm

H6

一年生 / 二年生植物，中型

豌豆

常攀缘生长。在春末至秋季结出带荚的果实。可选择豌豆、嫩豌豆或甜脆豆。将其种在大型容器中，定期采摘，保持植株湿润。

↕ 90 cm ↔ 50 cm

H2

一年生 / 二年生植物，大型

菜豆'博洛蒂'

长有长长的绿色豆荚，豆荚表面通常会晕染着红色，非常迷人。可以在豆荚幼嫩的时候采收，也可以待豆荚完全成熟后晾干，留待日后食用。

↕ 1.8 m

H2

一年生 / 二年生植物，大型

四季豆

整个夏季都结出又长又圆的绿色或紫色豆荚。为了保证获得最好的收成，应在里面的豆子肿胀之前采收。分为矮生型和高大型两个品种。

↕ 1.8 m

H2

多年生植物，小型

黏果酸浆

不耐寒，长有硕大的绿色叶片。花朵为黄色，仲夏至夏末结果，果实被包裹在纸一般的薄壳中，味道浓郁。

↕ 45 cm ↔ 60 cm

H2

乔木，小型

欧洲酸樱桃

夏季结红色果实。可以选择甜樱桃，它们可能会一直结果到秋季，或选择酸味较重的品种。

↕↔ 4 m

H2

乔木，小型

桃

能结出大而多汁的果实，仲夏至初秋果实成熟。应挑选一个株型紧凑的品种种植，以保证收获最佳。春季做好防护措施，避免植株遭受雨水和霜冻的侵袭。

↕↔ 2 m（盆栽）

H4

一年生 / 二年生植物，小型

水萝卜

可于春季至初秋播种，仅需五周即可形成多汁、辛辣的根球。根球个头足够大即可拔出，然后再重新播种新一茬。

↕↔ 20 cm

H2

灌木，中型

茶藨子属

茎直立，有分枝。春季开花，随后在夏季结果。果实味道辛辣，有黑色、红色或白色。春季用有机物覆盖土壤以保湿。

↕↔ 1.5 m

❄❄❄ H6

灌木，中型

欧洲醋栗

植株具刺，分枝多。夏季结果，浆果圆形，绿色或红色。味道较酸的用于烹饪，味道香甜的用于制作甜点。春季需进行覆盖。

↕↔ 1.5 m

❄❄❄ H6

灌木，小型

覆盆子

攀缘型落叶灌木。枝条多刺，似茎干。花白色。夏季结果，果实红色。矮生、无刺的优良品种‘红宝石美人’分枝性强，在前一年的枝条上结果。

↕↔ 1.2 m

❄❄❄ H7

多年生植物，中型

酸模

直立型多年生植物。绿叶呈卵形，散发出芳香，一些品种的叶面上有红色叶脉组成的纹理，整个夏季均可采摘香气扑鼻的幼嫩叶片。

↕↔ 60 cm

❄❄❄ H7

灌木，小型

欧鼠尾草

枝叶繁茂的常绿灌木。具有质感的灰绿色叶片散发出芳香。夏季盛开粉紫色花朵，穗状花序。

↕ 80 cm ↔ 1 m

❄❄❄ H5

灌木，中型

迷迭香

株型高大、枝叶繁茂的常绿灌木。深绿色的针状叶片散发出芳香。春夏盛开蓝色花朵。

↕↔ 1.5 m

❄❄ H4

一年生 / 二年生植物，小型

园圃塔花

直立一年生植物。古铜色或绿色叶片纤细修长。夏末开花，浅粉色小花呈管状。

↕ 25 cm ↔ 30 cm

❄❄ H4

一年生 / 二年生植物，小型

灌木番茄

枝叶繁茂，适合在室外种植。果实颜色丰富、形状各异，口感也各不相同，有多个品种可供选择。适宜栽种在花盆及种植袋中；定期施肥、浇水，及时采收果实。

↕↔ 45 cm

H1C

一年生 / 二年生植物，大型

茄子

直立型多分枝植物。绿色叶片多毛。夏末至初秋可结出硕大的、具光泽的果实。定期施肥和浇水。最好在夏季较长的地区栽种。

↕ 1.2 m ↔ 50 cm

H1C

一年生 / 二年生植物，大型

马铃薯

春季在大花盆或升高苗床中种植，让其生长至秋季，使可收获完整的块茎。

↕↔ 1 m

❄ H2

灌木，中型

高丛蓝莓

落叶型灌木。春季盛开白色花朵。花朵凋谢后结出一串串香甜的蓝黑色浆果，夏末至秋季成熟。

↕↔ 1.5 m

❄❄❄ H6 pH

适合香草花园的植物

烹饪用和药用香草植物的种植已经长达几个世纪，很多现代香草植物花园的景观更能反映中世纪及文艺复兴时期的设计理念与文化。

你可以选择传统风格，将小型长方形花床专门用于种植某种香草植物，或者尝试将其与观赏植物混合种植于花坛中。矮小的植物，如百里香和洋甘菊，能够减少铺地砖之间的缝隙，而生长旺盛的植物，比如薄荷，则最好用花盆加以约束。还有一些植物，如当归和鼠尾草，会长成相当大的植株，需要充足的生长空间。别忘了加入开花植物，例如琉璃苣、金盏花和牛膝草，以吸引大量的传粉者。

一年生／二年生植物，大型

莳萝

高大的直立一年生植物。叶片似蕨类植物，灰绿色，散发出芳香。夏季开花，伞形花序，花瓣呈金绿色，成簇盛开。花朵凋谢后结出可食用的果实。

↕ 1.2 m ↔ 60 cm

❄❄ H4

一年生／二年生植物，大型

欧白芷

株型高大的二年生植物。绿叶深裂缺刻，极具装饰性。夏季开半球形的绿色头状花序，花朵细小。可大量自播繁殖。

↕ 2 m ↔ 1 m

❄❄❄ H6

一年生／二年生植物，小型

有喙欧芹

绿色叶片似蕨类叶片，具有八角的味道。夏季，花头呈扁平状的白色小花成簇盛开。

↕ 50 cm ↔ 24 cm

❄❄ H4

多年生植物，大型

龙蒿

直立多年生植物。细长的茎干上长有线形的绿色叶片，散发出芳香。寿命有可能比较短。

↕ 1.2 m ↔ 30 cm

❄❄❄ H6

一年生／二年生植物，中型

琉璃苣

直立一年生植物。绿色叶片呈卵形，散发出芳香。蓝色的星形小花夏季盛开。及时摘除枯萎凋谢的花头以防止植株自播。

↕ 90 cm ↔ 30 cm

❄❄❄ H5

多年生植物，中型

神香草

直立多年生植物。叶片带有似八角的香味。夏季穗状花序盛开淡紫色或蓝色的花朵。

↕ 60 cm ↔ 1 m

❄❄❄ H7

一年生／二年生植物，中型

金盏花

绿色叶片散发出芳香。春秋开形似雏菊的花朵，颜色为深浅不一的黄色或橙色。

↕↔ 60 cm

❄❄❄ H5

多年生植物，小型

果香菊

常绿丛生型多年生植物。叶片细裂，散发出芳香。春末至夏季盛开形似雏菊的白色花朵。将花朵泡入沸水中可制成一杯能够令身心舒缓的花茶。

↕ 10 cm ↔ 45 cm

❄❄❄ H7

多年生植物，大型

欧当归

高大的直立多年生植物。叶片全裂，具有芹菜的味道。夏季开花，细小的黄色花朵组成顶端扁平的伞形花序。叶片和茎干可用来在烹饪时为菜肴调味。

↕ 1.2 m ↔ 1 m

H6

多年生植物，小型

留兰香

蔓生型多年生植物。鲜绿色叶片带纹理，散发出芳香。夏季开花，短小的穗状花序呈粉色。叶片可用来泡茶，或烹饪时为菜肴调味。

↕ 50 cm ↔ 不定

H7

一年生 / 二年生植物，中型

泰国罗勒

枝叶繁茂的一年生植物，或寿命短暂的多年生植物。茎干为红色。夏季开粉色或白色花朵。深绿色叶片散发出似甘草的香味，带有罗勒的味道。

↕ 60 cm ↔ 30 cm

H1C

一年生 / 二年生植物，中型

紫罗勒

枝叶繁茂的一年生植物，或寿命短暂的多年生植物。紫色叶片呈披针形，散发芳香。'暗色欧泊'（上图）芳香四溢，夏季会盛开粉紫色花朵。

↕ 60 cm ↔ 30 cm

H1C

一年生 / 二年生植物，中型

欧芹

丛生型二年生植物，常作为一年生植物栽种。绿色叶片全裂缺刻，散发出芳香，可作为调味配菜或可食用的装饰性配菜加入菜肴中。

↕ 80 cm ↔ 60 cm

H6

灌木，小型

紫叶鼠尾草

常绿多年生亚灌木。紫色的卵形叶片散发出芳香，幼叶为红紫色。夏季盛开丁香紫色花朵。

↕↔ 30 cm

H5

一年生 / 二年生植物，小型

园圃塔花

直立一年生植物。古铜色或绿色的线形叶片纤细修长。夏末开花，浅粉色的小花呈管状。

↕ 25 cm ↔ 30 cm

H4

灌木，小型

百里香

常绿矮生型灌木。灰绿色小叶片呈卵形，散发出芳香。初夏盛开紫色至白色的花朵。每年都要修剪，以促进植株生长。

↕ 30 cm ↔ 40 cm

H5

适合砾石花园的植物

砾石为花园设计增添了装饰性的景观效果，尤其适合用于沙地花园以及耐旱植物花园。

砾石花园的灵感来源于著名的女性园艺设计师贝斯·查特的设计，她用一些旱生、低养护的植物，将一处位于干旱地区、尘土飞扬的停车场改造成了一座世界著名的花园。为了在较小规模的土地上成功建造砾石花园，可将形态各异、纹理质感不同的植物搭配在一起，如蓝色的山燕麦属植物、花序顶端扁平的蓍草，以及花形似雏菊的春黄菊属植物。耐寒的一年生植物，如加利福尼亚虞美人，可以在沙砾中自播繁殖，呈现出一种自然风格的景观效果，而球根植物，如郁金香、花葱及尼润石蒜，会在春季至秋季持续为花园增添一道道亮丽的季节性风景线。

多年生植物，中型

蓍草‘夏日美酒’ 🏆

直立多年生植物。羽状叶片深绿色。夏季开花，头状花序，顶端扁平，深红色的花瓣带有白色花心，渐渐变成粉色。适宜栽种在花境的前部；可视植株长势情况设置支撑物以防止茎干倒伏。

↕↔ 80 cm

💧❄❄❄ H7 🐝 ✿

多年生植物，中型

黑法师 🏆

不耐寒的常绿多年生植物。具有光泽的紫黑色肉质叶片在茎枝顶端形成莲花座形叶盘。冬季应采取防护措施将植株遮盖。

↕ 60 cm ↔ 1 m

💧❀ H1C

多年生植物，中型

藿香

直立多年生植物。鲜绿色叶片呈披针形。蓬松的穗状花序从夏末至仲秋持续盛开，花色为紫色。

↕ 60 cm ↔ 45 cm

💧❄❄ H4 🐝 ✿

多年生植物，小型

巴利龙舌兰 🏆

常绿多年生多肉植物。灰绿色或蓝绿色的叶片顶端尖细，形成硕大的莲花座形叶盘，极具观赏性。不耐寒，故冬季应采取防护措施。

↕ 50 cm ↔ 1 m

💧❄ H2

球根植物，大型

垂花葱

直立多年生球根花卉。灰绿色叶片呈带状。夏季开紫粉色花，从高大的茎干上自然垂下。在开花前叶片会褪色枯萎。秋植种球。

↕↔ 70 cm

💧❄❄❄ H6 🐝 ✿

球根植物，大型

花葱‘紫色震撼’ 🏆

直立多年生球根花卉。灰绿色叶片呈带状。初夏开花，粗壮的茎干顶端着生深紫色的花球，同时叶片会褪色枯萎。秋季栽种鳞茎，适宜种植在其他植物之间，这样可以遮挡住花葱的枯叶。

↕↔ 80 cm

💧❄❄❄ H6 🐝 ✿

多年生植物，小型

椰子芦荟

丛生型多年生肉质草本植物。茎蔓生。叶有锯齿，披针形。黄绿色花序似风信子，花黄色，倒垂，夏季开放。非常耐寒。

↕ 1.5 cm ↔ 2 m

💧☼❄❄ H3

多年生植物，小型

三脉香青 🏆

生长缓慢的丛生型多年生植物。淡灰绿色叶片呈披针形。夏季，白色小花成簇盛开。‘萨默施内’（上图）深受人们喜爱。

↕ 50 cm ↔ 60 cm

💧❄❄❄ H7

多年生植物，小型

肉色点地梅

常绿、矮生型多年生植物，茎枝斜生。绿色叶片呈线形，晚春，粉色花瓣、黄色花心的花朵成簇盛开，呈半球形。

↕↔ 5 cm

❄❄❄ H5

多年生植物，中型

新西兰风草

绿色叶片呈拱形弯曲下垂，夏秋两季叶片上会夹杂红色和橙色。夏末开花，棕红色多头花朵散布在叶片间。可自播，应及时清除多余幼苗。

↕↔ 1 m

❄❄ H4

多年生植物，中型

加拿大耧斗菜

直立型多年生植物，绿色叶片似蕨类。红色花瓣、黄色花心的花朵从纤细的茎枝上优雅地下垂，花期从仲春持续至夏季。

↕ 60 cm ↔ 30 cm

❄❄❄ H5

多年生植物，大型

宽叶拂子茅

灰绿色叶片弯曲垂下。夏季开花，银色夹杂着粉色的花序高耸直立，形似羽毛，花朵凋谢后长出具观赏性的黄色种荚。

↕ 1.4 m ↔ 50 cm

❄❄❄ H6

一年生 / 二年生植物，中型

蓝眼菊

银绿色叶片缺刻浅裂。花形似雏菊，花瓣黄色、橙色或白色，花心颜色与花瓣颜色形成强烈反差，花期持续整个夏季。

↕ 60 cm ↔ 30 cm

H1C

一年生 / 二年生植物，中型

蓟罂粟

直立生长，深绿色叶片多刺，深裂缺刻，柠檬黄色的花朵从夏末持续盛开至秋季。植株可自播繁殖。

↕ 60 cm ↔ 30 cm

❄❄ H3 ⓘ

多年生植物，中型

柳叶马利筋

直立生长，绿色叶片呈披针形。夏末至初秋开花，鲜艳的橙红色小花朵成簇盛开，花朵凋谢后结籽，种荚具观赏性。

↕ 75 cm ↔ 45 cm

❄❄ H4 ⓘ

灌木，大型

美洲茶‘蜗壳’

常绿灌木，茎枝呈拱形弯曲，卵形小叶片深绿色。晚春，半球形的一簇簇紫色花蕾相继绽放，露出深蓝色的花朵。适宜栽种在栅栏或墙垣旁边。花期过后应进行轻度修剪。

↕↔ 3 m

❄❄ H4

多年生植物，中型

距药草

肉质叶片丛生。晚春至秋季开花，深粉色或白色的星形小花朵形成头状花序。在贫瘠的土壤中生长旺盛，可大量自播繁殖。

↕ 90 cm ↔ 60 cm

❄❄❄ H5

一年生 / 二年生植物，中型

蜜蜡花

卵形叶片灰绿色。夏季，紫色和黄色的管状花朵在茎枝顶端盛开。需要设置支撑桩防止茎干倒伏；植株可在沙砾基质中自播繁殖。

↕ 60 cm ↔ 30 cm

❄❄ H3

灌木，小型

光滑岩蔷薇‘格雷兹伍德粉’

常绿灌木。椭圆形叶片银灰色。花呈碟状，淡粉色，每朵花花期只有1天，整个夏季依次开放。适合种植在遮阴处。

↕ 60 cm ↔ 1 m

❄❄ H4

灌木，小型

银旋花

常绿灌木，株型低矮。银色叶片呈柔滑丝质，长椭圆形。花蕾粉色，花白色，呈碟形，初夏开放。喜排水良好、阳光充足的温暖环境。

↕ 60 cm ↔ 1 m

❄❄ H4

多年生植物，小型

蓝色岩旋花

多年生草本植物。茎纤细，蔓生。叶片银绿色。花大，蓝紫色，呈碟状，形成紧凑、不蔓生的丛生状。非常适合在炎热干燥的环境中生长。

↕ 20 cm ↔ 30 cm

❄❄ H3

乔木，小型

澳洲朱蕉

剑形的棕色叶片似喷泉般散开垂下，形似棕榈树，尤为引人注目。可作为花园或花坛的焦点植物，采取防护措施避免植株幼苗遭受冻害。

↕ 3 m ↔ 1 m

❄❄ H3

多年生植物，中型

大花金鸡菊

枝叶繁茂，常作为一年生植物种植。绿色叶片呈披针形，单瓣或重瓣的金黄色花朵可持续盛开整个夏季。早春播种，或在春季群植幼苗。

↕ 75 cm ↔ 60 cm

❄❄❄ H5

多年生植物，中型

染料春黄菊

叶细长，深绿色。花茎具分枝，花似雏菊，白色或黄色，夏季开放。‘巴克斯顿’（上图）是颇受欢迎的一个品种。

↕ ↔ 1 m

❄❄❄ H6

球根植物，小型

番红花‘吉卜赛女孩’

金黄番红花的杂交后代。绿色叶片似草。花碗形，具芳香，外轮花被片黄色，带紫色条纹。秋季群植种球。

↕ ↔ 7 cm

❄❄❄ H6

多年生植物，大型

刺苞蓟

银灰色的叶片多刺，紫色花朵形似蓟花，夏季至秋季盛开。适宜栽种在砾石花坛的后部，应设置支撑为高大的茎干提供支撑。

↕ 2 m ↔ 1 m

❄❄❄ H5

多年生植物，小型

常夏石竹‘父亲的最爱’

矮生型、常绿多年生植物，灰绿色线形叶片斜生，排列整齐。夏季开半重瓣的白色花朵，花瓣上带有栗色斑纹，散发出芳香。

↕ 45 cm ↔ 30 cm

❄❄❄ H6

灌木，小型

宽叶蜂鸟花

根蘖发达，茎有分枝，易成丛。叶灰绿色。花鲜红色，喇叭形，生于花茎顶端，夏末和秋季开放。

↕ 40 cm ↔ 60 cm

❄❄ H4

多年生植物，小型

滨飞蓬

株型紧凑的丛生型多年生植物。绿色叶片纤细，呈匙形，晚春至仲夏开花，淡紫色粉色花朵形似雏菊，花心为黄色。

↕ 30 cm ↔ 45 cm

❄❄❄ H5

多年生植物，小型

马内斯科牻牛儿苗

丛生型多年生植物。叶片柔软，似羽毛。夏季开淡紫色花朵，呈伞房花序。可自播繁殖，耐旱，喜阳光。

↕ 45 cm ↔ 60 cm

❄❄❄ H5

二年生 / 多年生植物，大型

巨刺芹 🏆

直立生长。灰绿色叶片上布有大理石般的花纹。夏季开花，高耸的茎干顶端长有被带刺的苞片包围的银灰色圆锥形花球。植株可以在沙砾中大量自播繁殖。

↕ 90 cm ↔ 30 cm

❄❄❄ H6

多年生植物，中型

糖芥‘鲍尔斯的淡紫’ 🏆

多年生常绿植物。叶片狭窄，叶色为深灰绿色，淡紫色的小花朵形成穗状花序，从早春一直盛开至晚秋。应定期摘除凋谢枯萎的花朵。

↕ 60 cm ↔ 40 cm

❄❄ H4

一年生 / 二年生植物，小型

花菱草

丛生型一年生植物，枝叶繁茂。羽状叶片为蓝绿色，夏季开花，花量繁多，小巧的碗状花朵，花色有橙色、红色和黄色。春季直接将种子撒播在花坛中，在第一个生长季过后，植株即可自播繁殖。

↕ 30 cm ↔ 15 cm

❄❄ H3

多年生植物，小型

意大利唐菖蒲

春季长出剑形叶片。花茎初为拱形，后直立。穗状花序淡紫色，初夏开放。喜排水良好的土壤。

↕ 50 cm ↔ 30 cm

❄❄ H3 (!)

球根植物，中型

二色唐菖蒲 🏆

株型直立。绿色线形叶弯曲下垂。花芳香，具帽状结构，白色，花心带深红色斑块。春季群植，秋季花后起球以防霜冻。

↕ ↔ 1 m

❄❄ H3

灌木，小型

半日花‘火龙’ 🏆

长有灰绿色叶片的茎干柔软下垂。夏季开花，花瓣橙色或红色，花心黄色。适合作为地被植物栽种在花坛前部。定期摘除枯萎凋谢的花头。

↕ 30 cm ↔ 45 cm

❄❄ H4

多年生植物，中型

常青异燕麦 🏆

蓝灰色叶片直立生长。夏季开花，长长的拱形茎枝上长出黄色花头。适宜作为焦点植物，与圆形叶片的多年生植物搭配种植。

↕ 1 m ↔ 60 cm

❄❄❄ H5

多年生植物，中型

芒颖大麦草

寿命短暂的多年生禾本科植物。绿色叶片，夏季开柔软蓬松的银粉色羽毛状花朵。春季直接在沙砾中播种即可，可自播繁殖。

↕ 60 cm ↔ 30 cm

💧 ❄❄❄ H6 ✿

多年生植物，中型

紫景天　红枫群 🏆

从生型多年生植物，茎干为深紫色。叶片肉质，夏末至秋季，略带粉色的白色花朵成簇开放，花簇略微呈半球形。

↕ 60 cm ↔ 30 cm

💧 ❄❄❄ H7

多年生植物，中型

萱草‘金钟’

高大的半常绿多年生植物。绿色叶片形似草，弯曲下垂。金黄色的喇叭形花朵单花仅盛开一天，但会相继绽放，持续整个夏季。

↕ 1.1 m ↔ 60 cm

◐ ❄❄❄ H6

多年生植物，小型

景天‘霜晨’

从生型多年生植物。肉质叶片斜生成山丘状，叶色为灰绿色，叶边带有醒目的白色条纹，夏末开浅粉色花。

↕ 30 cm ↔ 45 cm

💧 ❄❄❄ H5

多年生植物，中型

鸢尾‘哈丽雅特·哈洛韦’

灰绿色叶片呈剑形。初夏至仲夏开花，淡蓝色大花朵带有黄色花心，花瓣有髯，芳香馥郁。栽种时将球根贴着土壤表面放上即可。

↕ 70 cm ↔ 30 cm

💧 ❄❄❄ H7

多年生植物，中型

绯红夜鸢尾

直立生长。淡绿色叶片呈剑形，红色、粉色或白色的星形花朵从夏末持续盛开至秋末。冬季应采取防寒措施，适合成片栽种。

↕ 60 cm ↔ 30 cm

◐ ❄❄ H4 ✿

球根植物，中型

网脉鸢尾 🏆

绿色叶片呈线形，蓝紫色小花于早春时节盛开，下部花瓣上带有黄色和白色的斑点。秋季将鳞茎直接栽种在花盆中或种植在花坛前部。

↕ 15 cm

💧 ❄❄❄ H7

多年生植物，中型

八宝‘约瑟·奥贝格尼’

从生型多年生肉质草本植物。叶深紫色，初春时叶表面有白霜状的光泽。夏末开粉色至红色的花序，松散、呈圆形。

↕ 60 cm ↔ 50 cm

💧 ☼ ❄❄❄ H6

灌木，小型

平枝圆柏

匍匐生长的常绿灌木。鳞片状叶片蓝绿色，枝叶蔓延伸展，可覆盖地面。适宜作为球根花卉的衬景植物。

↕ 50 cm ↔ 不定

💧 ❄❄❄ H7

多年生植物，中型

中欧孀草

直立多年生植物，绿色叶片基生，缺刻浅裂。坚硬的枝条顶端开出纽扣状的深红色花朵，花朵相继盛开，可持续整个夏季。易于播种种植。‘梅尔顿粉彩’（上图）的花色为粉色和深红色。

↕ 75 cm ↔ 60 cm

❄❄❄ H7

多年生植物，中型

火炬花

直立生长。绿色叶片呈线形。夏末或初秋开花，一串串鲜艳的橙红色管状花朵与绿叶形成鲜明的对比。适合与蓝花或紫花植物搭配种植。

↕ 90 cm ↔ 45 cm

❄❄❄ H5

灌木，小型

羽叶薰衣草

株型紧凑，有时作为一年生花坛花栽培。银绿色叶片形似蕨类叶片。夏季至初秋，蓝紫色的花朵成簇盛开，具芳香。应栽种在花园中避风的地方。

↕↔ 1 m

❄❄ H3

灌木，小型

鳞叶菊

树冠为半球形的常绿灌木，常作为一年生花坛植物种植。银色的茎枝上长有带有香味的鳞片状银灰色叶片，夏季开花，乳黄色的花朵形似纽扣。

↕ 75 cm ↔ 90 cm

❄❄ H3

多年生植物，小型

露薇花

常绿丛生型多年生植物。深绿色叶片呈莲座状排列，缺刻浅裂。漏斗形的粉红色、黄色或橙色花朵从晚春一直盛开至夏季。适宜栽种在花坛前部。

↕ 30 cm ↔ 15 cm 或更大

❄❄ H4 pH

灌木，中型

树羽扇豆

生长迅速，株型舒展自然。花量大，淡黄色花有香味，初夏开放。耐旱、耐贫瘠，能在多砾石的土壤中生长良好。

↕ 2 m ↔ 3 m

❄❄ H4

球根植物，中型

鲍登纳丽花

直立型多年生球根花卉。绿色叶片呈带状。秋季开花，花瓣细长、似蜘蛛足的粉色花朵在细长的茎枝顶端成簇盛开。适宜用来为晚春花园增添色彩。

↕ 60 cm

❄❄❄ H5

多年生植物，大型

山桃草

直立型多年生植物，绿色叶片呈匙形，粉红色的花蕾从仲夏至秋季开放，露出白色小花。‘卡拉李白色’（上图）是一个颇受欢迎的流行品种。

↕ 1.5 m ↔ 90 cm

❄❄ H4

多年生植物，小型

美丽月见草

绿色小叶片全裂缺刻，枝条蔓延生长。碟状花初为白色，而后慢慢变粉，具芳香，晚春至初夏盛开。

↕↔ 30 cm

❄❄❄ H5

多年生植物，小型

黑龙沿阶草 🏆

丛生型多年生植物。黑色线形叶片具光泽。夏季开花，粉紫色的花朵成簇盛开，花朵凋谢后长出黑色浆果。适宜群植于花坛前部。

↕ 23 cm ↔ 30 cm

💧 ❄❄❄ H5

多年生植物，中型

蓝眼菊‘酪乳’ 🏆

常绿多年生植物。叶片纤细，绿色。夏季开出形似雏菊的淡黄色和白色花朵，花心为蓝紫色。适宜栽种在砾石花坛前部。

↕ 60 cm ↔ 30 cm

💧 ❄❄ H3

多年生植物，大型

麻兰 🏆

常绿丛生型多年生植物。剑形叶片灰绿色，呈拱形弯曲下垂。炎热的夏季，暗红色的花朵生于高高的茎枝顶端。适宜作为焦点植物。

↕ 3 m ↔ 2 m

💧 ❄❄❄ H5 ✽

球根植物，小型

蓝条海葱

绿色叶片呈带状。春季开花，带有深蓝色条纹的白色花朵成簇盛开。适合与其他春季开花的球根花卉搭配种植。

↕↔ 14 cm

💧 ❄❄❄ H6

多年生植物，小型

亮叶蓝盆花

银灰色叶片呈披针形，夏季开花，花量繁多，淡紫色或粉色花朵形似纽扣。定期摘除凋谢枯萎的花头以延长植株观赏期。

↕ 20 cm ↔ 15 cm

💧 ❄❄ H4 🐝 ✽

多年生植物，中型

委陵菜‘君主的天鹅绒’

蔓生，绿色叶片多毛，形似草莓叶。夏季开花，花量繁多，深红色的碟形小花具有天鹅绒般的质感。适宜与穗状花序植物搭配种植在一起。

↕ 75 cm ↔ 60 cm

💧 ❄❄❄ H7 ⓘ 🐝

灌木，小型

地中海波萼苏

常绿灌木。茎初期直立，后呈蔓生状。叶片灰绿色，密被白色茸毛。花轮生，粉色，夏季开放。在干燥的地方表现良好。喜排水良好的土壤。

↕ 60 cm ↔ 90 cm

💧 ☼ ❄❄ H4

球根植物，中型

土耳其雪百合

多年生球根花卉，绿色叶片呈线形。早春开花，细长的茎枝上盛开星形的蓝色花朵，花心为白色。秋季栽种种球，宜群植。

↕ 15 cm

💧 ❄❄❄ H6 ⓘ

球根植物，中型

地中海蓝钟花

绿色叶片披针形。花星形，紫蓝色，偶尔为乳白色，簇生呈球形，暮春开放。喜排水良好的土壤。

↕↔ 30 cm

💧 ❄❄ H4 ⓘ

多年生植物，小型

卷绢 🏆

矮生型多年生常绿植物。莲座状叶盘，绿色肉质叶上面覆盖着细细的白毛，如蛛网。夏季开略发红的粉花。适合栽种在砾石花坛前部。

↕ 12 cm ↔ 10 cm 或更大

💧 ❄❄❄ H5

多年生植物，小型

夏弗塔雪轮 🏆

蔓生型多年生植物。叶片狭窄，叶色为深绿色，单瓣星形花朵从夏末一直盛开至秋末，花色为玫红色。适宜栽种在砾石花坛前部。

↕ 25 cm ↔ 30 cm

💧 ❄❄❄ H5

多年生植物，中型

智利豚鼻花

直立生长。剑形叶片灰绿色。淡黄色小花朵形成穗状花序，整个夏季持续盛开。可在花坛中成丛栽种，与有髯鸢尾搭配组合成景。

↕ 60 cm ↔ 30 cm

💧 ❄❄ H4

多年生植物，小型

绵毛水苏

常绿多年生植物。毛茸茸的叶片呈银灰色。夏季开花，淡紫色或粉色的小花形成穗状花序。适宜栽种在位于阳光充足区域的花坛前部，也可将其沿花园砾石步道栽种。

↕ 38 cm ↔ 60 cm

💧 ❄❄❄ H7 🐝

多年生植物，大型

巨针茅 🏆

丛生型常绿草本植物。叶细长，初直立，后呈弧形弯曲。花茎高大，花略带紫色，暮春开放。花头在夏末干枯，呈金黄色。

↕↔ 2 m

💧 ☼ ❄❄ H4 ✽

多年生植物，中型

细茎针茅

落叶多年生观赏草。绿色叶片纤细，初夏长出银绿色的花头，然后会转变成米黄色的种穗。可将其穿插栽种于色彩缤纷的多年生植物群中。

↕ 60 cm ↔ 40 cm

💧 ❄❄ H4 ✽

球根植物，中型

印度郁金香 🏆

灰绿色叶片呈线形。春季开花瓶状的黄色花朵，最外层花瓣上散布着红色，尤为耀眼夺目。秋季栽种种球，适合群植。

↕↔ 30 cm

💧 ❄❄❄ H6 ⓘ ✽

多年生植物，中型

紫色马鞭草 🏆

直立生长，茎干带分枝，其上着生披针形深绿色叶片。仲夏到秋季，开出呈圆顶状簇生的、带有香气的紫色花朵。易自播繁殖。

↕↔ 2 m

💧 ❄❄ H4 🐝 ✽

灌木，小型

婆婆纳'詹姆斯·斯特林' 🏆

矮生常绿灌木。树冠呈圆形，黄绿色鳞片状叶似针叶树叶片。白色小花晚春盛开。适宜栽种在花坛前部。花期过后进行修剪。

↕ 45 cm ↔ 60 cm

💧 ❄❄ H4

焦点植物：多肉植物

在适应炎热干燥环境方面，没有哪种植物比多肉植物更出色了。有些多肉植物还具有一定的耐寒性。

在日益炎热干燥的夏季里，想让花坛植物存活下来而不消耗大量水资源并非易事。在阳光充足、排水良好的花园里亦是如此，因为传统花卉难以适应这种环境。多肉植物提供了一种节水的解决方案。这些肉质的宿根植物种类繁多，大多都能在酷热的环境中茁壮成长，且叶形奇特，有些还可开出绚丽的花朵。许多品种不耐寒，需要采取防霜冻措施。但有一些品种耐寒，尤其是在干燥的环境中，注意保持土壤排水良好很重要。受欢迎的景天科植物有长生草属（长生草）和八宝属植物，但还有其他一些种类，比如铺地型的露子花属、丛生型的石莲花属、绫锦芦荟属或更具引人注目的草丝兰属和缟纹芦荟，也被证明是可靠的品种。在气候温和的地区，莲花掌属、龙舌兰属、芦荟属及仙人掌属植物都能生长良好；而在其他地区，这些植物要种在花盆里，冬天移至室内避寒。

有用的景天科植物

可覆盖地面的景天科植物用途广泛，常用于美化铺路缝隙或打造岩石花园。近年来，它们被用于打造绿色屋顶，在短短几厘米厚的土壤中就能形成一层致密的隔热垫。试着种植一些生命力顽强的低矮植物品种，比如苔景天、反曲景天，它们能在夏季高温和冬季潮湿寒冷的环境中存活下来。

景天科植物是绿色屋顶种植中不可或缺的植物，能为屋顶增添色彩。选择叶片风格不同的品种混植，不妨再添加几株长生草属或石莲花属植物。

用各种多肉植物取代传统的季节性植物，既可减少浇水次数，又可提升视觉效果。

受欢迎的多肉植物

巴利龙舌兰　灰绿色或蓝绿银色，呈莲座状生长，叶先端布满黑刺，冠径 1 m。耐寒性强，叶片应栽种在阳光充足、通风且排水良好的地方，并避免冬季积水。

云雾露子花　铺地型多肉植物。茎匍匐生长，叶片翠绿色。花黄色，似雏菊，夏季开放。

蓝石莲　植株丛生。叶片蓝绿色，花珊瑚粉色。冬季干燥时易结薄冰霜。

八宝景天 宿根植物。茎粗壮，叶片肉质。花序扁平，花小，粉色、红色或白色，夏末开放，随后结果，果实美观。

反曲景天‘安吉莉娜’ 生命力旺盛，肉质茎蔓生，叶金黄色。花序扁平，花朵黄色，夏季开放。即便在稍有遮蔽的地方也能生长良好。

长生草 肉质叶小，呈莲座状簇生。粉色小花呈星形，夏季成簇开放。喜全光照，但也能耐受少许阴凉。

适合岩石花园的植物

近年来，随着这类能在岩石中生长的娇小喜阳植物受到越来越多的人喜欢，岩石花园再度兴起。

岩生植物和高山植物非常易于养护管理，一旦定植成功，每年对养护管理的要求非常低。岩石花园应建在阳光充足的位置，最好是在一个自然形成的斜坡上，如果土质是湿黏土则应添加大量的粗沙，因为所有这类植物都要求土壤具有非常好的排水性。岩石花园中应包括每个季节的应季花卉植物，春季用球根花卉来拉开花园美景的序幕，可选用的植物包括水仙、银莲花，可以和多年生的南庭荠和南芥搭配种植在一起。夏季，用开花的石竹以及半日花来继续呈现花园美景，最后用秋水仙以及冬季开花的帚石南来完美收官。

多年生植物，小型

大花银莲花

矮生型多年生植物，叶片缺刻全裂，绿色。白色花朵带有黄色花心，具芳香，从春季一直盛开至初夏。适宜栽种在岩石花园中土壤较湿润的斜坡底部。

↕↔ 30 cm

💧❄❄❄ H6 (!) ✽

多年生植物，小型

高加索南芥

常绿、丛生型多年生植物。叶片小，多毛，灰绿色。早春至初夏开花，开满白花小花的枝条蔓延伸展。‘斑锦’（上图）的叶片边缘为白色。

↕↔ 15 cm

💧❄❄❄ H6 🐝

多年生植物，小型

阿卡西亚车叶草 🏆

枝叶密集丛生，灰色小叶片多毛。淡粉色管状花朵初夏盛开，花量繁多。应在种植的土壤中加入腐熟的堆肥以提高土壤的保水能力。

↕ 8 cm ↔ 30 cm

💧❄❄ H3

多年生植物，小型

方茎蚤缀

细小的灰绿色叶片密集丛生，可覆盖地面。叶小，灰绿色，无柄。白色星形花朵晚春盛开。

↕ 2.5 cm ↔ 15 cm 或更大

💧❄❄❄ H7

多年生植物，小型

绫锦芦荟

株型低矮，呈丛生状。肉质叶深绿色，带有银色斑点，簇生呈莲座状。穗状花序，小花红色，管状，夏季开放。耐旱，喜阳光充足。冬季需保持干燥。

↕ 45 cm ↔ 50 cm

💧❄❄ H3 (!)

多年生植物，小型

海石竹

线形叶片绿色，枝叶簇生呈丰满的半圆球形。夏季开花，纤细的茎枝顶端盛开白色至粉色的小花朵，头状花序，呈半球形。

↕ 10 cm ↔ 15 cm

💧❄❄❄ H5 🐝

多年生植物，小型

紫芥菜

常绿多年生植物，茎枝蔓延伸展。枝叶丰满呈半圆球形，叶片灰绿色。春季开花时，植株会被深浅不一的白色、粉色、红色和紫色的小花朵覆盖。适宜栽种在花坛边缘可任由枝条蔓延伸展的位置。

↕ 5 cm ↔ 60 cm

💧❄❄❄ H6 🐝

多年生植物，小型

新风轮菜

直立生长，深绿色叶片基生，枝叶柔软，具芳香。夏末至初秋开花，淡粉紫色小花朵形成穗状花序。

↕45 cm ↔ 75 cm

💧❄❄❄ H5

灌木，小型

帚石南

常绿矮生型灌木。叶片线形，银色、黄色或绿色。钟形花朵为粉色、白色和紫色，花期从仲夏直至秋末。适宜栽种在酸性土壤中。

↕60 cm ↔ 45 cm

💧❄❄❄ H7

多年生植物，小型

丛生风铃草 🏆

丛生型多年生植物。叶片绿色，枝叶浓密厚实，似绿色垫毯覆盖在地面上。蓝紫色或白色的钟形花朵持续盛开整个夏季。适宜栽种于岩石花园中或作为高山植物容器花园的饰边植物。

↕10 cm ↔ 30 cm

💧❄❄❄ H5

多年生植物，小型

露子花‘火轮’ 🏆

铺地型多年生常绿草本。茎蔓生，叶小，肉质。花似雏菊，两色相间，花瓣橙色，花心紫色，夏季开放。耐旱耐热，适种于阳光充足的岩石园。

↕5 m ↔ 50 cm

💧❄❄ H4

球根植物，中型

秋水仙

秋季开花，先开花后长叶，有的品种叶与花同时长出。叶片呈带状，花较小，似瓶状，淡紫粉色。尽量将其栽种在易于被看到的地方。

↕↔ 15 cm

💧❄❄❄ H5 ⓘ

多年生植物，小型

石竹‘桃瑞丝’ 🏆

灰绿色叶片呈线形，花量繁多，半重瓣的花朵具芳香，淡粉色，每朵花中心有一圈粉橙色－红色的色环，整个夏季持续盛开。

↕↔ 25 cm

💧❄❄❄ H6

多年生植物，小型

双距花

半常绿丛生型植物。绿色叶片狭窄，夏季至秋季，盛开杏粉色花朵。

↕25 cm ↔ 50 cm

💧❄❄ H4

球根植物，小型

番红花‘雪鸥’ 🏆

线形叶片深绿色，带有白色条纹。早春开花，花具芳香，白色，中心呈黄色，最外层花瓣背晕染着淡淡的紫色。秋季群植球茎。

↕7 cm

💧❄❄❄ H6 ⓘ

多年生植物，小型

仙女木 🏆

常绿、匍匐生长。椭圆形叶片革质，缺刻浅裂，深绿色，枝叶密集丛生。春末至夏初开乳白色的杯形花，花朵凋谢后结出形似羽毛的果实。

↕↔ 6 cm 不定

💧❄❄❄ H7

灌木，小型

杂交欧石南

茎枝斜生。线形叶片深绿色，尖端为乳白色。白色或粉色的瓮形花朵从冬末一直盛开至早春。‘白色光芒’（上图）颇受欢迎。

↕ 25 cm ↔ 50 cm

◊ ❄❄❄ H5 pH 🐝

多年生植物，小型

狐地黄 🏆

半常绿、丛生型多年生植物，叶片柔软，绿色。晚春至夏季，短小笔直的茎干顶端绽放紫色、粉色或白色的花朵。可自播繁殖。

↕↔ 8 cm

◊ ❄❄❄ H6

多年生植物，小型

杂种牻牛儿苗‘娜塔莎’

枝叶密集丛生的常绿多年生植物。叶片银绿色，缺刻深裂。春季至夏季开白花，花瓣上带有暗紫色斑点和脉纹。适合栽种在岩石花园的前部。

↕ 10 cm ↔ 30 cm

◊ ❄❄❄ H5

灌木，小型

狭叶黄蓉菊 🏆

树冠呈圆拱形的常绿灌木。短小的茎枝上簇生着银蓝色的线形叶片。鲜艳的黄色花朵形似雏菊，从晚春一直盛开至初夏。

↕↔ 30 cm

◊ ❄❄ H4

多年生植物，小型

香桃大戟 🏆

茎枝平卧的常绿多年生植物。木质茎枝上着生着小而尖的肉质灰色叶片，鲜艳的黄绿色花朵于春季成簇盛开。及时摘除已经凋谢的花朵。

↕ 8 cm ↔ 20 cm

◊ ❄❄❄ H5 ⓘ

多年生植物，小型

蔓枝满天星 🏆

半常绿、蔓生型。狭窄的蓝绿色叶片密集丛生。仲夏开始，浅粉色的小花盛开在叶丛上，会渐渐变成深粉色，花期很长。花期过后进行修剪。

↕ 20 cm ↔ 30 cm 或更大

◊ ❄❄❄ H5

多年生植物，小型

华丽龙胆 🏆

茎枝斜生，似山丘状。针状叶片绿色。秋季开深蓝色花，花形似漏斗，花朵内部带有白色条纹。适合种植在潮湿但排水性良好的酸性土壤中。

↕ 5 cm ↔ 30 cm

◊ ❄❄❄ H5 pH

多年生植物，小型

灰色老鹳草 🏆

蔓生型多年生植物。灰绿色叶片呈圆形，具深缺刻。杯形花朵粉色或淡紫色，带有深紫色花心和脉纹，从晚春至夏季持续盛开。

↕ 10 cm ↔ 30 cm

◊ ❄❄❄ H7 🐝

多年生植物，小型

景天‘维拉·詹姆士’ 🏆

蔓生型多年生植物。茎干紫色，肉质叶片椭圆形，粉紫色或灰绿色。夏末至初秋，玫瑰粉色的星形花朵成簇开放，花序呈半球形。

↕ 30 cm ↔ 45 cm

◊ ❄❄❄ H5

一年生 / 二年生植物，小型

八宝‘维拉·詹姆逊’

直立生长，枝叶繁密。绿色叶片呈披针形。春季至夏季开花，头状花序半球形，花小，有粉色、红色、紫色或白色，深浅不一。可用来填补花园中永久性植物之间的空白区域。

↕↔ 20 cm

❄❄ H4

球根植物，中型

花韭

狭长的淡绿色叶片形似草叶。星形花朵散发出芳香，白色、紫色、淡蓝色。花期从冬末持续至春季。寒冷地区应覆盖植株根部。

↕↔ 15 cm

❄❄❄ H5 ✿

球根植物，中型

网脉鸢尾

绿色叶片直立生长，形似草叶。早春时节盛开蓝紫色小花，花瓣上带有黄色和白色的斑点。秋季，将鳞茎群植在花园中易于被看到的位置。

↕ 15 cm

❄❄❄ H7

球根植物，小型

香爪鸢尾

矮生型多年生球根花卉。绿色叶片线形。冬末开淡紫色、蓝色或紫色的花朵，花瓣下部带有白色和黄色的斑纹。

↕ 10 cm ↔ 不定

❄❄❄ H5 (!) ✿

多年生植物，小型

高山火绒草

株型紧凑，叶片线形，多毛，灰绿色。银白色的星形小花朵从春末一直盛开至初夏。可将其与低矮、蔓生型的多年生植物搭配成群种植。

↕↔ 20 cm

❄❄❄ H6 ✿

一年生 / 二年生植物，小型

香雪球

紧贴地面生长。叶片狭窄，绿色。夏季至初秋，白色花朵成簇开放，散发出芳香。‘雪晶’（上图）株型非常紧凑，适合作为岩石间的填缝植物。

↕ 25 cm ↔ 35 cm

❄❄ H3

球根植物，中型

黄裙水仙

线形叶片深绿色。金黄色的花朵，四周环绕着一圈纤细的花瓣，形似漏斗。秋季栽种种球；冬季和春季应保持土壤湿润。

↕↔ 15 cm

❄❄ H4 (!)

球根植物，中型

水仙‘田云雀’

绿色叶片狭窄，呈圆柱形。仲春开花，柠檬黄色的花朵中间带有乳白色的杯状副花冠，散发出芳香。秋季将鳞茎成组群植。

↕ 25 cm

❄❄❄ H6 (!) ✿

多年生植物，小型

腺叶酢浆草

枝叶密集丛生，灰绿色的小叶片伞状，尤为与众不同。春季开花，紫粉色的花朵带有深紫色的花眼。栽种时要避免被旁边的植物遮挡。

↕ 5 cm ↔ 10 cm

❄❄ H4

灌木，小型

矮赤松‘卡斯滕斯’

株型低矮，生长缓慢。针叶夏季绿黄色，冬季则为明亮的金黄色。非常适合用于冬季造景。

↕ 1 m ↔ 1.5 m

❄❄❄ H7

多年生植物，小型

丛生福禄考

常绿、蔓生型多年生植物。针形叶片绿色。夏季，粉红色、白色或淡紫色的花朵生于枝顶。‘绿宝石靠垫’（上图）的花色为粉色。

↕ 15 cm ↔ 50 cm

❄❄❄ H6

灌木，小型

蓝粉北美云杉‘蒙哥马利’

株型紧凑、生长缓慢的常绿针叶树，针叶灰蓝色，茎枝斜生，树形呈堆状。可作为开花植物的背景植物。

↕↔ 60 cm

❄❄❄ H7

多年生植物，小型

流星报春

夏季休眠的多年生植物。绿色叶片基生，呈莲座状。春季开粉紫色花朵，花瓣向上翻折。种植前应向土壤中添加有机物。

↕ 20 cm ↔ 15 cm

❄❄❄ H5

多年生植物，小型

欧洲白头翁

羽状叶片浅绿色，幼叶如丝般纤细。春季，紫色、红色、粉色或白色的杯状花朵从茎枝顶端垂下，花谢后结出细丝状的种子。

↕↔ 23 cm

❄❄❄ H5 ! ✽

多年生植物，小型

红金梅草

草本植物，具球茎，丛生。绿色叶片披针形，春季萌发。花茎短，花量大，夏季开星形花，白色、粉色或红色。

↕ 8 cm ↔ 15 cm

❄❄ H3

多年生植物，小型

白舌假匹菊

叶片细裂，银绿色，枝叶浓密。晚春至初秋，形似雏菊的白色花朵在短小的茎枝上盛开。应及时摘除已经枯萎的花头。

↕ 15 cm ↔ 30 cm

❄❄ H4 ✽

多年生植物，小型

虎耳草‘帝王’

多年生常绿草本植物。植株铺地生长。叶片灰绿色，叶缘银色，呈莲座状。花量大，具香气，花白色，带红色斑点，夏季开放。喜半阴环境。

↕ 50 cm ↔ 20 cm

❄❄❄ H5

多年生植物，小型

杯花虎耳草

常绿、莲座状多年生植物，淡绿色叶片在花朵凋谢后会枯萎。晚春至初夏开花，白色杯状花朵，中心部位有一圈红色，成簇盛开。

↕ 30 cm ↔ 20 cm

❄❄❄ H5

球根植物，中型

西伯利亚垂瑰花 🏆

绿色叶片带状。春季，蓝色钟形花朵从茎枝上垂下开放。秋季栽种种球，适宜成组种植。

↕ 20 cm

💧 ❄❄❄ H6 ⓘ

多年生植物，小型

黄芩

直立型多年生植物。叶片小，多毛，绿色。夏末开穗状花序，花朵颜色为紫色和白色，带有盔状苞片，花朵凋谢后结出古铜色或紫色的种荚。

↕↔ 30 cm

💧 ❄❄❄ H5

多年生植物，小型

苔景天

枝叶密集的常绿多年生植物，叶片细小呈三角形，黄绿色，尖端为白色。夏季，黄绿色的星形花朵成簇盛开。苔景天属于具侵略性的植物，但易于控制其长势。

↕ 5 cm ↔ 不定

💧 ❄❄❄ H7 ⓘ 🐝

多年生植物，小型

朱塞佩长生草 🏆

常绿多年生植物。茎枝紧贴地面生长。长而尖的叶片呈莲座状生长，叶色为绿色，叶尖呈紫色。夏季开花，粉色或红色的星形花朵簇生于笔直的花梗之上。

↕ 花期 10 cm ↔ 10 cm

💧 ❄❄❄ H7

多年生植物，小型

长生草 🏆

肉质叶片呈莲座状，叶色呈绿色，光照充足时会呈漂亮的红色。夏季，红紫色的星状小花着生于短小的花梗上。适合栽种在花坛前部。

↕ 15 cm ↔ 20 cm

💧 ❄❄❄ H7

多年生植物，小型

琉璃菊

绿色叶片纤细，夏季至仲秋开花，紫色或蓝色的大花朵形似矢车菊。栽种在岩石花园中，可营造出更为华丽高大的景观效果。‘紫色阳伞’（上图）的花色为紫色。

↕↔ 45 cm

💧 ❄❄ H4 pH 🐝 ✽

球根植物，小型

双花郁金香

矮生型，叶片灰绿色。仲春开白色花朵，中心部位为黄色，最外层花瓣上泛着微微的粉红色。秋末栽种种球，宜成组或成片种植。

↕↔ 10 cm

💧 ❄❄❄ H5 ⓘ ✽

灌木，小型

柏叶婆婆纳‘布顿穹顶’

鳞状叶灰绿色，嫩叶颜色更淡、尺寸更大，因此植株在夏季呈现出两种色调。可作为背景植物，与色彩缤纷的球根花卉搭配种植。

↕ 30 cm ↔ 60 cm

💧 ❄❄❄ H5

多年生植物，中型

贯叶婆婆纳

常绿多年生木本植物。茎枝柔软细长，蓝绿色叶片呈椭圆形。夏末，开满蓝色小花朵的花枝向四周伸展。适合栽种在花坛后部。春季进行修剪。

↕ 60 cm ↔ 45 cm

💧 ❄❄ H3 pH

适合城市花园的植物

城市空间往往需要绿化来缓和硬质线条给人带来的生硬感，植物可以让城市空间更具宜居性。

城市花园往往比乡村地区更为温暖，在某些地区，冬季几乎不会出现霜冻，因此，可以尝试种植一些娇嫩的植物。城市花园中随处可见垂直面，例如栅栏，为攀缘植物提供了生长空间。城市中夏季气温可能会非常高，而喜季节性高温的植物能在这种环境下健康生长。植被可为城市降温，树木可提供阴凉，在极端降雨期间，植物能够吸收水分并减缓水流，从而降低洪水风险。城市中的绿植还能吸附空气污染产生的有害颗粒物，更重要的是，为野生动物提供了栖息地。

多年生植物，大型

莨力花

直立型多年生植物。叶片大，深缺刻，深绿色。仲夏至夏末开花，穗状花序高大结实，花朵为白色和浅紫色，带有盔状苞片。叶片极具装饰性。

↕ 1.2 m ↔ 60 cm

💧 ❄❄❄ H6

乔木，大型

红花槭‘十月光辉’ 🏆

叶片光滑，深绿色，秋季会变成鲜红色，在中性至酸性土壤中叶色会变得更红。春季，在未长出叶片的树枝上开满一簇簇红色小花。

↕ 20 m ↔ 10 m

💧 ❄❄❄ H6 pH

乔木，小型

合欢

落叶乔木。树干修长，树冠呈伞状。每片叶由许多小叶组成。夏季，短茎上会绽放绿色的花球，花蕊粉红色。非常适合种在炎热且有遮蔽的地方。

↕ 6 m ↔ 4 m

💧 ❄❄ H4

球根植物，中型

杂交紫条六出花

披针形叶片灰绿色。夏季开漏斗形花朵，花色丰富、绚丽夺目，是完美的切花植物。适合群植在避风处，冬季应覆盖根部区域。

↕↔ 60 cm

💧 ❄❄ H4 ⚠ ✿ 🐝

灌木，大型

球花醉鱼草 🏆

半常绿灌木。披针形叶片深绿色。初夏于枝条顶端开出亮橙色花球，具芳香。在花境中可作为背景植物。

↕↔ 5 m

💧 ❄❄❄ H5 🐝

乔木，小型

平滑唐棣

直立型落叶乔木。幼叶为古铜色，成熟后为深绿色，秋季变为橙红色。春季开白色花朵，夏季结出可食用的圆形浆果。

↕↔ 8 m

💧 ❄❄❄ H7 ⚠ pH

灌木，大型

拉马克唐棣 🏆

直立、落叶的小型乔木或大型灌木，幼叶为古铜色，成熟后变为深绿色，秋季变为橙色和红色。春季开白色花朵，花后结出红色至紫色的浆果。

↕ 5 m ↔ 6 m

💧 ❄❄❄ H7 ⚠ pH

多年生植物，中型

银叶艾‘银皇后’

直立生长，叶片修长，边缘有锯齿，银灰色。夏季开花，黄色小花形似羽毛，但为了保持叶片的观赏性应及时摘除花朵。繁殖传播迅速。

↕↔ 75 cm

💧 ❄❄❄ H6

灌木，大型

硬枝红千层 🏆

常绿直立型灌木。茎枝呈拱形下垂。披针形叶片，光滑，绿色。夏季开出穗状花序，花色为深红色。冬季应采取防护措施避免植株遭受冻害。

↕↔ 3 m

💧❄❄ H3

乔木，大型

美国梓树 🏆

落叶乔木，茎枝伸展，树冠宽大。叶片呈宽卵形，绿色。夏季开白色花朵，凋谢后形成似豆荚的种荚。冬末应进行深度修剪，以保持树形紧凑，削去树梢以促使植株长出更多的叶片。

↕↔ 15 m

💧❄❄❄ H6 🐝

灌木，中型

美洲茶‘凡尔赛荣耀’

枝叶繁茂浓密的落叶灌木，椭圆形叶片绿色。仲夏至初秋，枝条上开满蓝紫色的花朵。适宜栽种在避风的地方；应定期摘除枯萎的花朵。

↕2 m ↔ 1.5 m

💧❄❄ H4 🐝

灌木，中型

美洲茶‘珀肖尔·桑吉巴尔’

椭圆形叶片深绿色，夹杂着黄绿色。晚春至初夏开花，蓬松的蓝色花序呈椭圆形。应栽种在避风的地方。

↕↔ 2.5 m

💧❄❄ H4 🐝

灌木，大型

聚花美洲茶‘匍匐’ 🏆

矮型常绿灌木。茎枝蔓延伸展，椭圆形叶片深绿色。晚春至初夏开花，花簇呈圆球形，花色为淡蓝色。适合栽种在抬高式花坛。

↕↔ 6 m

💧❄❄ H4 🐝

乔木，小型

欧洲矮棕 🏆

株型紧凑，呈丛生状。叶扇形，绿色。成年植株树干短粗。花簇生，黄色。耐热，也耐干旱，稍耐冬季霜冻。

↕↔ 3 m

💧❄❄ H4

灌木，大型

美国流苏树

落叶灌木或小乔木。树形似花瓶，树皮剥裂。叶片呈椭圆形，绿色白色。夏季开白色花朵，外形似蜘蛛，具芳香，夏季越长植株开花越繁茂壮观。

↕↔ 3 m

💧❄❄❄ H5

灌木，大型

大风铃花

直立型落叶灌木。叶片狭窄，浅裂缺刻，灰绿色。晚春至初夏开花，花大，似碗状，花色为淡紫至深紫色。适合栽种在靠近南向墙垣的位置。

↕4 m ↔ 2.5 m

💧❄❄ H4

乔木，小型

波斯山楂‘李叶’ 🏆

落叶乔木。株型紧凑，枝条具刺。叶椭圆形，有光泽，深绿色，深秋叶色会变鲜艳。花白色，春季开放，随后结红色浆果。生命力顽强，花期长，对野生动物也很有益。

↕↔ 8 m

💧❄❄❄ H7 ⓘ

乔木，小型

日本柳杉 🏆

常绿矮生球形针叶树，叶片呈鳞片状。适合作为花境或大型容器中的冬季观叶植物。

↕↔ 1 m

💧❄❄❄ H6

多年生植物，小型

云雾露子花

常绿多年生植物，长满小型、肉质、淡绿色叶片的茎枝蔓延伸展。夏季开花，鲜艳的柠檬黄色花朵形似雏菊，可以吸引蝴蝶。

↕5 cm ↔ 50 cm

💧❄❄❄ H5

灌木，大型

大叶胡颓子 🏆

生长旺盛的常绿灌木。叶片呈椭圆形，顶端渐尖，深绿色，叶面上散布着灰色斑点。夏末进行修剪。

↕↔ 5 m

💧❄❄❄ H5 🐝

多年生植物，大型

开普竹灯草 🏆

多年生常绿草本。具匍匐根茎，茎干似竹状，支撑着一轮轮草质叶片，偶尔还会开出褐色花头。可在湿润、温度适宜的城市环境中栽种。

↕↔ 2 m

◐❄❄ H3

灌木，大型

神农箭竹 🏆

黄绿色竹竿呈拱形下垂。叶片披针形，亮绿色。适合用于花园区域分隔，或作为花境或砾石花坛的主景植物。

↕4 m ↔ 不定

◐❄❄❄ H5

一年生 / 二年生植物，小型

勋章菊“轻吻”系列

椭圆形叶片深绿色。夏季至秋季开花，花朵形似雏菊，花色为深浅不一的金色、古铜色、粉色以及白色，带有颜色对比鲜明的花眼。适合栽种在较浅的花盆中，或作为抬高式花坛的景观植物。

↕30 cm ↔ 25 cm

💧❄❄ H3

多年生植物，中型

老鹳草‘罗珊’ 🏆

多年生草本植物。茎蔓生或攀缘。叶片圆形、深裂，绿色。花杯状、淡蓝色，夏秋季开放。生命力顽强，易于养护，不耐干旱。

↕↔ 50 cm 或更高、更大

💧❄❄❄ H7 🐝

多年生植物，小型

血红老鹳草‘专辑’

从生型多年生植物。叶片深裂，深绿色，秋季时会转变为红色。初夏开花，花朵为白色。适宜栽种在花园步道两侧或作为地被植物种植。

↕30 cm ↔ 40 cm

💧❄❄❄ H7 🐝

多年生植物，中型

非洲菊‘永恒胭脂’

叶片卵形，绿色。花茎长，花红粉色，似雏菊，夏秋开放。非常适合作盆花栽培。

↕↔ 40 cm

💧❄❄ H3 ✽

乔木，大型

银杏

树冠呈圆锥形。扇形叶片淡绿色，秋季变为黄色。雌株可在秋季结出果实。宜栽种在大型花园中或作为草坪景观的标志植物。

↕30 m ↔ 8 m

💧❄❄❄ H6 ⚠

多年生植物，大型

羽扇豆‘女城主’

直立型多年生植物，圆形复叶分成若干披针形小叶。初夏开花，穗状花序高大挺拔，花色为深粉色和白色。需要设置支撑物。种子有毒。

↕1.2 m ↔ 45 cm

❄❄❄ H5 ⓘ

乔木，中型

金叶美国皂荚

落叶乔木，叶片硕大，呈金黄色，由若干对小叶组成。夏季叶色变为绿色，秋季为黄色。三季景观效果各具特色，观赏期较长。

↕12 m ↔ 10 m

❄❄❄ H6

灌木，小型

金丝桃‘奇迹之花’

株型紧凑。叶先端渐尖，卵形。花簇生，黄色，星状，雄蕊多数，夏季开放。秋季结浆果，珊瑚色，后渐转黑。观赏期长。

↕↔ 1 m

❄❄❄ H5 ⓘ ✽

多年生植物，中型

大滨菊

披针形叶片深绿色。夏季开花，花形似雏菊，白色，带有金黄色花眼。花瓣细长的品种‘美丽的尼韦卢瓦兹’（上图）颇受欢迎。

↕90 cm ↔ 60 cm

❄❄ H4 ✽

乔木，中型

多花海棠

落叶乔木，树冠呈圆形。椭圆形叶片绿色。春季开花，深红色的花蕾绽开后露出淡粉色的花朵。秋季结出可红黄相间的可食用果实。

↕↔ 10 m

❄❄❄ H6

灌木，大型

溜叶含笑

常绿灌木或小乔木。叶革质，椭圆形，正面亮绿色，背面布满棕褐色斑点。花芽具茸毛，花白色，有香气，春季开放。

↕4 m ↔ 3 m

❄❄ H4

乔木，小型

二乔玉兰

落叶小乔木，茎枝蔓延伸展。椭圆形叶片深绿色，春季中后期开花，白色、粉色或紫色的花朵形似高脚酒杯。春季应对花蕾采取防寒措施。

↕↔ 6 m

❄❄❄ H6

乔木，小型

食用苹果

椭圆形叶片，叶色为绿色。春季盛开淡粉色或白色花朵，秋季结出可食用的苹果。有很多品种可供选择。

↕↔ 8 m

❄❄❄ H6

多年生植物，中型

麝香锦葵

直立型多年生植物。茎基部叶片呈心形，茎上部叶片形似蕨类叶。淡粉色碟形花朵，从夏季持续盛开至初秋。花期极长，非常适合作为小型城市花园的景观植物。

↕1 m ↔ 60 cm

❄❄❄ H5

乔木，中型

黑桑

树冠呈半球形。心形叶片绿色。秋季结果，果实形似黑莓，可食用。适合栽种在草坪中，注意掉落的果实会弄脏步道。秋末至仲冬修剪。

↕12 m ↔ 15 m

💧❄❄❄ H6 ✽

多年生植物，中型

东方罂粟

绿色叶片全裂成若干小叶。初夏开硕大的碟形花朵，带有深色的花眼。适合群植于花境前方。‘卡琳’（上图）的花色为浅橙色至粉色。

↕↔ 90 cm

💧❄❄❄ H7 🐝

灌木，小型

山梅花‘美人星’ 🏆

落叶灌木，茎枝呈拱形。叶片小，绿色。晚春至初夏开白色花，花瓣基部带有浅紫色的斑点，散发出浓郁芳香。适宜栽种在花园中靠近休闲区的位置。

↕1.2 m ↔ 2.5 m

💧❄❄❄ H6

灌木，小型

白纹女竹 🏆

株型紧凑，竹竿淡绿色。绿色叶片较宽，带有乳白色条纹。适宜种植在大型容器中，也可栽种在步道两旁。在肥沃的土壤中长势旺盛。

↕80 cm ↔ 不定

💧❄❄❄ H5

灌木，大型

黄槽竹 🏆

高大、直立、丛生，竿黄色，基部有斑纹。叶片绿色，呈披针形。可作为优秀的边界屏障植物；宜栽种在肥沃的土壤中。

↕6 m ↔ 不定

💧❄❄❄ H5

灌木，大型

无毛风箱果

长势迅速的落叶灌木。叶片绿色，缺刻浅裂。初夏，淡粉色小花朵成簇盛开。品种‘红衣女郎’（上图）的叶色为鲜艳的红色，观赏期长。

↕3 m ↔ 1.5 m

💧❄❄❄ H7

乔木，小型

扁桃

落叶小乔木。春季，单瓣或重瓣的碗形、粉色花朵在树叶长出之前盛开。披针形叶片绿色。秋季结出可食用的坚果。

↕↔ 8 m

💧❄❄❄ H5 🐝

乔木，中型

豆梨‘公鸡’

落叶乔木。树冠呈圆锥形，枝条多刺。叶片深绿色，有光泽，秋季叶色逐渐变得火红艳丽。花白色，春季开放，先花后叶。偶尔可结果，小，不可食用。

↕15 m ↔ 6 m

💧❄❄❄ H6

乔木，大型

沼生栎 🏆

落叶乔木，树形高大，呈金字塔状。叶片椭圆形，深缺刻，绿色，秋季变成红棕色或深红色。可作为主景焦点植物或是用来打造花园中的休闲区。

↕20 m ↔ 12 m

💧❄❄❄ H6

灌木，小型

月季‘蓝色狂想曲’

现代灌木月季，抗病性好。叶片绿色，夏季至初秋，具芳香半重瓣的紫色花朵成簇盛开，花色会逐渐消退，适宜栽种在混合花境中或大型容器中。

↕1.2 m ↔ 90 cm

❄❄❄ H6

乔木，大型

欧洲小叶椴

落叶乔木。叶片心形，叶面光滑，深绿色，秋季会变成黄色。黄白色的小花于夏季盛开。可以通过将枝条编结的方式保持株型紧凑。

↕30 m ↔ 12 m

❄❄❄ H6

灌木，中型

日本月季

根蘖发达，叶片鲜绿色，秋季转黄。花大，具芳香，紫红色，夏季开放，随后结出猩红色蔷薇果。耐旱，耐热，在某些地区可能具有入侵性。

↕↔ 1.5 m

❄❄❄ H7

灌木，大型

欧丁香

长势旺盛的落叶灌木。叶片绿色，心形。晚春开花，大而圆的花簇芳香四溢，花色为深浅不一的紫色、粉色和白色。

↕↔ 7 m

❄❄❄ H6

攀缘植物，大型

络石

常绿植物。花簇生，白色，具芳香，夏季开放。喜阳或半阴环境，耐热。

↕↔ 9 m

❄❄ H4

灌木，小型

羽裂银香菊

叶片细长，呈细齿状，灰绿色。夏季开花，头状花序呈绒球形，淡柠檬黄色，花量繁多。‘硫黄’（上图）是一个广受欢迎的品种。

↕75 cm ↔ 1 m

❄❄❄ H5

乔木，小型

瓦氏棕榈

株型紧凑，树干粗壮，外形奇特。叶坚硬、直立，深裂，呈扇形。花簇生，黄色，夏季开放。适合阳光充足处，但土壤不可过于干燥。

↕4 m ↔ 2 m

❄❄❄ H5

乔木，大型

北美乔柏

常绿针叶树。叶片呈鳞片状，油亮、深绿色，带有芳香气味。生长迅速，可形成坚韧、枝叶茂密的绿篱。善于吸收雨水，并能为野生动物提供庇护所。

↕30 m ↔ 8 m

❄❄❄ H6

焦点植物：禾本科植物和莎草科植物

拥有纤细修长的叶片以及轻盈舞动的花序的禾本科和莎草科植物，形态优雅、用途广泛，它们的美风格迥异，与阔叶植物形成了鲜明的对比。

观赏草种类繁多，形态各异，大小不一，有的高大修长，有的矮小粗壮。那些叶片纤细、花穗精致的物种，比如拂子茅属和发草属，非常适合自然主义风格的设计；而蓝色的蓝羊茅则非常适合用作盆花展示。虽然莎草科植物和禾本科植物看起来很相似，但它们适应的环境却各不相同。除了雉尾茅属和蒲苇属等少数几种是常绿的，大多数禾本科植物都是落叶植物，它们喜欢阳光充足且排水良好的土壤。而大多数莎草科植物都是常绿的，它们能在阳光充足或阴凉处生长，并且适应潮湿的土壤环境。观赏草的花序和种荚往往十分醒目，从而提升了其观赏价值，且有助于提升秋冬园林景观的美感。有些观赏草，比如蓝沼草属和蓝禾属，会呈现出色彩斑斓的颜色；而即便是落叶植物，比如大多数芒草属植物，其叶片也往往保持完整，为草本花境提供了结构支撑。

受欢迎的禾本科植物和莎草科植物

菖蒲属 喜湿的常绿莎草科植物，适宜生长在阴凉处。包括叶片带条纹的品种及金叶品种（上图为金钱蒲‘黄金’）。

拂子茅属 既有喜湿品种，也有喜干燥土壤的铜叶品种，在部分遮阴环境中也能生长良好（上图为薹草‘冰舞’）。

芒属 大多为落叶的银叶品种，能长成大型的直立丛状植物，叶片呈弧形弯曲，花穗持久不衰（上图为中华芒）。

黍属 最常见的类型是柳枝稷（上图），这是一种落叶多年生观赏草，叶片蓝灰色或带花斑，秋季叶色会转黄，花穗轻盈疏朗。

狼尾草属 这种落叶型禾本科植物最显著的特征是那长长的、长满像柔毛的花穗，纤细的叶片丛生；有些品种不耐寒（上图为狗尾草‘哈默尔恩’）。

针茅属 花序高大，向下弯曲呈拱形。细茎针茅也属于针茅属，其最显著的特征是柔软如毛发一样的花穗（上图为拂子针茅）。

禾本科植物和莎草科植物的应用

在荒野风格的设计中，观赏草因其夏季的枝叶、花朵及冬季的姿态而被广泛使用。在花坛的前方使用莎草科植物，可增加全年的观赏趣味。

株型矮小紧凑的禾本科植物，如色彩绚丽的箱根草，可用来打造容器花园。常绿型莎草科植物则是打造冬季景观的完美选择。

株型高大、叶片细长的禾本科植物，例如尖花拂子茅，用于草本植物混合花境中，醒目突出。它们营造出的光影朦胧的效果给位于其后方的植物增添了神秘感。

许多草本植物都有持久的花序和种穗，它们能在秋季和冬季为花境增添美感和层次感。

适合屋顶花园的植物

阳光明媚、微风吹拂的屋顶花园需要抗风性好的植物，将其栽种在花盆中或排水性良好的土壤中，沐浴在充足的阳光下，能够茁壮生长。

大多数屋顶露台都采用盆栽的形式。因摆放在屋顶对重量有所限制，所以通常会选择一些重量较轻的盆器。可以考虑在屋顶花园打造一个自动浇水系统，因为阳光和风会让植物及其周围环境的水分迅速蒸发，尤其是在盛夏时节。尽管有这些限制条件，建造屋顶露台花园仍有大量的植物可供选择。灌木和小乔木为屋顶花园在高度和结构上提供了多样性，而多年生植物以及一年生植物则可为花园增添一些浪漫美景，新西兰麻以及观赏草则是现代风格屋顶花园中重要的植物材料。

灌木，小型

银蒿‘波威斯城堡’ 🏆

半常绿、丛生型亚灌木。银灰色叶片形似蕨类植物，是非常出色的衬景植物。黄色的绒球形花朵夏季盛开，但是最好将花朵摘除以保持银色叶片的良好观赏效果。

↕↔ 1 m

💧 ❄ ❄ H3

多年生植物，大型

尖花拂子茅

丛生型落叶植物。长长的绿色叶片弯曲下垂。夏季开出高大的古铜色头状花序，会逐渐褪为浅黄色。种荚具有观赏性。早春应进行修剪。

↕ 2 m ↔ 1.2 m

💧 ❄ ❄ ❄ H6

乔木，小型

欧洲鹅耳枥 🏆

落叶乔木。卵形叶片呈深绿色，带有明显的叶脉，秋季变为黄色和橙色；冬季，幼嫩的茎干上仍会挂着已经干枯的叶片。

↕ 2 m 作为绿篱 ↔ 1 m

💧 ❄ ❄ ❄ H7

多年生植物，小型

橙黄藿香

叶片灰绿色，具芳香。仲夏到夏末开花，管状小花朵组成穗状花序，花期较长。宜群植于花境中或容器中。

↕ 50 cm ↔ 1 m

💧 ❄ ❄ H4 🐝

灌木，小型

日本扁柏‘坚强小矮人’

株型紧凑的矮生型常绿针叶树。深绿色的叶片呈圆锥形。适合栽种在平台屋顶上作衬景植物或栽种在大型容器中。

↕ 1.2 m ↔ 60 cm

💧 ❄ ❄ ❄ H7

多年生植物，小型

海石竹

叶片光滑，绿色。夏季开花，头状花序小而圆，白色或粉色。非常适合种于小型容器花园、抬高式花坛中或用于露天屋顶绿化。

↕ 10 cm ↔ 15 cm

💧 ❄ ❄ ❄ H5 ✿

灌木，小型

‘蓝筹股’醉鱼草

落叶灌木。株型低矮，叶片灰绿色，椭圆形。圆锥花序，花紫罗兰色，具香气，可吸引传粉者，夏季开放。花谢后及时摘除残花，花后需进行重剪。

↕↔ 60 cm

💧 ❄ ❄ ❄ H5

灌木，小型

日本花柏‘羽叶扁片’

生长缓慢的矮生型常绿针叶树。淡黄色的叶片在冬季会转变成黄绿色。适宜与小型灌木和球根花卉搭配栽种在大型容器中。

↕↔ 1.2 m

💧 ❄ ❄ ❄ H7

多年生植物，大型

红橙雄黄兰 🏆

丛生型多年生植物。剑形叶片呈拱形弯曲，深绿色，叶面带纵向褶皱。夏末开花，橙色或红色花朵持续盛开数周。

↕ 1.5 m ↔ 45 cm

💧 ❄❄ H4

攀缘植物，中型

长瓣铁线莲

株型紧凑，绿色复叶由若干小叶组成。晚春至初夏开满半重瓣的蓝色花朵，花朵凋谢后结出蓬松毛茸茸的种头。保持根部遮阴。

↕ 3 m

💧 ❄❄❄ H6 ⓘ

灌木，大型

曲枝欧榛 🏆

枝叶稠密，椭圆形叶片绿色。茎枝扭曲，颇具特色。冬末，光秃秃的茎枝上长出浅黄色的柔荑花序。可作为冬季景观的焦点植物。

↕↔ 5 m

💧 ❄❄❄ H6

多年生植物，中型

染料春黄菊

叶片簇生，绿色，有细裂，具芳香。花茎纤细，花似雏菊状，白色或黄色，夏季开放。品种‘巴克斯顿’（上图）的花呈柠檬黄色。

↕↔ 1 m

💧 ❄❄❄ H6

多年生植物，小型

加勒比飞蓬 🏆

蔓延生长的矮生型多年生植物。绿色叶片呈披针形，叶面多毛。夏季开花，花朵形似雏菊，刚开时为白色，然后变成粉色，凋谢时呈紫色。可用作花境的饰边植物或栽种在铺装路面的缝隙中。

↕ 15 cm ↔ 不定

💧 ❄❄❄ H5 🐝

多年生植物，中型

八宝景天‘秋丽’ 🏆

肉质叶片椭圆形，灰绿色。花头扁平，花小，星形，砖红色，夏末开放，随后会长出棕色种荚，种荚可一直持续整个冬季。

↕ 60 cm ↔ 50 cm

💧 ❄❄❄ H7 🐝

多年生植物，中型

费丽菊 🏆

株型低矮，丛生，常作一年生栽培植物。叶片绿色，略带黏性，椭圆形。花量大，花蓝色，似雏菊，夏季开放。花后需及时摘除残花。

↕ 60 cm ↔ 30 cm

💧 ❄❄ H3

灌木，中型

粉花倒挂金钟

直立型落叶灌木，耐寒性强。叶片小，披针形，绿色。夏季至初秋，在弯曲的枝条上开花，花淡粉色，下垂。适合栽种在大型花盆中。

↕↔ 2 m

💧 ❄❄ H4 🐝

多年生植物，小型

箱根草‘光环’ 🏆

生长缓慢。茎干紫色，黄色叶片上带有绿色条纹。初秋至冬季开出红褐色穗状花序。适合栽种在花盆中或抬高式花坛中，保持水分充足。

↕ 40 cm ↔ 60 cm

💧 ❄❄❄ H7

灌木，小型

蝴蝶薰衣草

灰绿色叶片具芳香。晚春至夏季开花，紫罗兰色的小花顶部带有紫色至粉色的耳状苞片。适合盆栽，也可用于花境或抬高式花坛中。

↕↔ 80 cm

💧❄❄ H3

多年生植物，中型

芒‘小斑马’

落叶观赏草。株型紧凑，茎干直立。叶片带黄色条纹。花穗红褐色，秋季开花。适合在开阔地带生长。春季需修剪至地面。

↕ 90 cm ↔ 60 cm

💧❄❄❄ H5

灌木，大型

齿叶冬青

常绿灌木。株型小巧玲珑，生长缓慢。叶片椭圆形，深绿色，边缘整齐或有锯齿。花白色，夏季开放，随后结果，浆果光亮，黑色。可修剪造型。

↕↔ 5 m

💧❄❄❄ H6 (!)

灌木，小型

铺地柏‘娜娜’🏆

矮生、枝叶密集丛生成垫状的常绿针叶树。叶片多刺，是非常优秀的地被植物。可作为花境的饰边植物或栽种在抬高式花坛中。

↕ 20 cm ↔ 75 cm

💧❄❄❄ H7 (!)

球根植物，中型

水仙‘冰之舞’🏆

剑形叶片绿色。仲春开花，乳白色的单瓣花朵带有黄色杯状副花冠，花冠颜色会逐渐消退成白色。

↕ 40 cm

💧❄❄❄ H6 (!)

多年生植物，小型

天竺葵‘普利茅斯夫人’🏆

叶片具桉树香味，浅裂缺刻，绿色，带有银色镶边。淡紫色或粉色的花朵夏季盛开。

↕ 40 cm ↔ 20 cm

💧❀ H1C

多年生植物，小型

天竺葵‘粉色小手指’

多年生草本地植物。植株低矮，可覆盖地面。叶片银灰色，花粉红色，夏季开放。耐旱、抗风，还能耐受轻微霜冻。

↕ 20 cm ↔ 60 cm

💧❄❄ H3

多年生植物，中型

新西兰麻‘古铜色宝贝’

常绿、直立型多年生植物。剑形叶片丛生，弯曲下垂，叶色为紫色或古铜色。适合作为大型容器花园的主题植物，也可用于在砾石花坛中。

↕↔ 60 cm

💧❄❄ H4

灌木，小型

矮赤松‘拖把’🏆

株型紧凑的常绿针叶树，深绿色的针形叶片密集厚实，斜生。适合与春季开花的球根花卉或其他小型灌木搭配栽种在大型容器中。

↕ 1 m ↔ 2 m

💧❄❄❄ H7

灌木，小型

月季“花毯”系列

蔓生型地被月季，枝叶稠密。叶片光滑，抗病性好。夏季至秋季，持续盛开半重瓣的杯形花，花色丰富，花量大。适合栽种在大型容器中。

↕↔ 60 cm

💧❄❄❄ H6 🐝

灌木，小型

月季‘肯特’ 🏆

蔓生型地被月季。叶片光滑，抗病性好，绿色。半重瓣的扁平状白色花朵成簇盛开，花期从夏季持续至秋季。适合栽种在大型容器中。

↕ 80 cm ↔ 90 cm

💧 ❄❄❄ H6

灌木，小型

月季‘温馨祝福’ 🏆

枝叶稠密的杂交茶香月季，抗病性好，叶片绿色。夏季至秋季开重瓣花，花瓣先端尖，具芳香，珊瑚粉色，成熟后转变为玫瑰粉色。

↕ 1 m ↔ 80 cm

💧 ❄❄❄ H6

灌木，小型

鼠尾草‘蓝色尖塔’ 🏆

茎白色，叶小，散发着芳香，银灰色。夏末至秋季开花，穗状花序，分枝多，蓝紫色。适合栽种在混合花坛中或容器中。

↕ 1.2 m ↔ 1 m

💧 ❄❄❄ H5

多年生植物，小型

鼠尾草‘烈焰红唇’ 🏆

椭圆形绿色叶片带黑加仑香气。花簇生，白色、红色或红白相间，夏秋季开放。耐热耐旱，春季需进行修剪。

↕ 60 cm ↔ 1 m

💧 ❄❄❄ H5

灌木，中型

迷迭香

常绿灌木。深绿色的针状叶具芳香。春季盛开蓝紫色小花朵。适合与其他可食用香草植物搭配种植于抬高式花坛中或容器中。

↕↔ 1.5 m

💧 ❄❄ H4

灌木，小型

银香菊

细裂的银灰色叶片具芳香。夏季开绒球状黄色花朵。可将它种植在抬高的花坛中，或用作花坛边缘或小径的镶边植物。花期过后进行修剪。

↕ 75 cm ↔ 1 m

💧 ❄❄❄ H5

多年生植物，小型

反曲景天

常绿、矮生型多年生植物。枝条蔓延生长、密集丛生。叶片狭窄，肉质。亮黄色的小花朵夏季开放。适合抬高式花坛，任其枝条自然伸展爬满花坛，也可栽种于较浅的容器中，或用于屋顶绿化。

↕ 20 cm ↔ 不定

💧 ❄❄❄ H7 ⚠

多年生植物，小型

卷绢 🏆

常绿、矮生型多年生植物。小型莲座状叶盘，绿色的肉质叶片上面覆盖着细细的白毛，联结成蛛网状。夏季，略发红的粉色花朵簇生于花枝顶端。

↕ 12 cm ↔ 10 cm 或更大

💧 ❄❄❄ H7

适生于霜冻、开阔环境的植物

在冬季气温会骤降至零度以下的花园中，或在常年遭受强风侵袭的花园里，可选择适应性强的植物种类。

来自山区的乔木和灌木非常适合寒冷多风的地带，它们的名字往往能让人联想到其起源地——比如阿尔卑斯山雪绒花和喜马拉雅老鹳草。许多耐寒的多年生植物会在冬季恶劣天气来临之前进入休眠状态直至春天到来；而耐寒的常绿植物则会在细胞内形成由糖类和氨基酸组成的抗冻液来抵御严寒。利用常绿植物来提供永久的结构和色彩，并选择一些在冬季和早春开花的植物，如球根花卉，来为这一年中萧瑟的时光增添亮色。

乔木，大型

白冷杉

银色叶片及树形具观赏性，可作为草坪景观的标志植物或大型花园中混合防风屏障的一部分。修剪可能会破坏树形。

↕ 30 m ↔ 8 m

💧❄❄❄ H7

乔木，大型

梣叶槭

树冠呈圆形。叶片红棕色，缺刻浅裂，夏季会变成绿色，秋季色彩亮丽夺目。‘火烈鸟’（上图）的叶片夹杂着白色和粉色。需定期修剪。

↕ 15 m ↔ 10 m

💧❄❄❄ H6

乔木，大型

银白槭

树形高大，树冠呈圆形。叶片深绿色，具裂片。秋季叶色会变红，尤其是在较寒冷的地区。应栽种在可遮挡避风的地方。

↕ 20 m ↔ 12 m

💧❄❄❄ H7 🐝

多年生植物，小型

高山羽衣草

枝叶密集丛生的多年生植物。叶片呈圆形，深绿色，分裂成若干小叶，叶背为银色，带茸毛。夏季开黄绿色小花，如一颗颗小气泡布满植株。耐寒性和抗风性好，适宜栽种在岩石花园或野趣花园的角落。

↕ 15 cm ↔ 60 cm 或更大

💧❄❄❄ H6

多年生植物，小型

高山紫菀 🏆

绿色叶片狭窄，呈披针形。夏末开形似雏菊的紫色大花，中心为黄色。抗风性好，适种于河岸边、砾石花园中。

↕ 15 cm ↔ 45 cm

💧❄❄❄ H7

多年生植物，中型

欧耧斗菜

茎细长直立，绿色叶片形似蕨类植物。晚春至初夏，开放蓝色、粉色、紫色或白色的钟形花。及时清除多余的幼苗以防过度蔓延。

↕ 60 cm ↔ 50 cm

💧❄❄❄ H7 🐝

灌木，小型

熊果

蔓生型常绿灌木。叶片光滑，呈椭圆形，绿色。瓮形小花朵从春季一直盛开至初夏，花色有粉色或白色，花朵凋谢后结出红色浆果。适宜栽种在墙垣边或岩石花园中。

↕ 10 cm ↔ 50 cm

💧❄❄❄ H7 pH (!)

灌木，大型

达尔文小檗 🏆

常绿灌木。叶片小，具刺，深绿色。春季开花，一簇簇深橙色的花朵悬挂在枝头，花朵凋谢后结出蓝黑色的浆果。适合用于打造自然风格花园。

↕↔ 3 m

◊ ❄❄❄ H5 (!) 🐝

多年生植物，小型

心叶岩白菜

常绿、丛生型。圆形叶片革质，绿色，寒冷时会带紫色。早春，红色的茎枝上悬挂着深粉色的钟形花朵。可作为抑制杂草的地被植物。

↕↔ 50 cm

◊ ❄❄❄ H7 🐝

乔木，大型

纸桦

枝叶稀疏，分枝少，树形呈窄圆锥形，树皮白色，片状剥裂，反面为淡橙黄色。卵形叶片深绿色，秋季变成黄色。春季开花，黄色柔荑花序。

↕ 20 m ↔ 10 m

◊ ❄❄❄ H7

乔木，大型

垂枝桦

树皮白色，枝叶稀疏，分枝直立，纤细的枝条似瀑布般垂下。春季开花，柔荑花序，随后长出菱形叶片，秋季叶色会变成黄色。适合露地种植。

↕ 25 m 或更高 ↔ 10 m

◊ ❄❄❄ H7

多年生植物，小型

常春菊‘阳光’ 🏆

椭圆形叶片银灰色，老叶会变成绿色。花亮黄色，形似雏菊，夏季开放。适合在不太寒冷的暴露环境中生长。

↕ 15 cm ↔ 45 cm

◊ ☼ ❄❄ H4 🐝

多年生植物，中型

凌风草

叶片蓝绿色，似草般成簇丛生。晚春至仲夏，直立的茎枝长出绿色的心形花序，花序颜色会慢慢变成米黄色。适合乡村风格花园。

↕ 60 cm ↔ 10 cm

◊ ❄❄❄ H7 ✿

灌木，小型

帚石南‘银骑士’

矮生型常绿灌木，分枝直立，茎枝上覆盖着灰色鳞状叶片，冬季叶片会略带紫色。夏末开花，穗状花序淡紫色。十分适合作为地被植物，也可作为花境的饰边植物使用。

↕ 30 cm ↔ 40 cm

◊ ❄❄❄ H7 pH 🐝

乔木，大型

欧洲鹅耳枥 🏆

卵形叶片呈深绿色，叶缘有锯齿，秋季变为橙黄色。末开始结果，果实被褶皱的苞片包裹，形似啤酒花。品种‘塔形’（上图）幼时株型紧凑，随着生长树形张开呈火焰状。

↕ 25 m ↔ 20 m

◊ ❄❄❄ H7

多年生植物，中型

羽裂矢车菊

叶片灰绿色，缺刻全裂。初夏至仲夏开花，中心带白色的粉色花朵生于分枝顶端，花瓣呈流苏状。耐贫瘠，耐旱性好，非常适宜多风的海滨地区；需要设置支撑物避免植株倒伏。

↕ 1 m ↔ 60 cm

◊ ❄❄❄ H7 🐝 ✿

乔木，中型

日本花柏‘金线’

生长缓慢的常绿针叶树，树形为宽圆锥形。长有金黄色、鳞状叶片的树枝蔓延伸展。适宜寒冷地区或海滨地区。

↕12 m ↔ 5 m

H7

灌木，大型

美国流苏树

树冠呈圆形的大型灌木或蔓生型小乔木。叶片椭圆形，深绿色。初夏开花，花瓣细长的白色花朵从枝条间垂下，具芳香。花朵凋谢后结出蓝黑色的果实。耐寒性好，但需要设置遮挡避风设施，以避免植株遭受强风的侵袭。

↕↔ 3 m

H5

灌木，大型

黄栌‘优雅’

枝叶茂密，叶片呈圆形，红色中略带紫色，秋季变成火红色。夏季开花，略发紫的羽状花序朦胧轻盈。适合多风地区或海滨地区。

↕6 m ↔ 5 m

H5

乔木，小型

波斯山楂‘李叶’

落叶乔木，茎枝多刺。叶片光滑，卵圆形，深绿色。晚春开白色花朵，花期短暂，而后结出红色浆果。适合多风地区或土壤含盐量高的地区。

↕↔ 8 m

H7

多年生植物，小型

金鸡菊‘朗姆潘趣酒’

枝叶稠密，茎枝纤细。叶片狭窄，全裂成若干小叶。初夏，枝条顶端开出雏菊状花。耐旱性好，十分适合多风地区。定期摘除凋谢枯萎的花朵。

↕45 cm ↔ 60 cm

H4

灌木，大型

红瑞木

幼茎红色，叶片深绿色，秋季枝叶色彩绚丽夺目。晚春开白花，而后结出白色浆果。‘西伯利亚斑锦’（上图）的叶片带有醒目的白色镶边。

↕↔ 3 m

H7

多年生植物，中型

香鸢尾‘路西弗’

剑形叶片细长，绿色。夏末开花，花枝密集，耀眼夺目的红色管状花朵可持续盛开数周。抗风性好，适合气候温和的海滨花园。

↕1 m ↔ 25 cm

H5

多年生植物，小型

西洋石竹‘闪光’

耐寒性好，枝叶密集丛生。叶片小而狭窄，绿色。夏季盛开鲜艳的桃红色花朵。可用于打造海滨花园、乡村花园、岩石花园。

↕20 cm ↔ 30 cm

H6

多年生植物，中型

白花白鲜

叶片有光泽，呈分裂状，具柠檬香气。花茎紫色，花白色，呈蝴蝶状，初夏开放。适合在寒冷地区种植，喜肥沃土壤。

↕90 cm ↔ 60 cm

H6

乔木，大型

欧洲水青冈 🏆

树冠宽阔、茎枝伸展。叶片椭圆形，春季叶色为浅绿色，夏季叶色变深，秋季则转变为黄铜色。在气候寒冷的地区可用作树篱。

↕ 25 m ↔ 15 m

💧 ❄❄❄ H6

灌木，大型

华西箭竹

茎细长呈拱形，紫红色，布满狭窄的绿色叶片。耐寒性好，可用于打造稠密的树篱或防风屏障，喜肥沃、保湿性好的土壤。

↕ 5 m ↔ 1.5 m 或更大

💧 ❄❄❄ H5

多年生植物，中型

大花天人菊

披针形叶片灰绿色，缺刻浅裂。仲夏至秋季，若定期摘除枯萎的花朵，则可以持续开花。'小鬼'（上图）的花瓣为红色，边缘为黄色。耐寒性非常好。

↕ 90 cm ↔ 45 cm

💧 ❄❄❄ H5 🐝 ✿

多年生植物，小型

喜马拉雅老鹳草 '集会'

茎枝密集丛生。叶片圆形，缺刻浅裂，绿色。夏季开重瓣碗形花朵，紫色或蓝色，花瓣上带有白色斑点和颜色较深的脉纹。耐寒性非常好，可用作地被植物。

↕ 25 cm ↔ 60 cm

💧 ❄❄❄ H7 🐝

乔木，小型

欧洲刺柏

常绿针叶树，耐寒性好，茎枝匍匐生长或直立生长，枝叶繁茂。针叶灰绿色，浆果蓝色。树冠呈圆柱状的'爱尔兰'是非常流行的一个品种。

↕ 18 m ↔ 4 m

💧 ❄❄❄ H7 ⚠

灌木，小型

杜松

匍匐型常绿针叶树，针状叶灰绿色，花朵蓝色，果实黑色。可耐受含盐雾的空气，耐旱性好，是低维护花园中常用的植物。

↕ 30 cm ↔ 不定

💧 ❄❄❄ H7 ⚠

灌木，小型

高山柏

常绿针叶树，非常适合栽种在寒冷地区，茎枝匍匐至灌木状或直立。叶片尖刺形，深绿色至蓝绿色，果实黑色。'蓝色地毯'（上图）的蓝灰色叶片尤为引人注目。

↕ 30 cm ↔ 3 m

💧 ❄❄❄ H7 ⚠

多年生植物，中型

蛇鞭菊

直立型多年生植物，线形叶片丛生。夏末至初秋开花，穗状花序形似火柴，粉紫色或白色花朵似羽毛般蓬松。耐寒性和耐盐碱性好。

↕ 1.5 m ↔ 45 cm

💧 ❄❄❄ H7 🐝 ✿

多年生植物，中型

矮桃 🏆

直立、丛生型多年生植物。叶片披针形，绿色。夏末开花，穗状花序呈拱形弯曲，灰白色小花成簇盛开。耐寒性极好。

↕↔ 1 m

💧❄❄❄ H6 ✿

乔木，大型

布鲁尔氏云杉 🏆

常绿针叶树，树冠呈圆锥形，茎枝下垂，长满深灰绿色的针状叶片。雌株结出的松果球是红棕色的。在适当遮阴、背风处生长尤为旺盛。

↕ 15 m ↔ 4 m

💧❄❄❄ H6 pH

多年生植物，大型

天蓝沼湿草

绿色叶片狭窄，呈拱形弯曲，秋季叶色丰富多彩。夏季至秋季，纤细的茎枝上长出蓬松轻盈的紫色花序。适合海滨花园，宜群植。春季修剪。

↕ 1.5 m ↔ 40 cm

💧❄❄❄ H7

灌木，小型

金露梅

耐寒性和抗风性都非常好，叶片缺刻全裂，暗绿色。黄色、白色、粉色、橙色、红色的小花从夏季持续盛开至秋季。品种‘金手指’（上图）的花朵为黄色的。

↕ 1 m ↔ 1.5 m

💧❄❄❄ H7 ⓘ 🐝

多年生植物，大型

奇岗芒 🏆

落叶植物，生长旺盛，丛生。茎高大、结实、直立，似竹子。叶片细长下垂，绿色。花粉色，在炎热的夏季后开放。在强风中也能保持柔韧，是绝佳的屏障植物。

↕ 4m ↔ 2.5 m

💧❄❄❄ H6

球根植物，中型

葡萄风信子‘白色魔法’ 🏆

草状叶绿色。花穗短且直，花白色，具香气。在开阔地带生长良好，能耐受干燥多风环境。

↕↔ 15 cm

💧❄❄❄ H6 ⓘ

灌木，大型

山梅花‘洁白’

卵圆形叶片深绿色。初夏至仲夏开白色重瓣花朵，散发出浓郁芳香。耐寒性和抗风性极好，适宜栽种在花境后方，作为背景。

↕ 3 m ↔ 2.5 m

💧❄❄❄ H6 ✿

多年生植物，大型

加拿大地榆

直立丛生型。叶片绿色，缺刻全裂。夏末至初秋开白色穗状花序。适宜成片种植，在寒冷、无遮挡设施的露地花园中，应保持种植土壤湿润。

↕ 2 m ↔ 60 cm

H7

灌木，中型

玫瑰'白花'

根蘖发达，呈灌丛状，茎具刺。花白色，具香气，单瓣，夏季开放。花后结橙色蔷薇果。抗性强，在高温或低温环境都能良好适应。

↕↔ 1.5 m

H7

乔木，中型

欧洲花楸'淡黄绿色'

春季长叶，叶片椭圆形，初期银色，后逐渐转为绿色。花白色，随后结橙色浆果。如果土壤不太干燥，能在寒冷开阔的地带生长。

↕ 12 m ↔ 8 m

H6

灌木，中型

绣线菊'锐齿'

落叶灌木。树冠圆形，枝条下垂呈拱形。花小，白色，簇生，早春开放。花凋谢后展叶，叶披针形，绿色。易于种植，耐晒也耐阴，适应性强。

↕↔ 2 m

H6

乔木，大型

欧洲红豆杉

常绿针叶树。茎枝繁茂浓密，树形多样，针叶深绿色。春季开黄色小花，花后结出红色浆果。在气候寒冷的地区可用作树篱。全株均有毒。

↕ 15 m ↔ 10 m

H7

多年生植物，大型

唐松草

直立、丛生型多年生植物。叶片缺刻全裂，蓝绿色。茎枝细长，多分枝，顶部生出蓬松的粉紫色或白色花朵，花期从初夏持续至仲夏。适合栽种在沿海地区或气候寒冷地区的花园中，注意不要让土壤完全干透。

↕ 1.2 m ↔ 45 cm

H5

多年生植物，中型

香科状婆婆纳

椭圆形叶片灰绿色。夏季开蓝色穗状花序。花色为深蓝色的品种'蓝色火山口湖'（上图），耐寒性和耐盐碱性都非常好。

↕↔ 60 cm

H6

适生于干燥、开阔环境的植物

在多风、开阔环境中的植物，比如山坡、海岸或开阔地带，应选择适合干燥、阳光充足环境的植物。

对植物而言，最具挑战性的环境是土壤排水良好且没有遮蔽物的地方。在那里，持续不断的风及夏日阳光会使地面变干，使植物承受极大的生存压力。在沿海地区，盐雾可能是另一个危害因素，可选择来自滨海地区且适应这些条件的植物以及其他革质叶片或针状叶片的植物，如柴胡属、木糙苏属或松属植物。这些植物能够有效地抵御高温和强劲持续的大风，还能在相对干旱的环境中茁壮成长。一些针叶树和抗逆性强的草本植物也值得考虑。

多年生植物，小型

千叶蓍草‘小月光’🏆

株型紧凑，茎短而直立。叶银色，似蕨类植物。夏季开花，花头扁平，引人注目，花黄色，似雏菊。耐风吹日晒。

↕↔ 30 cm

💧❄❄❄ H7 🐝

多年生植物，小型

海石竹

深绿色的叶片呈线形。夏季开花，纤细的茎枝上长出圆形的头状花序，由很多白色至粉色的小花组成。适合沿海地区种植。

↕ 10 cm ↔ 15 cm

💧❄❄❄ H5 🐝

灌木，中型

木柴胡

树冠圆顶形。叶片具光泽，绿色，带芳香。花簇生，黄绿色，花期可维持数周，夏季开放。耐炎热、干燥、阳光充足和多风的环境。

↕ 2 m ↔ 2.5 m

💧❄❄ H4 (!) 🐝 ✽

多年生植物，小型

滨海刺芹

直立生长。叶片多刺，基生，蓝色至绿色，带有白色脉纹。初夏至初秋开亮蓝色花，头状花序外形呈圆柱形，下方环绕着一圈带刺的叶状苞片。

↕ 50 cm ↔ 45 cm

💧❄❄❄ H5 🐝 ✽

灌木，小型

毛染料木

落叶灌木，抗风性好，茎枝蔓延伸展，叶片狭窄，呈卵圆形，背面带有丝状毛。晚春至初夏开花，亮黄色花朵，花量繁多。

↕↔ 30 cm

💧❄❄❄ H5

灌木，大型

滨南茱萸🏆

革质叶片呈椭圆形，绿色。雌株开花，花朵不明显，秋季结出紫色果实。在多风的海滨地区可用于打造树篱或防风景观屏障。

↕ 8 m ↔ 5 m

💧❄❄❄ H5

灌木，大型

沙棘🏆

茎枝茂密呈拱形，适种于多风的沿海地区，银色叶片狭窄。仲春开细小的黄色花朵。秋季，雌株结出鲜艳的橙色浆果。在某些地区可能具有入侵性。

↕↔ 6 m

💧❄❄❄ H7

多年生植物，小型

银叶菊

枝叶繁密，常作为一年生植物种植，非常适合气候温和、多风的沿海地区。银色叶片缺刻深裂。头状花序似雏菊状，黄色。夏季最好将花朵摘除。

↕↔ 30 cm

💧❄❄ H4

多年生植物，中型

阔叶补血草

卵圆形叶片绿色，基生成莲座状，边缘呈波浪状。夏末，蓝紫色的小花着生于枝头，姿态轻盈。耐盐碱性和耐寒性强。

↕ 60 cm ↔ 45 cm

💧❄❄❄ H7 🐝 ✽

多年生植物，小型

宿根亚麻

茎枝纤细，叶片狭窄，呈披针形，蓝灰色。初夏至仲夏开花，天蓝色的花朵于近傍晚时分闭合。抗寒性、耐热性及抗风性均极好，可以播繁殖。

↕ 30 cm ↔ 15 cm

💧❄❄ H4

一年生 / 二年生植物，小型

海滨涩芥

生长缓慢，茎枝纤细，多分枝。绿色叶片小而狭窄。春季至秋季开粉色、白色、红色或紫色花，花量繁多，具芳香。耐盐碱性和抗风性好。

↕20 cm ↔ 8 cm

💧❄❄ H3

多年生植物，中型

麝香锦葵

枝叶繁茂，呈灌木状，茎木质。叶片浅裂，缺刻较深，深绿色。夏季至初秋开碟形花，花色为浅粉色。

↕1 m ↔ 60 cm

💧❄❄❄ H5

多年生植物，中型

大花荆芥

根系稍具蔓性，茎直立。叶片披针形，具香味，绿色。花簇生，蓝色，夏季开放。适合生长在阳光充足、排水良好的贫瘠干燥土壤中。

↕80 cm ↔ 50 cm

💧❄❄❄ H6 ⓘ

灌木，大型

大齿榄叶菊

灰绿色叶片与冬青叶相似，叶面光滑，叶背呈银白色毡状。夏季，黄白色的雏菊形小花成簇盛开，具芳香。适宜用来打造防风屏障或树篱。

↕6 m ↔ 5 m

💧❄❄ H4

灌木，中型

大花糙苏

常绿灌木。茎直立，叶密被茸毛，初呈银灰色，随后转为绿色。花轮生，黄色，似帽状。适合在阳光充足且开阔的地方种植，耐旱。

↕↔ 2 m

💧❄❄❄ H5

乔木，大型

欧洲黑松

树冠随着树龄不断扩展，呈半球形，深绿色的针叶较长，球果黄褐色。可以耐受沿海地区的气候环境，适宜作为防风林种植。

↕30 m ↔ 8 m

💧❄❄❄ H7

乔木，中型

花旗松

树形呈圆柱形，树冠伸展。针叶深绿色。树龄较小的植株更为紧凑，树冠呈圆锥形，所有品种都非常适合露地生长。

↕↔ 10 m

💧❄❄❄ H6

乔木，大型

密枝夏栎

树形呈火焰状。叶片深绿色，缺刻浅裂，秋季结果。生长缓慢，耐寒性好，适宜作为大型花园中的草坪景观标志植物。‘科斯特’（上图）树形为圆柱状。

↕↔ 15 m

💧❄❄❄ H6

乔木，大型

蓝粉云杉‘科斯特’

银蓝色针叶极为坚硬，树皮灰色、鳞片状。成熟的植株会结出松果，果球为直立的圆锥形，生于枝条末端。非常适合气候寒冷地区的花园，土壤应为中性至酸性。

↕15 m ↔ 5 m

💧❄❄❄ H7 pH

背 阴 处

丛林植物及大叶片的植物在荫蔽环境中也能够茁壮生长，它们可以将一处位于阴暗区域的花园打造成苍翠繁茂的绿洲。很少有植物能够耐受长久的深度遮阴，但是很多植物能够在半遮阴或斑驳的树荫下健康生长，因为这类区域中的光照完全能够满足植物生长的需要，并能够促进植株开花。观叶植物，例如蕨类植物以及玉簪，可谓是遮阴区域景观的明星植物。如果你想栽种一些色彩更为靓丽鲜艳的开花植物，那么建议选择杜鹃花、山茶、黄水仙及老鹳草，它们宛如一盏盏彩灯，在黑暗中舞动着身姿，上演一曲与阴暗对抗的慷慨高歌。

适生于黏土的植物

在凉爽、背阴、土质黏重的区域打造花境，看似非理想之选，其实，这类环境能为许多植物提供它们喜爱的肥沃生长条件。

富含黏土的土壤可以提供丰富的养分且湿度较大，有以下植物可供选择：蓝色、粉色或白色绣球可在半遮阴的环境中生长，花朵颜色靓丽的山茶以及岩白菜可点亮花园中较暗的区域，当然也可以选择色彩更为柔和的植物，例如铁筷子、玉簪和白根葵属植物，它们能够耐受更深度遮阴的条件。可以试着栽种一些散发着甜美芳香的瑞香属植物或美丽野扇花，让花坛更有情趣。

乔木，大型

青榨槭

茎枝多，绿色树皮上带有白色条纹，嫩枝呈深紫色。绿色叶片卵圆形，顶端渐尖，秋季转红。春季，黄色花朵成簇于枝头开放。适合栽种在避风处。

↕↔ 15 m

◑ ❄❄❄ H5

多年生植物，大型

狼毒乌头

茎高大且直立，叶圆形，具裂片。花簇生，紫色或黄色，盔状，夏季至初秋开放。适合在树下遮阴处生长，喜欢保水性良好的土壤。

↕ 1.2 m ↔ 40 cm

◑ ❄❄❄ H7 ⓘ ✽

灌木，中型

鸡爪槭‘红羽毛’

生长缓慢，树冠呈半球形。茎枝悬垂，深紫色叶片具缺刻浅裂，分裂成若干纤细、顶端渐尖的指状小叶。秋季叶色丰富，适合栽种在避风处。

↕ 1.5 m

○ ❄❄❄ H6

多年生植物，中型

紫塔乌头 🏆

丛生型多年生植物。叶面光滑，绿色圆形叶片具深缺刻。仲夏至初秋开花，穗状花序直立挺拔，蓝紫色。需要设置支撑物，植物有毒。

↕ 1 m ↔ 50 cm

◑ ❄❄❄ H7 ⓘ ✽

多年生植物，大型

单穗升麻‘黑睡衣’ 🏆

多年生草本植物。茎直立，叶暗紫色，近黑色，具裂片。花序形似瓶刷，花小，略带紫色。宜成片种植，土壤不宜过于干燥。

↕ 1.2 cm ↔ 60 cm

◑ ❄❄❄ H7 ⓘ 🐝

多年生植物，大型

总序类叶升麻 🏆

直立型多年生植物，叶片缺刻全裂。仲夏开花，白色的穗状花序形似瓶刷，生于叶片之上。干枯后的棕色种穗同样颇为引人注目。在旱季应保持充足的水分供应。

↕ 1.5 m ↔ 60 cm

◑ ❄❄❄ H7 ⓘ pH

多年生植物，小型

美国类叶升麻

叶片缺刻全裂，分成若干浅裂、叶缘呈锯齿状的小叶。仲春至初夏开花，蓬松的头状花序呈椭圆形，花朵凋谢后结出光亮、有毒的红色浆果。在旱季应保持充足的水分供应。

↕ 50 cm ↔ 30 cm

◑ ❄❄❄ H7 ⓘ

多年生植物，小型

筋骨草‘勃艮第之光’

常绿多年生地被植物，可借助走茎自由蔓延。叶片呈莲座状排列，银色，带有红色和紫色的斑纹，边缘呈乳白色。花茎短，呈穗状排列，花深蓝色。喜湿润环境。

↕ 15 cm ↔ 50 cm

◑ ❄❄❄ H7 🐝

多年生植物，中型

新西兰风草

半常绿禾本科植物，叶片狭窄呈拱形弯曲下垂，植株丛生呈堆状，仲夏至初秋开花，花棕红色。夏季叶色会转变为略微带绿色的橙色，植株整体在冬季会转变成橙色至棕色。

↕↔ 1 m

H4

多年生植物，大型

打破碗花花

直立生长。叶片深绿色，缺刻全裂。花大，单瓣，粉色或白色等，带有黄色花眼，可从仲夏一直盛开至夏末。‘丰花’（上图）开深粉色花。

↕ 1.2 m ↔ 45 cm

H7

多年生植物，中型

草玉梅

深绿色叶片多毛，分成 3 片小裂片。春末至夏初开花，偶尔也会在秋季开花。纤细的枝条上可生出 10~ 20 朵白花，花朵背面通常为蓝色。

↕ 60 cm ↔ 30 cm

H5

多年生植物，中型

加拿大楼斗菜

叶片似蕨类植物。花枝纤细、直立，钟形花朵从枝条上垂下，花色为红色和淡黄色，花期从仲春一直持续至仲夏。可通过自播大量繁殖。

↕ 60 cm ↔ 30 cm

H5

多年生植物，小型

伞形假升麻

株型紧凑、丛生。叶片深缺刻，绿色，形似蕨类植物，秋季叶色会变为黄色。初夏至仲夏开花，花枝较多，生有乳白色小花的花枝四处伸展。旱季应保证水分供应充足。

↕↔ 40 cm

H7

多年生植物，大型

假升麻

直立生长，茎枝繁茂浓密。叶片长，绿色，复叶，分裂成若干小叶。初夏至仲夏，羽毛状的乳白色小花朵蓬松轻盈，在叶片上方盛开，雄株的花形更为华丽。旱季应保证水分供应充足。

↕ 2 m ↔ 1.2 cm

H6

多年生植物，小型

尾状细辛

常绿、多年生地被植物。叶片心形，浓绿色，揉碎后会散发出姜味。仲春至晚春开花，紫色花朵由 3 片锥形花瓣组成。应栽种在肥沃的酸性土壤中，能够忍受完全遮阴。

↕ 8 cm ↔ 25 cm 或更大

H6

多年生植物，小型

阿兰德落新妇

叶片形似蕨类植物。羽状花序，花色为白色、粉色、淡紫色或红色。冬季时结出褐色的种头，极具特色。‘灯塔’的花色为红色，叶色较深。

↕ 45 cm ↔ 30 cm

H7

灌木，大型

狭叶小檗

常绿灌木，树冠呈圆形，茎枝多刺。深绿色小叶片革质，披针形。黄色花朵晚春开放，花蕾微红，花朵凋谢后结出蓝黑色浆果。

↕3 m ↔ 5 m

◯ ❄❄❄ H5 (!)

多年生植物，中型

大星芹

丛生型多年生植物。叶片绿色，缺刻全裂。初夏至仲夏开花，花头繁多，花色有绿色、白色、粉色或红色。'太阳谷'（上图）的叶片上洒布着奶油色斑点。应定期摘除凋谢枯萎的花朵。

↕90 cm ↔ 45 cm

◑ ❄❄❄ H6 🐝 ✿

多年生植物，中型

岩白菜'巴拉伟'🏆

叶片光滑，圆形，绿色，冬季变成青铜色至紫色。暮春，钟形的深红色花朵成簇盛开在红色的茎枝上。最好能设置挡风的设施。

↕↔ 60 cm

◑ ❄❄❄ H7 🐝

多年生植物，小型

岩白菜'英雄交响曲'🏆

多年生常绿草本。植株丛生，株型整齐且非常紧凑。叶椭圆形，革质，在天气寒冷时略带紫色。花茎紫红色，花粉紫色，春末开放。

↕50 cm ↔ 1 m

◑ ❄❄❄ H7 🐝

多年生植物，中型

抱茎蓼'橙色田野'🏆

多年生草本植物。丛生，具蔓性。叶浓密，卵形，绿色。花穗细长，花小，橙粉色，夏末至秋季开放。适合在不太干燥的土壤中生长。

↕↔ 1 m

◑ ❄❄❄ H7 (!) ✿

多年生植物，中型

穗乌毛蕨🏆

常绿，成簇丛生。叶片缺刻全裂，具若干狭窄的小叶，下垂呈拱形。直立、带孢子的复叶形似鱼骨。春季应剪掉老叶。耐完全遮阴。

↕75 cm ↔ 45 cm

◑ ❄❄❄ H6

多年生植物，小型

心叶牛舌草'镜面'🏆

植株低矮丛生。叶片心形，宽大且相互交叠，银色，边缘绿色。花量大，蓝色小花，似勿忘我。在凉爽、背阴的地方，格外亮眼。

↕45 cm ↔ 60 cm

◯ ❄❄❄ H5

灌木，大型

夏蜡梅'阿佛洛狄特'

落叶，丛生，具蔓性。叶片大，有光泽，椭圆形。花大，顶生，深紫红色，带有黄斑，具芳香，似木兰，夏季开放，非常引人注目。

↕4 m ↔ 3 m

◑ ❄❄❄ H5 (!)

灌木，大型

山茶

直立型常绿灌木。叶片深绿色，叶面光滑。春季开花，花朵有单瓣也有重瓣的，白色、粉色或红色。'中国血'（上图）的花朵为半重瓣、红色。适合栽种在避风处。

↕3 m ↔ 2 m

◑ ❄❄❄ H5 ✿

灌木，大型

威廉姆斯山茶

杂交栽培种。叶片革质，光滑，卵圆形。春季开花，花朵有单瓣也有重瓣，白色至深粉红色。'捐赠'（上图）开玫瑰粉色半重瓣花。

↕5 m ↔ 2.5 m

H4 pH

多年生植物，大型

大百合

绿色叶片呈心形，夏季开花，强壮的枝条顶端开出喇叭状白色花朵，带有紫色的花喉。适合栽种在带遮挡的避风处，喜肥沃的土壤。

↕↔ 3 m

H5

多年生植物，中型

偏斜鳖头花

茎枝繁茂似灌木状。叶片宽披针形，绿色，叶面带有深深的脉纹，边缘呈锯齿状。夏末至初秋开花，穗状花序短小、艳丽，粉紫色。

↕1 m ↔ 50 cm

H5 pH

乔木，小型

四照花'诺曼·哈登'

椭圆形叶片顶端渐尖，秋季变成红色夹杂绿色。春末夏初开花，花朵具白色苞片。花后结出形似草莓的果实。

↕↔ 8 m

H5 pH

灌木，小型

美秀溲疏

落叶灌木，树冠圆形，树皮常剥裂。叶片绿色。晚春至初夏，星形或杯形的花朵成簇盛开，具芳香。'粉簇'（上图）的花色为白色带粉色。

↕1.2 m ↔ 1.5 m

H5

多年生植物，小型

穆坪紫堇

叶片细裂，绿色，常略带紫色，夏末会枯萎。春季至初夏，蓝色管状花朵于坚硬的茎枝上开放；适合栽种在肥沃、保湿性好的土壤中。

↕30 cm ↔ 20 cm

H5

多年生植物，中型

香鸢尾'路西弗'

绿色叶片狭窄，呈剑形。夏末，耀眼夺目的红色管状花朵生于枝条上，可持续盛开数周。最好栽种在轻度遮阴处。

↕1 m ↔ 25 cm

H5

灌木，小型

日本柳杉

矮生型常绿针叶树，茎枝稠密繁茂呈灌木状，树冠圆形。鳞片状绿色叶片紧紧地重叠交替地排列在短小的分枝上。应栽种在避风处。

↕↔ 1 m

H6

多年生植物，小型

兜状荷包牡丹

丛生型多年生植物，蓝色或绿色叶片形似蕨类植物。早春开花，花白色，尖端黄色，具有非常奇特的双花距，着生于下垂的花枝上。应设置防护设施以避免幼苗遭受霜冻侵害。夏季叶片会枯萎。

↕15 cm ↔ 30 cm

H5 !

灌木，小型

多刺白珠树

矮生型常绿灌木，地下茎伸展，深绿色小叶片顶端有锐利的短刺尖。‘冬季’（上图）晚春会开白色钟形小花朵。秋季结出白色浆果。

↕↔ 1.2 m

H6 pH

灌木，中型

红吊钟花

椭圆形叶片密集成簇，叶色为鲜绿色略带淡紫色，秋季会转变成紫色或红色。晚春开花，枝条上悬挂着一簇簇带花穗的暗红色钟形花朵。

↕↔ 2.5 m

H5 pH

多年生植物，中型

圆苞大戟‘火红’

蔓生型多年生植物，茎枝直立，密集生长，狭窄的长圆形叶片着生于茎枝上，叶色为夹杂着古铜色的深绿色，秋季叶色更为浓烈鲜艳。初夏，橙色至红色花朵成簇盛开，花簇呈半球形。最好栽种在肥沃的土壤里。

↕ 75 cm ↔ 90 cm

H7 !

多年生植物，中型

林地老鹳草

叶片成簇丛生，绿色，具缺刻浅裂。晚春至初夏开蓝紫色花朵，花心白色。适合群植于花境前部位置，栽种在潮湿的土壤中。

↕ 75 cm ↔ 60 cm

H7

灌木，大型

金缕梅

树冠伸展的灌木。叶片宽大，深绿色片，秋季会变成黄色。冬末，形似蜘蛛的黄色或橙色花朵在光秃秃的树枝上绽放，散发芳香。

↕↔ 4 m 或更大

H5

多年生植物，大型

三叶绣线菊

蔓生型多年生植物，茎枝直立，分枝稀疏。略微发红色的茎枝上着生深绿色叶片，分成 3 片缺刻浅裂的小叶，叶脉明显。晚春至夏末开花，繁星般的白色小花朵轻盈舞动，与红色的花蕾形成鲜明的对比。

↕ 1.2 m ↔ 60 cm

H7

多年生植物，小型

白根葵

丛生型多年生植物，叶片形似枫叶，具缺刻，浅裂，淡绿色。淡粉紫色碟形花朵从晚春盛开至初夏。适宜栽种在避风处，喜潮湿、肥沃的土壤。耐全阴。

↕↔ 50 cm

H5 pH

多年生植物，中型

杂交铁筷子

半常绿、丛生型多年生植物，叶片深绿色，具缺刻浅裂。冬季至翌年早春开花，花朵有单瓣也有重瓣，花色丰富。秋季应株摘除老叶。

↕↔ 60 cm

◑ ❄❄❄ H7 ⓘ 🐝

多年生植物，小型

黑根铁筷子

半常绿，深绿色叶片簇生，缺刻浅裂。冬季至翌年早春开花，碟形花白色，成熟后略带粉红色，雄蕊黄色。可耐受混有有机物的重黏土。

↕↔ 30 cm

◑ ❄❄❄ H7 ⓘ 🐝

多年生植物，小型

铁筷子‘瓦尔伯顿迷迭香’ 🏆

多年生常绿草本。叶有裂片，革质。花茎纤细，花大，花期长，玫瑰粉色，冬季至翌年早春开放。

↕ 50 cm ↔ 40 cm

◑ ❄❄❄ H7 ⓘ 🐝

多年生植物，小型

玉簪‘火与冰’ 🏆

叶片心形，主叶脉明显，深绿色，叶片中间带有大片醒目的白色斑块。夏季开花，穗状花序高大，淡紫色，花后应将其剪除。注意防护蛞蝓。

↕ 40 cm ↔ 不定

◑ ❄❄❄ H7

灌木，中型

乔木绣球

树冠圆形，叶片锥形、绿色。仲夏，白色花朵成簇盛开，花簇扁平，可持续为花园增添一道富有情趣的美景。‘安娜贝尔’（上图）花序硕大。

↕↔ 1.5 m

◑ ❄❄❄ H5 ⓘ ✽

多年生植物，小型

獐耳细辛 🏆

半常绿多年生植物，生长缓慢，株冠呈整齐的半球形。肉质叶片圆形，缺刻浅裂，绿色。早春开杯状花朵，花色为深浅不一紫罗兰色或紫色。适合栽种在背阴处花境的前部。

↕ 8 cm ↔ 12 cm

◑ ❄❄❄ H6

灌木，中型

绣球

树冠圆形，大叶片椭圆形，淡绿色。仲夏至初秋开花，中间为蓝色小花朵组成的伞房花序，四周为淡蓝色至粉色的花瓣状的大型苞片，整个花序形似一顶带花边的帽子。可制作成干花。

↕ 2 m

◑ ❄❄ H4 ⓘ ✽

灌木，大型

圆锥绣球

树冠宽阔的直立型灌木。椭圆形叶片顶端渐尖，叶面光滑，绿色至暗绿色，带有较深的叶脉。夏末开出白色或粉色的圆锥形花序。

↕↔ 3 m

◑ ❄❄❄ H5 ⓘ 🐝 ✽

灌木，中型

栎叶绣球

绿色叶片缺刻浅裂，秋季变成红色和紫色。仲夏至秋季开花，圆锥形的奶油色花序开放后变成泛着粉色的白色。喜中性至酸性的土壤。

↕ 2 m

◐ ❄❄❄ H5 ⓘ

多年生植物，中型

锈毛旋覆花

茎枝直立，被茸毛。大量披针形叶片着生于茎枝上，绿色，脉纹较深。夏末至秋季开黄色的雏菊形大花朵，花瓣狭长。旱季应及时浇水。

↕ 75 cm ↔ 45 cm

◐ ❄❄❄ H6 🐝 ✿

灌木　中型

花叶木藜芦

淡红色枝条呈拱形下垂，覆盖着光滑披针形叶片，叶面带有奶白色、粉红色和栗色的斑纹。春季开花，一簇簇奶白色花朵悬挂在枝条下方。高达 1.5 m

◐ ❄❄❄ H6 ⓘ pH

多年生植物　中型

黄排草

生长旺盛、直立高大的多年生植物。叶片能迅速蔓延形成大片的丛生植株。夏季会开出穗状的亮黄色花朵。具有侵占性。

↕ 1 m ↔ 60 cm

◐ ❄❄❄ H6 ✿

多年生植物，小型

鲜黄连

叶片缺刻浅裂，肾形或圆形，蓝色或绿色，新叶常略带淡紫色。晚春至初夏开花，淡紫色的杯形花朵着生在坚硬的茎枝上。耐完全遮阴。

↕ 15 cm ↔ 23 cm

◐ ❄❄❄ H6 pH

球根植物，中型

夏雪片莲

狭窄的带状叶片直立丛生，叶面光滑。春季，钟形花朵着生于无叶的茎枝上，花瓣白色，先端绿色，成簇盛开，从枝条上垂下。

↕ 60 cm

○ ❄❄❄ H7 ⓘ

灌木，大型

二乔玉兰

直立生长，茎枝繁茂。叶片椭圆形，深绿色。春季中后期开花，当叶片展开时，形似高脚酒杯花朵的开始绽放，花色为粉色、紫色或白色。‘红色黄花烟’（上图）开紫红色花。

↕↔ 6 m

○ ❄❄❄ H6

多年生植物，中型

锥花鹿药 🏆

叶片椭圆形，淡绿色，秋季会转变成黄色。晚春至初夏开花，白色花朵形似羽毛。花谢后结出红色肉质果实。

↕ 90 cm ↔ 60 cm

○ ❄❄❄ H6 ⓘ pH

多年生植物，中型

北美球子蕨 🏆

匍匐生长的落叶植物。浅绿色复叶，小叶深裂，齿状边缘。夏末，坚硬的叶片变成褐色，直立挺拔，一直持续至冬季。需要栽种在中性至酸性土壤中。夏季土壤干燥时及时浇水。具有侵占性。

↕ 60 cm ↔ 1 m

◐ ❄❄❄ H6 pH

多年生植物，小型

狭裂福禄考

半常绿、匍匐型多年生植物，披针形的绿色叶片着生于直立的紫色茎枝上。仲春至晚春开淡紫色至蓝色小花朵。

↕ 30 cm ↔ 20 cm

💧 ❄❄❄ H5

乔木，大型

蓝粉云杉‘科斯特’

树形呈圆锥形，银蓝色针状叶片极为坚硬。果球为直立的圆锥形，生于枝条末端。喜中性至酸性土壤，宜栽种在避风处，喜轻度遮阴。

↕ 15 m ↔ 5 m

💧 ❄❄❄ H7

多年生植物，中型

花荵

复叶，分裂成若干叶片狭窄的披针形绿色小叶。初夏，直立的茎枝上成簇盛开白色或蓝紫色的钟形花朵。可自播繁殖。

↕↔ 60 cm

💧 ❄❄❄ H7 🐝 ✽

多年生植物，小型

瓣苞芹 🏆

丛生型多年生植物。圆形叶片具光泽，深裂。黄色小花朵被绿黄色、形似花瓣的苞片包围，花期从冬末持续至初春。

↕ 6 cm ↔ 23 cm

💧 ❄❄❄ H7

多年生植物，大型

心叶紫菀

直立型多年生植物，茎枝繁茂浓密。卵圆形叶片深绿色，边缘呈锯齿状。夏末至秋季，形似雏菊的淡蓝色至白色小花朵着生于拱形枝条上，花枝繁多。

↕ 1.2 m ↔ 1 m

💧 ❄❄❄ H7 🐝 ✽

多年生植物，中型

无毛紫露草群

丛生型多年生植物，茎枝直立。叶片长而窄，呈拱形弯曲，粉色、蓝色、紫色或白色的花朵成簇盛开。‘康科特葡萄’（上图）的花朵为紫色，叶片为蓝绿色。

↕ 60 cm

💧 ❄❄❄ H6 ⓘ

灌木，小型

野扇花‘冬季宝石’

株型紧凑，根蘖发达，茎直立。叶片卵形，有光泽，先端渐尖，深绿色。白色小花具芳香，冬季开放，花后结果。浆果初期红色，后期黑色。

↕↔ 70 cm

💧 ❄❄❄ H5 ⓘ

多年生植物，中型

台湾油点草

直立、丛生型多年生植物，生长缓慢。叶片披针形，绿色。秋季，带紫色斑点的白色花朵成簇盛开，花瓣向上翘起，形态奇特。每年需用堆肥覆盖根部。能耐受完全遮阴。

↕ 1 m ↔ 45 cm

💧 ❄❄❄ H5 ✽

灌木，中型

日本茵芋

株型紧凑的常绿灌木。卵圆形至披针形叶片有光泽，深绿色。雄株极具吸引力，冬季绿色或红色的锥形花芽成簇着生于枝条上，春季时会绽开成白色花朵，散发出芳香气味。雌株（上图）会结出红色浆果。

↕ 1.5 m

💧 ❄❄❄ H5 ⓘ 🐝

焦点植物：玉簪

对于冷凉、阴暗的地方，玉簪可谓是无价之宝，它们那引人注目的叶片为花园的很多区域增添了色彩、质地和纹理。

玉簪那引人注目的叶片以及它们对潮湿环境的适应性，使得它们在背阴花园中颇受欢迎。将其作为地被植物种植在背阴处中或作为盆花栽培都是不错的选择。玉簪叶片色彩鲜艳，有蓝色、黄色及绿色等，一些品种的叶片带斑纹。有些品种的叶片卷曲或呈波浪状，还有一些品种有彩色叶柄。多数玉簪只有膝盖那么高，但也有较高大的品种可供选择，例如‘武则天’或‘亚特兰蒂斯’；亦有微型品种，比如‘蓝鼠耳’。夏季，玉簪会开出形似百合花的花序，呈穗状排列，而且常常带有芳香。虽然它们对环境要求不高，能耐旱耐热，但容易受到蛞蝓和蜗牛的侵害，叶片较薄的品种受影响最大，种植在花盆里也有助于避免这些问题，或者选择更耐蛞蝓和蜗牛侵害的品种，如‘克罗斯皇家’‘大期望’‘海卡森’。

受欢迎的玉簪类型

大叶型玉簪 叶长可达 40 cm，颇受欢迎的品种包括‘武则天’（上图）、‘亚特兰蒂斯’和‘金玉满堂’。

迷你型玉簪 最小的类型，植株高度仅达 15 cm。推荐‘蓝鼠耳’（上图）、‘潘多拉的盒子’或‘小恺撒’。

斑叶玉簪 株型有大有小，叶片多姿多彩、富于变化，有的叶片带有白色或金色的叶缘，而有的叶片中部带有或深或浅的斑纹。上图为玉簪‘冰与火’。

金叶型玉簪 这类玉簪需要充足的阳光，叶片形状、大小各异。受欢迎的品种包括‘设计师基因’、‘黄河’、‘黄色飞溅’、‘皮埃蒙特金黄’和‘金色祈祷’（上图）。

蓝叶型玉簪 可选择大叶型玉簪如‘蓝色天使’或‘蓝色夏威夷’来搭配小巧玲珑的‘蓝色月亮’或花叶型的‘蓝色埃尔尼诺’。

玉簪的应用

玉簪叶片繁茂稠密，层层重叠，是非常实用的地被植物，它们能够在遮阴的环境中生长。明亮动人的杂色斑叶品种可为阴暗区域增添亮丽的色彩。玉簪非常适宜栽种在林地边缘区域或大型灌木丛下。

盆径大小不同，叶色和形状对比鲜明的盆栽玉簪为荫蔽区域的露台、庭院增添了一道清凉、优雅的风景。

色彩亮丽的斑叶玉簪，如‘爱国者’，可与落新妇、蕨类植物及羽衣草搭配在一起，用于乡村风格花园中位于荫蔽处的花坛和花境中。

玉簪可以在池塘边以及小溪旁生长，虽然它们是喜阴的植物，但只要栽种在夏季能够确保土壤潮湿的地方，也可以耐受一定的光照。

适生于沙质土壤的植物

排水性好的沙地通常更适合栽种喜阳植物，但也有很多其他植物可以在遮阴环境下轻松应对这种土壤条件。

大多数植物喜欢斑驳的树荫，或更喜欢在一天有部分时间里能够接收到阳光的地方。但是在较为阴暗的区域，你可以尝试栽种耐寒型天竺葵、淫羊藿以及柔毛羽衣草。为了扩大植物选择范围，可以将墙壁和栅栏刷成白色或奶油色以反射光线，也可以将灌木和乔木的一些低矮的枝条修剪掉，让更多的阳光可以穿过枝叶照射进来。可以选择一些灌木品种，例如荚蒾及山梅花属植物作为背景植物，选用一些季节性开花的球根植物及多年生植物为花园注入斑斓的色彩。

多年生植物，小型

柔毛羽衣草 🏆

蔓延丛生。叶片圆形，淡绿色，边缘褶皱成波状。仲夏开花，花枝繁多，花朵细小，黄绿色。可作为地被植物或花境的饰边植物。

↕↔ 50 cm

💧❄❄❄ H7 ✽

球根植物，大型

长柄葱

带状叶片灰绿色，晚春时节，当花茎顶端生出白色的球状伞形花序时，叶片会枯萎。'紫罗兰美人'（上图）的花序为粉紫色。

↕↔ 1.4 m

💧❄❄❄ H7 🐝 ✽

灌木，大型

加拿大唐棣

枝叶稠密，叶片椭圆形，有毛，逐渐变成深绿色，秋季变成橙红色。春季开花，白色花朵似繁星，夏季结果，果实香甜多汁，可食用。

↕ 6 m

💧❄❄❄ H7 ⓘ

乔木，小型

平滑唐棣

树冠伸展，椭圆形叶片初为古铜色，夏季变成深绿色，秋季变成红色。春季开花，花朵白色，花朵凋谢后结出多汁的圆形红色果实。

↕↔ 8 m

💧❄❄❄ H7 ⓘ pH

灌木，大型

拉马克唐棣 🏆

新叶古铜色，叶片成熟后会变为深绿色，秋季会变成耀眼的鲜红色或橙色。仲春至晚春开花，姿态轻盈的白色花朵似满天繁星一齐绽放。

↕ 5 m ↔ 6 m

💧❄❄❄ H7 ⓘ pH

多年生植物，中型

珠光香青

叶片披针形，灰绿色或银灰色，边缘白色，背面被厚毛。夏末，花瓣薄如纸的白花成簇盛开在直立的茎枝上。适合栽种在轻度遮阴处。

↕ 75 cm ↔ 60 cm

💧❄❄❄ H7 ✽

多年生植物，小型

栎木银莲花 🏆

铺地生长，长势旺盛似地毯。叶片缺刻深裂，绿色。春季至初夏开花，大量的白色小花似繁星。品种'纯洁'开重瓣花朵，花心似纽扣状。

↕ 15 cm ↔ 30 cm

💧❄❄ H5 ⓘ

多年生植物，中型

欧耧斗菜

直立、丛生。复叶灰绿色，全裂，分成若干圆形小叶。初夏开钟形花朵，花色有粉色、深红色、紫色、蓝色和白色。'威廉·圭内斯'（上图）的花朵颜色为栗色和白色。

↕ 1 m ↔ 50 cm

💧❄❄❄ H7 🐝

灌木，大型

稠李叶涩果

落叶、直立型灌木，叶片椭圆形，深绿色，秋季变成鲜红色。春季开白花，随后结出紫黑色浆果，果实可食用，富含抗氧化物质。'闪耀'（上图）是很受欢迎的一个品种。

↕ 3 m ↔ 2.5 m

💧❄❄❄ H7 ⓘ

灌木，中型

青木'二月之星' 🏆

树冠圆形，叶片狭长，有光泽，绿色，带黄色斑点。冬季结红色浆果。

↕↔ 2 m

💧❄❄❄ H5 ⓘ

多年生植物，小型

岩白菜‘朝霞’

绿色叶片硕大、圆形，革质但具光泽，冬季叶色泛红。花茎直立，粉色花朵于顶端开放，呈穗状排列，花心红色。

↕↔ 50 cm

❄❄❄ H7

多年生植物，中型

拳参‘壮丽’

生长旺盛，枝叶密集丛生。叶片卵形、先端尖，绿色。夏季开出穗状花序，淡粉色。定期摘除凋谢枯萎的花朵。

↕ 75 cm ↔ 60 cm

❄❄❄ H7

灌木，大型

互叶醉鱼草

落叶灌木。茎枝纤细，下垂呈拱形。叶片狭窄、灰绿色。初夏，一簇簇紫色的花朵将下垂的枝条覆盖，散发出芳香。

↕↔ 4 m

❄❄❄ H6

多年生植物，中型

桃叶风铃草

叶片披针形，鲜绿色。夏季，钟形花朵从枝条上垂下，花瓣薄如纸片，白色或蓝色。‘切尔特魅力’（上图）的花为白色，边缘晕染着淡紫色。

↕ 60 cm ↔ 30 cm

❄❄❄ H7

灌木，大型

欧洲榛

树冠伸展。叶片圆形，绿色，秋季变成黄色。春季开花，黄色柔荑花序悬挂在枝条。秋季，花朵凋谢后会结出可食用的坚果。

↕↔ 5 m

❄❄❄ H6

多年生植物，中型

白鲜

直立、丛生型多年生植物。叶片有光泽，缺刻全裂，淡绿色。晚春至初夏开花，白色或粉色的花朵散发出芳香。

↕ 90 cm ↔ 60 cm

❄❄❄ H6

多年生植物，大型

雄黄兰‘乔治·达维森’

多年生草本植物。具球茎，丛生。叶片直立，剑形且有褶，绿色。花茎具分枝，仲夏至夏末开放硕大的喇叭形、浅橙色花朵。

↕↔ 1.2 m

❄❄ H4

多年生植物，大型

发草

落叶、丛生型多年生植物。夏季，茎枝上开出一团团金黄色的小花。秋季，种穗和叶片都会转变成金黄色。上图为发草‘金露’。

↕ 2 m ↔ 50 cm

❄❄❄ H6

多年生植物，小型

美丽血心花

茎枝蔓延伸展。灰绿色叶片形似蕨类植物。晚春至初夏开花，纤细的枝条呈拱形下垂，上面悬挂着心形、粉色或暗红色的花朵。可成组群植于花境中或乡村风格花园中。

↕ 45 cm ↔ 30 cm

❄❄❄ H5

多年生植物，小型

淫羊藿‘琥珀女王’

春季叶色泛红，随后细长、坚韧的花茎上开出低垂、蛛网状、橙色花朵。非常适合种植在乔木和灌木下方的遮阴处。

↕↔ 50 cm

❄❄❄ H6

多年生植物，小型

橙花淫羊藿

叶片心形、淡绿色，春秋两季会泛紫红色调。春季，橙色的杯形花朵成簇盛开在坚硬的枝条上。可作为地被植物。

↕↔ 30 cm

❄❄❄ H6

多年生植物，中型

糖芥‘鲍尔斯淡紫’

常绿多年生植物。叶片呈窄椭圆形，灰绿色。冬末至夏季开花，穗状花序，花蕾深紫色，小花淡紫色。定期摘除枯萎的花序。

↕60 cm ↔ 40 cm

H4

灌木，中型

南美鼠刺‘苹果花’

叶片较小，有光泽、革质，深绿色。初夏至仲夏，在枝叶稠密的茎枝上开满粉红色的花朵，花量极为丰富。

↕↔ 2.5 m

H4

多年生植物，中型

罗比扁桃叶大戟

茎枝蔓延伸展，具光泽的革质叶片呈长椭圆形，深绿色。春季开花，头状花序，花朵和苞片均为柠檬绿色。具有侵占性。

↕↔ 60 cm

H6

灌木，中型

大花白鹃梅

落叶灌木。枝叶稠密，树冠呈圆丘状，枝条呈拱形，上面着生着深绿色叶片，秋季会转变成黄色和橙色。春末夏初开白色花朵，花量繁多。

↕2 m ↔ 3 m

H6

灌木，大型

杂交连翘

冬末至仲春，在绿色叶片还未长出前，长长的茎枝上会开满淡黄色的星形小花朵。‘变种林伍德’（上图）的花朵较大，花色为亮黄色。

↕↔ 3 m

H5

灌木，中型

短筒倒挂金钟

叶片卵形至锥形，绿色。花期可持续整个夏季，红色或紫色的管状小花从枝条上垂下，花量繁多。花朵凋谢后结出黑色果实。

↕↔ 2 m

H4

灌木，小型

多刺白珠树

枝叶繁茂，叶片多刺，有光泽，深绿色。晚春至初夏盛开白色小花。只有雌株会结果，挂果枝条繁多。‘冬季’（上图）会结出白色的大浆果。

↕↔ 1.2 m

H6

灌木，小型

伏卧白珠树

叶片椭圆形、革质，冬季叶色泛红。夏季开白中透粉的钟形小花，花后结出红色浆果。‘非常浆果’（上图）的果实为鲜艳的绯红色。

↕15 cm ↔ 不定

H5

多年生植物，小型

老鹳草‘安·福卡德’

蔓生型多年生植物。叶片密集，深裂，小裂片带浅齿裂，黄绿色，成熟后为绿色。仲夏开花，有时会在秋季开花，花朵碟形，花瓣紫色，中心部分为黑色，带黑色脉纹。

↕50 cm ↔ 1 m

H7

多年生植物，小型

巨根老鹳草

半常绿多年生植物。叶片柔软、圆形，缺刻全裂，具芳香，秋季叶色尤为鲜艳。初夏时节，绽放品红色花朵。可作为装饰性地被植物栽种在靠近树篱和墙垣的位置。

↕38 cm ↔ 60 cm

H7

多年生植物，中型

老鹳草‘光环’

丛生型多年生植物。叶丛松散，叶片绿色，重裂。夏季开花，花量大，淡紫色或紫红色，带有脉纹。在全日照或半阴环境下都能生长良好。

↕1 m ↔ 1.4 m

H7

多年生植物，小型

皱叶老鹳草

叶片缺刻全裂，绿色。晚春至仲夏开粉色圆形花朵，花瓣带深色脉纹，有缺口。‘华格雷夫粉色’（上图）的花朵为浅粉色。

↕ 45 cm ↔ 60 cm

❄❄❄ H7

多年生植物，小型

老鹳草‘罗珊’

多年生草本植物。茎蔓生或攀缘。叶片圆形、深裂、绿色。夏秋季开放杯形的淡蓝色花朵。

↕↔ 50 cm 或更高更大

❄❄❄ H7

灌木，大型

金缕梅‘阿芙罗狄蒂’

落叶灌木。植株呈瓶状，叶片宽大、椭圆形，秋季叶色会变成金黄色。花簇生，冬季开放蛛网状、橙黄色花朵，略带香气。

↕↔ 4 m

❄❄❄ H5

多年生植物，中型

尖叶银筷子

叶片呈革质，缺刻全裂，边缘带刺，深绿色。冬末至春季开花，淡绿色的碗形花朵成簇盛开，从枝条上低垂下来。

↕ 60 cm ↔ 45 cm

❄❄❄ H5

灌木，中型

金丝桃‘海德科特’

常绿或半常绿灌木。生命力顽强，枝叶繁茂。叶片椭圆形，深绿色。仲夏至初秋开放金黄色花朵。适合种在花境中部。

↕ 1.5 m

❄❄❄ H5

灌木，中型

白玉鸢尾

常绿多年生植物。生命力顽强，带状叶片绿色，有光泽。初夏至仲夏开放黄色或紫色花朵。冬季，绿色豆荚裂开后露出橙色种子。

↕ 90 cm ↔ 50 cm

❄❄❄ H6

多年生植物，中型

荷包牡丹

绿色叶片形似蕨类植物。晚春至初夏开花，玫瑰红色和白色的心形花朵悬挂在坚硬的拱形枝条上。可用于乡村风格的花园中。

↕↔ 1 m

❄❄❄ H6

多年生植物，小型

春香豌豆

枝叶稠密，蔓延伸展，密集丛生。叶片柔软，先端尖，深绿色。春季开花，花小，紫色或蓝色，带红色脉纹，花形与香豌豆的花朵相似，适合栽种在花境前部位置。

↕↔ 30 cm

❄❄❄ H6

多年生植物，中型

大滨菊

丛生型多年生植物。叶片深绿色，边缘带锯齿。初夏至秋季开形似雏菊的白色花朵，带黄色花心，着生于高大的茎枝上。‘威勒尔骄傲’（上图）的花朵为重瓣。

↕ 1 m ↔ 60 cm

❄❄ H4

球根植物，大型

湖北百合

叶片散生、狭窄、披针形。夏末开花，花头下垂，花形似土耳其帽，橙色花瓣上带有黑色斑点，花量繁多，极为引人注目。在酸性土壤中长势最好。

↕ 1 m

❄❄❄ H6

球根植物，大型

卷丹

叶片长而窄，呈披针形。夏季至初秋开花，花头下垂，花形似土耳其帽，粉色或橙红色花瓣上带斑点。‘华丽’（上图）花朵大，橙红色花瓣上带黑色斑点。

↕ 1.5 m

❄❄❄ H6

球根植物，大型

麝香百合 🏆

叶片狭长呈披针形，有光泽。夏季开白花，花量繁多，花枝伸展，散发芳香，花瓣由内外绽开，花形为漏斗状，花瓣微微向后弯曲。

↕ 1 m

💧 ❄ ❄ H3 ⓘ ✿

球根植物，大型

紫斑百合

直立或拱形生长。叶片散生、披针形。夏季开花，花朵大，下垂，绿白色或绿黄色喇叭形花朵，喉部带深红紫色，花瓣反卷。

↕ 1 m

💧 ❄ ❄ H3 ⓘ pH

球根植物，大型

豹斑百合

直立生长，叶片长而窄。夏季开花，花头下垂，花形似土耳其帽，深红色花朵上带有橙色及栗色斑点，花茎高大，花朵散发出香味。

↕ 1.5 m

💧 ❄ ❄ ❄ H6 ⓘ

球根植物，大型

美丽百合

直立生长，叶片呈宽披针形。夏末至秋初开花，花量繁多，散发出芳香，花形似土耳其帽，花色为浅粉色或白色，花瓣上散布着深粉色斑点。

↕ 1.2 m

💧 ❄ ❄ ❄ H6 ⓘ pH ✿

灌木，大型

沼泽百合

直立生长，茎干上有斑点，叶片绿色、披针形。夏末至初秋开花，花头下垂，形似土耳其帽，橙色花朵带有栗色斑点，喉部点缀着绿色。

↕ 2 m

💧 ❄ ❄ ❄ H6 ⓘ pH ✿

多年生植物，小型

短莛山麦冬 🏆

茎枝蔓延伸展。叶片有光泽、线形、深绿色，稠密丛生。秋季，直立型穗状花序上簇生淡紫色或蓝紫色小花，花朵凋谢后结出黑色浆果。

↕ 30 cm ↔ 45 cm

💧 ❄ ❄ ❄ H5

多年生植物，小型

金叶丛林地杨梅

常绿、丛生型多年生植物。叶片有光泽、线形，冬春两季叶色为黄绿色，夏季为绿色。晚春至初夏开棕色小花朵。

↕ 40 cm ↔ 45 cm

💧 ❄ ❄ ❄ H7

多年生植物，中型

矮桃 🏆

生长旺盛、丛生，茎枝蔓延伸展。叶片狭窄，顶端渐尖。夏末，随着白色的小花朵逐渐绽开，低垂的穗状花序会直立起来。

↕↔ 1 m

💧 ❄ ❄ ❄ H6 ✿

多年生植物，中型

黄排草

直立、丛生型多年生植物。植株高大，长势旺盛，绿色叶片呈椭圆形，夏季开花，花小，穗状花序黄色，花期持续时间长。具侵占性。'亚历山大'（上图）的叶片为杂色斑纹。

↕ 1 m ↔ 60 cm

💧 ❄ ❄ ❄ H6 ✿

灌木，大型

间型十大功劳

直立型灌木。复叶大，小叶深绿色，形似冬青叶片。穗状花序细长，柠檬黄色的小花朵散发出芳香，花期从秋末开始，可持续整个冬季。'博爱'（上图）的花序直立伸展。

↕ 4 m ↔ 3 m

💧 ❄ ❄ ❄ H5 ⓘ 🐝 ✿

灌木，中型

杂交黄牡丹

直立型落叶灌木。叶片深缺刻，翠绿色，叶背为蓝绿色。晚春开黄色杯形花朵，花朵下垂。适宜栽种在花境靠后部的位置。

↕ 2 m ↔ 1.2 m

💧 ❄ ❄ ❄ H6 🐝

乔木，小型

波斯铁木‘瓦内萨’

落叶乔木。株型紧凑，直立挺拔。叶片有光泽，幼叶泛着青铜色，秋季叶色鲜艳夺目。冬季簇生红色小花，树皮会剥落。

↕8 m ↔ 4 m

H6

攀缘植物，大型

五叶爬山虎

叶片缺刻全裂，边缘带锯齿，绿色，秋季叶色变成似火焰般的红色和橙色，同时结出蓝黑色浆果。

↕15 m

H6

灌木，中型

山梅花‘博克莱尔克’

落叶灌木。茎枝呈微拱形，叶片椭圆形。初夏开放白色单瓣花朵，花心呈淡紫色，具芳香。适合用于半遮阴区域的花境后部位置。

↕↔ 2.5 m

H6

灌木，中型

绯红茶藨子‘白色冰柱’

落叶灌木。树冠直立，叶片具芳香。白色小花于早春开放，先花后叶。在光线较弱的半阴环境中，花朵显得格外醒目。

↕↔ 1.5 m

H6

灌木，大型

黑接骨木‘伊娃’

树冠圆形，叶片全裂成若干小叶，叶色几乎全黑。头状花序扁平，春末至初夏开花，淡粉色花朵，散发出芳香。秋季结出黑红色的浆果。

↕↔ 6 m

H6

多年生植物，中型

无毛紫露草群

披针形叶片呈拱形弯曲。初夏至秋季开花，花色为深浅不一的白色、红色、蓝色、紫色或粉色。‘康科特葡萄’（上图）开鲜艳的紫花。

↕↔ 60 cm

H6

灌木，中型

高丛越橘

落叶灌木，直立生长，茎枝呈微拱形。秋季叶色会变红。晚春至初夏开白色或粉红色的小花，花朵凋谢后结出香甜可口的蓝黑色浆果，可食用。

↕↔ 1.5 m

H6 pH

多年生植物，大型

弗吉尼亚腹水草

直立多年生植物。叶片狭窄，呈披针形，深绿色。夏末长出纤细的穗状花序，蓝紫色、粉红色或白色的星形小花朵在细长的花梗上竞相开放。适合栽种在轻度遮阴处。

↕2 m ↔ 45 cm

H7

灌木，中型

川西荚蒾

常绿灌木。树冠呈半球形，叶片革质，深绿色，带有较深的脉纹。晚春，一簇簇白色小花绽放在叶丛之上。若将雌、雄株种植在一起，则雌株会结出具有金属光泽的蓝色浆果。

↕↔ 1.5 m

H5

灌木，大型

枇杷叶荚蒾

常绿灌木。叶片长而宽，深绿色，叶面有皱纹及叶脉。春季开花，乳白色小花组成头状花序，花量密集，呈大半球形。花朵凋谢后结出椭圆形的红色果实，果实成熟后为黑色。

↕5 m ↔ 4 m

H6

适生于潮湿、背风处的植物

在被树木或建筑物遮蔽的地方，土壤湿润但未积水，生长着一些有趣的植物。

来自凉爽湿润的林地或者生长在近水源处的植物是这些区域的理想选择。那些不适应干燥大风和干旱环境的植物品种，在许多花园中难以存活，但却适合在潮湿且有遮蔽的地方生长。大叶子属、雨伞草属和紫萁属等植物可在这些地方长出最为繁茂的叶片；而落新妇属、玉蝉花和金莲花属植物则会绽放令人惊艳的花朵。遮蔽的环境可能意味着很少出现霜冻，因此像姜花属这样的外来植物也可能会在这里适应得很好。在种植前，要确保土壤在最潮湿的时候不会一直积水 —— 尽管这些植物不喜欢土壤变干，但积水的土壤也不适合它们生长。

多年生植物，小型

匍匐筋骨草

茎枝迅速蔓延伸展，叶片深绿色，有光泽。晚春至初夏开花，深蓝色穗状花序短小。‘多彩’的叶片为古铜紫色，叶面上散布着斑点。

↕ 15 cm ↔ 90 cm

❄❄❄ H7

多年生植物，小型

印度天南星

全株只有几片大叶，全裂成若干宽披针形小叶。夏季开花，苞片绿色，带条纹或紫色，肉质佛焰苞弯曲成兜帽状。花谢后结出鲜红色的浆果。

↕ 50 cm ↔ 45 cm

❄❄ H4 pH

多年生植物，小型

伞形假升麻

从生型多年生植物。株型紧凑，叶片形似蕨类植物，全裂，绿色，秋季叶片在掉落之前会变为黄色。初夏开花，花枝较多，乳白色小花在叶片丛上方盛开。

↕↔ 40 cm

❄❄❄ H7

多年生植物，小型

阿兰德落新妇

叶片繁密、绿色。夏季开花，长长的羽状花序，星形小花朵，花色为略带粉色的白色，花序变干后会变成褐色，可一直持续至冬季。

↕ 45 cm ↔ 30 cm

❄❄❄ H7

多年生植物，大型

大叶子

从生型多年生植物。叶片圆形、绿色，边缘呈圆齿状，直径可达 1 m。花茎粗壮，夏季开放小巧的白花。喜遮阴环境和持续的水分供应。

↕ 1.5 m ↔ 1 m

❄❄❄ H6

多年生植物，中型

偏斜鳌头花

直立多年生植物。叶片边缘带锯齿，披针形，绿色。夏末至初秋开出穗状花序，深粉色或紫色。春季应掐掉茎尖，以促使植株长势更加茂盛。

↕ 1 m ↔ 50 cm

❄❄❄ H5 pH

多年生植物，小型

大叶金腰

常绿多年生植物。通过匍匐茎蔓延生长可形成地被。叶片柔软，有茸毛，冬季叶片泛青铜色。花头由粉白相间的花组成，早春开放。生长在池塘或溪流旁。

↕ 20 cm ↔ 80 cm

❄❄❄ H5

多年生植物，大型

雨伞草

蔓生型多年生植物。叶片硕大如餐盘，秋季叶色变成亮红色。春季，白色或淡粉色花朵在叶片长出之前成簇盛开，花簇顶端扁平。

↕ 1.2 m ↔ 60 cm

❄❄❄ H6

多年生植物，大型

紫红花泽兰

植株直立挺拔，茎紫绿色。卵形叶片、绿色。花茎高大，花朵蓬松，淡紫红色。非常适合种植在大型沼泽花园的花境后部。

↕ 2.2 m ↔ 1 m

H7

多年生植物，大型

密花姜花

根茎肉质，茎干直立。叶片绿色，披针形。穗状花序，有芳香，夏末开放橙色花朵。非常耐半阴环境。

↕ 2 m ↔ 1 m

H3

多年生植物，中型

圆叶玉簪

叶片宽大，绿色或灰绿色。初夏开钟形花朵，花色为淡灰紫色。品种'优雅'的叶片更大，叶色更蓝，花色为淡紫色。

↕ 1 m ↔ 1.2 m

H7

多年生植物，中型

玉蝉花

叶片剑形、灰绿色。初夏至仲夏开花，花朵无髯，花色为深浅不一的紫色、粉色和白色。'玫瑰女王'的花色为淡粉色，花瓣带有深粉色脉纹。

↕ 90 cm ↔ 60 cm

H6

乔木，中型

北美木兰

半常绿或落叶乔木。树冠呈圆锥形，叶片有光泽，深绿色，背面为青白色。初夏至初秋开乳白色杯形花朵，散发着香草味。

↕ 10 m ↔ 6 m

H5

多年生植物，中型

荚果蕨

落叶蕨类植物。叶片呈披针形，深缺刻全裂，绿色复叶，从叶丛基部中间点萌发出，整个植株形态似羽毛毽子。

↕ 1 m ↔ 45 cm

H5

多年生植物，大型

欧紫萁

落叶蕨类植物。叶片直立丛生，深缺刻，全裂，亮绿色复叶，幼叶略带桃粉色，秋季叶色则转成红棕色。成熟植株在较高的复叶顶端会长出流苏形的锈褐色孢子穗。

↕ 2 m ↔ 1 m

H6

多年生植物，大型

偏翅唐松草

丛生型多年生植物。绿色叶片似蕨类植物。夏末至秋季开花，大型圆锥花序，在枝头盛开淡紫色小花朵。'休伊特'（上图）为精致的重瓣花品种。

↕ 1.5 m ↔ 60 cm 或更大

H7

多年生植物，中型

无毛紫露草群

丛生型多年生植物。茎枝直立，分枝多。叶片狭窄，呈披针形曲，绿色。'康科特葡萄'（上图）的花朵为紫色。适宜栽种在池塘旁的半遮阴区域。

↕ ↔ 60 cm

H6

多年生植物，中型

金莲花

丛生型多年生植物。叶片缺刻浅裂，带锯齿，绿色。夏季开碗状金橙色花朵，花心竖立着一根根雄蕊。耐轻度遮阴，环绕池塘成组群植可营造出最佳的景观效果。

↕ 90 cm ↔ 45 cm

H7

适合打造水岸景观的植物

池塘附近的荫蔽区域凉爽而又潮湿，是某些引人注目的植物的理想生长环境。

将鬼灯檠属、蚊子草属、大黄属和橐吾属植物等搭配种植，可营造出枝叶繁茂的热带风情景观。这些植物都耐寒，既有引人注目的叶片，又能开出令人惊艳的花朵。再添加一些金黄叶片的金叶高薹草或开黄花的沟酸浆属植物，以及高大、优雅的银叶珍珠菜，来增添更多的色彩亮点。为提升低处的观赏性，可以在池塘前部栽种紫萼路边青。春季开花的报春花与蕨类植物相得益彰；也可以选择多种烛台形和鼓槌形的报春花品种，用它们优雅的形态和迷人的色彩为池塘增添魅力。

多年生植物，小型

丛生薹草

常绿，叶片狭长、绿色。夏季开花，花序纤细，形似禾本科植物的花序。‘金碗’薹草（上图）的叶片为金黄色，穗状花序为略带黑棕色。

↑ 40 cm ↔ 15 cm

❄❄❄ H6

灌木，大型

熊果梾木

冬季嫩枝略带紫色，叶片披针形，深绿色，秋季会转变成红色和橙色。晚春开花，乳白色花序，花朵凋谢后结出极为迷人的蓝紫色果实。

↕ 3 m ↔ 4 m

❄❄❄ H7 !

多年生植物，大型

槭叶蚊子草

直立、丛生型多年生植物。叶片缺刻全裂，边缘带锯齿，绿色。夏末开花，大型圆锥花序着生于高大挺拔的花枝顶端，小花紫红色。适合作为池塘周边景观的背景植物。

↕ 1.2 m ↔ 60 cm

❄❄❄ H5

多年生植物，大型

红花蚊子草

直立生长，叶片大，具芳香。仲夏开花，粉色花序似像羽毛般柔软轻盈，花色会随着时间逐渐变淡。

↕ 2.5 m ↔ 1.2 m

❄❄❄ H5

多年生植物，中型

紫萼路边青

叶片绿色、圆齿形。晚春至夏季开花，粉色至深橙色的钟形小花朵着生于高耸直立、细长的枝条顶端。‘伦纳德变幻’的花色为铜粉色，重瓣。

↕ ↔ 60 cm

❄❄❄ H7

多年生植物，中型

黄山梅

直立生长。茎枝颜色发红，叶片大而圆，缺刻浅裂，鲜绿色，边缘带锯齿。夏末至秋季，窄钟形的乳黄色花朵成簇盛开在强壮的枝条上。

↕ 1 m ↔ 60 cm

❄❄❄ H7 pH

多年生植物，大型

齿叶橐吾

直立、丛生型多年生植物。叶片大、革质、心形，深绿色。仲夏至初秋开橙黄色大花，花瓣细长。‘苔丝狄蒙娜’（上图）的叶片为褐绿色。

↕ 1.2 m ↔ 60 cm

❄❄❄ H6

多年生植物，大型

窄头橐吾

叶片大，边缘带锯齿，绿色。夏季开花，细长的黄色小花组成穗状花序，着生于深棕色、高大的花茎上。‘火箭’（上图）的叶片边缘带有不规则的锯齿，茎枝为黑色。

↑ 1.8 m ↔ 1 m

❄❄❄ H6

多年生植物，大型

北美山胡椒

叶片深绿色，秋季会变为黄色，并且被揉碎时会散发香气。春季，开出惹人注目的成簇芳香的淡黄色小花。想让雌株结出小小的猩红色浆果，需要同时种植雄株和雌株。

↕ ↔ 3 m

❄❄❄ H6 pH

多年生植物，中型

柳叶珍珠菜 🏆

叶片灰绿色，外形优雅，叶面纹理粗糙。夏季开星形的灰白色花朵，直立型穗状花序先端渐尖，花朵凋谢后结出淡绿色的种子头。

↕ 1 m ↔ 30 cm

◐ ❄❄❄ H6 ✽

多年生植物，小型

猴面花

蔓生型多年生植物。枝叶密集丛生，叶片边缘带锯齿。鲜艳的黄色花朵形似金鱼草花朵，下层花瓣上有红棕色斑点，夏季至初秋时节连续盛开。植株可吸引蜜蜂。

↕ 30 cm ↔ 60 cm

◐ ❄❄❄ H5

多年生植物，中型

北美球子蕨 🏆

落叶、匍匐型蕨类植物。全裂、带锯齿的淡绿色复叶覆盖地面。夏末，叶片呈棕褐色，坚硬，直立，一直持续至冬季。

↕ 60 cm ↔ 1 m

◐ ❄❄❄ H6 pH

多年生植物，大型

羽叶鬼灯檠

丛生型多年生植物。叶片大，缺刻全裂，深绿色。夏季开小花，花序呈圆锥状，粉色、红色、黄色或白色。‘壮丽’（上图）翠绿色的叶片略带古铜色，花色为鲜艳的粉色。

↕ 1.2 m ↔ 75 cm

◐ ❄❄❄ H6

多年生植物，小型

日本报春

落叶多年生植物。叶片边缘呈锯齿状，淡绿色基生叶呈莲座状排列。初夏开红色管状花朵。‘波斯特福特白’（上图）开白色花朵。

↕↔ 45 cm

◐ ❄❄❄ H6 ✽

多年生植物，中型

粉被灯台报春 🏆

叶片椭圆形、绿色，呈莲座状排列。初夏开花，直立型、覆盖有白粉的茎干上缀满一簇簇红紫色花朵。

↕ 1 m ↔ 60 cm

◐ ❄❄❄ H6 ✽

多年生植物，大型

掌叶大黄

叶片硕大，参差不齐的浅裂缺刻，深绿色，叶背紫红色。初夏开花，粗壮的花茎上长有大型蓬松的圆锥花序，奶白色或红色。‘深红’（上图）的花色为深红色。

↕↔ 2 m

◐ ❄❄❄ H6 ⓘ

多年生植物，中型

沼泽三白草

心形、绿色的叶片丛生。夏季开花，奶油白色小花朵组成的穗状花序修长、下垂。具有侵占性，所以如果栽种在沼泽花园中，需要定期将植株分株。

↕ 1 m ↔ 不定

● ❄❄❄ H7

乔木，大型

落羽杉

落叶针叶树，树冠呈圆锥形。纤细的翠绿色叶片在秋季会变成橙褐色。雌株球果为绿色，雄株球果为红色。适合栽种在大型花园的沼泽区。

↕ 40 m ↔ 9 m

● ❄❄❄ H7 pH

适生于池塘的植物

与充足阳光下的池塘相比，处于荫蔽区的池塘中可供选择的植物范围要小很多，因为大多数植物都需要光照才能展现其最佳的状态。

在打造人工水景时，应选择光照最充足的地方栽种植物，否则就只能选择种植春季开花的臭鼬草了。但半阴处的池塘，可以选择鸢尾、驴蹄草、灯芯草以及其他水缘植物，从春季至秋季，这些植物映在池塘水面的倒影可以打造出极具魅力的动态景观。可选择的常绿植物只有玄参和木贼，应将木贼的根茎放入池塘专用种植篮中，以限制其蔓延伸展。

多年生植物，中型

菖蒲

落叶或半常绿、直立型多年生植物。绿叶丛生，叶片线形。夏季开棕色的小花。耐轻度遮阴。

↕↔ 60 cm

❄❄❄ H7

多年生植物，小型

水芋

叶片心形，有光泽。春季开花，佛焰苞大、白色，每片苞片都环绕着一个由众多小花组成的肉穗花序，花朵凋谢后结出红色或橙色的浆果。

↕ 25 cm ↔ 30 cm

❄❄❄ H7 ⓘ

多年生植物，小型

草甸碎米荠

叶片缺刻全裂。晚春，略带粉色的淡紫色花朵成簇盛开。‘重瓣’（上图）开淡粉色重瓣花朵。非常适合栽种在位于荫蔽处的浅水花园或沼泽花园中。

↕ 45 cm ↔ 30 cm

❄❄❄ H7 🐝

多年生植物，小型

驴蹄草

绿色叶片圆形或心形。早春开花，花朵单瓣或重瓣，金黄色，着生于稀松的茎枝上。耐轻度遮阴，应栽种在白天能接受到光照的区域。可自播繁殖。

↕ 40 cm ↔ 45 cm

❄❄❄ H7 🐝 ✽

多年生植物，小型

重瓣驴蹄草 🏆

和其他驴蹄草品种一样，叶片深绿色，春季盛开一簇簇明亮的金黄色重瓣花朵。这个品种也适合用作水岸景观植物。

↕↔ 25 cm

❄❄❄ H7 ✽

多年生植物，中型

风车草 🏆

株型高大、直立，茎干纤细，水平生长的草叶状苞片簇生于茎枝顶端，呈轮伞状排列。夏季，细小的黄色花朵从伞形叶枝中辐射散开，姿态轻盈。

↕ 1 m ↔ 30 cm

❄ ❀ H1C ✽

多年生植物，中型

木贼

常绿多年生植物。茎干直立，中空，圆柱形、绿色，带分段的黑色环纹，无明显叶片。生长旺盛，根系可蔓延生长，适合栽种在浅水区的种植篮中。

↕↔ 1 m

❄❄❄ H7 ⓘ ✽

多年生植物，小型

蕺菜

叶片心形，蓝绿色，散发出橘子香。晚春开花，白色花朵，黄色花心。适合栽种于浅水区的池塘种植篮中。‘变色龙’（上图）的叶片上散布着黄色和红色斑点。

↕ 30 cm ↔ 不定

❄❄❄ H6

多年生植物，中型

玉蝉花

直立多年生植物，叶片剑形、灰绿色。初夏至仲夏开花，花色为深浅不一的紫色、粉色和白色，品种不同，花色不同。适宜栽种在浅水花园中。

↕ 90 cm ↔ 60 cm

❄❄❄ H6 (!)

多年生植物，中型

堪察加沼芋 🏆

叶片大、鲜绿色。春季开花，白色的佛焰苞如花瓣般环绕着由众多小花组成的肉穗状花序。散发一种令人厌恶的气味。

↕ 75 cm ↔ 60 cm

❄❄❄ H7 (!)

水生植物，大型

欧亚萍蓬草 🏆

生命力旺盛，蔓延生长，绿色的圆形叶片漂浮于水面。夏季，在叶片上方的茎干上会开出似毛茛属植物花朵的花，这些花带有一股酒精气味。

↔ 1.5 m

❄❄❄ H7 🐝

多年生植物，中型

梭鱼草 🏆

直立多年生植物。叶片大、矛形，叶面光滑，绿色。夏末开出粗壮的蓝色穗状花序。秋季应将枯萎的枝叶剪除。‘晨曲’开白色花朵。

↕ 75 cm ↔ 45 cm

❄❄❄ H5

多年生植物，中型

箭南星

叶片箭形，有光泽，深绿色，着生于长长的茎干上。夏末开花，众多小花朵组成的肉穗花序从直立型佛焰苞片中长窜出。

↕ 90 cm ↔ 60 cm

❄❄❄ H6

多年生植物，中型

水玄参

常绿、丛生型多年生植物。株型高大，叶片椭圆形，叶面质地粗糙深绿色，叶缘为奶油色。夏季开棕色小花朵。

↕ 1 m ↔ 30 cm 或更大

❄❄❄ H5 🐝

多年生植物，小型

两栖蓼

生长旺盛，叶片披针形、深绿色，漂浮在水面上。仲夏至秋季开花，叶面之上的直立茎枝上生出一簇簇粉色花朵，随后会结出棕褐色果实。

↕ 30 cm ↔ 2 m

❄❄❄ H7 🐝

多年生植物，中型

马蹄莲

落叶或半常绿多年生植物。叶片直立，箭形，深绿色。初夏至仲夏会长出瓶状的白色佛焰苞，每片苞片环绕着短小的黄色肉穗花序。仅耐轻度遮阴。

↕↔ 90 cm

❄❄ H4 (!) ✽

多年生植物，中型

蜂斗菜‘秋田蕗’

蔓生型多年生植物。叶片大而圆，茎干可食用。春季开花，橙绿色穗状花序。具有侵占性。‘布琪锦’（上图）的绿色叶片上散布着奶油色斑点。

↕ 1.1 m ↔ 1.5 m

❄❄❄ H6

适合用作花园边界、树篱和防风墙的植物

树篱和屏障墙植物不仅极具装饰性，而且也颇具实用性，它们既有助于创建遮蔽空间，标示花园边界，还能够将大型花园进行区域分割。

针叶树是非常优秀的树篱植物，多数都更喜欢阳光充足的位置——但加拿大铁杉是个例外，它可以在半阴的环境中健康生长。其他可以考虑种植的常绿植物有火棘及月桂，胡颓子和女贞的叶片色彩丰富，尤为美丽。然而，所有这些植物每天仍需接受部分日照才能展现最佳状态。因此，对于浓密的树荫区域，应选择冬青或桃叶珊瑚来建造树篱。如果选用的是大型灌木，需修剪至合适尺寸和造型，而小型灌木则既可以用作饰边植物，也可以作为低矮的树篱。

灌木，中型

青木

常绿灌木，树冠圆形。椭圆形、绿色，叶面光滑。春季开紫色花朵。花朵凋谢后会结出红色浆果。'巴豆叶'（上图）的黄色叶片上带有斑点。

↕↔ 2 m

❄❄❄ H5 !

乔木，大型

欧洲鹅耳枥 🏆

落叶乔木。叶片卵形，叶面带皱纹，深绿色，秋季叶色会转变为橙黄色。晚春开花，绿色柔荑花序，随后结出一串串带翅坚果。

↕ 25 m ↔ 20 m

❄❄❄ H7

灌木，大型

大叶胡颓子 🏆

长势旺盛的常绿灌木。叶片椭圆形、深绿色，叶面上覆盖一层灰色斑点。秋季开花，白色小花具芳香。仅耐轻度遮阴。夏末进行修剪。

↕↔ 5 m

❄❄❄ H5

灌木，大型

杂交连翘

落叶灌木。初春，在绿色叶片还未长出时，长长的茎枝上会盛开金黄色花朵。花朵凋谢后进行修剪。'变种林伍德'（上图）为金黄色大花朵。

↕↔ 3 m

❄❄❄ H5

灌木，中型

栎叶绣球'白雪皇后' 🏆

落叶灌木。叶片大，缺刻浅裂，绿色，秋季变成紫色和红色。夏末开出圆锥形的白色花序。可用作景观屏障植物；春季进行修剪。

↕ 2 m ↔ 2.5 m

❄❄❄ H5 !

乔木，大型

枸骨叶冬青 🏆

叶片深绿色，边缘呈波浪状，多刺。秋季，被授过粉的雌株会结出红色浆果。枸骨叶冬青有无刺品种和斑叶品种。夏末进行修剪。

↕ 20 m ↔ 5 m

❄❄❄ H6 !

灌木，中型

齿叶冬青'绿篱' 🏆

常绿灌木。株型紧凑，生长缓慢。叶片椭圆形、深绿色，光滑或带锯齿。夏季开小巧的白花。花后结有光泽的黑色浆果。

↕↔ 1.5 m

❄❄❄ H6

灌木，大型

宽叶山月桂

常绿灌木。茎枝稠密，叶面光滑、深绿色。初夏开花，深粉色花蕾外表呈褶皱波纹状，极为漂亮，绽开后为浅粉色花朵。可作为开花型屏障植物种植，花期过后进行轻度修剪。

↕↔ 3 m

❄❄❄ H6 ! pH

灌木，小型

蕊帽忍冬

蔓生型常绿灌木。枝叶繁茂稠密，叶片狭窄、深绿色、带光泽，极具观赏性。晚春开奶油色管状小花，花朵凋谢后结出紫色浆果。春末进行修剪。

↕ 60 cm ↔ 2.5 m

❄❄❄ H6 !

灌木，中型

忍冬

枝条繁茂稠密，嫩枝呈拱形向下弯曲。叶片小、深绿色。‘巴格森的金色’（上图）的叶片为青黄色。每年在春季至秋季可修剪三次。

↕2 m

❄❄❄ H6 (!)

灌木，大型

柊树

常绿灌木、枝叶繁茂浓密，树冠呈圆形。叶片多刺、亮绿色，秋季开白色小花，散发芳香。‘金边’（上图）的叶缘为金色。

↕↔5 m

❄❄❄ H5

灌木，大型

紫竹 🏆

常绿、丛生型灌木。青褐色的茎干上带有沟槽，成熟时变为黑色，叶片长而狭窄。适合作为半阴区的景观屏障植物。春季应将枯枝砍掉。

↕8 m ↔ 不定

❄❄❄ H5

灌木，中型

桂樱‘埃特纳’ 🏆

常绿灌木。植株直立且生长茂密，幼叶红色或古铜色，后逐渐变为有光泽的深绿色。花序直立，呈穗状排列，春季开白花。

↕↔2.5 m

❄❄❄ H5

灌木，大型

卢李梅 🏆

枝叶稠密，嫩枝为红紫色，叶面光滑、深绿色。初夏开出细长、轻盈的白色穗状花序，散发出芳香。花谢后结出深紫色果实。晚春进行修剪。

↕↔10 m

❄❄❄ H5

灌木，大型

火棘‘莫哈维’

枝叶繁茂稠密。叶片小、暗绿色，茎干多刺。初夏开花，白色小花成簇盛开。花朵凋谢后结出橙红色浆果。春季进行修剪。

↕↔4 m

❄❄❄ H5

灌木，中型

香茶藨子

叶片缺刻浅裂，鲜绿色，秋季会呈现出红色和紫色。春季，星形的金色花朵成簇盛开，芳香扑鼻。花谢后结出紫色浆果。

↕2 m

❄❄❄ H5

灌木，中型

杜勒布毛核木

落叶灌木，长势旺盛。叶片小、深绿色，枝条细小繁茂，形成一道密集的绿色屏障。夏季开放小巧的略带绿色的白花，秋季花谢后结出白色的圆形果实。早春修剪。

↕2 m ↔ 不定

❄❄❄ H7 (!)

乔木，大型

欧洲红豆杉 🏆

常绿乔木。枝叶繁茂，针叶深绿色，秋季结红色浆果。十分适合作为花园边界或花园分区隔断。春季和夏季对植株进行修剪。植物所有部位都带有剧毒。

↕15 m ↔ 10 m

❄❄❄ H7 (!)

灌木，大型

樱叶荚蒾

落叶灌木，树冠圆形。叶片椭圆形、带锯齿、有光泽，深绿色，秋季变为红紫色。晚春开放白色花朵。随后结出可食用的粉红色果实，成熟后变成蓝黑色。花期过后进行修剪。

↕5 m ↔ 4 m

❄❄❄ H7

灌木，大型

地中海荚蒾

常绿灌木，枝繁叶茂。叶片椭圆形，深绿色。花蕾略带粉色，花头白色，扁平，花量大，花小。

↕↔3 m

❄❄ H4 (!)

焦点植物：小型绿篱和造型植物

如今，用于绿篱和造型植物的植物选择越来越多，因为曾经广受欢迎的黄杨正被其他植物所替代。

黄杨属植物枝叶茂密、四季常绿，能耐受定期修剪，并且在阳光充足和阴凉的地方都易于栽培，数百年来一直深受园艺爱好者的喜爱。

遗憾的是，病虫害的肆虐使黄杨不再可靠，所以许多园艺爱好者正在尝试使用各种其他株型紧凑、常绿的小叶灌木作为替代植物。在英国皇家园艺学会（RHS）的威斯利花园里，一场关于黄杨替代植物的展示提供了一些有趣的选择思路。一些鲜为人知的植物，如与橄榄有亲缘关系的阔叶扁核木和罗汉松属植物，已被证明很有潜力，还有一些紫杉属、栒子属和小檗属的植物也是如此。

其他植物，如新西兰麻叶梣和海桐属植物，适合在气候温和的花园中种植。而对于小型开花绿篱来说，矮生杜鹃或美丽野扇花是很好的选择。虽然常见的女贞属和卫矛属植物也可供选择，但尝试一些不常见的植物也是很值得的。

黄杨存在的问题

长期以来备受欢迎的黄杨，如今在种植方面面临着诸多问题，如黄杨疫病，一种由真菌引起的病害，会导致绿篱和造型黄杨出现枝条枯萎死亡的情况，而且这种病害很难得到有效控制。

黄杨木蛾的幼虫生长迅速，且食量极大，每年至少会繁衍两代。对于大多数园艺爱好者来说，用其他植物来替代黄杨是最佳选择。

在 RHS 的威斯利花园里，黄杨的替代植物展现出了对比鲜明的叶片颜色和质感，形成了一座现代风格的几何式花坛。

小型绿篱和造型植物的种类

欧洲红豆杉 ‘垂枝’株型紧凑、呈匍匐状，在阳光充足或阴凉的环境中都能良好生长。为了打造茂密厚实的绿篱，大约每年需要修剪一次。

细叶小檗 ‘紧凑珊瑚’是一种很实用的绿篱植物，且每年春季会开出橙色的花朵。每年修剪一次就能让它保持整洁美观的外形。

高山罗汉松 这种针叶树有着类似红豆杉的叶片，每年修剪一次，可使其在阳光充足或半阴的环境中形成密实的矮绿篱。

小蜡 ‘阳光’色彩鲜艳，叶片呈黄色、波浪状。生长旺盛，需要修剪几次才能保持整齐的形态。在寒冷的冬季过后，可能会落叶。

美丽野扇花 叶片呈有光泽的深绿色，与黄杨十分相似，很耐修剪，能够形成矮低而密实的绿篱。冬季会开出香气怡人的花朵。

阔叶扁核木 椭圆形叶片翠绿且有光泽，适合种植在阳光充足、开阔的地方。一旦扎根生长，长势会很旺盛，所以可能每年需要修剪 2 次。

适合栽种在树篱、墙垣及栅栏旁边的植物

被垂直构筑物或树篱遮蔽的区域不适合很多植物生长，但仍有一些植物能够忍受阴暗、干旱的生长环境。

除了可以在这些地方自然存活、生长的植物，还可以通过提高土壤湿度的方法来扩大植物选择范围。可以通过每年施用腐熟的肥料来改良土壤性质，或者安装软管式滴灌灌溉系统以提高土壤的含水量。尽管野芝麻属、千母草属及一些蕨类植物可以应付这类恶劣环境，但深度遮阴限制了很多植物品种的选择。为了覆盖墙垣或栅栏，可以考虑攀缘灌木，如木瓜，以及那些可以沿着垂直立面向上攀爬的植物，如扶芳藤。

多年生植物，大型

茛力花

叶片长、深缺刻，基生叶鲜绿色。夏季开花，穗状花序高大，花形呈漏斗状，白色花朵外层环绕着暗紫色苞片。

↕ 1.2 m ↔ 60 cm

◇ ❄❄❄ H6

多年生植物，大型

乌头

叶片深缺刻、全裂、绿色。秋季开兜帽状花朵，穗状花序高大，花色为蓝紫色。‘阿伦氏’（上图）花色为浓郁的蓝色。

↕ 1.5 m ↔ 30 cm

◇ ❄❄❄ H7 ⓘ ✽

多年生植物，小型

意大利疆南星

观赏期从冬季持续至春季，硕大的箭形叶片深绿色。初夏开黄色穗状花序，随后结出橙红色浆果。‘大理石粉胶泥’（上图）的叶片上带脉纹。

↕ 25 cm ↔ 30 cm

◇ ❄❄❄ H6 ⓘ ✽

多年生植物，小型

山矢车菊

叶片卵形，先端渐尖，绿色，背面多毛。初夏开花，花朵形似蓟花，花色为深浅不一的紫色、蓝色、白色或粉色。乡村风格花园中最受青睐的景观植物，适合栽种在墙垣或树篱旁边，任期蔓延伸展。

↕ 50 cm ↔ 60 cm

◆ ❄❄❄ H7

灌木，中型

华丽木瓜

落叶灌木。枝条多刺，卵形叶片狭窄、绿色，叶面光滑。晚春，杯形花朵成簇盛开，花色有白色、粉色、橙色或红色等，深浅不一。

↕ 1 m ↔ 2 m

◇ ❄❄❄ H6 ⓘ

灌木，大型

虎克百合木‘艾达·霍夫曼’

常绿灌木。植株直立，枝条坚硬。叶片狭长、披针形、深绿色。春末夏初，蜡质的粉色灯笼状花朵悬挂在枝叶间。适合种植在背风的墙垣旁。

↕ 4 m ↔ 6 m

◆ ❄❄ H4

多年生植物，中型

大王桂

常绿、丛生型灌木。茎干拱形，叶片细长、具光泽。花略带绿色，春季开放。夏季结、有光泽的红色浆果。非常适合在背阴处栽种。一旦扎根，能耐受干燥及根系受限制的环境。

↕ 1 m ↔ 1.5 m

◇ ❄❄❄ H5 ⓘ ✽

多年生植物，中型

阔基鳞毛蕨

落叶或半常绿蕨类植物。复叶呈莲座状排列，小鳞片呈三角形至卵形，边缘具锯齿，茎枝为深褐色。

↕ 1 m ↔ 45 cm

◆ ❄❄❄ H6

多年生植物，小型

阿尔及利亚淫羊藿

半常绿多年生植物。叶片大、心形，带锯齿，叶面光滑，深绿色。春季，在新叶长出之前，纤细的茎枝顶端生出姿态轻盈的穗状花序，花朵小，低垂，鲜黄色。

↕ 30 cm ↔ 45 cm

◆ ❄❄❄ H6

多年生植物，小型

车轴草

多年生草本地被。茎直立，叶轮生，深绿色，先端渐尖。花纯白色，晚春开放。适合栽种在树篱下方、墙边及落叶灌木下方。

↕ 1.5 m ↔ 30 cm

H7

多年生植物，中型

花叶野芝麻

常绿，枝叶密集丛生，茎枝匍匐，深绿色卵形叶片带有银色花纹。夏季开花，轮伞花序，花色为黄色中夹杂着褐色。

↕ 60 cm ↔ 不定

H7

多年生植物，小型

紫花野芝麻

半常绿，枝叶密集丛生。绿色叶片带白色斑纹。晚春至夏季开花，轮伞花序，盔状花朵。‘白色南希’（上图）在银色叶丛上盛开纯白色花朵。

↕ 15 cm ↔ 1 m

H7

多年生植物，大型

小果博落回

直立型多年生植物。叶片大，深裂缺刻，灰绿色，背部白色。夏季，淡黄粉色小花朵着生于高大的茎枝上，花枝繁多，立于叶面之上。

↕ 2.5 m

H6

球根植物，中型

水仙‘阿克泰亚’

晚春开花的多年生球根，叶片狭窄呈带状，灰绿色。花朵白色，中间为带浅红色镶边的黄色杯状副花冠。秋季栽种。

↕ → 40 cm

H6

灌木，中型

滇牡丹

直立型落叶灌木，叶片浅裂缺刻，深绿色，背面是蓝绿色。晚春开深红色杯状花，花头低垂。喜生于靠近墙垣或栅栏处可避风的地方。

↕ ↔ 2 m

H6

多年生植物，小型

药用肺草

半常绿多年生植物。椭圆形叶片先端渐尖，绿色，带白色斑点。春季，漏斗状的花朵成簇盛开，粉色、蓝色或白色。耐阴性和耐旱性极好。

↕ 30 cm ↔ 60 cm

H6

多年生植物，中型

千母草

半常绿多年生植物。绿色叶片带脉纹，形似常春藤叶片。春季开花，穗状花序，绿黄色管状花朵。‘塔夫河的黄金’（上图）的叶片上带有奶油色和绿色的斑点。

↕ 60 cm ↔ 2 m

H6

多年生植物，中型

台湾油点草

直立型多年生植物，叶片深绿色，带有紫绿色斑点。夏末至初秋开花，带紫色斑点的乳白色星形花朵着生于直立的茎枝上。适宜栽种在完全遮阴或半阴的墙垣前的避风处。

↕ 80 cm ↔ 45 cm

H5

多年生植物，中型

大细钟花

丛生型多年生植物，叶片呈披针形。春季，黄色的长钟形花朵成簇盛开，花瓣略微弯曲，悬挂在纤细的茎枝上。十分适合种在深度遮阴区的墙垣旁和树篱边。

↕ 60 cm ↔ 30 cm

H7

灌木，大型

博得南特荚蒾

落叶、直立型灌木。新叶古铜色，而后变成深绿色。深秋至翌年早春，粉色或白色花朵成簇盛开，具芳香。‘黎明’（上图）的花蕾为深粉色，开放后呈粉色。

↕ 3 m ↔ 2 m

H6

适合墙垣、栅栏及立体绿化的植物

对于小型花园来说，可以沿着垂直表面向上攀爬的植物是最实用的，它们只需占用很小的地面空间，就可以为景观增添亮丽的色彩和趣味性。

很多攀缘植物的根部喜欢遮阴的环境，但是枝条会朝着有阳光的方向攀爬或生长，如铁线莲属植物。对于多数铁线莲品种来说，如果夏季顶端枝条能够每天晒几小时的日光浴，它们就能健康生长。而‘尼俄伯’‘内丽·莫泽’等品种则在北向的墙壁上开花，并且更喜欢阴凉处，因为阳光会使它们色彩艳丽的花朵褪色。对于自然森林中的“原住民”来说，深度遮阴根本不是问题，例如爬山虎属和常春藤，但是像绣球、金银花及钻地风属，则每天需要有一部分时间能够接收阳光照射。

攀缘植物，中型

阿尔卑斯铁线莲

落叶型攀缘植物，绿色叶片全裂。早春至晚春开花，花形似灯笼，不同品种的花色不尽相同，有蓝色、粉色或白色，花朵凋谢后结出毛茸茸的银色种荚。根部需遮阴和覆盖。

↕ 3 m

💧 ❄❄❄ H6 (!)

攀缘植物，大型

铁线莲‘比尔·麦肯兹’ 🏆

叶片深绿色。仲夏至秋末开黄色钟形花朵，花瓣近乎蜡质。花谢后结出蓬松的种荚。需要为植株搭设大型的支撑物。冬末或初春修剪。

↕ 7 m

💧 ❄❄❄ H6 (!)

攀缘植物，中型

卷须铁线莲

叶片绿色，边缘锯齿状。冬末至早春开钟形的奶油色小花，花瓣内侧带红色斑点。需要设置支撑物及避风的设施，根部需遮阴和覆盖。

↕↔ 3 m

💧 ❄❄ H4 (!) 🐝

攀缘植物，大型

绣球藤

生长旺盛。绿色叶片缺刻全裂。晚春至初夏开花，白色花朵带黄色花心，花量繁多，芳香四溢。需要提供大型支撑物以供其攀爬。

↕ 12 m

💧 ❄❄❄ H5 (!)

攀缘植物，中型

铁线莲‘尼俄伯’ 🏆

叶片深绿色。单瓣、深红色花朵，黄色花药，花瓣似天鹅绒般柔软，花量繁多，持续盛开整个夏季。冬末或早春进行轻度修剪。

↕↔ 3 m

💧 ❄❄❄ H6 (!)

攀缘植物，中型

铁线莲‘白天鹅’

叶片缺刻全裂，绿色。晚春至初夏开白色花朵，完全绽开后呈钟形，低垂。可引导植株沿金属线向上攀爬或栽种在大型灌木之间。花期过后进行修剪。

↕↔ 3 m

💧 ❄❄❄ H6 (!)

攀缘植物，中型

智利悬果藤

攀缘植物，有时作为一年生植物栽培。生长迅速，叶片分裂，具卷须。花钟形，红色、橙色或粉色，夏秋季开放。在半阴的环境中也能生长良好。

↕↔ 3 m

💧 ❄❄ H3

灌木，大型

连翘

茎枝细长，呈拱形弯曲。叶片小，具锯齿，绿色。早春，还未长出叶片的枝条上盛开亮黄色花朵，花瓣狭窄、纤细，花朵低垂。花期过后进行修剪。

↕↔ 3 m

💧 ❄❄❄ H5

攀缘植物，大型

鹰爪枫

常绿攀缘植物。叶片深绿色，3 裂。春季，芳香的花朵成簇盛开，雄花为淡紫色，雌花为青白色，有时花朵凋谢后会结出香肠形的紫色种荚。

↕5 m

◊ ❄❄ H4

攀缘植物，大型

大叶绣球 🏆

落叶、自攀缘植物，绿色叶片呈心形。夏季会开成簇的小花，花朵具花瓣状苞片，形似蕾丝绣球的花序。

↕3 m

◊ ❄❄❄ H5 (!)

攀缘植物，大型

冬青叶鼠刺 🏆

常绿攀缘植物。叶片有光泽，卵形，叶缘具钝刺。柔荑花序，花小，绿色，具似蜂蜜的香气，夏季开放。适合种植在半阴的墙壁或篱笆旁。

↕↔3 m

◊ ❄❄❄ H5

攀缘植物，大型

冠盖绣球 🏆

茎枝木质，叶片圆形，深绿色。夏季开白色花朵，花序顶端扁平。应背靠支撑物栽种，例如栅栏或墙垣都可作为支撑物。

↕↔ 15 m

◊ ❄❄❄ H5 (!) 🐝

灌木，大型

弗吉尼亚鼠刺

常绿、蔓生型灌木。茎枝呈拱形，深绿色卵形叶片带刺。仲夏至初秋开花，淡绿色柔荑花序极具装饰性。适合栽种在能遮挡避风的墙垣或栅栏旁，引导茎枝向上攀爬。

↕3 m

◊ ❄❄❄ H6 🐝✿

攀缘植物，中型

矮探春

常绿攀缘植物。叶片光滑，鲜绿色，全裂成若干小裂片。早春至初夏，亮黄色的管状花朵成簇盛开，芳香四溢。适宜栽种在避风处。‘外卷’（上图）是非常流行的一个品种。

↕2.5 m

◊ ❄❄❄ H5

攀缘植物，大型

布朗忍冬

半常绿或落叶、缠绕型攀缘植物。蓝绿色的叶片呈圆形。‘垂红’（上图）夏季至初秋开绯红色的管状花朵，无香味。需要设置大型支撑物供植株向上攀爬。

↕↔4 m

◊ ❄❄❄ H5 (!)

攀缘植物，大型

忍冬‘柑橘’ 🏆

落叶攀缘植物。茎蔓生，叶片具光泽，幼叶呈青铜色。花管状，外层为略带粉色的橙红色，内层为黄橙色，夏初开放，之后可能会再次开花。

↕↔4 m

◊ ❄❄❄ H5 (!)

攀缘植物，大型

川鄂爬山虎 🏆

落叶、自我固定型攀缘植物。生长旺盛，深绿色的掌状叶片带有乳白色的叶脉。秋季叶色会转变成深红色，同时结出蓝黑色浆果。

↕↔ 10 m 或更高、更大

💧❄❄ H4 (!)

攀缘植物，大型

香忍冬

缠绕型攀缘植物，叶片深绿色。夏季开白色至黄色花朵，花朵凋谢后结出红色浆果。早春进行修剪。‘晚花’（上图）的花朵为乳白色，带有暗红色至紫色条纹。

↕↔ 7 m

💧❄❄❄ H6 (!) 🐝

攀缘植物，大型

特尔曼忍冬 🏆

落叶、缠绕型攀缘植物，木质茎枝。叶片卵圆形，茎枝上部的叶片合在一起呈浅碟状。花簇生，橙黄色，晚春和夏季开放。

↕↔ 5 m

💧❄❄❄ H5 (!)

攀缘植物，大型

五叶爬山虎

落叶、自我固定型大型攀缘植物，生长旺盛。叶片圆形，缺刻全裂，绿色，秋季叶颜色变成鲜艳的红色和橙色。需要为植株设置大型的支撑物。在某些地区可能具有侵占性。

↕↔ 15 m 或更高、更大

💧❄❄❄ H6 (!)

攀缘植物，大型

爬山虎

落叶、自我固定型攀缘植物，生长旺盛。硕大的绿色叶片，浅裂缺刻，秋季叶色转变成深红色。适用于大面积的墙壁或边界围栏的立体覆盖绿化。需要坚固稳定的支撑物供其向上攀爬。

↕ 20 m

💧❄❄❄ H5 (!) 🐝

攀缘植物，大型

月季‘阿尔伯利克·巴比尔’ 🏆

半常绿、蔓生型月季。长势旺盛，有良好的抗病性，叶片为鲜绿色。一簇簇散发着淡淡芳香的重瓣乳白色花朵在夏季一次性盛开，花量繁多，花期可持续数周。

↕ 5 m

💧❄❄❄ H5 🐝 ✿

攀缘植物，大型

月季‘阿尔弗雷德·卡里埃夫人’ 🏆

藤本月季，生长旺盛，枝条几乎无刺。初夏至晚秋，花瓣松散的重瓣花成簇盛开，初开为粉色，后逐渐褪为白色，具香气。抗病性强，适合在北面墙上攀缘生长。

↕ 6 m

💧❄❄❄ H5 🐝 ✿

攀缘植物，大型

月季‘慷慨的园丁’

藤本月季。夏季至秋季，粉色重瓣花，具古典月季的浓香，低垂簇生。在有遮阴的篱笆旁生长良好，具有抗病能力。

↕3 m

❄❄❄ H6

攀缘植物，大型

卷叶茄

半常绿攀缘植物。绿色叶片卵圆形，夏季至秋季开花，带有黄色花眼的蓝紫色花朵成簇盛开，散发出芳香。

↕↔ 6 m

❄❄ H4

攀缘植物，大型

月季‘美人鱼’

生长缓慢的藤本月季。绿色叶片光滑，具有良好的抗病性。单瓣、平头、淡黄色花朵从夏季至秋季反复盛开。茎干粗大，多刺。

↕↔ 6 m

❄❄❄ H5

攀缘植物，大型

月季‘新曙光’

藤本月季，抗病性强。叶片绿色，光滑。夏季至秋季，重瓣的淡粉色花朵成簇盛开，散发着芳香。定期摘除枯萎的花朵可延长观赏期。

↕↔ 5 m

❄❄❄ H7

灌木，大型

中国旌节花

嫩枝紫红色。冬末至初春开花，黄绿色的钟形花朵悬挂在未长出叶片的枝条上。随后，会很快长出纤细的深绿色叶片。可作为贴墙灌木，背靠墙垣或栅栏栽种。

↕4 m ↔3 m

❄❄❄ H5 pH

攀缘植物，大型

络石

常绿、缠绕型攀缘植物，夏季，白色小花成簇盛开，散发出香味。光滑的深绿色叶片在秋季和冬季会变成古铜色。非常适合栽种在半阴区的墙垣旁边。

↕↔ 9 m

❄❄ H4

攀缘植物，中型

美丽旱金莲

多年生、缠绕型攀缘植物。蓝绿色的叶片呈圆形，复叶，分成若干卵形小叶片。夏季盛开深红色的花，花谢后结出鲜艳的蓝色球形果实。在肥沃的土壤中长势最好；仅耐轻度遮阴。

↕↔ 3 m

❄❄❄ H5 pH

适合墙隙和铺装路面的植物

对于树木下方那些虽有遮阴但较干燥的地方或者是很少能照到阳光的花境边缘，可选择一些生长随性、不受拘束的植物，让它们能温和地占据这些区域，形成自然的植被覆盖。

如果花园里已经有成熟的落叶乔木，那么可以顺应现有的环境，在树下营造出一种林地氛围。在这些地方，冬菟葵、蓝钟花或白花毛地黄，都能自由且迅速地生长蔓延，开花时会为背阴处增添亮色。宿根银扇草、铁筷子属以及老鹳草属植物可以用来打造更持久的植被覆盖效果。一面老旧的背阴墙壁，或许会被自播生长的蕨类植物、黄花紫堇和风铃草属植物巧妙地占据，从而成为花园中一道迷人的景致。

多年生植物，中型

厚叶铁角蕨 🏆

常绿蕨类植物。长长的舌形、革质复叶，呈直立莲座状排列，叶片鲜绿色，背面布满孢子群。卷曲皱叶群（上图）叶缘呈波状褶皱。

↕70 cm ↔ 60 cm

💧❄❄❄H6

多年生植物，小型

巴夏风铃草

蔓生型多年生植物，株型为低矮的堆状。叶片圆形，带锯齿状边缘。夏季，紫罗兰色星形花朵盛开在繁茂的枝叶上。

↕15 cm ↔ 不定

💧❄❄❄H5🐝

多年生植物，小型

深色黄堇

常绿多年生植物，株形呈堆状。叶片似蕨类植物叶片，灰绿色。晚春至夏季开花，纤细的黄色花朵具花距。可直接将种子播撒在铺装路面及石墙上。

↕↔30 cm

💧❄❄❄H5

二年生植物，大型

白花毛地黄

叶片宽大，椭圆形，呈莲座状。花单侧着生于花茎上，呈穗状排列，白色，管状，翌年开放。易自播繁殖，可间苗除去那些开紫花的幼苗。

↕2 m ↔ 50 cm

💧❄❄❄H7⚠🐝✿

多年生植物，中型

杂交铁筷子

多年生常绿草本。叶革质，深绿色，具裂片。初冬始花，花单瓣或重瓣，纯色或有色斑，花色丰富。通过种子繁殖扩散，能够形成良好的地被覆盖效果。

↕↔60 cm

💧❄❄❄H7⚠🐝

球根植物，小型

冬菟葵 🏆

丛生型多年生草本，具块茎。黄色杯状花于冬末开放。通过种子在落叶乔木和灌木下的斑驳阴影中及草丛中繁殖扩散。需要排水良好且保水性佳的土壤。

↕↔10 cm

💧❄❄❄H6🐝

多年生植物，小型

达马提老鹳草 🏆

常绿多年生植物，除遇严冬外，枝叶密集丛生成垫状。深绿色叶片，叶面光滑，散发出芳香，全裂缺刻。夏季开花，圆形花朵粉色。

↕10 cm ↔ 20 cm

💧❄❄❄H7🐝

多年生植物，中型

暗色老鹳草

丛生型多年生草本。叶片柔软，圆形，有时带有紫色斑纹。花茎直立，花白色或淡紫色。可自播繁殖，会在花境和小径边缘形成群落。

↕75 cm ↔ 45 cm

💧❄❄❄H7🐝

球根植物，小型

蓝铃花

多年生草本植物，具鳞茎，叶片带状，深绿色。花蓝色、粉色或白色，钟形，具芳香，春季开放。在背阴处通过播种和鳞茎繁殖。

↕↔ 40 cm

H6

多年生植物，中型

宿根银扇草

多年生草本植物。叶心形，花茎直立，花紫色或白色，春至夏初开放，种荚椭圆形。可在树木下方的背阴处蔓延生长。

↕↔ 90 cm

H7

多年生植物，小型

科西嘉薄荷

半常绿多年生植物，枝叶密集丛生成垫状。叶片小而圆，绿色，揉碎后散发出薄荷香味。夏季开淡紫色小花朵。适合栽种在完全遮阴或半阴的铺装步道上。

↕ 1 cm ↔ 不定

H7

多年生植物，中型

粟草'金色'

半常绿多年生草本植物。叶片金黄色，春季叶色最鲜亮。花小，簇生，黄色，初夏开放。在半阴湿润的土壤中通过种子繁殖。

↕ 60 cm ↔ 30 cm

H7

多年生植物，中型

茉莉芹

多年生草本植物。叶片似蕨类植物，可食用。花茎具分枝，花簇生，白色，夏季开放。在落叶乔木和灌木下方的背阴处、花坛里以及小径边缘可自播繁殖。

↕ 90 cm ↔ 60 cm

H5

多年生植物，大型

显子草

多年生常绿草本植物。叶片宽大，丛生，起初直立，而后弯曲呈拱形，绿色，背面银白色。花茎高大，花量大，花小，夏季开放，种子圆形。能在背阴处蔓延生长。

↕↔ 1.2 m

H5

二年生植物，大型

穿叶芹

直立生长，春季上部叶片亮黄色。第二年初夏开花，花量大，花小，黄色。可在背阴的花境中及落叶乔木下方自播繁殖。

↕ 1.2 m ↔ 50 cm

H5

多年生植物，小型

香堇

半常绿多年生植物。心形叶片，边缘呈锯齿状，冬末至初春开花，花头扁平，具芳香，紫色或白色。适宜栽种在半阴的铺装路面缝隙中。

↕ 20 cm ↔ 30 cm

H6

焦点植物：草本植物的直立茎与籽穗

许多草本植物在夏季过后依然颇具吸引力，光秃秃的枝干展现出一种独特的形态，而籽穗在霜花的映衬下闪闪发光。

过去，园丁们会在秋季把大多数草本植物齐根剪掉，以便在冬季来临之前整理好花坛和花境。但如今，“让花园休眠”这种观念越来越不被认可。一些草本植物，如天蓝绣球属植物及某些玉簪属植物，它们的叶片在掉落前会变成鲜艳的颜色，而许多草本植物的茎和籽穗所呈现出的景致可以一直持续到冬季。虽然盛夏时节绚烂的色彩已然褪去，秋日那柔和的光线，以及挂满蛛丝的籽穗，同样令人赏心悦目。可以选择百子莲属、蓍属和刺芹属这类多年生植物，搭配芒草属、蒲苇属和洋狗尾草属等观赏草，以及毛蕊花属、胡萝卜属和黑种草属这类一年生和二年生植物。并非所有这些植物都能安然度过整个冬季。残枝败叶可以堆放在看不见的地方，等到春季再添加到堆肥堆里，这样可以给藏在茎秆中冬眠的生物留出时间慢慢苏醒。

供野生动物栖息的植物

一些草本植物在冬季为花园里的生物提供了食物和栖息地。

起绒草和刺苞菜蓟的籽穗会吸引金翅雀等鸟类，而观赏罂粟的果壳则是越冬瓢虫和小甲虫的绝佳栖息之所。

许多多年生植物的空心茎深受切叶蜂和石蜂等有益昆虫的喜爱。

起绒草 在冬季增添了花园的结构美感，并且能吸引色彩斑斓的金翅雀前来大快朵颐其内部的种子。

霜冻下的精彩之处 在冬日的阳光下，结着霜花而闪闪发光的观赏草、籽穗以及直立的茎秆，构成了一幅神奇美妙的景象。

草本植物直立茎和籽穗的类型

胡氏天蓝绣球 对营造秋季色彩很有用的多年生植物之一，随着白昼变短，其如柳树般的叶片会呈现出浓郁的金黄色调。

芒草‘远东’ 姿态优雅的草本植物，叶片在秋季会呈现出热烈的色调，而它的花穗起初为红色，随着时间推移会逐渐变为银白色。

俄罗斯糙苏 整个冬季都能提供独特且持久的景观结构。粗壮、直立的茎干上长着一圈又一圈的籽穗。

凤尾蓍‘金盘’ 凭借其密集且扁平的花头，为冬季那些直立的茎干和籽穗增添了一种与之形成对比的水平元素。

云南甘草 拥有极为引人注目的籽穗。生长旺盛的大型植株的直立的茎干能够留存到新的一年。

野胡萝卜 一年生植物，扁平的白色花簇在结籽的时候会向内卷曲，而后可留存整个冬季。

适合露台、阳台和窗台的植物

虽然大多数色彩鲜艳的花坛植物都需要充足的阳光才能开花，但要打造处于遮阴条件下的露台、庭院和阳台景观并不必局限于观叶植物。

在较阴暗的地方，可以选择秋海棠、倒挂金钟及凤仙花来打造夏季观赏期较长的景观。而秋冬季的窗台花箱，可以考虑栽种一些小型灌木，如茵芋和白珠树属植物，它们的花蕾非常漂亮，还可以结出形态美丽的浆果，当它们逐渐长大后，可以将它们移植到单独的花盆中。秋季，可以在灌木之间埋入一些黄水仙和葡萄风信子的种球，它们在早春迸发出的亮丽色彩尤为引人注目。若空间足够，还可以选用一些醒目的容器种上几株大型灌木，为花园增添一些永久性的景观。

多年生植物，小型

秋海棠‘龙翼红’ 🏆

在易受霜冻的地方作为一二年生植物栽培。茎直立。叶片光亮，绿色。花量大，红色，夏季开花。植物在5℃以下易受低温伤害。

↕ 40 cm ↔ 30 cm

◊ ❀H1B ⓘ

多年生植物，小型

秋海棠‘炽热余烬’ 🏆

常作一年生植物栽培。株型紧凑，丛生或蔓生。叶片深绿色，带银色脉纹，先端尖，背面紫色。花橙色，夏季开放，花期可持续至霜降。

↕↔ 30 cm

◆❀H1B ⓘ

多年生植物，小型

大岛薹草

多年生常绿草本植物。叶长，簇生，呈拱形，初为浅绿色，在背阴的花园中，叶色也会逐渐变成金黄色。非常适合用容器栽培。种植时需保持土壤湿润。

↕↔ 50 cm

◊ ❄❄❄ H7

多年生植物，小型

雏菊

常绿多年生植物。绿色椭圆形叶片呈莲座排列状。晚春开花，“塔索系列”的花色有粉色、白色或红色，绒球状花朵。适宜盆栽。

↕↔ 20 cm

◊ ❄❄❄ H7 🐝

多年生植物，小型

宽叶薹草

落叶型或半常绿多年生植物。线形叶片呈拱形弯曲，绿色。春季开花，小型、棕色穗状花序。适宜栽种在花盆或花篮中。‘斑锦’（上图）的叶片边缘为奶油色。

↑ 30 cm ↔ 40 cm

◊ ❄❄ H4

灌木，大型

威廉姆斯山茶

常绿灌木。卵圆形叶片，先端渐尖，叶面光滑，鲜绿色。大簇的粉色或白色花朵于春季盛开。‘捐赠’（上图）开粉色、半重瓣花朵。

↕ 5 m ↔ 2.5 m

◆ ❄❄❄ H5 pH

球根植物，小型

小花仙客来 🏆

矮生型多年生球根植物。叶片圆形，深绿色，常带有银色斑纹。冬末开花，低层花瓣为深粉红色，向后反折、扭曲的花瓣基部带有紫色斑点。

↕↔ 10 cm

◊ ❄❄❄ H5 ⓘ

多年生植物，中型

薹草‘冰舞’

绿色的草形叶片斜生，叶片边缘为乳白色，春季开白色小花。适宜盆栽，保持水分充足。具有潜在侵占性。

↕ 60 cm ↔ 75 cm

◊ ❄❄❄ H6

球根植物，小型

常春藤叶仙客来 🏆

矮生型多年生球根。叶片银绿色，叶面带花纹，秋季刚开花不久后就会长叶。花朵为粉色或白色，向后反折的花瓣口部颜色更深。

↕ 10 cm

◊ ❄❄❄ H5 ⓘ

多年生植物，小型

毛地黄‘戴菊’

多年生草本植物。叶莲座状，深绿色，披针形。花茎直立，具分枝，花低垂，铜橙色，喉部黄色且带红色斑点。

↕ 50 cm ↔ 30 cm

H6

灌木，小型

倒挂金钟‘魔仆’

茎枝浓密，叶片呈椭圆形，先端尖，黄绿色。夏季至秋季开单瓣或重瓣花，鲜红色和紫色花朵悬垂在枝条上。适合盆栽，应设置挡风设施。

↕↔ 75 cm

H4

灌木，小型

倒挂金钟‘大拇指汤姆’

矮生型落叶灌木。深绿色叶片呈椭圆形。夏季至秋季开花，花量繁多，红色和淡紫色－蓝色的钟形花朵悬垂在枝条上。适宜盆栽。

↕↔ 50 cm

H4

球根植物，中型

雪花莲

多年生球根植物。绿色叶片呈线形，冬末开花，白色花朵向下低垂。适合与其他早花型球根植物以及堇菜属植物搭配。

↕↔ 15 cm

H5

灌木，小型

伏卧白珠树

叶片椭圆形，革质，冬季叶色会泛红。夏季开钟形小花，白色中略微透着粉色，花后结出绯红色浆果。适合栽种在窗台花箱中，可越冬放置。

↕ 15 cm ↔ 不定

H5 pH

多年生植物，中型

星草梅

直立，具分枝，茎干纤细、坚韧且略带红色。三出复叶秋色叶迷人。花量大，星形，白色，夏季开放。适合在湿润的半阴环境中生长。

↕ 1 m ↔ 60 cm

H7

多年生植物，小型

斑叶欧亚活血丹

生长旺盛，茎纤细，匍匐或垂吊生长。叶片圆形，绿白相间，边缘呈圆齿状。花小，淡紫色，夏季开放。可种植在花盆或吊篮中，也可用作地被植物。

↕ 15 cm ↔ 1 m

H6

灌木，小型

南美天芥菜

常绿灌木，茎枝繁茂浓密，常作为一年生植物栽种。叶片椭圆形，深绿色。一簇簇散发着芳香的紫色或白色花朵持续盛开整个夏季。适宜栽种在花盆中，选用多功能混合基质栽培。

↕↔ 45 cm

H1C

多年生植物，小型

矾根‘葡萄干布丁’

常绿多年生植物。叶片紫色，缺刻浅裂，带脉纹。夏季，白色小花着生于纤细的茎枝上。适合作为颜色鲜艳的开花植物的衬景植物。

↕ 50 cm ↔ 30 cm

H6

多年生植物，小型

杂交矾根‘花毯’

常绿或半常绿多年生植物。叶片绿色，深缺刻，浅裂，叶脉紫色。初夏开粉红色小花，花枝繁多。适合盆栽并放置在避风的地方。及时摘除枯萎的花朵。

↕ 30 cm

H6

攀缘植物，中型

香豌豆

花带香味，粉色、蓝色、紫色或白色，夏季至初秋开放。具卷须，需定期摘除残花。

↕高达 3 m

💧❄❄ H3 ⓘ ✽

球根植物，中型

水仙‘哈维拉’ 🏆

叶片直立，绿色，呈带状。仲春，黄色小花着生于直立的花茎上，花朵低垂，观赏效果极佳。在轻度遮阴的条件下状态最佳；适合栽种在容器中及窗台花箱里。

↕↔ 15 cm

💧❄❄❄ H6 ⓘ ✽

多年生植物，小型

凤仙“灯塔”系列

常绿，常作为一年生植物种植。叶片椭圆形，绿色。春季至秋季，红色、粉色、紫色等颜色的圆形花朵连续不断地盛开。适宜盆栽。

↕↔ 30 cm 或更高、更大

💧❀ H1B

一年生 / 二年生植物，小型

六倍利

叶片深绿色，分枝多，夏季至秋季，蓝色、粉色或白色的小花朵大量盛开。有垂吊型和灌木型。夏季需每天浇水。

↕ 20 cm ↔ 15 cm

💧❄ H2

球根植物，中型

水仙‘狙击手杰克’ 🏆

矮生型多年生球根花卉。叶片狭长，深绿色。春季开花，花朵乳白色，带有短小的黄色杯状副花冠。适合成组群植于容器和花箱中，应选用多功能混合基质。

↕↔ 23 cm

💧❄❄❄ H6 ⓘ ✽

多年生植物，小型

新几内亚凤仙

枝叶繁茂浓密，常作为一年生植物种植。叶面光滑，叶片呈披针形，绿色。夏季开花，花色有粉红色、红色、淡紫色和白色。

↕ 35 cm ↔ 30 cm

💧❀ H1B

一年生 / 二年生植物，小型

红花檵木‘火之舞’

常绿灌木，株型紧凑。叶片深红色，椭圆形。花似蛛网状，粉红色，春季开放。适合种在背阴处的花盆中，但需要有遮蔽的环境。

↕↔ 1 m

💧❄❄ H4

球根植物，中型

水仙‘面对面’ 🏆

叶片呈带状。矮生型、早花品种，春季开花，花朵为鲜艳的金黄色。适合栽种在窗台花箱或花篮中，应选用多功能混合基质。

↕↔ 30 cm

💧❄❄❄ H6 ⓘ ✽

球根植物，中型

亚美尼亚葡萄风信子 🏆

叶片狭窄，线形。春季开花，深蓝色的钟形小花朵聚集在一起，排列成圆锥形，形成短小的花序，散发出阵阵芳香。

↕ 20 cm

💧❄❄❄ H6 ⓘ 🐝

一年生 / 二年生植物，小型

紫斑喜林草

生长快速的蔓生型一年生植物。叶片缺刻浅裂。碗形小花朵白色，花瓣顶端带有紫色斑点，花期持续整个夏季。保证水分充足。

↕↔ 30 cm

💧❄❄ H4

一年生／二年生植物，小型

花烟草“多米诺”系列

叶片长，带黏性。夏季开花，整个花头呈长管形，花朵具芳香。适宜栽种在大型花盆中，需要设置支撑物保持茎干直立。

↕45 cm ↔ 40 cm

❄ H2

多年生植物，大型

林生烟草

株型高大，叶片长，带黏性。夏季开花，整个花朵呈长管形，花色为白色。适宜栽种在大型花盆中；夜晚散发出香味。

↕1.5 m ↔ 75 cm

❄ H2

多年生植物，小型

黑龙沿阶草

常绿、丛生型多年生植物。叶片革质，线形，黑色。夏季开粉紫色的钟形小花，随后结出黑色浆果。适宜盆栽。

↕23 cm ↔ 30 cm

❄❄❄ H5

多年生植物，小型

报春花‘漂亮鹦鹉’

多年生草本，常作一年生植物栽培。叶片呈莲座状，深绿色。花重瓣，黄色、淡紫色、粉色和桃红色，冬末至翌年春季开放。

↕↔ 20 cm

❄❄❄ H7

灌木，中型

雅库杜鹃花

株型紧凑的常绿灌木。叶片革质，深绿色，背面呈毡质，春季开花，钟形花朵，花蕾为粉色，绽开后为白色。选用杜鹃花科植物专用混合基质，旱季保持水分充足。

↕↔ 2 m

❄❄❄ H5 pH

多年生植物，小型

矮牵牛“精致”系列

叶片深绿色。花量繁多，喇叭形花朵，花色有深浅不一的粉色、紫色、红色、白色和黄色。可以栽种在窗台花箱、花篮和花盆中。

↕40 cm ↔ 90 cm

❄ H2

灌木，大型

无毛风箱果

叶片绿色、黄色或紫红色，浅裂缺刻。夏季，淡粉色花朵成簇盛开，呈半球形，花朵凋谢后结出棕色果实。花期过后进行修剪。上图为‘红衣女郎’。

↕3 m ↔ 1.5 m

❄❄❄ H7

灌木，中型

日本茵芋

枝叶繁茂的常绿灌木。叶片卵圆形至披针形，深绿色。春季，白色花朵成簇盛开，散发出芳香，花朵凋谢后，雌株会结出红色浆果（上图）。适合盆栽。

↕↔ 1.5 m

❄❄❄ H5

一年生／二年生植物，小型

夏堇

枝叶繁茂的一年生植物。叶片淡绿色，边缘有锯齿。夏季至初秋开花，花朵绽开后形似喇叭，花瓣为淡紫色和蓝紫色，花喉呈白色和黄色。适合种植在荫蔽处的窗台花箱中。

↕30 cm ↔ 20 cm

❄ H2

焦点植物：矾根

许多矾根属植物拥有颜色丰富多样的常绿叶片，在背阴环境中光彩夺目，其中一些品种的花朵也开得十分繁茂。

曾经不起眼的矾根属植物，近年来已被育种家们培育成了受欢迎的常绿多年生植物，甚至超越了落叶的玉簪属植物。矾根属具有蔓延的木质根系，支撑着心形或有裂片的叶片，叶片大小不等，差异极大。矾根夏季开花，花小，钟形，呈穗状排列。原生品种较少种植，但市面上有大量令人眼花缭乱的杂交品种可供选择，这些杂交品种叶色丰富多样，几乎涵盖了除蓝色外的所有色调。矾根属植物在秋冬季节表现极佳，能够与其他植物形成令人印象深刻的对比效果，而且非常适合盆栽。对于背阴环境，可选择叶片为银色、淡黄绿色、金色或橙色的品种；光线较弱或有斑驳光影的半阴环境适合种植叶色较深的品种，如近黑色的‘黑曜石’，紫色的‘李子布丁’及深红色的‘火警’等。种植时应选排水良好的土壤，并避开上方有遮挡的开阔位置，春季覆盖一层覆盖物并进行清理，能让植株保持健康。矾根的主要害虫是葡萄象鼻虫。

是矾根属植物还是杂交矾根

矾根属的近缘植物虎耳草属植物株型更小，多为林地地被植物。部分品种呈丛生状，另一些则具有蔓生茎，能长出细长花茎，开出小巧的粉色或白色花朵。这两个属的杂交后代被称为杂交矾根，这些杂交品种通常融合了两个属的优良性状，如色彩丰富的叶片、整齐的生长习性及迷人的花朵。

威利黄水枝 整洁易养的耐阴植物，低矮的心形叶片，顶端着生粉色或白色的花穗。

矾根属和杂交矾根品种的多样性使这些常绿多年生植物成为在营造秋冬景观的良选。

受欢迎的矾根属植物

矾根‘青柠果酱’ 生长健壮，迷人的叶片能够为阴暗角落增添亮色，同时抑制杂草生长。夏季还可开出迷人的白色花朵。

矾根‘黑曜石’ 叶色最深的矾根品种之一，与雪滴花、刚长出的蕨类植物，或是斑叶的筋骨草配在一起时，会显得格外耀眼。适合种植在轻度遮阴处或有部分阳光照射的地方。

矾根‘巴黎’ 夏季，大量深粉色的花朵高耸于绿色与银色相间的叶片之上，花茎高度可达 30 cm。

砚根‘银色卷轴’ 其引人注目的叶片具有金属光泽并带有对比鲜明的叶脉，是遮阴区域的绝佳选择。

矾根‘南方舒适’ 叶片特别大，质地柔软且带有细毛，呈现闪亮的铜橙色。叶宽可超过20cm，需种植在凉爽且湿润的位置。

杂交矾根‘和服’ 生长整齐，可作地被植物，拥有银绿色的深裂叶片，叶脉深紫色。在夏季会开出迷人的星形花朵。

适合打造高产露台的植物

对于处于深度遮阴条件下的露台和庭院，想要产量丰富恐怕要做出一番努力才行，但是半阴环境却能提供凉爽、舒适的生长条件，正好适合多种叶类作物生长。

莴苣、甜菜、芝麻菜以及薄荷和欧芹等香草植物，可在轻度遮阴的地方茁壮成长。黑莓、高山草莓、醋栗及一些品种的苹果等果树也可在此处生长。尽管可供选择的植物种类不是很多，但是对于家庭园艺来说已足够。可以将果树和灌木品种栽种在大桶中，栽培基质选用以土壤为主的混合基质，每年春季用混合了通用颗粒肥料的新鲜堆肥替换表层基质。

球根植物，中型

北葱

从生型香草植物，绿色叶片纤细、直立，带有轻淡的洋葱味道。夏季开淡紫色或粉色花朵。可栽种在窗台花箱和花盆中，基质选用多功能混合基质。

↕↔ 30 cm

H6

一年生 / 二年生植物，中型

白芹

根粗大，可食用。最好栽种在大型容器中，春季播种，秋季采收，也可在夏季将幼根挖出食用。保持水分充足。

↕90 cm ↔ 45 cm

H6

一年生 / 二年生植物，小型

陆生水芹

叶片带有胡椒味。春季和夏季可直接播种于窗台花箱和花盆中；当叶片长得足够大时就可以采收了。定期补播。保证水分和肥料充足。

↕↔ 30 cm

H7

一年生 / 二年生植物，小型

瑞士甜菜

因叶片可食用而被种植，可以生吃，也可蒸熟后食用。肉质茎干最好煮熟食用。春季播种，整个夏季都可采收。适合盆栽，需定期浇水。

↕↔ 45 cm

H7

一年生 / 二年生植物，小型

芥菜

叶片辛辣，采收后可以再次长出，可采摘幼叶食用，也可等叶片成熟后再采收。春季和夏季播种，仅能耐轻度遮阴。定期浇水以保持水分充足。

↕↔ 30 cm

H5

一年生 / 二年生植物，小型

羽衣甘蓝

直立生长，叶片繁茂。夏季栽种，秋季至冬季可以持续采收。可以栽种在容器中，根据需要单独采收叶片食用。保持水分充足，如果需要固定植株可以设置支撑桩。

↕↔ 45 cm

H7

一年生 / 二年生植物，小型

白茎千筋京水菜

春季至夏季均可播种种植，叶片繁茂，有轻微的芥辣味。播种几周后即可采收，采收后可再生长，可制作成沙拉食用。适合盆栽。

↕↔ 15 cm

H5

多年生植物，中型

菊苣

叶片圆形，顶部叶片卷曲似莴苣，带有苦味。初夏栽种，如果设置防护设施，可以一直采收至翌年春季。适合盆栽，保持水分充足。

↕↔ 30 cm（采收时）

❄❄❄ H5

多年生植物，小型

紫菊苣

顶部叶片卷曲，带有苦味。初夏栽种，如果设置防护设施，可以一直采收至翌年春季。适合盆栽，选用多功能混合基质；保持水分充足。

↕↔ 30 cm（采收时）

❄❄❄ H5

一年生 / 二年生植物，小型

胡荽

生长迅速，茎叶、种子均可用于烹饪。适合栽种在容器和窗台花箱中，放置在轻度遮阴的地方。保持水分充足，避免植株抽薹。

↕ 50 cm ↔ 20 cm

❄ H2

一年生 / 二年生植物，小型

芝麻菜

叶片长，缺刻浅裂，呈莲座状排列，带有辛辣的味道。春季和夏季直接播种于花盆和窗台花箱中，根据需要采收叶片食用。保持水分充足。

↕↔ 20 cm（采收时）

❄❄ H4

多年生植物，大型

茴香

叶片形似蕨类植物，具芳香。微小的黄色花朵成簇盛开，花谢后结出可食用的种子。宜在大型容器中栽种，置于在轻度遮阴处。

↕ 1.8 m ↔ 45 cm

❄❄❄ H5

一年生 / 二年生植物，小型

球茎茴香

叶茎膨大可食用，植物基部形成带有八角味道的球茎。夏季播种，若下部叶茎已经长得足够大可以采收幼苗，也可以待植株成熟时再采收。

↕↔ 30 cm

❄❄❄ H5

多年生植物，小型

高山草莓

株型呈低矮的堆状，叶片带锯齿，非常适合盆栽。夏季结出小型果实，带有浓烈的香甜味道。定期浇水、施肥，放置在仅有轻度遮阴的地方。

↕ 30 cm ↔ 不定

❄❄❄ H6

一年生 / 二年生植物，小型

莴苣

叶片采收后会再次长出，故宜采摘幼嫩叶片，也可以待整个叶片球饱满后再采收。定期浇水，保持植株水分充足。最好放置在仅有轻度遮阴的地方。

↕↔ 30 cm

❄ H2

乔木，小型

烹饪用苹果

夏季至秋季可结出又大又酸的果实。选择嫁接在矮化砧木上的树苗，以便控制植株大小。适合栽种在大型容器中，春季至夏季应定期施肥、浇水。最好放置在轻度遮阴的地方。

↕↔ 8 m 或更高、更大

❄❄❄ H6

乔木，小型

甜型苹果

品种很多，但最好选择嫁接在矮化砧木上的，以便控制植株大小。适合栽种在大型容器中，选用以土壤为主要成分的混合物作为基质，定期施肥、浇水。

↕ 6 m 或更高 ↔ 4 m 或更大

❄❄❄ H6

多年生植物，中型

香蜂花

绿色叶片带锯齿，叶面有纹理，压碎后散发出浓郁的柠檬香味。夏季开花，应及时摘除花朵，以促进叶片生长。

↕ 1 m ↔ 50 cm

❄❄❄ H7

多年生植物，小型

辣薄荷

蔓生型多年生植物。夏季开出粉色或紫色的穗状花序。深绿色叶片带纹理，散发出芳香，可为菜肴调味或直接冲泡。适宜盆栽，定期浇水。

↕ 50 cm ↔ 1 m

❄❄❄ H5

攀缘植物，小型

多花菜豆

整个夏季都能结出扁平的绿色长豆荚。需设置支撑物攀爬植物，保证水分和养分充足。适合栽种在大型容器中，放置在轻度遮阴处。

↕ 1.8 m

❄ H2

多年生植物，小型

留兰香

鲜绿色的叶片带纹理，散发出芳香气味。夏季开花，短小的穗状花序呈粉色。叶片可用来泡茶或烹饪时为菜肴调味。适宜盆栽。

↕ 50 cm ↔ 不定

❄❄❄ H7

一年生 / 二年生植物，中型

欧芹

绿色叶片，全裂缺刻，散发出芳香，可作为调味配菜，也可以作为可食用的装饰性配菜加入菜肴中。

↕ 80 cm ↔ 60 cm

❄❄❄ H6

一年生 / 二年生植物，中型

豌豆

传统型豌豆，有矮生型和攀缘型两类。春季或初夏播种，可从晚春至秋季持续结果。应栽种在大型容器中，放置在轻度遮阴的地方，保持水分充足。定期采收豆荚。

↕ 70 cm ↔ 50 cm

❄ H2

一年生 / 二年生植物，中型

嫩荚豌豆

从晚春至秋季会结出扁平、鲜脆的豆荚，整个豆荚都可食用。春季或初夏播种种植，或直接将小苗栽种至大型容器中。保持水分充足并定期采收。

↕ 90 cm ↔ 10 cm

❄ H2

一年生 / 二年生植物 中型

甜豌豆

春季或初夏播种，则从晚春至秋季，可以一直结出鲜脆的豆荚。整个豆荚都可食用。最好栽种在大型容器中，放置在轻度遮阴的地方，保持水分充足，定期采收豆荚。

↕ 60 cm ↔ 50 cm

❄ H2

乔木，小型

欧洲酸樱桃

春季会盛开白色或粉色的花朵，夏季结出味道浓烈的红色浆果。适合栽种在大型花盆中。

↕↔ 4 m

💧❄❄❄ H6

一年生 / 二年生植物，小型

水萝卜

根球呈圆形，又辣又脆，可食用。春季至初秋直接播种于花盆或窗台花箱中。大约 5 周后，根球个头长得足够大即可拔出，保持水分充足。

↕↔ 20 cm

💧❄❄ H3

多年生植物，大型

大黄

叶片大，叶面光滑，绿色。茎干味道浓烈，煮熟后可食用。适合栽种在大型容器中，保持水分和肥料充足。春季至仲夏都可采收茎干。

↕↔ 2 m

💧❄❄❄ H5

灌木，中型

黑穗醋栗

春季开花，夏季花谢后结出一串串表面光滑、味道浓烈的黑色果实。适合栽种在大型容器中，置于轻度遮阴处。春季需用护根物覆盖住根部。

↕↔ 1.5 m

💧❄❄❄ H6 🐝

灌木，中型

红醋栗

直立、多分枝灌木。春季开花，随后结出一串串表面光滑、味道浓烈的鲜红色果实。适合栽种在大型容器中，栽培基质选用以土壤为主的混合基质。春季需要用堆肥覆盖根部，夏季应定期浇水。

↕↔ 1.5 m

💧❄❄❄ H6 🐝

攀缘植物，中型

黑莓

生长旺盛的攀缘型灌木。茎枝上有锋利的刺。春季开花，夏季结出一簇簇味道香甜的黑色浆果。最好设置支撑柱供茎枝攀爬。应栽种在大型容器中，栽培基质选用以土壤为主的混合基质。

↕↔ 2.5 m

💧❄❄❄ H6 🐝

攀缘植物，中型

无刺黑莓

叶片全裂，枝条无刺。夏末至秋季结出一簇簇黑色浆果。适合栽种在大型容器中，放置于轻度遮阴处，需设置支撑物供植株攀爬。

↕ 2.5 m

💧❄❄❄ H6 🐝

灌木，小型

覆盆子

落叶灌木，具攀缘性。茎带刺，形似藤条。夏季开白色花朵，而后结红色浆果。盆栽可选择矮小且无刺的品种‘红宝石美人’。宜种植在轻度遮阴处，并保持土壤湿润。

↕↔ 1.2 m

💧❄❄❄ H6 🐝

多年生植物，小型

香堇

半常绿多年生植物。叶片心形。冬末至初春绽放紫色或白色花朵，具芳香。花朵可以直接添加到沙拉中。‘晨曲’（上图）的花朵为白色。

↕ 20 cm ↔ 30 cm

💧❄❄❄ H6 ✽

适合林地花园的植物

凉爽、阴冷的林间空地是很多形态优雅的灌木、攀缘植物、球根植物以及多年生植物的家园——去自然林地中寻找灵感吧！

在林地花园中，可以利用季相变化来打造最佳的景观效果。春季是一年中最精彩夺目的季节，球根植物及观花植物在林地表面被树冠完全遮盖之前充分利用了阳光，花朵竞相盛开。夏季可以用观叶植物来为花园增添趣味，例如蕨类植物。秋季的景观打造，可以选择枫树，它们那红色和橙色的叶片让花园变得耀眼明亮，也可以种植一些浆果植物为花园增加更多的色彩。冬季，当树叶凋落的时候，突兀的茎枝会营造出极具视觉冲击力的景观效果。

多年生植物，中型

白果类叶升麻

叶片缺刻全裂，亮绿色。仲夏绽放白色穗状花序，随后在坚硬的鲜红茎干上结出椭圆形的白色浆果，果实的顶端为黑色。

↕ 1 m ↔ 50 cm

◑ ❄❄❄ H7 ⓘ

多年生植物，小型

侧金盏花

叶片绿色，形似蕨类植物。初春，随着叶片舒展，单瓣、金黄色的杯状花朵盛开。适合种植在半阴或完全遮阴处不会干透的土壤中。

↕↔ 30 cm

◑ ❄❄❄ H7 pH

灌木，大型

小花七叶树 🏆

古铜色掌状叶片，秋季变成深绿色和黄色。仲夏至夏末，蓬松的白色小花组成圆锥花序。适合栽种在树间的空地中。

↕ 3 m

◑ ❄❄❄ H5 ⓘ 🐝

球根植物，中型

黄花茖葱

从生型多年生球根花卉。叶片狭窄，披针形，灰绿色。夏季开出金黄色的星形花朵组成的半球形头状花序。

↕↔ 35 cm

○ ❄❄❄ H6 🐝 ✿

球根植物，中型

希腊银莲花‘紫星’

蔓生型多年生球根花卉。叶片深绿色，缺刻全裂。早春绽放形似雏菊，带白色的花心的紫色花朵。秋季将块茎种下。

↕↔ 15 cm

○ ❄❄❄ H6 ⓘ

球根植物，小型

希腊银莲花‘白色光辉’ 🏆

多年生球根花卉，枝叶密集丛生似地毯般。叶片全裂。早春绽放，开出形似雏菊的白色花朵。秋季将块茎成组群植。

↕↔ 10 cm

○ ❄❄❄ H6 ⓘ

多年生植物，小型

栎木银莲花 🏆

叶片缺刻深裂，绿色。春季至初夏开花，雏菊形的花朵中心长有一簇黄色雄蕊。有多种颜色和花形可供选择。

↕ 15 cm ↔ 30 cm

○ ❄❄❄ H5 ⓘ

多年生植物，小型

大花银莲花

叶片缺刻全裂，绿色。春季至初夏开花，白色碗状花朵带黄色花心。根茎可蔓延伸展，具有侵占性。

↕↔ 30 cm

◑ ❄❄❄ H6 ⓘ

多年生植物，小型

小银莲花

全裂复叶，分为若干圆形小叶，深蓝绿色。春季至初夏开花，花朵呈杯状，白色或粉色。适合群植于大树底下。

↕ 10 cm ↔ 4 cm 或更大

❄❄❄ H6

球根植物，中型

印度天南星

叶片呈三角形，全裂分成3片小叶。夏季开花，苞片绿色或紫色，带白色条纹，肉质佛焰苞弯曲成兜帽状，中间为小花组成的肉质花穗。

↕ 50 cm ↔ 45 cm

❄❄ H4 ! pH

多年生植物，小型

鼠尾芋

叶片呈箭形。春季绽放栗色花朵，像兜帽一样的苞片形成一个白色底座，将小花完全遮住，苞片上部很长，像拖着一根老鼠尾巴。花期过后植株即死去。

↕ 15 cm ↔ 30 cm

❄❄❄ H5 !

多年生植物，小型

尾状细辛

光滑的心形叶片为深绿色。初夏开花，花形奇特，形似大水罐，微红色至紫褐色，带有似尾巴的裂片。

↕ 8 cm ↔ 25 cm 或更大

❄❄❄ H6 ! pH

多年生植物，中型

厚叶铁角蕨

叶片绿色，纤细修长，边缘卷曲似波浪，排列呈莲座状。耐深度遮阴。

↕ 70 cm ↔ 60 cm

❄❄❄ H6

多年生植物，小型

铁角蕨

株型紧凑的常绿蕨类植物，叶柄深色的复叶呈莲座状排列，分为若干圆形小裂片。能够耐受深度遮阴。

↕ 15 cm ↔ 30 cm

❄❄❄ H6

多年生植物，小型

铁破锣

多年生常绿草本植物。叶片丛生，具光泽，心形，略带紫色，叶脉浅绿色。花茎细长。花小，星状，白色，春季开放。适合种植在林地背阴处。

↕↔ 40 cm

❄❄❄ H6

多年生植物，中型

拳参

生长旺盛，枝叶密集丛生。叶片大，脉纹明显，绿色。夏季至初秋绽放淡粉色的穗状花序。‘壮丽’（上图）是非常流行的一个品种。

↕ 75 cm ↔ 60 cm

❄❄❄ H7 !

多年生植物，小型

南国乌毛蕨

生长迅速的常绿蕨类植物。茎枝匍匐，叶片狭窄，呈阶梯状，深绿色。幼叶带有迷人的微红色。可栽种在半遮阴或深度遮阴的位置。

↕ 30 cm ↔ 45 cm

❄❄ H4 pH

多年生植物，小型

心叶牛舌草‘镜面’

多年生草本植物。植株低矮丛生。叶片心形，宽大且相互交叠，银色，叶缘和主脉绿色。花小，蓝色，似勿忘我。

↕ 45 cm ↔ 60 cm

❄❄❄ H5

灌木，大型

老鸦糊

直立型灌木。叶片呈披针形，夏季开淡紫色的小花。‘丰沛’（上图）会结出紫色浆果，叶色略微发紫，秋季叶色会转变成玫瑰粉色。

↕3 m ↔ 2.5 m

◑ ❄❄❄ H6 ⓘ 🐝 ✿

灌木，大型

威廉姆斯山茶

卵圆形叶片光滑，深绿色。早春至仲春开花，花朵有单瓣也有重瓣，花色为深浅相间的粉色或白色。‘捐赠’（上图）为直立型，花色为粉色。

↕5 m ↔ 2.5 m

◑ ❄❄❄ H5 pH

灌木，中型

桤叶树

落叶灌木。叶片椭圆形，边缘带锯齿，绿色，秋季变成黄色。夏末开花，总状花序细长，白色钟形花朵，散发出芳香。

↕↔ 2.5 m

◑ ❄❄❄ H5 ✿

灌木，大型

欧洲山茱萸

蔓生型灌木，树冠伸展。卵形叶片深绿色，秋季变成紫红色。冬末，还未长出叶片的嫩枝上成簇盛开黄色星形花朵，花朵凋谢后结出红色果实，果实可食用。仅适宜栽种在轻度遮阴的地方。

↕↔ 5 m

○ ❄❄❄ H6 🐝 ✿

多年生植物，小型

穆坪紫堇 🏆

叶片形似蕨类植物，蓝绿色。春末至夏季绽放蓝色管状花朵，花喉部为白色。夏季枝叶会完全枯萎死亡。

↕30 cm ↔ 20 cm

◑ ❄❄❄ H5

灌木，中型

少花蜡瓣花 🏆

繁茂的蔓生型灌木。椭圆形叶片绿色，边缘带锯齿，嫩叶古铜色或略带红色。春季，芳香的淡黄色钟形花朵从光秃的枝条上垂下。适合栽种在斑驳的树荫下方。

↕1.5 m ↔ 2 m

◑ ❄❄❄ H5 pH ✿

球根植物，小型

小花仙客来 🏆

矮生型多年生球根花卉。叶片圆形，深绿色，通常具有银色斑纹。冬末至翌年早春绽放粉红色花朵。秋季可将种球成片种植在树下。

↕↔ 10 cm

○ ❄❄❄ H5 ⓘ

球根植物，小型

常春藤叶仙客来 🏆

叶片深绿色，形似常春藤，常散布着银色花纹。秋季开花，花朵为粉色或白色。花朵在叶片之前出现，或与叶片同时长出。

↕10 cm

○ ❄❄❄ H5 ⓘ

多年生植物，大型

软树蕨 🏆

常绿但在寒冷地区落叶的树状蕨类植物，有粗壮的、棕色的纤维状“树干”以及掌状的拱形树冠，长有大量全裂复叶。

↕6 m ↔ 4m

◑ ❄❄ H3

多年生植物，大型

锈点毛地黄

深绿色的卵圆形叶片在基部呈莲座状排列。仲夏，细长、直立的总状花序上排列着大量漏斗形花朵，花色为橙褐色和白色。

↕1.2 m ↔ 30 cm

❄❄❄ H6

多年生植物，中型

黄花毛地黄

半常绿草本植物。叶呈莲座状，细长，富有光泽。花单侧着生于花茎上，晚春和初夏开放。生命力顽强，能够耐受干旱环境。

↕1 m ↔ 30 cm

❄❄❄ H6

多年生植物，大型

长蕊万寿竹‘夜鹭’

叶有光泽，椭圆形，春季略带紫色，后逐渐变为绿色。花奶油色，春季开放。花后结出略带紫色的浆果。

↕2 m ↔ 60 cm

❄❄❄ H6

多年生植物，中型

大花毛地黄

常绿，丛生。深绿色的卵圆形叶片在基部呈莲座状排列。夏季，总状花序上排列着大量管状花朵，花头向下，花色为乳黄色。

↕1 m ↔ 45 cm

❄❄❄ H6

多年生植物，中型

近缘鳞毛蕨

全裂复叶常绿，披针形，形似羽毛毽子。春季，叶片刚刚展开时为淡绿色，与鳞片状的金褐色中脉形成鲜明的对比。适合栽种在树冠下方。

↕90 cm

❄❄❄ H5

多年生植物，小型

红盖鳞毛蕨

半常绿、丛生型蕨类植物。叶片呈宽三角形，拱形弯曲，复叶全裂，幼叶为铜红色，随后转成粉绿色或微带古铜色，成熟后为亮绿色。耐旱、耐阴。

↕40 cm ↔ 30 cm

❄❄ H4

多年生植物，大型

欧洲鳞毛蕨

落叶型或半常绿蕨类植物。硕大的直立型根状茎横卧在地面，先端密被棕褐色鳞片。绿色叶片直立生长，微微下弯呈拱形，整个叶片形似羽毛。

↕1.2 m

❄❄❄ H7

多年生植物，小型

大花淫羊藿

丛生型。叶片呈心形，绿色，幼叶呈古铜色。春季开花，花头低垂。花色深浅不一，白色、黄色、粉色或紫色。‘丽莱菲’（上图）开紫色花。

↕25 cm ↔ 30 cm

❄❄❄ H5

多年生植物，小型

狗牙堇 🏆

叶片椭圆形，带栗色斑点，基生叶成对排列。春季，每根花茎上开一朵花，花色呈淡紫粉色，花瓣向后反折，花朵基部带有红棕色和黄色的阴影。

↕25 cm ↔ 10 cm

💧❄❄❄ H5 (!)

球根植物，中型

雪花莲 🏆

多年生球根花卉，灰绿色叶片呈线形，成丛生长。冬末绽放白色单瓣花朵，花头低垂，花瓣内侧带有绿尖。适宜成组群植于落叶型林地景观中，营造出自然的野趣氛围。

↕15 cm

💧❄❄❄ H5 (!) 🐝 ✿

多年生植物，小型

车轴草

叶片翠绿色，披针形，簇生，呈圆形排列。晚春至仲夏，白色小花像繁星般散布在枝叶间。适合用作地被植物。

↕15 cm ↔ 30 cm 或更大

💧❄❄❄ H7 🐝

多年生植物，中型

林地老鹳草

枝叶繁茂浓密，叶片缺刻浅裂，裂纹较深，绿色。晚春至初夏绽放蝶形花朵，花色为粉色、蓝色、白色或紫色。‘专辑’（上图）的花朵为白色。

↕75 cm ↔ 60 cm

💧❄❄❄ H7 🐝

多年生植物，中型

臭铁筷子 🏆

常绿草本，丛生。茎干直立。叶掌状，具光泽，小叶狭长。花低垂，杯形，淡绿色，边缘带有红色，冬末至早春开放。适合种植在斑驳的遮阴环境中。

↕60 cm

💧❄❄❄ H7 (!) 🐝

多年生植物，中型

暗色老鹳草

直立、丛生型多年生植物。叶片圆形，深缺刻，绿色。晚春至初夏开花。花色较暗，有紫色、淡紫色或白色。在斑驳的树荫下能够茁壮生长。

↕75 cm ↔ 45 cm

💧❄❄❄ H7 🐝

多年生植物，中型

杂交铁筷子

叶片革质，深绿色，复叶全裂，分为若干纤细的小叶片。仲冬至春季绽放白色或绿白色的碟形花朵，而后慢慢变为深粉色。应及时摘除枯萎的花朵以防植株自播。

↕60 cm ↔ 45 cm

💧❄❄❄ H7 (!) 🐝

多年生植物，小型

玉簪‘革命’ 🏆

叶片深绿色，中央带有不规则的乳白色斑纹及绿色斑点。夏季，淡紫色的花序短暂盛开。适宜栽种处于斑驳树荫下的花坛和花境中。

↕50 cm ↔ 1.1 m

💧❄❄❄ H7

灌木，大型

宽叶山月桂

茎枝繁茂浓密的常绿灌木。叶片呈椭圆形，叶面光滑，绿色。晚春至初夏开花，花蕾外表呈褶皱波纹状，绽开后为浅粉色杯形花朵。

↕3 m

◆❄❄❄ H6(!) pH ✽

球根植物，中型

蓝铃花

叶片狭窄呈带状，叶面光滑，深绿色。春季，钟形花朵悬挂在拱形弯曲的茎枝上，散发出芳香。花色多为蓝色，偶尔为白色。

↕40 cm

◊❄❄❄ H6(!) ✽

多年生植物，中型

黄山梅

叶片圆形，缺刻浅裂，绿色，被纤细茸毛。茎枝深紫红色。夏末至秋季，窄钟形乳黄色花朵成簇盛开。适合栽种在湿润的土壤中。

↕1 m ↔ 60 cm

◆❄❄❄ H7 pH

球根植物，中型

夏雪片莲

狭窄的带状叶片直立丛生，叶面光滑，深绿色。春季，白色钟形花朵成簇盛开，花瓣先端绿色，花朵低垂。上图为‘巨人格拉维特’。

↕↔ 60 cm

◊❄❄❄ H7(!) ✽

多年生植物，小型

荷青花

叶片柔软，深绿色，全裂复叶，分成若干带锯齿的小叶。晚春至夏季，纤细的茎枝上盛开杯状单瓣花朵，花色为亮黄色。

↕30 cm ↔ 20 cm

◆❄❄❄ H5

球根植物，大型

欧洲百合 🏆

茎干直立，叶片呈披针形。夏季绽放粉红色或紫色花朵，花瓣上带有黑色斑点。花瓣向后弯折，完全显露雄蕊。

↕↔ 2 m

◊❄❄❄ H6(!)

球根植物，大型

紫斑百合

直立型多年生球根花卉。叶片呈披针形，绿色。绿中透白的喇叭形花朵，喉部为巧克力色或红色，芳香四溢。适宜栽种在半阴的地方，要求土壤肥沃、土层较厚。

↕↔ 1 m

◊❄❄ H3(!) pH

灌木，大型

间型十大功劳

深绿色大叶片全裂分成若干带刺的小叶。冬季开花，穗状花序细长，柠檬黄色的小花具芳香。‘博爱’（上图）是非常受欢迎的一个品种。

↕4 m ↔ 3 m

◊❄❄❄ H5(!) ✽

多年生植物，中型

锥花鹿药 🏆

直立生长。叶片椭圆形，绿色脉纹明显。晚春至初夏开花，乳白色花朵形似羽毛，散发出芳香。花后结出红色浆果。虽然耐寒性好，但需要遮挡避风。

↕90 cm ↔ 60 cm

◊❄❄❄ H6(!) pH

多年生植物，中型

荚果蕨 🏆

长长的绿色复叶全裂分成若干带锯齿的小叶片，整个植株形似羽毛毽子。适合栽种在潮湿的土壤中。

↕1 m ↔ 45 cm

◆❄❄❄ H5

多年生植物，大型

拟藿香叶绿绒蒿

寿命较短。带锯齿的椭圆形叶片呈莲座状排列，蓝绿色。初夏，直立的茎枝上盛开蓝色碟形花朵。适合栽种在树冠边缘的斑驳树荫下。

↕ 1.2 m ↔ 45 cm

❄❄❄ H5 pH

多年生植物，中型

粟草‘金色’

半常绿多年生植物，叶片狭窄呈拱形，金黄色。夏季，纤细的茎上开满黄色小花，圆锥花序疏松展开。适合栽种在树冠边缘的斑驳树荫下。

↕ 60 cm ↔ 30 cm

❄❄❄ H7

球根植物，中型

水仙‘二月金’

多年生球根花卉。叶片狭窄，绿色。冬末至初春开金黄色的花朵，花瓣向后折，花形似长喇叭。秋季可将种球成组群植。

↕ 30 cm

❄❄❄ H6

球根植物，中型

黄水仙

叶片直立呈带状，绿色，略带蓝灰色。早春开花，花朵低垂，淡黄色的花瓣重叠在一起，中间的喇叭形花心为深黄色。秋季栽种种球。

↕ 30 cm

❄❄❄ H6

多年生植物，小型

西亚琉璃草

叶片椭圆形至心形，绿色，叶脉较深。早春开花，天蓝色的花朵带白色花眼。‘彻丽·英格拉姆’（上图）的株型更为紧凑，花色为深蓝色。

↕ 30 cm ↔ 60 cm

❄❄❄ H5

灌木，大型

伯克伍德木樨

大型常绿灌木，树冠呈圆形。叶片卵形，深绿色，叶面光滑。春季，白色管状小花朵成簇盛开，散发出浓郁的芳香。花后结出黑色浆果。

↕↔ 3 m

❄❄❄ H5

多年生植物，小型

北美板凳果

叶片圆形，缺刻浅裂，深绿色。春季，随着新叶生长，会长出白色穗状花序，散发出芳香。适宜作为地被植物栽种在树下深度遮阴的地方。

↕ 25 cm ↔ 60 cm

❄❄❄ H5 pH

多年生植物，中型

芍药‘晚风之花’

叶片具光泽，绿色，小裂片细长。花簇生，夜间具香气，白色，雄蕊黄色，晚春开放。在遮阴的环境中表现尤为突出。

↕↔ 90 cm

❄❄❄ H6

多年生植物，中型

四叶重楼

多年生草本植物。根状茎上长有直立茎，茎上通常四片叶轮生。花单瓣，绿色，星形，春季开放。花后结蓝色浆果。非常适合种植在荫蔽环境中。

↕ 60 cm ↔ 50 cm

❄❄❄ H5

多年生植物，中型

花荵

叶片形似蕨类，复叶细裂。初夏，一簇簇疏松伸展的淡紫蓝色杯形小花着生在枝条上，露出橙黄色的雄蕊。

↕↔ 60 cm

💧❄❄❄ H7 🐝 ✿

多年生植物，中型

玉竹

叶片为椭圆形至披针形，绿色。晚春至初夏，白色花朵从枝条上垂下，尖端绿色，花形为管状至钟形，芳香四溢。在大树底下完全遮阴的环境下能够茁壮生长。

↕ 60 cm ↔ 30 cm

💧❄❄❄ H7 ! ✿

灌木，中型

马醉木‘燃烧’ 🏆

直立型常绿灌木。叶片革质，披针形，幼叶为鲜红色，随着不断成熟，叶色转变成绿色带白色叶缘。春季，钟形乳白色花朵成簇盛开。

↕ 1.5 m

💧❄❄❄ H5 ! pH 🐝

多年生植物，中型

棕鳞耳蕨 🏆

常绿蕨类植物，茎枝伸展，形似羽毛毽子。叶片呈披针形，复叶全裂，绿色。当叶片完全展开时，密被金毛。椭圆形的小鳞片叶边缘具刺状锯齿。喜完全遮阴的环境。

↕ 80 cm ↔ 90 cm

💧❄❄❄ H7

多年生植物，小型

八角莲

巨大的伞形叶片，亮绿色。夏季叶片下面会长出深红色的花朵。‘斑点’（上图）的叶片上带有红色斑点。

↕ 45 cm ↔ 60 cm

💧❄❄ H4 !

多年生植物，中型

霞红灯台报春 🏆

落叶或半常绿多年生植物。叶片呈莲座状排列，边缘带锯齿，绿色。夏季开花，花葶直立，伞形花序轮生，花朵管状。花色为紫色，带黄色花眼。

↕ 60 cm ↔ 30 cm

💧❄❄❄ H6 ✿

多年生植物，中型

杂交黄精‘贝特贝格’

多年生草本，丛生。茎起初直立，而后呈拱形弯曲。叶具金属光泽，紫铜色，椭圆形。花象牙色，先端绿色，钟形，晚春开放。

↕ 1 m ↔ 50 cm

💧❄❄❄ H7 ! ✿

多年生植物，小型

日本报春

椭圆形叶片，叶面褶皱，淡绿色基生叶呈莲座状排列。初夏，直立的茎枝上盛开着一簇簇白色、粉色或红色的花朵。‘波斯特福特白’（上图）的花朵为白色。

↕↔ 45 cm

💧❄❄❄ H6 ✿

多年生植物，小型

欧报春 🏆

椭圆形的淡绿色基生叶呈莲座状排列。早春绽放黄色花朵，散发出芳香。适合栽种在落叶树下的斑驳树荫区，与其他春季开花的球根花卉搭配在一起打造林地景观。

↕ 20 cm ↔ 35 cm

◑ ❄❄❄ H7 🐝

多年生植物，小型

药用肺草

地被植物。叶片呈椭圆形，先端渐尖，绿色，带白色斑点。春季，漏斗状的花朵成簇盛开。花色为蓝色、粉色或白色。

↕ 30 cm ↔ 60 cm

◑ ❄❄❄ H6 🐝

灌木，小型

杜鹃‘屋久王子’

树冠呈圆形的常绿灌木。叶色为橄榄绿色，叶背面长有橙棕色茸毛。晚春至初夏，花瓣上带有橘红色斑点的粉红色花朵成簇盛开。

↕↔ 1 m

◇ ❄❄❄ H6 ⓘ pH

多年生植物，小型

重瓣血根草 🏆

丛生型多年生植物。叶片呈肾形，具圆齿状边缘，蓝灰色。春季绽放白色的杯形花朵，多为单瓣。‘重瓣’（上图）为重瓣花。适合栽种在斑驳树荫下。

↕ 15 cm ↔ 30 cm

◑ ❄❄❄ H5

多年生植物，小型

瓣苞芹 🏆

叶片绿色，缺刻浅裂。花期从冬末至初春。花朵盛开后叶片展开。黄绿色花朵被黄绿色、上部带有凹口、形似花瓣的苞片包围。

↕ 6 cm ↔ 23 cm

◇ ❄❄❄ H7 pH

灌木，小型

野扇花‘冬季宝石’

常绿灌木。株型紧凑致密，根蘖发达，茎直立。叶有光泽，先端渐尖，卵形，深绿色。花小，具芳香，白色，冬季开放。花后结果，浆果初期红色，后期黑色。

↕↔ 70 cm

◑ ❄❄❄ H5 ⓘ

多年生植物，小型

马蹄香

茎直立，丛生。叶心形，具柔毛，幼叶银色或略带紫色。花黄色，花瓣3枚，初夏开放。喜湿润且排水良好的土壤。

↕↔ 50 cm

◑ ❄❄❄ H6

多年生植物，小型

华中虎耳草 🏆

半常绿、丛生。叶片圆形，具锯齿状边缘，缺刻浅裂，肉质，褐绿色，背面为红色。夏末绽放星形小花朵，花色为略微发白的粉色。适宜作为地被植物栽种在树下。

↕ 30 cm

◇ ❄❄ H4

多年生植物，中型

迪奥卡蝇子草

半常绿、丛生。叶片卵形，具有深绿色基生叶。春末至仲夏淡粉色小花朵成簇盛开。非常适合种植在树冠下的斑驳树荫区。

↕ 80 cm ↔ 45 cm

◇ ❄❄❄ H6 🐝 ✿

乔木，中型

玉铃花

树冠伸展。叶片圆形，正面为深绿色，背面为蓝灰色，秋季转变成黄色。初夏，白色的钟形花朵成串盛开，散发出芳香。

↕ 12 m ↔ 7 m

💧❄❄❄ H5

多年生植物，中型

大花垂铃儿 🏆

茎枝弯曲呈拱形。叶片披针形、亮绿色。春季中后期，黄色的长钟形花朵成簇盛开，悬挂在纤细的茎枝上，花瓣略微弯曲。在树下深度遮阴区生长旺盛。

↕ 60 cm ↔ 30 cm

💧❄❄❄ H7

多年生植物，小型

斐丽黄水枝

叶片浅裂，淡绿色，常绿，叶脉在冬季会变成古铜色或红色。晚春和初夏，毛茸茸的白色花朵组成穗状花序。适合作为地被植物。

↕ 20 cm ↔ 30 cm 或更大

💧❄❄❄ H5

多年生植物，大型

顶芽狗脊 🏆

蕨类植物，常绿。叶呈拱形，叶形优美，长度可超过 1m。幼叶可能略带青铜色，叶尖会形成珠芽，珠芽可发育成新植株。生长在湿润、肥沃的土壤和遮蔽的环境中极具观赏性。

↕ 1.5 m ↔ 2 m

💧❄❄ H4

多年生植物，中型

大花饰缘花

半常绿，丛生。叶片心形，边缘带锯齿，叶面多毛，绿色（略带紫色）。晚春至仲夏开花，花穗较长，小花朵钟形、奶油色。

↕ ↔ 60 cm

💧❄❄❄ H6 ✽

多年生植物，中型

台湾油点草

直立、丛生，生长缓慢。叶片披针形，绿色。秋季，带紫色斑点的白色花朵成簇盛开，花瓣向上翘起，形态奇特。

1 m ↔ 45 cm

💧❄❄❄ H5 ✽

多年生植物，小型

九州唐松草

枝叶密集生长成垫状。叶片细小，形似蕨类植物，深蓝绿色。初夏开出淡紫粉色的花朵，雄蕊明显突出。宜栽种在部分遮阴的位置。

↕ 8 cm ↔ 15 cm

💧❄❄❄ H5

多年生植物，小型

加州延龄草

深绿色的叶片上带有灰色或栗色的花纹，3 片叶子为一组。春季，紫粉色或白色的大花朵挺立在叶面之上。在部分遮阴处可茁壮生长。

↕ ↔ 45 cm

💧❄❄❄ H5

焦点植物：木兰

木兰属植物是极为壮观的开花乔木或灌木，其种类之丰富令人称奇，有许多品种可供选择，适用于多种不同的种植地点。对于大多数木兰属植物来说，有遮蔽的环境以及一定程度的遮阴是有益的，尤其是在幼年期。

很少有园林植物能与华丽的木兰相媲美。大多数木兰原产于亚洲和喜马拉雅地区，但也有一些原产于北美洲以及南至巴西的地区。如今，木兰属植物还包括了一些曾经被归为木莲属和含笑属的娇嫩物种。育种工作也催生了越来越多绚丽多彩的杂交品种，其中许多是优秀的园林树木，尤其是在湿润且避风的环境中表现优异。少数品种是常绿的，例如夏季开花的广玉兰。有些品种因叶片而备受青睐，尤其是大叶木兰，其看似脆弱的叶片可长达 60 cm。有些品种株型紧凑，如广受欢迎的星花玉兰；而另一些则是高大的森林乔木，如滇藏木兰，其高度可能超过 30 m。

帮助木兰适应环境

木兰在土壤肥沃、排水良好且不易干燥的环境中生长最佳。它们也喜欢避风和无霜的环境，以保护其娇嫩的花朵，尤其是那些早春开花的品种；许多木兰特别适合生长在林地中阴凉、湿润的条件下。虽然通常认为木兰需要酸性土壤，但有些品种在碱性土壤中也能生长良好。

日本辛夷是一种备受欢迎的小型乔木，春季会开出大量的白色花朵。它甚至能在白垩土中茁壮成长。

春天，没有其他任何一类开花乔木能在壮丽程度、品种多样性以及花量方面超越木兰属植物，而且许多木兰属植物非常易于栽种。

可供选择的木兰

木兰‘菲利克斯·朱里’ 乔木，生长旺盛，是众多优良的杂交品种之一。花朵极为壮观，粉红色，直径可达 35 cm。在有遮蔽的环境中生长最佳。

洛氏木兰‘梅里尔’ 小乔木。花白色，带芳香，春季开放。在碱性土壤中生长良好，喜欢避风部分遮阴或阳光充足的地方。

二乔玉兰 长期以来广受欢迎的大型灌木或小乔木，在阳光充足或部分遮阴的环境中会开出郁金香般的粉白色花朵。

星花玉兰　株型紧凑呈灌木状。花期较早，通常开出白色且芳香的花朵。易栽培，在部分遮阴或阳光充足的环境中都能茁壮成长。

木兰‘苏珊’　大型灌木，生长强健，花紫红色。易栽培，在高大树木下的斑驳遮阴环境中生长良好。

西康玉兰　初夏开花，花朵低垂，呈碟状，带有香气。适合种植在避风和部分遮阴的环境中。

适合岩石花园的植物

岩石花园通常位于阳光充足的地方，但其实里面的部分高山植物和矮生植物在阴凉处也能茁壮成长。

大多数高山植物每天需要接受几个小时的日照，如果将它们种在深度遮阴的地方，很可能不会开花，所以在选择建造岩山花园的位置时应格外仔细。可以通过连续不断、交替呈现的季节性景观让花园全年持续展现出色彩缤纷的美景。春季，用一系列球根花卉拉开序幕。随着夏日脚步的临近，可使用一些早花型多年生植物来装扮花园，例如景天属植物、荷包牡丹属植物。仲夏时节，花园中的亮点当属天竺葵、高山蝇子草以及象牙参属植物。接下来登场的是秋日开花的龙胆，而常绿的桧柏和长阶花则会将冬日花园装点得既多姿多彩，又富有情趣。

多年生植物，小型

掌叶铁线蕨

落叶或半常绿蕨类植物，株型紧凑，淡绿色复叶全裂成若干椭圆形小叶片。矮生型品种‘小细叶’，茎为黑色。

↕↔ 45 cm

❄❄❄ H6

多年生植物，小型

高山羽衣草

叶片浅裂，绿色，边缘为白色，背面带丝状茸毛。夏季开穗状花序，黄绿色小花朵外面长有绿色大苞片。

↕ 15 cm ↔ 60 cm 或更大

❄❄❄ H6

球根植物，小型

希腊银莲花

叶片全裂。早春开花，花朵形似雏菊，有蓝色、粉色、白色等。‘紫星’花色为紫色。秋季可将种球种植在阳光充足的地方。

↕ 10 cm ↔ 15 cm

❄❄❄ H6

多年生植物，小型

栎木银莲花

叶片深裂，绿色。春季至初夏开花，花朵形似雏菊，花量繁多，白色花朵中心带有黄色花蕊。适合成组种植在部分遮阴的岩石花园前部位置。

↕ 15 cm ↔ 30 cm

❄❄❄ H5

多年生植物，小型

大花银莲花

叶片全裂，绿色。春季至初夏开花，白色碗状花朵带有黄色花蕊，芳香四溢。喜中性至碱性土壤。

↕↔ 30 cm

❄❄❄ H6

多年生植物，小型

小银莲花

叶色为蓝绿色，全裂复叶分为若干圆形小叶。春季至初夏开花，花朵杯状，白色或粉色。适宜栽种在位于避风处的岩石花园前部位置。

↕ 10 cm ↔ 4 cm 或更大

❄❄❄ H6

多年生植物，小型

香耧斗菜

叶片浅裂，蓝绿色。夏季，乳白色的钟形花朵从枝条上垂下，散发出芳香。花朵外侧被有蓝白色或粉白色的萼片。花朵凋谢后应及时摘除花头，防止植株自播繁殖过量。

↕ 40 cm ↔ 20 cm

❄❄❄ H5

多年生植物，小型

青城细辛

多年生草本地被植物，具匍匐根茎。叶宽大，心形，带银色斑纹。春季，花朵在贴近地面处开放，花形奇特，紫褐色。在温和的冬季能保持常绿。

↕ 10 cm ↔ 50 cm

❄❄❄ H6

多年生植物，小型

阿卡迪亚车叶草

茎枝松散，灰色小叶片多毛。淡粉色管状小花朵初夏盛开。不喜冬季潮湿的环境，适合栽种在排水性良好的沙质土壤中。

↕ 8 cm ↔ 30 cm

❄❄ H3

多年生植物，小型

花叶蕨‘乌苏拉红’ 🏆

落叶蕨类植物。叶片羽毛状，银灰绿色，呈拱形。幼叶初时青铜紫色，中心区域颜色更红。

↕ 30 cm ↔ 40 cm

❄❄ H4 (!)

多年生植物，小型

桔钟花

地被植物。叶片椭圆形，边缘呈齿状，灰绿色。淡紫色的钟形花朵在夏季盛开。可将其栽种在白天能够接收到阳光照射的地方。

↕ 8 cm ↔ 20 cm

❄❄❄ H5

多年生植物，小型

美丽血心花

茎枝蔓延伸展，叶片灰绿色，浅裂。晚春至初夏，成串的粉色心形花朵从枝条上悬垂下来。‘狂欢会’（上图）的花色为深绯红色。

↕ 45 cm ↔ 30 cm

❄❄❄ H5 (!)

多年生植物，小型

血水草

多年生草本植物，具蔓性。叶片绿色，心形，叶缘呈波浪状。花娇弱，白色，雄蕊金色，晚春和初夏开放。喜部分遮阴且湿润的环境。

↕ 50 cm ↔ 3 m

❄❄❄ H6

多年生植物，小型

淫羊藿‘惊悚者’ 🏆

半常绿草本，丛生，可作地被。春季长叶，叶披针形，边缘带刺，初时呈鲜艳的红古铜色，随着时间推移才变为绿色。花叶同放，花淡黄色。

↕↔ 50 cm

❄❄❄ H6

球根植物，中型

加州猪牙花 🏆

丛生型。叶片深绿色带斑点。春季开花，花色为乳白色，花瓣反折。‘白美人’（上图）的花朵为乳白色，花喉部呈红棕色。秋季栽种。

↕↔ 35 cm

❄❄❄ H5 (!)

球根植物，中型

雪滴花‘磁铁’ 🏆

多年生草本，具鳞茎株型矮小。叶片灰绿色，似草。花梗细长，花低垂，白绿色，带蜂蜜香味，冬末开放。叶在夏季会消失。

↕↔ 15 cm

❄❄❄ H5 (!) ✽

球根植物，中型

雪花莲‘圣阿诺特’ 🏆

株型矮小的多年生球根花卉。叶片灰绿色，线形。冬末，白色小花朵从枝条上垂下，内层花瓣上带有绿色斑点。夏季应确保土壤不会干透。

↕↔ 15 cm

❄❄❄ H5 (!) ✽

多年生植物，小型

车轴草

掌状小叶片深绿色，全裂。夏季盛开白色的星形小花朵。栽种于岩石之间的空地上，任其自由蔓延生长。

↕ 15 cm ↔ 30 cm 或更大

❄❄❄ H7

灌木，小型

平铺白珠树

矮生常绿灌木。深绿色叶片呈椭圆形，革质，冬季叶色会泛红。夏季开花，花色为白色中略微透着粉色。花朵凋谢后结出绯红色浆果。适合栽种在部分遮阴或深度遮阴的位置。

↕ 15 cm ↔ 不定

❄❄❄ H5 pH (!)

多年生植物，中型

马利筋龙胆 🏆

丛生，茎起初直立，随后呈拱形。叶片有光泽，披针形。花喇叭形，蓝色，夏末开放。适合种植在凉爽、半阴且土壤湿润呈酸性的环境中。

↕ 90 cm ↔ 60 cm

❄❄❄ H5 pH ✽

多年生植物，小型

春龙胆

椭圆形的深绿色叶片呈莲座状排列。早春绽放，亮蓝色的管状花朵，喉部为白色。巴尔干春龙胆（上图）盛开星形花朵。

↕↔ 5 cm

H5 pH

多年生植物，小型

灰色老鹳草

灰绿色叶片呈圆形，深裂。花朵杯形，粉色或淡紫色，带有深紫色花蕊和脉纹，晚春至夏季盛开。‘芭蕾舞娘’（上图）的花朵为淡粉色。

↕ 10 cm ↔ 30 cm

H5

多年生植物，小型

喉凸苣苔

常绿草本，植株低矮丛生，呈莲座状。叶片深绿色，边缘具扇形锯齿。花簇生，淡紫色，晚春和初夏开放。非常适合种在有遮阴的岩石花园中。

↕ 20 cm ↔ 30 cm

H5

多年生植物，小型

冠蝇草

叶片狭长呈披针形，绿色。花朵小而圆，白色（偶尔为裸粉色），晚春至初夏开放。可栽种在略微斑驳的树荫下。

↕ 15 cm ↔ 20 cm

H5

多年生植物，小型

红紫铁筷子

叶片深绿色，全裂，分成若干披针形小叶片。早春绽放紫色（雄蕊为白色）带绿色的杯形花朵，花头低垂。秋季或冬末可修剪凌乱的叶片。

↕↔ 30 cm

H6

多年生植物，小型

獐耳细辛

叶片浅裂，分成3个椭圆形小裂片，叶面被柔软的丝毛。早春开放圆形花朵，花色为紫色，雄蕊白色。夏季应确保土壤不会完全干透。

↕ 8 cm ↔ 12 cm

H6

灌木，小型

铺地柏

株型紧凑的常绿针叶树。茎枝匍匐生长成垫状，枝叶稠密，叶片多刺，是非常出色的地被植物。可结出圆形、棕色或黑色的小果实。可用于岩石花园中，栽种在轻度遮阴的位置。

↕ 20 cm ↔ 75 cm

H7

多年生植物，小型

露薇花

常绿丛生型多年生植物。叶片呈莲座状排列，深绿色。漏斗形的粉红色、黄色或橙色花朵从晚春一直盛开至夏季。适宜栽种在轻度遮阴的位置，土壤应具有良好的排水性。

↕ 30 cm ↔ 15 cm

H4

球根植物，中型

水仙‘朱布列’

叶片呈带状。早春开花，单瓣、金色花朵具橙黄色花瓣副管。其他矮生型水仙品种花色有橙色或白色，有的还会开出双色花。

↕↔ 20 cm

H6

多年生植物，小型

腺叶酢浆草

枝叶密集丛生成垫状。叶片圆形、灰绿色，全裂，分成若干狭长的波状小叶片。春季开花。紫粉色的花朵呈圆形，带有深紫色的花蕊。

↕ 5 cm ↔ 10 cm

H4

多年生植物，小型

匍枝福禄考

常绿植物，株型低矮。椭圆形叶片淡绿色。紫色、碟形花朵初夏盛开。‘阿丽亚娜’（上图）的花朵为白色，是阴地岩石花园的理想景观植物。

↕ 30 cm ↔ 15 cm

H6 pH

多年生植物，小型

亨德森报春 🏆

长有一圈由椭圆形的绿色叶片组成的莲座状叶丛。深粉红色的花朵会在晚春绽放，花瓣反卷。喜欢肥沃的土壤。夏季，地上部分都会枯萎。

↕ 30 cm ↔ 25 cm

💧 ❄❄❄ H5

多年生植物，小型

齿缘报春 🏆

常绿或半常绿。椭圆形的叶片呈莲座状排列，叶片边缘带锯齿，绿色。‘卡瑟琳的变化’（上图）春季开淡紫蓝色的花朵。

↕ 15 cm ↔ 30 cm

💧 ❄❄❄ H5

球根植物，中型

黎巴嫩蓝条海葱 🏆

叶片绿色、带状。春季，白色的钟形花朵成簇盛开。适合与其他春季开花的球根花卉搭配种植。

↕ 15 cm

💧 ❄❄❄ H6

球根植物，中型

早花象牙参

株型紧凑。叶片线形，深绿色。夏季，形似兰花的黄色、紫色或白色花朵组成短穗状花序。适合栽种在斑驳树荫下的避风处。

↕↔ 25 cm

💧 ❄❄❄ H5 pH

球根植物，中型

象牙参 🏆

茎直立，肉质。叶细长，呈拱状，披针形，深绿色，春季萌发。花序短，呈穗状排列，紫色或红色，形似兰花，夏末开放。

↕↔ 40 cm

💧 ❄❄ H4

球根植物，中型

土耳其雪百合

早春开花的多年生球根花卉。叶片线形，绿色。花朵星形，蓝色，花蕊白色。可于秋季栽种在轻度遮阴的位置。适合成组大规模群植。

↕ 15 cm

💧 ❄❄❄ H6 (!)

球根植物，小型

伊朗绵枣儿 🏆

基部叶片呈带状。淡蓝色的杯形花朵，从冬末一直盛开至早春，花瓣上带有深蓝色的脉纹。秋季，可将种球成组遍植于岩石花园中。

↕↔ 10 cm

💧 ❄❄❄ H6 (!)

多年生植物，小型

反曲景天‘安吉丽娜’ 🏆

多肉植物，常绿，具匍匐茎。叶片金黄色，细小，圆柱形，可形成一片致密的金黄色叶垫，可作地被。花小，黄色，夏季开放。耐轻度遮阴。

↕ 30 cm ↔ 1 m

💧 ❄❄❄ H7 (!)

多年生植物，小型

黄花婆婆纳‘詹姆斯·斯特林’ 🏆

枝叶茂密，呈圆柱状。叶片呈明亮的黄绿色，形似鳞片。晚春开出小巧的白色花朵。可将其用于为岩石花园增添结构感，也可与低矮的多年生植物搭配种植。

↕ 45 cm ↔ 60 cm

💧 ❄❄❄ H7 (!)

多年生植物，小型

角堇 🏆

茎枝蔓延伸展。椭圆形叶片带锯齿。春季至夏末开花，花朵扁平，紫蓝色，偶尔也有白色的花朵。适宜成组群植于岩石花园中。

↕ 20 cm ↔ 20 cm 或更大

💧 ❄❄❄ H5

适合城市花园的植物

城镇和城市通常比农村地区更温暖，为多种植物提供了适宜的生长条件。

城市中的背阴区域曾被视为缺点，如今已成为一种极有价值宝贵的资源——在日益炎热的夏季，它有助于降低气温，使户外空间成为凉爽、宁静的绿洲。尽管城市中的花园大多面积有限，但可以通过枝繁叶茂的乔木和灌木（如风箱果属、木兰和荚蒾）来模糊边界，从而让花园看起来更大。由于墙边的土壤会因遮挡雨水而变得干燥，因此种植时应距离垂直墙面至少30 cm远，以便植物的根部获取更多水分。添加一个清凉的喷泉，并种植一些蕨类植物或一两棵充满异国情调的棕榈树，可以完美地营造出这种效果。

灌木，大型

加拿大唐棣

叶片椭圆形，被白毛，成熟后为深绿色，秋季变为橙红色。春季开花，白色花朵似繁星。夏季结果，果实栗色，香甜多汁，可食用。

↕6 m ↔ 3 m

❄❄❄ H7 pH !

多年生植物，大型

杂交银莲花

直立生长的多年生植物，深绿色基生叶，缺刻全裂。夏末至初秋开花，花朵大，单瓣或重瓣，花色为白色或粉色。上图为‘夏洛特皇后’。

↕1.2 m ↔ 不定

❄❄❄ H7

多年生植物，中型

斑叶欧耧斗菜

圆形、全裂、橄榄绿色的叶片上洒满橙色和金色的斑点。春季开双色花朵，通常为白色、红色、粉色或蓝色。

↕90 cm ↔ 45 cm

❄❄❄ H7

多年生植物，中型

蜘蛛抱蛋 🏆

深绿色叶片狭长，具光泽，直立生长。夏季偶尔会开花，花色为奶白色至紫色。花叶一叶兰（上图）的叶片带有奶白色的条纹。适植于夏季花境。

↕60 cm ↔ 45 cm

❄❄ H3

多年生植物，中型

大星芹

丛生型多年生植物。叶片绿色，全裂。仲夏至初秋开花，花色有绿色、白色、粉色或红色。‘哈德斯本血红’（上图）的花为深红色。

↕90 cm ↔ 45 cm

❄❄❄ H7

灌木，中型

青木 🏆

茎枝繁密茂盛，叶面光滑，叶色为深绿色。仲春开出紫色小花，雌株在花后会结出红色浆果。‘巴豆叶’（上图）的黄色叶片上带有斑点。宜春季修剪。

↕↔ 2 m

❄❄❄ H5 !

灌木，小型

心叶牛舌草‘杰克·弗罗斯特’ 🏆

多年生草本植物，低矮丛生。叶片宽大，相互叠生，呈心形，银白色，具醒目的绿色叶脉。春季绽放簇生的蓝色小花，可形成美观的地被覆盖效果。

↕60 cm ↔ 45 cm

❄❄ H3

灌木，大型

山茶

常绿灌木。树冠呈圆形，椭圆形叶片深绿色，叶面光滑。早春开花，花色为红色。‘中国血’的花朵为半重瓣，红色。耐全阴，可作为园景植物用于花境中。

↕3 m ↔ 2 m

❄❄❄ H5 pH

灌木，大型

威廉姆斯山茶

常绿灌木。叶面光滑，叶色为深绿色。春季开花，花朵为单瓣或重瓣，花色白色至深粉红色。常见品种有‘期盼’（上图），开重瓣花。耐全阴。

↕5 m ↔ 2.5 m

❄❄❄ H5 pH

多年生植物，小型

大岛薹草‘埃弗里洛’

叶片细长、簇生，初为柠绿色，即便在荫蔽的花园中，叶色也会逐渐变成金黄色。无论是种在何处，全年都可欣赏其多彩的叶色。

↕↔ 50 cm

❄❄❄ H7

灌木，大型

藏东瑞香

常绿灌木。叶片革质，椭圆形，叶色为深绿色。冬末开花，粉色或白色花朵成簇盛开，散发出甜美的香气，花朵凋谢后结出黑色浆果。

↕ 3 m ↔ 1.5 m

❄❄ H4(!) ✿

多年生植物，大型

发草

夏季，长长的茎枝上盛开着一团团金黄色的小花朵。秋季，种穗以及绿色叶片都会转变成金色。‘金露’（上图）是深受欢迎的一个品种。

↕ 2 m ↔ 50 cm

❄❄❄ H6

多年生植物，小型

曲芒发草

蓝绿色的叶片丛生。夏季开花，纤细修长的枝条上长出银白色或紫色的花穗。‘塔特拉金’（上图）的叶片呈黄绿色，花穗为青铜色。

↕ 50 cm ↔ 30 cm

❄❄❄ H6

灌木，小型

细梗溲疏

株型紧凑，绿色叶片呈披针形。初夏开出白色或粉色的星形花朵，有时会散发出芳香。‘日光’（上图）的花朵为白色，秋季叶片会略带紫色。

↕↔ 1 m

❄❄❄ H5

多年生植物，小型

荷包牡丹‘斯图亚特·波斯曼’ 🏆

株型紧凑，叶片灰绿色，细裂缺刻，外形似蕨类植物叶片。春末至夏季开花，深红色或粉色的心形花朵从拱形弯曲的茎枝上垂下。

↕ 30 cm ↔ 40 cm

❄❄❄ H5(!)

多年生植物，小型

毛地黄‘戴菊’

叶片深绿色、披针形，呈莲座状。花茎直立，具分枝，花低垂，铜橙色，喉部黄色且带红色斑点。该品种不育，无法自行结实。

↕ 50 cm ↔ 30 cm

❄❄❄ H6(!)

多年生植物，中型

近缘鳞毛蕨

常绿或半常绿蕨类植物。植株外形似羽毛毽子。全裂复叶，披针形，新叶为淡绿色，成熟后叶色转变为深绿色，带有鳞片状、金褐色的中脉。

↕↔ 90 cm

❄❄❄ H5

多年生植物，中型

大羽鳞毛蕨‘侏罗纪金’

叶可形成类似羽毛球状的叶丛，春季萌发，新叶橙金色，随后逐渐变为绿色，冬季仍保持常绿，但在春季最好修剪掉老叶，以促进新叶生长。

↕ 70 cm ↔ 50 cm

❄❄❄ H5

多年生植物，大型

阿比西尼亚红脉蕉 🏆

常绿多年生植物。植株外形似手掌，长有形似船桨的大叶片，叶片上带有中肋，正面的中肋为乳白色，背面的中肋为红色。

↕ 2 m ↔ 1 m

❄ H2

多年生植物，小型

白花扬格淫羊藿

多年生地被植物。叶片呈心形，边缘锯齿状，叶色略微泛古铜色，晚春变为绿色，同时盛开白色杯形小花。可栽种在树下。

↕ 30 cm

H5

多年生植物，中型

大吴风草‘斑叶’

丛生，叶片圆形、有光泽、革质，带明亮的黄色斑点。花茎具分枝，花黄色，似雏菊，夏季开放，是一种令人印象深刻且独特的地被植物。

↕ 60 cm ↔ 50 cm

H2

灌木，大型

神农箭竹

丛生型灌木。竹秆呈拱形、黄绿色。叶片披针形、亮绿色。‘辛巴’（上图）株型紧凑，是非常理想的焦点植物。最好栽种在肥沃的土壤中。

↕ 4 m ↔ 不定

H5

灌木，中型

熊掌木

直立常绿灌木。叶片深绿色，浅裂缺刻明显，具光泽。秋季盛开白色小花朵。可以设置支柱引导植株向上攀爬，或背靠墙垣或栅栏栽种。

↕ 2 m ↔ 3 m

H3

灌木，大型

八角金盘

常绿灌木。枝叶稠密，嫩芽强壮结实。圆形大叶片，深裂，叶色为深绿色。仲秋开花，白色小花组成圆形头状花序，花朵凋谢后结出黑色的果实。

↕ 4 m

H5 !

多年生植物，小型

老鹳草‘安妮·汤普森’

春季叶片萌发时呈黄绿色，随后逐渐转为绿色。茎蔓生，适合攀爬在其他植物上。夏季开放深紫红色花，带黑色花眼。可耐轻度遮阴环境。

↕ 50 cm ↔ 75 cm

H7

多年生植物，小型

箱根草

生长缓慢的禾本科落叶植物。茎干紫色，黄色叶片上带有绿色条纹，成熟后叶色转变成红褐色。初秋至冬季开花，穗状花序为红褐色。

↕ 40 cm ↔ 60 cm

H7

多年生植物，中型

臭铁筷子

直立生长的常绿多年生植物。掌状叶片，叶色为深绿色。冬末至初春，淡绿色的杯状花朵带红色镶边成簇盛开，散发出一股难闻的气味。

↕ 60 cm ↔ 50cm

H7 !

多年生植物，中型

杂交铁筷子

半常绿多年生植物。叶片深绿色、全裂。隆冬季节至春季开花，花头低垂，碟形花朵，花色为深浅不一的白色、粉色、黄色、绿色或紫色。

↕ 60 cm

H7 !

多年生植物，小型

矾根‘葡萄干布丁’

株型紧凑的常绿或半常绿多年生植物。圆形叶片，浅裂，叶色为紫色，极具观赏性。夏季，白色小花朵着生于纤细的茎枝上。

↕ 50 cm ↔ 30 cm

H6

多年生植物，中型

玉簪‘蜂铃’

丛生型多年生植物。硕大的淡绿色叶片极具观赏性，叶片边缘呈波浪状，尖端钝。夏季开花，粉紫色花朵散发出芳香，花期较短。

↕ 60 cm ↔ 1.2 m

H7

球根植物，中型

风信子

晚春开花的球根植物。叶片绿色，线形。钟形花朵组成的花穗散发着浓郁的芳香，花色极为丰富。适宜栽种在花境前方或直接栽种在花盆中。

↕ 30 cm

H4 !

灌木，中型

绣球

落叶灌木。叶片宽椭圆形，叶色为淡绿色，秋季转变成黄色。夏季开花，紫粉色或蓝色小花朵组成顶端扁平的花簇。

↕ 2 m ↔ 2.5 m

💧❄❄❄ H5 ⓘ

多年生植物，小型

短莛山麦冬 🏆

常绿多年生植物。茎枝蔓延伸展，叶片有光泽，线形，深绿色。秋季开花，穗状花序，淡紫色或蓝紫色小花密集簇生。

↕ 30 cm ↔ 45 cm

💧❄❄❄ H5 pH

灌木，小型

冬绿金丝桃

矮生型、半常绿或常绿灌木。叶片为深绿色。仲夏至仲秋开花，花色为鲜艳的黄色。适宜作为地被植物，但具有一定侵占性。

↕ 60 cm ↔ 不定

💧❄❄❄ H5 ⓘ

灌木，大型

弗吉尼亚鼠刺

常绿、蔓生型灌木。叶片卵形、带刺，叶色为深绿色。仲夏至初秋开花，青白色的柔荑花序极具装饰性。需栽种在酸性土壤中。

↕ 3 m ↔ 1.5 m

💧❄❄❄ H6 pH

灌木，大型

二乔玉兰

茎枝伸展，叶片椭圆形、深绿色。春季中后期开花，花色有粉色、白色或紫色，花形似高脚酒杯。可作为草坪景观或混合花境中的主景植物。

↕↔ 6 m

💧❄❄❄ H6 pH

灌木，中型

齿叶冬青‘绿篱’🏆

常绿灌木。株型紧凑，生长缓慢。叶片形态各异，椭圆形，有光泽，深绿色。夏季开放白色小花。花后结有光泽的黑色浆果。

↕↔ 1.5 m

💧❄❄❄ H6 ⓘ

灌木，小型

高山柏 🏆

常绿针叶树。枝叶稠密，枝条上长满纤细修长的亮蓝灰色叶片，匍匐生长呈低矮的山堆状。可作为暖色系观花植物完美的衬景。

↕ 40 cm ↔ 1 m

💧❄❄❄ H7 ⓘ

球根植物，中型

水仙‘狙击手杰克’🏆

叶片狭长、暗绿色。花朵为乳白色，带有短小的黄色杯状副花冠。花期为早春至仲春。秋季种植，适宜成组群植于花境前方或容器中。

↕↔ 23 cm

💧❄❄❄ H6 ⓘ ✿

灌木，中型

花叶木藜芦

常绿灌木。茎枝呈拱形，叶片深绿色、革质，边缘带锯齿。春季开奶白色钟形小花。‘彩虹’（上图）的绿色枝条微带红色，叶面带有斑点。

↕ 1.5 m ↔ 2 m

💧❄❄❄ H6 pH ⓘ

球根植物，中型

长寿水仙

叶片深绿色、窄长。仲春开黄色花朵，杯状副花冠为金黄色。花朵成簇盛开，散发出浓郁的芳香。秋季将种球成组群植于花境的前部位置。

↕↔ 30 cm

💧❄❄❄ H6 ⓘ ✿

多年生植物，小型

黑龙沿阶草

常绿、丛生型多年生植物。线形叶片细长狭窄。夏季开出白色或淡紫色的钟形小花，花朵凋谢后结出黑色浆果。适宜作为花境的饰边植物。

↕ 23 cm ↔ 30 cm

💧 ❄❄❄ H5

灌木，大型

柊树

常绿灌木。叶片似冬青叶，具光泽，叶色为亮绿色。秋季盛开白色小花，散发出芳香。注意保护植株避免遭受寒冷霜冻的侵害。

↕ ↔ 5 m

💧 ❄❄❄ H5

灌木，中型

风箱果'琥珀庆典' 🏆

落叶灌木。叶片有锯齿，幼叶铜橙色，到夏季时会逐渐变为绿色。夏季开放球状的白色花朵。落叶前，叶片略带紫色。

↕ ↔ 1.5 m

💧 ❄❄❄ H7

多年生植物，中型

假龙头花

叶片绿色，边缘带锯齿。夏末和初秋开花，穗状花序由白色、粉色或紫色的管状花朵组成。'鲜艳'（上图）的花朵为紫色。

↕ 60 cm ↔ 1 m

💧 ❄❄❄ H7 ✿

多年生植物，小型

北美板凳果

常绿、丛生型多年生植物。叶片圆形，浅裂，深绿色。春季开花，白色小花朵组成穗状花序，散发出薄荷香味。耐全阴，可作为地被植物栽种。

↕ 25 cm ↔ 60 cm

💧 ❄❄❄ H7 pH

灌木，中型

牡丹

直立生长的落叶灌木。叶片有缺刻，浅裂，叶色为深绿色。晚春开放碗状花朵，花色有粉色、白色、红色或紫色，有的品种会散发出芳香。

↕ ↔ 2 m

💧 ❄❄❄ H5 🐝

多年生植物，小型

甜肺草

半常绿、丛生型多年生植物。绿色叶片上带有白色斑点。春季，漏斗状的蓝紫色花朵成簇盛开。通常作为地被植物栽种在乔木或灌木下。

↕ 30 cm ↔ 60 cm

💧 ❄❄❄ H6 🐝

多年生植物，中型

林荫鼠尾草

株型紧凑的多年生植物。叶片披针形，叶面褶皱，叶色为绿色。穗状花序，蓝紫色的花朵从夏季持续盛开至初秋。

↕ 75 cm ↔ 60 cm

💧 ❄❄❄ H7 🐝

灌木，小型

欧鼠尾草

常绿灌木。灰绿色的叶片散发出芳香。夏季有时会盛开粉紫色的管状花朵。黄斑鼠尾草（上图）的绿色叶片上带有黄色斑纹。

↕ 80 cm ↔ 1 m

💧 ❄❄❄ H5 🐝

乔木，中型

柱状欧洲红豆杉 🏆

直立生长，枝条纤细，是红豆杉中更适合小型花园的栽培种。叶片为针状、深绿色。雌株可结出红色浆果。耐深度遮阴。全株有毒。

↕ 10 m ↔ 4 m

💧 ❄❄❄ H7 ⓘ

灌木，小型

野扇花‘冬季宝石’ 🏆

常绿灌木。株型紧凑，根蘖发达，茎直立。叶有光泽，先端渐尖，卵形，深绿色。冬季开放小巧芬芳的白花，花后结果。浆果初期红色，后期黑色。

↕↔ 70 cm

💧 ❄❄❄ H5 ⓘ

灌木，小型

日本茵芋‘神奇马洛特’ 🏆

常绿灌木。株型紧凑，枝繁叶茂。叶片呈披针形，银绿色，边缘带银色斑纹。秋季会形成粉红色、圆锥形花苞，春季绽放成芬芳的白花。

↕ 30 cm ↔ 50 cm

💧 ❄❄❄ H5 ⓘ 🐝

多年生植物，中型

马里兰翅子草

叶片为绿色、椭圆形。初夏开花，红色的管状花朵，顶端呈黄色星状。‘小丑威斯利’（上图）的花朵为深红色，顶端呈淡黄色。

↕ 60 cm ↔ 45 cm

💧 ❄❄ H3

乔木，小型

瓦氏棕榈 🏆

常绿棕榈。树干粗壮，外形奇特。叶坚硬、直立，深裂，扇形。花簇生，黄色，夏季开放。外形整洁、株型紧凑，非常适合城市空间，即使在轻度遮阴的环境中也能生长良好。

↕ 4 m ↔ 2 m

💧 ❄❄❄ H5

多年生植物，小型

对叶脐景天 🏆

常绿多年生植物。卵形大叶片呈圆齿状，叶色为绿色。鲜艳的黄色钟形小花朵盛开在拱形弯曲的枝条上，花期从春季持续至夏季。宜栽种在部分遮阴处。

↕ 20 cm ↔ 15 cm

💧 ❄❄❄ H5

灌木，小型

造型婆婆纳 🏆

株型紧凑，树冠呈圆形。茎枝密集生长，叶片小，灰绿色，是非常优秀的修剪造型植物。一簇簇白色小花在夏季盛开。适宜作为花境的饰边植物。

↕ 60 cm ↔ 90 cm

💧 ❄❄ H4

灌木，中型

川西荚蒾 🏆

树冠呈半球形。叶片暗绿色，带有较深的脉纹。晚春，白色小花成簇盛开。若将雌雄株种植在一起，雌株会结出具有金属光泽的蓝色浆果。

↕↔ 1.5 m

💧 ❄❄❄ H5 ⓘ

灌木，大型

香荚蒾 🏆

叶片为深绿色，幼叶呈古铜色。花期为秋末和早春，如果冬季气候温和，则整个冬季均可开花，白色或浅粉色的花朵成簇盛开，散发出芬芳。

↕ 3 m ↔ 2.5 m

💧 ❄❄❄ H6 ⓘ ✽

焦点植物：蕨类植物

蕨类植物非常适合用于阴地花园。它们那纹理清晰的叶片形成一片片绿毯，为林地景观中的观花植物打造迷人的装饰性衬景。

从株型微小的铺地植物，如细叶铁线蕨，到株高能够达到2 m、高大威武的欧紫萁，这群林地植物足以令园艺设计师们兴奋无比——让他们有机会呈现出各式花园设计方案。蕨类植物的叶片极具质感，具有很高的观赏价值，可以为春季开花的球根植物以及其他耐阴植物打造出似蕾丝花边感的背景。为了保持花园全年的景致丰富多彩并极具趣味性，可以将常绿蕨类植物，如耳蕨属植物，与一些落叶蕨类植物搭配种植。这些落叶蕨类植物在春季新萌发出的嫩芽是卷曲的，随后叶片逐渐舒展开，秋季转变成锈褐色。虽然大多数蕨类植物更喜欢潮湿的土壤，但也有一些蕨类植物，如多足蕨属植物、欧洲鳞毛蕨，在干燥的环境条件下也能生长良好。这些蕨类植物对于打造乔木和大型灌木下层的景观尤为宝贵。

直立型树蕨 如南极蚌壳蕨是处于温和气候的花园中壮观且生长缓慢的选择。它们能够耐受轻微的霜冻，但需要充足的水分和荫蔽环境。

蕨类植物的应用

虽然蕨类植物看上去有些柔弱，但是大多数品种的耐寒性都非常好，而且用途广泛。它们种类繁多，叶片类型有单叶和复叶。有的品种叶面具光泽，而有的品种则无光泽。叶色通常为绿色，有的叶片上带有装饰性的紫色或银色斑点。将它们群植于阴地花境中的景观效果非常出色，但很多品种也可作为优秀的园景植物用于容器花园中。

喜阴的落新妇和矾根可与鳞毛蕨属以及其他蕨类植物完美地搭配在一起，用于土壤湿润的混合花境中。

铁角蕨属和鳞毛蕨属植物可作为出色的主景植物，打造出极具质感的观叶植物盆栽花园。

耐寒性好的蕨类植物

铁线蕨属 耐寒性好的品种有阿留申铁线蕨（上图），属落叶蕨类植物，具手指状复叶；掌叶铁线蕨，茎为黑色，复叶分裂成若干小叶片；常绿的细叶铁线蕨。

铁角蕨属 铁角蕨的叶片通常全裂，并分裂成若干椭圆形小叶片。欧洲对开蕨（上图）属常绿蕨类植物，长长的复叶具光泽。

乌毛蕨属 耐寒性好的蕨类植物，穗乌毛蕨（上图）属常绿蕨类，复叶，全裂，叶色为深绿色。南国乌毛蕨叶片短小，复叶，幼叶微微泛红，成熟后为绿色。

乌毛蕨属 耐寒性好的蕨类植物，穗乌毛蕨（上图）属常绿蕨类，复叶，全裂，叶色为深绿色。南国乌毛蕨叶片短小，复叶，幼叶微微泛红，成熟后为绿色。

鳞毛蕨属 许多高山木蕨耐寒且形态醒目，有些为常绿品种。例如红盖鳞毛蕨品种‘光辉’（上图），能为春天增添意想不到的明亮色彩。

荚果蕨属 株型较大的荚果蕨（上图），属落叶蕨类植物，淡绿色复叶由若干手指状小叶片组成。

紫萁属 欧紫萁（上图）属落叶蕨类植物，株型高大，复叶，分裂成若干长长的小叶片，有的叶片顶端会长出流苏状的锈褐色孢子穗。

多足蕨属 这个属包括很多耐寒性好的常绿蕨类植物，最常见的是矮生型的多足蕨（上图）。它的复叶为深绿色，呈三角形。

耳蕨属 大多数耳蕨属植物的耐寒性都很好。叶片大，叶色为深绿色，叶形呈三角形，复叶，分裂成若干羽状小叶片（图中所示：黑鳞刺耳蕨）。

蕨类植物常在遮阴处墙壁的裂缝中自然生长，柔化了硬质景观边缘。

适生于开阔环境的植物

在寒冷或多风的开阔场地，可以通过种植坚固的乔木和灌木来提供庇护，并在其下方种植耐寒、适应性强的多年生植物。

0℃以下的气温对于很多蕨类植物来说都毫无问题，它们可以为花园中色彩斑斓的开花植物增添极富质感的背景。而种植一些能够散发出香味的植物则能打造出在感官上更令人愉悦的花园，如十大功劳属植物和水仙属植物都有助于让花园充满沁人心脾的芳香。株型较大的灌木和乔木可为完全暴露的花园提供一些遮蔽。当然还可以种植一些强壮结实的树篱植物，如山楂属植物和红豆杉，打造出一片温馨舒适的休闲区。一些齐肩高的绿篱屏障也有助于保护露台、庭院的隐私。

多年生植物，小型

掌叶铁线蕨 🏆

落叶或半常绿蕨类植物。茎为黑色，绿色复叶，全裂分成若干椭圆形小叶片。新长出的叶片泛粉。耐低温，但是应避免栽种在深度遮阴处。

↕↔ 45 cm

◇ ❄❄❄ H6

多年生植物，小型

柔毛羽衣草 🏆

从生型多年生植物。叶片圆形、淡绿色，边缘褶皱成波状。夏季开花，花枝繁多，细小的花朵为亮青黄色。应及时将凌乱的叶片剪除。

↕↔ 50 cm

◇ ❄❄❄ H7

多年生植物，中型

欧耧斗菜

直立生长，叶片绿色、全裂，分成若干圆形、浅裂小叶片。晚春至初夏，单瓣或重瓣的花朵从枝条上垂下，花色有紫色、蓝色、粉色、白色等。

↕ 1 m ↔ 50 cm

◇ ❄❄❄ H7 🐝 ✽

多年生植物，小型

伞形假升麻

株型紧凑，叶片深裂，似蕨类，秋季变成黄色。花茎具分枝，初夏至仲夏开放乳白色小花。耐阴，但需保持土壤湿润，避免干燥。

↕↔ 40 cm

◆ ❄❄❄ H7 ✽

多年生植物，中型

阿兰茨落新妇‘烽火’ 🏆

丛生型多年生植物。叶片深绿色，全裂分成若干小叶片。夏季，纤细的深色枝条上长出似羽毛般的锥形花序，深红色小花朵密集生长。

↕ 60 cm ↔ 45 cm

◆ ❄❄❄ H7 pH ✽

多年生植物，大型

蹄盖蕨 🏆

落叶蕨类植物。叶片淡绿色、披针形，复叶，分裂成若干狭窄、边缘带锯齿的小叶片。适宜种植在潮湿的酸性土壤中，但要避免种植在多风处。

↕ 1.2 m ↔ 1 m

◆ ❄❄❄ H6 pH

乔木，大型

喜马拉雅白皮桦

树形似花瓶状的落叶乔木。因白色呈片状剥裂的树皮尤为令人惊叹，而成为极具观赏性的景观植物。叶片秋季会变成黄色。

↕ 18 m ↔ 10 m

◇ ❄❄❄ H7

多年生植物，大型

抱茎蓼

丛生型多年生植物。叶片绿色、椭圆形。夏季至初秋开花，白色或粉色的花序呈纤细的穗状。‘火尾’（上图）绽放鲜红色的花朵。

↕↔ 1.2 m

◆ ❄❄❄ H7 ⓘ ✽

多年生植物，中型

穗乌毛蕨 🏆

叶片狭窄呈披针形，深绿色，复叶，分裂成若干线形小叶片。可用于寒冷地区或完全无遮蔽的花园中。春季应将老叶修剪去除。

↕ 75 cm ↔ 45 cm

◆ ❄❄❄ H6

灌木，小型

帚石南

枝叶繁茂浓密，叶片细小，叶色为灰色、黄色或亮绿色。仲夏至秋末，枝条上盛开单瓣或重瓣的钟形花朵，花色有粉色、白色和紫色。

↕ 30 cm ↔ 35 cm

◇ ❄❄❄ H7 pH 🐝

乔木，小型

波斯山楂

‘樱叶’（上图）的茎枝多刺，叶面具光泽，叶色深绿，秋季逐渐展现出五彩缤纷的动人色彩。晚春开花，花期短暂，接着结出红色浆果。

↕ 8 m ↔ 10 m

❄❄❄ H7

多年生植物，中型

黄花毛地黄

叶呈莲座状，细长，富有光泽。淡黄色的花单侧着生于花茎上，呈穗状排列，晚春和初夏开放。生命力顽强，能够耐受干旱环境。

↕ 1 m ↔ 30 cm

❄❄❄ H6

多年生植物，中型

大羽鳞毛蕨 🏆

丛生，株型似羽毛毽子。披针形叶片为全裂复叶，叶色为亮黄绿色，成熟后转变为深绿色，茎干密被黑褐色鳞片。能耐受干燥的土壤条件。

↕ 90 cm ↔ 75 cm

❄❄❄ H5

球根植物，大型

伊贝母 🏆

多年生球根植物。叶片披针形、蓝绿色。初夏开花，花朵钟形、乳黄色，花瓣内侧带棕红色斑点，花头低垂。花期过后植株会枯萎死亡。

↕ 70 cm

❄❄❄ H5

多年生植物，小型

杂交老鹳草‘比科沃’

半常绿多年生植物。叶片深绿色、具光泽。花白色，雄蕊粉色，夏季开放。秋季叶片变为火红色。植株强健且生长旺盛。

↕ 20 cm ↔ 60 cm

❄❄❄ H6

多年生植物，小型

黑根铁筷子

叶片深绿色、革质，缺刻全裂。冬季至早春开杯形花朵，花色为白色或略带粉红色，长有绿色花蕊。‘匠心之轮’（上图）的花朵为纯白色。

↕ ↔ 30 cm

❄❄❄ H7

多年生植物，中型

玉簪‘克罗莎极致’ 🏆

丛生型多年生植物。株型似花瓶，灰绿色叶片呈拱形弯曲。夏季开花，穗状花序，花朵淡紫色，花期很短。适宜气候寒冷的地区种植。

↕ 70 cm ↔ 75 cm

❄❄❄ H7

多年生植物，中型

白玉鸢尾 🏆

常绿多年生植物。生命力顽强，叶片带状、绿色、有光泽。初夏至仲夏开放黄色或紫色花朵。冬季结绿色荚果，裂开后露出橙色种子。

↕ 90 cm ↔ 50 cm

❄❄❄ H6

多年生植物，中型

西伯利亚鸢尾

叶片直立、剑形、蓝绿色。晚春至初夏开花，无髯，花色有蓝色、粉色、白色和黄色。‘黄油与糖’（上图）开有黄白相间的花朵。

↕ 1 m ↔ 不定

❄❄❄ H7

灌木，小型

鹿角桧

枝叶繁茂浓密，叶片鳞片状，叶色为灰绿色，随着不断成熟，其颜色会变为淡紫色，结球果。‘金黄’（上图）的叶片为金黄色，冬季变成黄绿色。

↕ 90 cm ↔ 2 m

❄❄❄ H6

乔木，小型

落基山圆柏

蔓生型针叶树。抗寒性好。叶片鳞片状，尖端锋利，结小型球果。‘冲天火箭’（上图）的株型呈窄圆柱形，叶片蓝灰色。

↕ 6 m ↔ 75 cm

❄❄❄ H6

灌木，大型

宽叶山月桂

常绿灌木。茎枝稠密，叶片卵圆形、绿色，叶面有光泽。晚春至初夏，褶皱的花苞中会绽放出大量粉色的杯形花朵。花后应进行轻度修剪。

↕↔ 3 m

H6 pH

多年生植物，中型

雪草地杨梅

常绿、丛生型多年生植物。叶片细长且呈拱形。花茎纤细坚韧，初夏至仲夏开放细小的白花。适合种植在遮阴的花境边缘。

↕↔ 60 cm

H5

灌木，小型

北美十大功劳

叶片深绿色，先端渐尖，叶面有光泽，天气寒冷时叶色会转变成古铜色。春季黄色的花朵成簇盛开，散发出芳香，花谢后结出黑色浆果。

↕ 1 m ↔ 1.5 m

H5

球根植物，中型

黄裙水仙

矮生型多年生球根植物。叶形似草，叶色呈深绿色。黄色花朵单生，副冠呈长漏斗状，别具一格。土壤在冬季和春季时应保持湿润。

↕ 15 cm

H4

灌木，小型

金露梅

叶片小、暗绿色，全裂，分成若干狭窄的小叶片。夏季至秋季开出碟形花朵，品种不同花色不尽相同，有黄色、红色、粉色、橙色或白色。

↕ 1 m ↔ 1.5 m

H7

多年生植物，中型

玉竹

植株外形呈拱形，绿色叶片为椭圆形至披针形。晚春至初夏开放白色管状花朵，尖端绿色，芳香四溢。耐寒、耐阴，但要避免遭受大风的侵袭。

↕ 60 cm ↔ 30 cm

H7

多年生植物，中型

圣诞耳蕨

常绿多年生植物。叶片细长、披针形，深绿色复叶，全裂成若干小叶。随着不断生长，植株会长成团块状。耐寒、耐阴。

↕ 60 cm ↔ 45 cm

H5

多年生植物，中型

黔中耳蕨

株型似羽毛毽子。叶片大，直立生长，革质，三角形，深绿色复叶由若干边缘带刺的小叶片组成。耐阴，抗寒性好，能抗霜冻，要求土壤湿润。

↕ 90 cm ↔ 1.2 m

H7 pH

多年生植物，小型

欧报春

椭圆形、淡绿色的基生叶呈莲座状排列。早春，黄色花朵成簇盛开，散发出芳香。在斑驳树荫下的冷凉型花园中能够茁壮生长。

↕ 20 cm ↔ 35 cm

H7

灌木，大型

接骨木‘萨瑟兰黄金’

叶片深裂，呈羽状，金黄色。春季可能会开出小巧的圆锥形奶油色花簇，随后结出红色浆果，但在春季修剪过的植株上不会结果。

↕↔ 3 m

H7

多年生植物，小型

无毛钻形漆姑草

枝叶密集丛生，叶片小而尖，绿色。夏季开白色小花。‘金黄’（上图）的叶片为黄绿色。适合作为地被植物种植。喜潮湿、酸性的土壤。

↕ 10 cm ↔ 30 cm

❄❄❄ H6 pH

球根植物，中型

西伯利亚垂瑰花 🏆

矮生型多年生球根植物。叶片呈线形、绿色。春季开花，蓝色钟形花朵从茎枝上垂下。秋季栽种种球，适宜成组种植。

↕ 20 cm

❄❄❄ H6 (!)

多年生植物，小型

聚合草‘海德科特蓝’ 🏆

生长强健，叶片椭圆形、绿色，春季萌发。花苞略带粉红色，春季开放小巧、钟形的蓝白色花朵。在干燥、背阴处也能形成茂密的地被层。

↕ 45 cm ↔ 80 cm

❄❄❄ H7 (!)

乔木，大型

欧洲红豆杉 🏆

枝叶繁茂，具有深绿色的针状叶片。春季开黄色小花，花朵凋谢后结出红色浆果。可用作景观树篱或防风屏障。所有部位都带有剧毒。

↕ 15 m ↔ 10 m

❄❄❄ H7 (!)

多年生植物，小型

威利黄水枝 🏆

株型紧凑的丛生型多年生植物。叶片浅裂，叶色为略带栗色的绿色。晚春至初夏，白色或粉色的小花成簇盛开，花量繁多。

↕ 20 cm ↔ 15 cm

❄❄❄ H5

灌木，大型

加拿大铁杉

常绿针叶树。蓝绿色针状叶片背面为白色，茎枝下垂，结褐色球果。‘蔓生’（上图）是生长非常缓慢的一个灌木品种，茎枝蔓延伸展，树形呈山丘状。

↕↔ 5 m

❄❄❄ H7

灌木，小型

越橘 珊瑚色群 🏆

蔓生型常绿灌木。叶面有光泽，叶片深绿色。晚春至初夏，白色或粉色的钟形花朵从枝条上垂下，花朵凋谢后结出可食用的红色浆果。

↕ 25 cm ↔ 不定

❄❄❄ H5 pH

灌木，大型

地中海荚蒾

叶片深绿色、椭圆形。冬末至春季开白色小花，花朵凋谢后结出蓝色的浆果。‘伊芙·普里斯’（上图）的花蕾为粉色，绽开后花朵为白色。

↕↔ 3 m

❄❄ H4 (!)

多年生植物，小型

角堇 🏆

茎枝蔓延伸展，椭圆形叶片带锯齿。春季至夏末开花，花朵扁平，花色为紫蓝色，偶尔也有白色的。适宜栽种在微风轻拂的花境中。

↕ 20 cm ↔ 20 cm 或更大

❄❄❄ H5

灌木，中型

锦带花

落叶灌木。株型呈拱形，椭圆形叶片带锯齿，绿色。晚春至初夏开花，深粉色的花朵内部为淡粉色至白色。‘斑锦’（上图）的叶片斑驳多彩。

↕↔ 2.5 m

❄❄❄ H6

打造特殊景观效果的植物

如何为特殊景观效果配置植物

在选择植物时，应考虑其颜色、质地、形状和香气。选择那些具有触感特性的植物，以及那些能在四季中都给人留下深刻印象的植物——常绿植物和具有醒目结构的植物，能为花园增添四季皆宜的观赏价值。

规划景观方案

本书的第一部分能帮助您精准确定适合您特定花园环境的植物。第二部分则在此基础上更进一步，为您提供一系列可供选择的植物，以用于打造特定的设计风格或实现特定的效果。例如，您可能正在寻找创建亚热带风格花园的灵感，或是能希望吸引各种鸟类和昆虫到花境的植物。同时，请参考第 14 至 17 页关于种植风格的部分，该部分解释了如何通过植物组合来实现某些特定效果，比如打造出规整式或现代风格花园。

一旦你选定了一种风格，就要考虑选择那些能让花园一整年都充满趣味的植物。这在小花园中尤为重要，因为在小花园里，整个空间可能随时都一览无余。尽量将那些相继开花或结果的植物搭配在一起，以避免景观出现空档期。记住，花朵只是你打造景观的元素之一，将它们与色彩斑斓的叶子、果实，以及持久的花穗或常绿植物搭配起来，就能让花园全年都充满趣味。

花园风格

自然主义构想　运用成片的宿根花卉和观赏草来营造持久的景观效果。夏季绽放的花朵、秋季挺立的茎干和种穗可为花园中的昆虫提供冬季的栖息之所。

异域风情　将如香蕉树般引人注目的观叶植物与色彩鲜艳、热烈似火的美人蕉花朵相结合，打造出一个郁郁葱葱的后花园丛林景观。

季节趣味性

冬日奇景　最寒冷的季节未必就会单调乏味。常绿叶片、鲜艳的树皮和茎干，以及珍贵的冬季花朵，可以相互搭配，构成一幅迷人的景象，而晶莹闪烁的霜花会让这一景致更加丰富多彩。

炽热的果实　火棘的果实（左图）可以从秋季一直挂到冬季，常常会吸引饥肠辘辘的鸟儿飞到花园里，尽情享用这些饱满多汁的浆果。

营造感官吸引力

带有芳香叶片和花朵的植物备受珍视，因为它们带来了一种能在一年中的任何时候都振奋人心的感官享受。在隆冬时节，十大功劳或金缕梅散发的香气极具吸引力，足以诱人踏雪寻香；而金银花的芬芳则让人有足够的理由在夏日的夜晚于花园中惬意放松。在第 332 至 337 页，你会发现有大量关于芳香植物的介绍。

您还可以利用那些形状、叶色和质地对比鲜明的植物，为您的花园增添一份设计感。这类植物大多能为花期和果期较短的花卉和果实提供一个永久的装饰框架。

本书的最后一部分聚焦于一些存在问题的区域，例如炎热干燥的地方、斜坡区以及积水区。它推荐了一系列气候适应能力和耐旱性强的植物，其中一些植物甚至有助于减轻污染。此外，通过推荐一些能抑制杂草生长的地被植物，为大面积区域提供了低维护的解决方案。

颜色和气味

愉悦感官 可种植一些花朵或叶片五彩斑斓或芳香四溢的植物，例如薰衣草（上图）。这类植物是能够让你在花园里尽情享受美妙的感官体验的关键元素。

芬芳之境 如果您打算在夏夜使用花园，可以种植百合（左图）以及其他在傍晚时分散发浓郁香气的花卉。将这些植物布置在露台和休息区旁。

形状和结构

更持久的吸引力 茎枝及叶片的结构和纹理比较粗犷、醒目的植物，例如上图中的毛蕊花，与花期短暂的观花植物相比，更能长时间地营造并维持极富趣味性的观赏景观。

植物造型 很多植物都非常适合通过栽培引导、塑形或修剪的方法来造型，以创建花园中视觉冲击力持久以及更具艺术性的景观效果。

解决问题

干燥却不乏趣味 一系列适应地中海气候的植物能在干燥、阳光充足的花园中茁壮成长，而且这些植物一旦扎根成活，几乎无须灌溉。

不同风格花园的植物配置

无论你的品位偏好如何，花园规模如何，从线条干净利落的规整式花园，到轻松随意的乡村风格花园，总有一款风格适合你。同时，你也会发现，如果专注于一个主题，那么制订统一的种植计划是非常容易的。此时，还要考虑一下你想在花园里花费多少时间以及做多少工作，然后根据需要选择一种适合自己的花园风格。例如，现代风格的多年生花园以及野趣花园中可以种植一些并不需要过多养护管理且抗性强的植物，而繁茂的热带植物花园以及具东方风格的花园则需要花费更多的时间打理、养护。

受自然主义风格启发的多年生植物种植方式

现代风格的多年生花园注重将顽强耐寒的多年生植物与草本植物搭配在一起，营造出色彩丰富、形态多样的亮丽景观。

在创建自己的花园景观时，应对所使用的植物品种的色调进行限定，尽可能将更多高度和形态对比鲜明的植物组合在一起。虽然这种种植方式通常更适合大型花园，但如果在减少植物品种数量的同时对每种植物仍保持大规模群植，那么这种方式也可适用于较小的空间。另外，方案中应包括主要的几种植物形态，例如花序顶端扁平的蓍草、圆锥状花序的鼠尾草，以及盛开着雏菊形花朵的松果菊等，可搭配种植一些叶片颇具趣味性的禾本科观赏草。

多年生植物，大型

凤尾蓍

叶片灰绿色、细裂。夏季开花，金黄色的花朵密集生长。花枝可保留直至变干，以增添几分秋色，也可剪切下来放在室内制作成干花观赏。

↕ 1.2 m ↔ 60 cm

💧 ☼ ❄❄❄ H7 🐝 ✿

多年生植物，大型

总序类叶升麻 🏆

直立多年生植物。叶片全裂，上部分枝多。仲夏开花，穗状花序形似洗瓶刷，花色为白色。经干燥处理的棕色种穗同样颇为引人注目。

↕ 1.5 m ↔ 60 cm

💧 ☼ ❄❄❄ H7 ⓘ

多年生植物，大型

单穗升麻

直立多年生植物。叶片全裂。秋季开花，花序形似洗瓶刷，白色小花朵略带紫色。叶片为紫色的品种‘黑女人’（上图）非常流行。

↕ 1.2 m ↔ 60 cm

💧 ☼ ❄❄❄ H7 ⓘ 🐝

多年生植物，大型

茴藿香

直立生长，叶片带有甘草的味道。适宜成片栽种在花境的前部，以尽情展现那蓬松、毛茸茸的穗状花序。夏季开花，花色为淡紫蓝色。

↕ 1.2 m ↔ 30 cm

💧 ☼ ❄❄ H3 🐝

球根植物，大型

花葱‘紫色震撼’ 🏆

花茎结实，初夏开放球状、紫色花朵。秋季可将球根种植在多年生植物之间。花朵开放时，叶子会逐渐枯萎。

↕ 80 cm

💧 ☼ ☼ ❄❄❄ H6 🐝 ✿

球根植物，大型

大糠百合 🏆

植株直立，叶片细长、披针形。晚春开放乳白色、星形花朵。在高草丛或类似草甸的种植环境中生长良好。

↕ 1.5 m

💧 ☼ ❄❄ H4 ⓘ

一年生 / 二年生植物，大型

欧白芷

株型高大，茎枝直立生长，分枝多，绿色叶片缺刻较深。栽种下的第一年叶片会成簇丛生，翌年开花，拥有半球形的绿色头状花序，花朵细小。

↕ 2 m ↔ 1 m

💧 ☼ ❄❄❄ H6 🐝 ✿

多年生植物，大型

抱茎蓼

叶片绿色、椭圆形。夏季至初秋开花，白色或粉色的花序呈纤细的穗状。适宜栽种在潮湿的土壤中。‘火尾’（上图）的花朵为鲜红色。

↕ ↔ 1.2 m

💧 ☼ ❄❄❄ H6 ⓘ ✿

多年生植物，大型

尖花拂子茅‘卡尔·福斯特’ 🏆

落叶、丛生型多年生植物。叶片绿色，起初直立，随后呈拱形，秋季变为黄色。圆锥花序直立且持久，青铜色，结籽时会变成棕色。

↕ 1.5 m ↔ 1 m

💧 ☼ ❄❄❄ H6

多年生植物，中型

距药草

叶片灰绿色。晚春至初秋开花，深红色的小花朵组成圆形头状花序。可大量自播繁殖。用于花境中可打造出具有自然风格的植物群落。

↕ 90 cm ↔ 60 cm

H5

多年生植物，大型

刺苞菜蓟

直立多年生植物。银灰色的叶片多刺。紫色大花朵形似蓟花，从夏季持续盛开至秋季。可用于花境后部，为景观增添更多趣味性。

↕ 2 m ↔ 1 m

H5

多年生植物，中型

松果菊‘埃尔顿·奈特’

丛生型多年生植物。直立生长，株型紧凑，叶片绿色。花茎分枝性强，略带紫色，夏季开放粉紫色花朵，圆锥形花心橙色。

↕ 1 m ↔ 50 cm

H5

多年生植物，中型

松果菊‘白天鹅’

直立多年生植物。叶片深绿色。夏末至秋季开白花，花蕊突出，像一根根锥形钉子。可与深色观花植物搭配在一起，形成鲜明的视觉对比。

↕ 60 cm ↔ 45 cm

H5

多年生植物，中型

林地老鹳草

叶片成簇丛生，绿色，浅裂。晚春至初夏开花，圆形蓝紫色花朵具有白色花蕊。适宜群植于花境的前部位置，栽种在潮湿的土壤中。

↕ 75 cm ↔ 60 cm

H7

多年生植物，大型

硬叶蓝刺头

叶片多刺、全裂、深绿色。夏末开花，蓝色的头状花序像一根根大钉子。当株型高大的花葱凋谢后，可以用它来填补花境中的空隙。

↕ 1.2 m ↔ 75 cm

H7

多年生植物，中型

巨刺芹

叶片灰绿色、心形。夏季开花，高耸的茎干顶端长有被带刺的苞片包围的银灰色圆锥形花球。植株可以在排水良好的土壤中大量自播繁殖。

↕ 90 cm ↔ 30 cm

H6

多年生植物，大型

紫红花泽兰

植株直立挺拔，茎紫绿色。叶片卵形、绿色。花茎高大，夏末至初秋，开放蓬松的淡紫红色花朵。非常适合种植在花境后部。

↕ 2.2 m ↔ 1 m

H7

多年生植物，中型

紫萼路边青

叶片绿色、圆形，呈整齐的莲座状排列。晚春至夏季开花，粉色至深橙色的钟形小花着生于高耸直立、细长的枝条顶端。

↕ ↔ 60 cm

H7

多年生植物，大型

星草梅

蔓生型多年生植物。叶片深绿色，浅裂。晚春至夏末开花，红色花蕾绽开后为白色星形小花。花枝繁多，茎枝直立、轻盈。

↕ 1.2 m ↔ 60 cm

H7

多年生植物，中型

堆心菊‘沙欣的早花’

直立生长，花茎挺拔。头状花序似雏菊，初夏至秋季开放橙色花朵。非常适合成片种植在草丛旁边。

↕ 1 m ↔ 50 cm

H7

多年生植物，中型

中欧孀草

直立多年生植物。绿色叶片基生，浅裂。夏季，坚硬的茎枝顶端长出纽扣状的深红色花朵。花期可持续整个夏季。喜阳光充足处。

↕75 cm ↔ 60 cm

💧☼❄❄❄ H7 🐝 ✿

多年生植物，大型

掌叶橐吾

叶片大而圆，深缺刻，深绿色。仲夏至夏末开花，穗状花序长而窄，雏菊形的黄色小花朵形似蜘蛛。及时剪除已经凋谢的花枝。

↕2 m ↔ 1 m

💧☼❄❄❄ H6 ✿

多年生植物，中型

天蓝麦氏草‘保罗·彼得森’🏆

丛生型多年生植物。株型紧凑，夏季叶片绿色，秋季变为黄褐色。花茎直立，花紫色，花期长。喜阳光充足、开阔的生长环境。

↕1 m ↔ 50 cm

💧💧☼❄❄❄ H7

多年生植物，中型

美国薄荷‘紫罗兰女王’

丛生型多年生植物。茎直立，叶具芳香。花轮生，夏季开放紫罗兰色花朵。抗白粉病，开花繁茂，能够吸引传粉昆虫。

↕1 m ↔ 50 cm

💧☼◐❄❄ H4 ✿

多年生植物，大型

山桃草🏆

叶片绿色、匙形。花蕾略带粉色，完全绽开后为白色小花，可在整个夏季持续盛开。适宜将其交替群植在花头扁平的观花植物之间。

↕1.5 m ↔ 90 cm

💧☼❄❄ H4 🐝 ✿

多年生植物，中型

毛地黄钓钟柳‘胡斯克红’

茎枝繁茂。叶片披针形，幼叶和茎枝均为暗红色。白色管状花朵着生于花枝上，从晚春持续盛开至仲夏，与茎叶颜色形成鲜明的对比。

↕75 cm ↔ 30 cm

💧☼❄❄❄ H5 🐝

多年生植物，大型

天蓝绣球

叶片绿色、披针形。大簇的白色或淡紫色花朵从夏季持续盛开至秋季，可打造出一片缤纷亮丽的花海。‘蓝色天堂’（上图）开紫蓝色花朵。

↕1.2 m ↔ 1 m

💧☼◐❄❄❄ H6 🐝 ✿

多年生植物，中型

黑心金光菊

叶片绿色、披针形。夏季至秋季开放形似雏菊的大花朵，花色为金黄色，带有褐色花心。‘贝基混色’（上图）是非常流行的一个品种。

↕90 cm ↔ 45 cm

💧☼❄❄ H3 🐝 ✿

多年生植物，中型

林荫鼠尾草

株型紧凑、直立的多年生植物。叶片披针形，叶面褶皱，绿色。穗状花序紫蓝色，从夏季至初秋，为花园持续注入动人的色彩。

↕75 cm ↔ 60 cm

💧☼◐❄❄❄ H7 🐝

多年生植物，中型

轮生鼠尾草‘紫雨’

直立生长，茎四棱，分枝多，基生叶宽大。花轮生，呈圆锥状排列，夏季开放紫色花朵。易于栽培、用途广泛，耐旱。

↕1 m ↔ 50 cm

💧☼❄❄❄ H5 🐝

多年生植物，大型

加拿大地榆🏆

丛生型多年生植物。直立生长，叶片绿色、具裂片，秋季变为红色。花茎粗壮，花序呈瓶刷状，夏末至初秋开放白花。

↕2 m ↔ 60 cm

💧☼❄❄❄ H7

多年生植物，大型

地榆

丛生型多年生植物。绿色叶片，全裂，分为若干椭圆形小叶。茎枝细长，着生椭圆形花簇，由细小的暗红色小花组成，从夏季一直盛开至初秋。适宜栽种在花境的前部。

↕ 1.2 m ↔ 60 cm

◑ ☼ ❄ ❄ ❄ H7

多年生植物，中型

秋蓝禾 🏆

常绿、丛生型多年生植物。叶片黄绿色，入秋后叶色近金黄色。夏季，茎枝顶端抽出银白色穗状花序。

↕ 1 m ↔ 50 cm

◯ ◑ ☼ ❄ ❄ ❄ H7

多年生植物，大型

巨针茅 🏆

绿色叶片呈拱形。夏季，高大、形似燕麦的淡紫色花穗迸发而出，秋季成熟后转变成金黄色。非常适合栽种在花境前部位置。

↕ 2.5 m ↔ 1 m

◯ ☼ ❄ ❄ H4

多年生植物，中型

小香蒲

落叶多年生水缘植物。叶片外形似草。夏末开花，拥有锈褐色穗状花序，花朵凋谢后结出颇具观赏性的褐色、圆形种子头。

↕ 60 cm ↔ 30 cm

● ☼ ❄ ❄ ❄ H6

多年生植物，大型

心叶紫菀

叶片小。夏末至秋季开花，花枝繁多，形似雏菊的白色花朵中略显蓝色。‘甜蜜薰衣草’（上图）的花为淡紫色或蓝色。

↕ 1.2 m ↔ 1 m

◑ ☼ ◐ ❄ ❄ ❄ H7

多年生植物，大型

柳叶马鞭草 🏆

株型高大，分枝较多，叶片小，叶色为深绿色。仲夏至秋季，紫色花朵成簇盛开，花簇呈半球形，散发芳香。

↕ 1.5 m ↔ 60 cm

◯ ☼ ❄ ❄ H4

多年生植物，大型

维吉尼亚假龙头花‘魅力’

高大的茎干上轮生着披针形的叶片。到夏末时节，会生出尖尖的细长花穗，上面开满淡紫色的小花，花期能够持续数周直至秋季。

↕ 1.5 m ↔ 1 m

◯ ◑ ☼ ◐ ❄ ❄ ❄ H7

多年生植物，大型

黄花唐松草 🏆

丛生型多年生植物。茎直立，叶片蓝绿色。花茎高大，夏季开放浅黄色花朵。

↕ 1.5 m ↔ 50 cm

◯ ◑ ☼ ❄ ❄ ❄ H7 ⓘ

适合规整式花园和现代风格花园的植物

规整式花园遵循对称的设计准则，而现代风格花园则讲究非对称的设计理念，但是两者对植物的要求却非常相似。

修剪得紧凑密实的树篱是规整式花园中最常见的要素，常被用来作为屏障或打造花坛。黄杨如今已不再推荐使用，红豆杉是传统的可选择的植物材料，但也可以尝试用灌木型忍冬或小檗属植物来打造更时尚的景观。现代风格的景观设计通常包含一些由叶片繁茂的植物构筑的景观分区，例如竹子、禾本科植物或长阶花，可用它们独特的色彩、质地、纹理拼接出特色图案。

灌木，中型

绣球‘落跑新娘白雪公主’

落叶灌木。枝条拱形且开展。叶片椭圆形、深绿色，边缘带锯齿。伞房花序，花朵为白色或略带粉色，春季至秋季开放。

↕↔ 1.5 m

💧☀ ❄❄❄ H5 ⓘ

乔木，小型

海桐‘矮生’

常绿灌木。株型低矮、宽阔、致密、紧凑、优美。幼叶有光泽，鲜绿色，后逐渐加深。花白色，有香味，夏季开放。

↕↔ 1 m

💧☀ ❄❄ H3

乔木，中型

月桂 🏆

常绿乔木。深绿色的叶片，具有芳香，可根据景观需求进行修剪，制作成造型树。适宜栽种在大型容器中，也可作为花坛中的主景植物。

↕ 12 m ↔ 10 m

💧☀◐ ❄❄ H4 🐝

灌木，大型

狭叶总序桂

常绿灌木。植株枝叶茂密，叶细长，深绿色。花小，簇生，具芳香，乳黄色，春季开放。耐修剪，适合作绿篱植物。

↕ 3 m ↔ 2 m

💧☀ ❄❄❄ H5

灌木，小型

薄叶海桐‘高尔夫球’

常绿灌木。株型致密，叶片小、椭圆形、具光泽，幼叶银绿色，后逐渐加深。花紫色，带香气，夏季开放。

↕↔ 1.2 m

💧☀ ❄❄ H4

灌木，小型

月季‘肯特’ 🏆

蔓生型地被月季，抗病性好。叶片绿色、有光泽。花朵呈扁平状，半重瓣的白色花朵成簇盛开，花期从夏季持续至秋季。适合栽种在大型容器中，栽培基质宜选用以土壤为主的混合基质。

↕ 80 cm ↔ 90 cm

💧☀ ❄❄❄ H6 ⓘ 🐝

灌木，中型

月季‘夏洛特夫人’ 🏆

落叶灌木。生长旺盛。夏季和秋季开放重瓣、杯形、带芳香的橙色花朵，花苞略带红色，可当作攀缘植物来栽培，具有良好的抗病能力。

↕ 1.5 m ↔ 1 m

💧☀ ❄❄❄ H6 ⓘ 🐝 ✿

灌木，小型

月季‘佩内洛普’

杂交麝香灌木型月季。长长的茎枝呈拱形弯曲，叶片光滑、深绿色。夏季至秋季，半重瓣、奶油色或浅粉色的花朵成簇盛开，散发出芳香。

↕↔ 1 m，如果轻度修剪尺寸会更大

H5

灌木，小型

月季‘千载难逢’

落叶灌木。生长旺盛，新生枝叶略带红色，成熟叶有光泽、深绿色。花重瓣，具芳香，薰衣草紫到淡紫红色，花单生或成小簇开放。

↕ 1.2 m ↔ 1 m

H6

多年生植物，小型

一串红

深绿色叶片呈矛形。夏季开花，管状花朵组成密集紧凑的穗状花序，花色有粉色、绯红色、紫色或白色。可栽种在花坛前部，增添一抹迷人美景。

↕ 25 cm ↔ 35 cm

H3

多年生植物，中型

超级鼠尾草

株型紧凑，深绿色的小叶片散发出芳香。初夏开花，紫罗兰色的小花朵组成穗状花序。‘五月之光’（上图）的花色为靛蓝色。

↕ 80 cm ↔ 30 cm

H7

多年生植物，中型

银叶菊‘天使翅膀’

常作一年生植物栽培。株型低矮、茂密，蔓延生长呈丛生状。叶片宽大、银白色，质地柔软如天鹅绒。夏季开放似雏菊的黄色花朵。叶色与花色对比鲜明，用在花园中非常具有视觉冲击力。

↕↔ 75 cm

H3

乔木，大型

欧洲红豆杉

常绿针叶树。叶片深绿色、针状，秋季结出红色浆果。可作为边界绿篱将花园进行分区。春季和夏季修剪或根据景观需要进行深度修剪。全株有剧毒。

↕ 15 m ↔ 10 m

H7

乔木，大型

心叶椴

落叶乔木。叶片深绿色、心形，叶面光滑，秋季叶片会转变为黄色。夏季盛开黄白色的小花。适合作为枝条编织树篱。夏季进行修剪。

↕ 30 m ↔ 12 m

H6

球根植物，中型

郁金香‘夜皇后’

晚春开花的品种。叶片灰绿色。杯状单瓣花朵，花色为深紫色。秋季可将种球成组群植于苗床或花坛中，或栽种在花盆中。

↕ 60 cm

H6

具异域风情的植物

鲜艳亮丽的花朵搭配郁郁葱葱的绿叶，共同营造出一种充满异域风情的氛围。虽然其中很多植物来自气候炎热的国家，但是很多耐寒性好的植物也同样能够营造出这种热带风情。

叶片硕大的植物可以赋予设计方案更强的艺术感。在气候寒冷的地区，应栽种耐寒性强的观叶植物作为花园背景，夏季可用富有异国情调的植物来为花园注入色彩。大丽花、美人蕉以及蜜花属植物，如果是在冬季气候较为温和的地区，可用厚厚一层碎树皮或腐熟的有机肥将其根部覆盖，这样它们便可以顺利在室外越冬，但如果所在地区冬季气候寒冷，那么最简单的办法就是将它们移至室内。

灌木，中型

苘麻‘肯特州的美女’

在气候温暖的地区为半常绿灌木。叶片小，呈三角形。夏季盛开橙色或红色的钟形花朵。适宜栽种在阳光充足的墙垣旁，或用作景观屏障。

↕↔ 2.5 m

H3

多年生植物，中型

百子莲‘爆紫’

常绿多年生植物。叶片深绿色、带形。头状花序圆形，夏季开放深紫蓝色的管状花朵。最适合种植在阳光充足且避风的地方。

↕ 1 m ↔ 50 cm

H4 (!)

多年生植物，小型

巴利龙舌兰

叶大醒目，灰绿色或蓝绿色，叶尖带黑色尖刺。需排水良好的土壤和阳光充足且有遮雨、避风的环境，才能在户外安全越冬。

↕ 50 cm ↔ 1 m

H2(!)

多年生植物，中型

芦荟

常绿多年生植物。灰绿色肉质叶片边缘带刺。当作为盆栽观赏时，夏季放入阳光明媚的花园中，可增添一道奇特的风景。

↕ 60 cm ↔ 不定

H1C(!)

多年生植物，小型

蜗牛秋海棠

常绿多年生植物。叶片呈螺旋状，叶色为夹杂着紫色的绿色，叶面带有银色螺旋斑纹。秋季盛开粉红色小花朵。

↕ 25 cm ↔ 50 cm

H1B(!)

灌木，大型

云龙箭竹

初时高大直立而后呈拱垂状。茎干初生时呈粉蓝色，随后变为灰绿色。茎干具纸质苞片，待生长完全后脱落。叶片宽大、披针形、绿色。

↕ 8 m ↔ 4 m

H5

灌木，大型

白花木曼陀罗

叶片椭圆形、绿色。夏季至秋季开花，花朵大，花形奇特，呈喇叭状，夜间会散发出芳香。‘柑曼怡’（上图）的花色为杏黄色。

↕ 5 m ↔ 2.5 m

H1C(!)

多年生植物，大型

美人蕉‘怀俄明州’

直立生长，叶片呈桨形、紫铜色。仲夏至初秋开花，花朵为淡橙色，外形与唐菖蒲的花相似。冬季应采取防护措施避免遭受冻害。

↕ 1.8 m ↔ 50 cm

H3

灌木，大型

欧洲矮棕

株型紧凑的常绿棕榈树。叶片呈扇形，全裂，叶色为绿色。夏季，成熟的植株上会盛开一簇簇黄色的小花朵。比较耐寒。

↕ 3 m ↔ 2 m

H4

一年生 / 二年生植物，大型

醉蝶花

株型高大，茎枝多刺，复叶。夏季开花，圆形头状花序由许多形似蜘蛛的白色、粉色和紫色小花组成，带有色彩亮丽的雄蕊。

↕ 1.2 m ↔ 45 cm

💧 ☼ ❄ H2 ✽

攀缘植物，大型

电灯花 🏆

叶片为深绿色。杯形花朵散发出芳香，随着花朵的成熟，花色会转变成紫色。夏秋季节，可搭建棚架或设置铁丝供其攀爬。

↕ 5 m

💧 ☼ ❄ H2

灌木，小型

银叶鞘蕊花 🏆

蔓生型常绿亚灌木。茎枝银色，叶片灰绿色。夏季开花，小花穗蓝白色。可作为大型容器花园或花坛的饰边植物。

↕ ↔ 1 m

💧 ◐ ❀ H1C

多年生植物，中型

彩叶草

常作一年生植物栽培。叶片宽大、椭圆形，叶色鲜艳醒目，包括红色、绿色和黄色等。需摘除花朵以保持叶片美观。

↕ ↔ 60 cm

💧 ☼ ◐ ❀ H1C

多年生植物，大型

芋 🏆

多年生水缘植物。叶片大、卵状。在气候寒冷的地区，只能在温暖的夏季将其栽种在室外。‘水源’（上图）的叶梗和叶脉颜色较深。

↕ 1.5 m ↔ 60 cm

💧 ☼ ❀ H1B (!)

多年生植物，大型

雄黄兰‘保罗黄’ 🏆

茎直立生长，叶片剑形，叶面褶皱。花茎拱形，圆锥花序，夏季绽放亮黄色、喇叭状花朵。

↕ 1.5 m ↔ 1 m

💧 ☼ ❄ ❄ H4 ✽

灌木，中型

苏铁 🏆

树干纹理粗糙，叶片椭圆形，叶面光滑、绿色，全裂分成若干针状小叶片。可耐严寒，冬季放置在带有遮蔽设施的室外区域，可顺利越冬。

↕ ↔ 2 m

💧 ☼ ❄ ❄ H3 (!)

球根植物，大型

大丽花‘紫红之星’ 🏆

叶片深紫色。仲夏至秋季开放单瓣、紫红色的硕大花朵，带深色花眼，雄蕊金色。在寒冷地区冬季需将块茎挖出保存。

↕ 1.2 m ↔ 1 m

💧 ☼ ❄ ❄ H3 (!) 🐝 ✽

多年生植物，大型

阿比西尼亚红脉蕉 🏆

常绿多年生植物。大叶片形似船桨，叶片上带有中肋，正面的中肋为乳白色，背部的中肋为红色。适宜栽种在大型花盆中。

↕ 2 m ↔ 1 m

💧 ◐ ❄ H2

球根植物，大型

凤梨百合‘闪耀的勃艮第色’ 🏆

叶片直立、肉质，略带紫红色。花茎紫色，直立，总状花序高大而密集，花苞深色，夏末开放淡紫粉色、星形花朵。可能需设立支柱。

↕ 1 m ↔ 50 cm

💧 ☼ ❄ ❄ H4

多年生植物，大型

姜花‘塔拉’ 🏆

茎直立，枝叶茂密，叶片披针形、灰绿色。花顶生，顶端簇生着蜡烛状的花序，绽放出带香味的橙色花朵，雄蕊红色。

↕ 2 m ↔ 1 m

💧 ● ☼ ❄ ❄ H4

一年生 / 二年生植物，小型

伞花麦秆菊

长满柔软的灰绿色叶片的茎枝蔓生下垂，极具观赏性，是非常完美的容器花园或花坛的饰边植物。‘舞台灯光’（上图）的叶片为黄绿色。

↕15 cm ↔ 30 cm

H3

多年生植物，中型

萱草‘油炸绿番茄’

丛生型多年生植物。叶片披针形、绿色。花茎细长，从仲夏开始开放红色、喇叭形花朵，喉部黄绿色。

↕80 cm ↔ 50 cm

H6

灌木，大型

凹脉鹅掌柴

常绿灌木。茎直立，叶片硕大、革质、伞形。花簇生，白色，夏季开放。花后结黑色浆果。

↕12 m ↔ 4 m

H4

多年生植物，大型

智利半边莲

砧木稍木质化，茎直立。叶片披针形、灰绿色、具茸毛。总状花序直立，花红色如口红般，夏末和秋季开放弯曲的管状花朵。

↕2 m ↔ 1 m

H4

灌木，大型

木槿

叶片深绿色、浅裂。夏末至初秋开花，单瓣花朵，花色有蓝色、紫色或白色，带有深色花蕊。‘蓝鸟’（上图）是非常流行的一个品种。

↕3 m ↔ 2 m

H5

多年生植物，大型

毛囊蕨

丛生，叶片三角形，起初直立，而后拱起。叶片正面苹果绿色，背面银白色。在避风、排水良好且肥沃的土壤中，它会呈现出壮观的景象。

↕↔ 3 m

H3 pH

多年生植物，中型

玉簪‘斯巴达克斯’

落叶、丛生型多年生植物。叶片心形，叶脉深陷，呈褶皱状，边缘波浪起伏。花叶品种，叶边缘黄色，中间为海绿色。夏季开放淡紫色花朵。

↕↔ 50 cm

H7

多年生植物，小型

鹦鹉嘴百脉根

属垂吊型多年生植物，通常作为一年生植物种植。叶片灰绿色，形似蕨类叶片。夏季开花，橙红色花朵形似鸟喙。

↕20 cm ↔ 不定

H2

攀缘植物，中型

橙红茑萝

叶片绿色、心形。绯红色的小花朵呈管状，花喉为黄色，散发芳香。可设置三脚架任其向上攀爬，从夏季至早秋为景观增添色彩缤纷的美感。

↕3 m

H1C

灌木，大型

蜜花

常绿亚灌木。蓝灰色叶片全裂，分成若干边缘呈锯齿状的小叶片。棕红色小花朵于晚春盛开。需设置保护设施以免植株遭受寒风的侵袭。

↕↔ 3 m

H3

攀缘植物，大型

西番莲

常绿或半常绿，叶片光滑、深绿色、浅裂。花形奇特，花朵为白色，带有紫色的花丝，从夏季一直盛开至秋季，花谢后结出蛋形、橙色果实。

↕ 10 m 或更高

H4

多年生植物，大型

麻兰

常绿、丛生型多年生植物。剑形叶片呈拱形弯曲垂下，叶色为灰绿色。夏季，暗红色的花朵着生于高高的茎枝顶端。耐寒性好。

↕ 3 m ↔ 2 m

H5

灌木，大型

海桐

常绿灌木。枝叶繁密，树冠整齐、密集。叶片长椭圆形、深绿色。晚春至初夏星形小白花成簇盛开，散发出甜美浓郁的芳香。花朵颜色会逐渐转变成乳黄色，更具吸引力。

↕ 10 m ↔ 3 m

H3

灌木，中型

大叶苦竹

小型竹子，生长旺盛。叶片宽披针形，绿色，冬季，叶尖和叶片边缘会变成棕褐色，呈现出双色调的景观效果。

↕ 2 m ↔ 不定

H5

乔木，小型

棕榈

茎干无分枝，树冠由硕大的扇形叶片组成。叶片深缺刻，全裂，绿色。初夏开放乳黄色花朵，散发出芳香。适宜栽种在花园中避风的位置。

↕ 2 m ↔ 2.5 m

H5

一年生 / 二年生植物，小型

旱金莲

叶片绿色、圆形。红色、黄色或橙色的喇叭形花朵从夏季持续盛开至秋季。“阿拉斯加”系列（上图）的叶片上散布着乳白色的斑点。

↕ 30 cm ↔ 45 cm

H3

一年生 / 二年生植物，小型

百日草“梦境”系列

茎枝繁茂浓密，叶片椭圆形、深绿色。夏季至初秋，雏菊形花朵在叶丛上盛开，花色有红色、橙色、粉色或白色。适宜栽种在容器中。

↕ ↔ 30 cm

H2

一年生 / 二年生植物，大型

圆叶肿柄菊

株型高大，分枝多。叶片矛状，纹理粗糙。鲜艳的橙色花朵，带黄色花蕊，从夏末持续盛开至秋季。需要设置支撑物以免植株倒伏，并定期摘除凋谢枯萎的花头。

↕ 1.2 m ↔ 60 cm

H2

适合东方风格花园的植物

日式踏石、休闲步道以及茶园，蕴含着佛教哲学理念的东方花园以其特有的美丽和宁静，深受人们的喜爱和赞美。

日式砾石花园通常包含一些大型岩石和迷你植物——传统意义上的旱生花园在植物选择上包括仅用苔藓作栽培基质的小型松树，以及经修剪定型的日本冬青。草木繁茂的休闲漫步区以及茶园可选择的植物品种范围更为宽泛，包括被大量修剪过的造型植物，色彩绚丽的鸡爪槭、竹子、鸢尾以及一些应季观花灌木，如杜鹃花、牡丹、芍药。可将这些植物组合在一起，打造一处小型林地景观或水景花园，配合建造蜿蜒曲折的小径以及开放式空间，呈现出一个真实而生动的庭院景观。

乔木，小型

鸡爪槭‘血红’ 🏆

小乔木。微微发红的紫色叶片，呈枫叶形，叶色在秋季会转变成鲜红色。春季开放紫色的小花朵，花朵凋谢后结出红色翅果。

↕↔ 5 m

💧☼◐ ❄❄❄ H6

灌木，大型

茶梅

直立生长，分枝性强。叶片椭圆形且具光泽，边缘略呈锯齿状。秋季和初冬绽放单瓣或重瓣的清香花朵，花色有白色、粉色、红色或双色。

↕↔ 4 m

💧◐ ❄❄ H4 pH

灌木，小型

日本柳杉

常绿、矮生型针叶树。树冠呈圆拱形，叶片鳞状、绿色，果球先为绿色后转变为褐色。可用它在岩石之间创造出一处圆形小景致。

↕↔ 1 m

💧☼ ❄❄❄ H6

乔木，大型

银杏

大型落叶乔木。树冠呈圆锥形，叶片扇形，叶色为绿色，秋季转变为金黄色。雌性植株可在秋天结出黄色的果实。

↕ 30 m ↔ 8 m

💧☼ ❄❄❄ H6 (!)

多年生植物，小型

箱根草‘光环’ 🏆

生长缓慢，黄色叶片上带有绿色条纹，成熟后转变成红褐色。红褐色穗状花序，初秋开花，可持续至入冬。适宜盆栽或地栽于砾石花园中。

↕ 40 cm ↔ 60 cm

💧◐ ❄❄❄ H7

灌木，中型

绣球

叶片椭圆形、淡绿色。仲夏至初秋开花，花球中间为蓝色小花朵组成的似蕾丝花帽般的伞房花序，四周为淡蓝色至粉色的大型苞片。

↕ 2 m ↔ 2.5 m

💧◐ ❄❄❄ H5 (!)

灌木，中型

栎叶绣球

株型似山丘，叶片浅裂，绿色，秋季时叶色转变成醒目的红色和紫色。仲夏至秋季开花，圆锥形的奶油色花序，会逐渐转变成粉白色。

↕ 2 m ↔ 2.5 m

💧◐ ❄❄❄ H5 pH (!)

多年生植物，中型

燕子花

叶片剑形，绿色。初夏开花，深紫色的花瓣上带有黄色的斑纹。适宜栽种在水生植物专用种植篮中，放置在池塘或水池边缘。

↕ 90 cm 或更高 ↔ 不定

💧☼ ❄❄❄ H6 (!)

多年生植物，小型

黑龙沿阶草 🏆

常绿多年生植物。叶似草，有光泽，黑色。花簇生，夏末开放粉紫色的钟形小花。花后结黑色浆果。适合用作地被植物种在种植区域的边缘。

↕ 23 cm ↔ 30 cm

💧☼◐ ❄❄❄ H5

多年生植物，中型

芍药‘丽碗’ 🏆

直立、丛生型多年生植物。叶片全裂，绿色。碗状、重瓣大花，外层花瓣为玫瑰粉色，花蕊为奶油色。

↕↔ 1 m

💧☼ ❄❄❄ H6

灌木，中型

牡丹

直立生长的落叶灌木。叶片浅裂，深绿色。晚春开碗状花朵，花色有白色、粉红色、红色或紫色，有的品种会散发出芳香。

↕↔ 2 m

H5

灌木，大型

桂竹

株型高大的竹子。竹秆为绿色或黄色，叶片繁茂，可以提升整个花园景观的空间高度。在砾石花园中，能非常完美地展现出东方风情。

↕ 8 m ↔ 不定

H5

灌木，大型

紫竹

常绿、丛生型竹子。青褐色的茎干上带有沟槽，成熟时变为黑色，叶片细长。适宜作为屏障植物或焦点植物用于休闲花园或茶园中。

↕ 8 m ↔ 不定

H5

灌木，大型

马醉木

株型紧凑的常绿灌木。叶片革质、深绿色，幼叶为鲜红色。春季开花，瓮形花朵成串从枝条上垂下，花色有白色、粉色或红色。

↕ 4 m ↔ 3 m

H5 pH

灌木，大型

业平竹

生长旺盛，竹秆深绿色，叶片呈披针形，正面为深绿色，背面为灰绿色。可以在砾石花园中打造一片小竹林，或种植一排用来作景观屏障。

↕ 6 m ↔ 不定

H6

灌木，小型

矮赤松

因其具有鳞状树皮和优雅的外形在日本备受推崇。在砾石花园的大圆石间，可利用这种株型紧凑的针叶树的枝条打造出山丘形景观。

↕ 1 m ↔ 2 m

H7

乔木，大型

东京樱花

枝叶蔓延伸展，因其散发出的杏仁香味和春季盛开的白中透粉的花朵而备受推崇。夏季植株会结出深红色的果实，秋季叶色会转变成黄色。

↕ 15 m ↔ 10 m

H6

灌木，小型

矮生野扇花

常绿、丛生型灌木。冬季开花，细小的白色花朵散发出芳香。叶面光滑，深绿色，可修剪成球状用于砾石花园中。花朵凋谢后会结出黑色浆果。

↕ 60 cm ↔ 1 m

H5

灌木，中型

川西荚蒾

树冠呈半球形，叶片革质，叶色为深绿色。晚春开白色小花。若将雌雄株种植在一起，雌株会结出具有金属光泽的蓝色浆果。

↕↔ 1.5 m

H5

攀缘植物，大型

多花紫藤

叶由单独的椭圆形小叶组成，春季萌发，同时总状花序开放，花序下垂。花序上缀满蝶形花朵，花色有紫罗兰色、紫色或白色，具芳香。

↕ 8 m

H6

适合乡村风格花园的植物

时尚和潮流轮回交替，然而乡村花园作为最受欢迎的设计风格之一却经久不衰，充满怀旧感的景观主题以及颇具浪漫色彩的植物组合深受人们喜爱。

传统的乡村风格花园包括香草植物区和蔬菜区，但是当下人们往往更注重观赏植物景观。打造一座乡村风格花园，设计方案通常包括木制棚架以及用月季、葡萄藤、忍冬等植物装饰的绿廊，下面会栽种一大丛薰衣草。将尽可能多的球根植物以及多年生植物栽种在花坛里，尽量挑选那些从春季至秋季可持续开花的植物。可用草花盆栽来填补花坛中的空隙。根据需要，还可以种植一些株型紧凑的灌木，以及一些球形或塔形的造型植物，为景观组合增添一些结构性元素。

多年生植物，中型

珠蓍珍珠群

直立、蔓生型多年生植物。叶片深绿色、线形。夏季开花，白色、绒球形小花似一颗颗珍珠，将植株满满覆盖。适宜用来装饰花园的步道两侧。

↕↔ 60 cm

H7

多年生植物，小型

柔毛羽衣草

从生型多年生植物，是非常完美的花境前景植物，也可用于荫蔽角落。叶片圆形、淡绿色。夏季，细小的黄绿色花朵可连续盛开数周。

↕↔ 50 cm

H7

多年生植物，大型

杂交银莲花

叶片深绿色、全裂。夏末至秋初，白色或粉色碟形花朵着生于直立茎枝上。‘奥诺丽娜·若贝尔’（上图）开白色花朵，带有金黄色花眼。

↕ 1.2 m ↔ 60 cm

H6

多年生植物，小型

白舌春黄菊

常绿多年生植物。耐旱性好，叶片银色。夏季开花，花瓣白色、花蕊黄色的雏菊形花朵布满茎枝。适宜作为阳光充足的花境的前景植物。

↕↔ 30 cm

H4

多年生植物，中型

欧耧斗菜

绿色叶片似蕨类叶片。晚春至初夏，钟形花朵着生于茎干顶端，具花距。可以将开纯白色花的‘妮维雅’（上图）与勿忘草搭配种植。

↕ 90 cm ↔ 45 cm

H7

多年生植物，中型

欧耧斗菜

叶片圆形、全裂。晚春至初夏开绒球形花朵。‘诺拉·巴洛’（上图）的花朵为绿粉色，随着花朵完全绽开，粉色的花瓣顶端会变成白色。

↕ 75 cm ↔ 50 cm

H7

灌木，小型

木茼蒿

不耐寒的常绿多年生植物。基部木质化，适合栽种在花盆中或抬高式花坛里。叶片全裂、灰绿色。夏季至初秋开花，花朵颜色极为丰富，有白色、黄色或粉红色，花形似雏菊。

↕↔ 80 cm

H2

多年生植物，小型

阿兰德落新妇

从生型多年生植物。深绿色叶片形似蕨类叶片，深缺刻，全裂。夏季开花，锥形羽状花序，花色为暗粉色。在完全遮阴的环境下也可生长良好。

↕ 45 cm ↔ 30 cm

H7

灌木，中型

美洲茶‘黑暗星球’

攀缘灌木。枝条呈拱形弯曲，上面长满椭圆形、绿色小叶片。晚春，深蓝紫色的花朵成簇盛开。采取挡风措施避免植株遭受寒风的侵袭。可栽种在阳光充足的墙垣或栅栏旁。

↕2 m ↔ 3 m

H4

多年生植物，中型

紫矢车菊

叶片全裂，灰绿色至银色的叶片丛生。仲夏开花，花色为玫瑰粉色，带有淡黄色花蕊。可以与林荫鼠尾草‘五月之光’搭配种植。

↕75 cm ↔ 60 cm

H7

一年生 / 二年生植物，中型

蜜蜡花

直立生长，叶片卵形、灰绿色。夏季，紫色和黄色的管状花朵在茎枝顶端盛开，需要设置支撑桩防止茎干倒伏。植株可在砂砾基质中自播繁殖。

↕ ↔ 60 cm

H3

攀缘植物，中型

铁线莲‘朱莉亚夫人’

属意大利组铁线莲，为生长旺盛的攀缘植物。仲夏至夏末开花，酒红色花朵中央为一簇奶油色雄蕊。可尝试任其茎枝在树枝间攀爬。

↕3.5 m

H6

多年生植物，中型

菊花‘中国皇帝’

茎直立，叶片深裂、具芳香、绿色。秋季开放重瓣、粉红色花朵，花瓣背面紫色，花期长。

↕90 cm ↔ 50 cm

H5

攀缘植物，大型

绣球藤

落叶攀缘植物。生长旺盛，大量枝条向上伸展攀爬。叶片全裂，绿色。晚春至初夏开出白色或粉色花朵，花量繁多。

↕12 m

H5

攀缘植物，中型

铁线莲‘蓝天使’

落叶攀缘植物。花天蓝色，花苞略带紫色，仲夏至暮夏开放。花瓣4~6枚，边缘呈波浪状，花中央具一圈绿金色雄蕊。根喜阴凉环境。

↕2.5 m

H6

一年生植物，中型

波斯菊‘桑索斯’

茎直立，具分枝。叶形优美似蕨叶。夏季和秋季开放似雏菊的淡黄色花朵。与某些品种相比，‘桑索斯’植株更小，形态也更为规整。

↕60 cm ↔ 30 cm

H2

多年生植物，中型

雄黄兰‘东方之星’

丛生型多年生植物。拥有长而窄的叶片。从仲夏到晚夏会开出橙黄色花朵，深色的花蕾十分吸引人。可将它种植在紫色花植物旁边。

↕70 cm ↔ 8 cm

H4

乔木，小型

木梨

叶片宽大、椭圆形，叶背银白色。春季开放略带粉晕的白花。随后结梨形果实，果实于秋季成熟，金黄色，具芳香。经烹饪后可食用。

↕↔ 4 m

💧☼❄❄❄ H5

球根植物，中型

大丽花‘乔曼达’ 🏆

叶片绿色，羽状分裂。仲夏至秋末开放橙褐色花朵，适合作切花。以紫叶植物（如黄栌）为背景时，观赏效果极佳，与秋叶搭配别具韵味。

↕ 1.2 m ↔ 60 cm

💧☼❄❄ H3 🐝 ✿

球根植物，大型

大丽花‘快乐单眨’ 🏆

枝繁叶茂，叶片深紫色。仲夏至秋季开放单瓣的双色花朵，花瓣边缘粉色，靠近花心处红色。

↕ 80 cm ↔ 60 cm

💧☼❄❄ H3 🐝 ✿

多年生植物，大型

高翠雀花

深绿色基生叶，深裂。仲夏开花，色彩绚丽的花朵组成高大的穗状花序，花色有深浅不一的蓝色和紫色。适宜作为乡村风格花境的背景植物。

↕ 2 m ↔ 90 cm

💧☼❄❄❄ H5 ⓘ 🐝 ✿

多年生植物，小型

常夏石竹‘父亲的最爱’

株型紧凑的常绿多年生植物。灰绿色的叶片密集丛生。整个夏季花开不断，带有栗色花纹的半重瓣白色花朵散发出丁香般的香味。

↕ 45 cm ↔ 30 cm

💧☼❄❄❄ H6 ⓘ 🐝

多年生植物，大型

硬叶蓝刺头 🏆

直立生长，分枝较多，叶片多刺，全裂，深绿色。夏末开花，圆形头状花序像一根根长长的钉子。‘维奇蓝’（上图）深受人们喜爱。

↕ 1.2 m ↔ 75 cm

💧☼❄❄❄ H7 🐝 ✿

多年生植物，小型

飞蓬‘白色女教徒’

丛生型多年生植物，是沿海地区理想的景观植物。夏季，形似雏菊的白色花朵可持续盛开数周，极具观赏性。适宜栽种在花境的前部。飞蓬的花色极为丰富，有淡蓝色、粉色、淡紫色，不同品种花色各不相同。

↕↔ 50 cm

💧☼❄❄❄ H6 ✿

多年生植物，小型

细裂刺芹

叶片全裂，带有银色脉纹。仲夏至夏末开花，金属蓝色的茎枝上着生银蓝紫色、圆锥形头状花序，四周包围着一圈具刺的似花边般的苞片。

↕ 45 cm ↔ 30 cm

💧☼❄❄❄ H5 ✿

球根植物，大型

夏风信子 🏆

叶片细长呈披针形。夏末，白色的钟形花朵在高大的茎枝上盛开，散发着芳香。适宜栽种在花境中部，在砾石花坛中也能茁壮成长。

↕ 1.2 m

H4

一年生 / 二年生植物，大型

向日葵

乡村风格花园的标志性植物。叶片硕大呈心形，茎干直立。花朵为黄色、橙色、红褐色或奶油色，中央带有黄色或褐色的大花盘。

↕ 3 m ↔ 45 cm

H4

球根植物，大型

皇冠贝母 🏆

株型高大的多年生球根植物。晚春，直立的花葶上生出钟形、橙色或黄色大花朵，花头低垂，上端生有蓝绿色叶状苞片，形似戴着一顶皇冠。

↕↔ 1.5 m

H7

多年生植物，中型

草原老鹳草

叶片呈裂片状，为绿色。夏季时，它会开出淡紫蓝色的花簇，花朵上有白色的脉纹。将其成片种植在湿润的土壤中，可种在花境的前部位置。

↕↔ 60 cm

H7

多年生植物，中型

杂交铁筷子

叶片革质、深绿色，复叶全裂，分为若干纤细的小叶片。仲冬至春季开花，花朵为白色或绿白色的碟形，随着逐渐盛开，花色会变为深粉色。

↕ 60 cm ↔ 45 cm

H7

灌木，中型

粉花倒挂金钟

直立生长的落叶灌木。叶片小，呈披针形，绿色。夏季至初秋开花，拱形弯曲的茎枝上垂下淡粉色的花朵。适宜栽种在花境后部。

↕↔ 2 m

H4

多年生植物，中型

林地老鹳草

丛生型多年生植物。叶片绿色、浅裂。从晚春到初夏会开出圆形的、中心为白色的蓝紫色花朵。品种'阿尔巴'（上图）开白色的花。

↕ 75 cm ↔ 60 cm

H7

多年生植物，中型

萱草'珍视'

条状披针形叶呈拱形弯曲。整个夏季花开不断，花蕾繁多，柠檬黄色、喇叭形的重瓣花朵竞相盛开。每朵花仅能绽放一天。

↕ 60 cm ↔ 75 cm

H6

灌木，小型

倒挂金钟'波普尔夫人' 🏆

落叶灌木。叶片深绿色。夏季开花，钟形、红色或紫色小花朵低垂，散布在茎枝间。适宜栽种在花境中部，或用作景观屏障。

↕↔ 1.1 m

H4

多年生植物，小型

神香草

茎枝繁茂浓密，叶片狭窄。夏季至初秋开花，穗状花序，紫罗兰色或蓝色的小花朵散发着芳香。'瑞丽'是一个花朵为粉色的品种。

↕ 60 cm ↔ 1 m

H7

多年生植物，大型

火炬花

叶片常绿呈带状。夏末开花，高大的双色穗状花序呈圆锥形，由红色和黄色的管状小花组成。在花境中心成片群植，可打造出迷人美景。

↕1.2 m ↔ 60 cm

H5

多年生植物，大型

羽扇豆‘女城主’

直立多年生植物。圆形复叶，分裂成若干披针形小叶。初夏开花，穗状花序高大挺拔，花色为深粉色和白色，适宜栽种在花境中部。

↕1.2 m ↔ 45 cm

H5

多年生植物，中型

大滨菊

叶片披针形。仲夏至秋季开形似雏菊的大花朵，花色为白色、黄色。‘威勒尔顶级’（上图）开放重瓣、白色的花朵，带有黄色花蕊。

↕1 m ↔ 60 cm

H5

一年生 / 二年生植物，中型

马洛葵

对蜜蜂极具吸引力，同时也是浆果类植物以及蔬菜的好搭档。叶片浅裂。夏季至秋季开放紫粉色、喇叭形花朵，花蕊颜色较暗。

↕90 cm ↔ 30 cm

H4

攀缘植物，中型

香豌豆

一年生卷须型攀缘植物。叶片全裂，绿色。夏季至初秋开花，粉色、蓝色、紫色或白色的花朵散发出甜美的芳香。应设置三脚架供植株攀爬。

↕3 m

H3

球根植物，大型

麝香百合

叶片长，有光泽，呈披针形。夏季开花，花量繁多，花枝伸展，散发出芳香。花朵大，花形为漏斗状，纯白色的花瓣微微向外扩展。

↕1 m

H6

一年生植物，小型

粉蝶花

生长缓慢，叶片细裂。夏季开花，花朵杯碟形、蓝色，花心为白色。适宜大片栽种在阳光充足或轻度遮阴处的花境边缘。

↕20 cm ↔ 15 cm

H4

灌木，小型

薰衣草

常绿灌木。叶片狭长、具芳香、银灰色。深紫色花序致密，呈穗状排列，仲夏至暮夏开花。部分品种花呈白色、粉色及淡紫色。

↕60 cm ↔ 75 cm

H5

球根植物，大型

岷江百合

茎干高大，无分枝，顶部着生白色、喇叭状的大花朵，花喉呈黄色，花瓣外侧呈粉紫色，芳香四溢。适宜栽种在花盆中。

↕2 m

H6

多年生植物，中型

荆芥‘六座大山’

长势旺盛的丛生型多年生植物。狭窄的椭圆形叶片带锯齿，叶色为灰绿色。夏季为盛花期，淡紫蓝色的穗状花序，散发出芳香。

↕1 m ↔ 1.2 m

H7

一年生 / 二年生植物，小型

黑种草

可将其种子直接播撒到花境的空隙中，任由生长。夏季开花，花朵被精致、繁密、似花边般的苞片包围。花朵凋谢后会结出具观赏性的种荚。

↕45 cm ↔ 20 cm

H3

多年生植物，中型

黄花芍药

具有略带粉色的嫩枝和蓝绿色的叶片，晚春至初夏开出柠檬色、碗状花朵。可以将它种植在花境前沿，与老鹳草‘约翰逊蓝’搭配种植。

↕↔ 75 cm

H6

多年生植物，中型

芍药

丛生型多年生植物。叶片全裂、绿色。初夏开花，花朵硕大呈碗状，单瓣或重瓣，花色有白色、粉色、红色或淡紫色。

↕↔ 1 m

H6

多年生植物，中型

鬼罂粟

叶片多毛、全裂。初夏开碗形花朵，花色有红色、橙色、粉色或白色，花瓣褶皱，深色的花眼十分醒目。‘帕蒂的梅子’（上图）的花朵为紫红色。

↕↔ 90 cm

H6

一年生植物，中型

虞美人

这个品种最初是由野生罂粟属植物选育而来的。花朵呈碗状，花瓣薄如纸，颜色有深浅不一的白色、粉色和红色。

↕60 cm ↔ 30 cm

H7

多年生植物，中型

钓钟柳‘海德科粉’

直立丛生，叶片披针形。圆锥花序细长，花管状，略微下垂，呈玫瑰粉色，内侧颜色较浅，带鲜明对比的红色条纹，仲夏至秋季开放。

↕90 cm ↔ 50 cm

H3

多年生植物，中型

钓钟柳‘斯泰普尔福德宝石’

茎枝繁茂浓密。仲夏至秋季开花，圆锥花序窄长，淡紫色的花朵略带蓝色。适宜栽种在花境的中部，背靠深紫色和红色的植物。

↕60 cm ↔ 45 cm

H4

灌木，中型

山梅花‘茜比尔’

落叶灌木。株型紧凑，枝条呈拱形，叶片椭圆形、绿色。夏季开放杯状、低垂的白花，花香浓郁，花朵内侧带粉紫色斑纹。

↕1.5 m ↔ 2 m

H5

灌木，小型

金露梅

茎枝繁茂的观花灌木。夏季至秋季，深浅不一的白色、粉色、黄色、橙色或红色花朵连续盛开。‘金手指’（上图）的花色为黄色。

↕1 m ↔ 1.5 m

H7

多年生植物，小型

日本报春

初夏，红色、紫色、橙色、粉色或黄色花朵成簇在直立的茎枝上盛开。‘米勒的绯红色’（上图）的花色为浓郁的粉红色。

↕↔ 45 cm

H6

攀缘植物，大型

月季‘艾伯丁’

长势旺盛的蔓生月季，茎干微红色，弯曲呈拱形，多刺，叶片深绿色，叶面光滑。夏季，一簇簇完全重瓣的橙红色或粉色花朵一次性集中盛开，芳香四溢。适宜栽种在大树或大型藤架旁边，任其向上攀爬。

↕5 m

H6

灌木，中型

月季‘芭蕾舞娘’ 🏆

仲夏至初秋，一簇簇中心为白色的淡粉色单瓣小花朵接连不断地密集盛开。应定期摘除凋谢枯萎的花头或将花枝剪下，以延长植株观赏期。

↕ 1.5 m ↔ 1.2 m

💧☼ ❄❄❄ H6 ⓘ 🐝

攀缘植物，大型

黄木香花 🏆

长势旺盛的半常绿、攀缘型、蔷薇属植物。晚春，一簇簇无香味、完全重瓣、淡黄色的花朵一次性密集盛开，花团锦簇。

↕ 10 m

💧☼ ❄❄❄ H5 ⓘ 🐝

灌木，中型

月季‘泡芙美人’ 🏆

用于花境中部。茎枝呈拱形弯曲，叶面光滑。夏季至秋季开重瓣花，花朵散发出芳香。浓淡相间的杏黄色花朵为花园增添了古色古香的感觉。

↕↔ 2 m

💧☼ ❄❄❄ H6 ⓘ 🐝

灌木，中型

月季‘格特鲁德·杰基尔’ 🏆

芳香浓郁、完全重瓣的粉色大花朵，从夏季持续盛开至初秋。是非常理想的花境背景植物，也可背靠低矮的栅栏栽种。定期摘除残花。

↕ 2 m ↔ 1.2 m

💧☼ ❄❄❄ H6 ⓘ 🐝 ✿

灌木，中型

香水月季‘变色’ 🏆

从生型灌木。茎干略带紫色，刺较少，幼叶红色。从夏季到秋季开放娇嫩的单瓣花朵，初开时为淡橙黄色，逐渐变为粉色，最后转为深红色。具抗病性。

↕↔ 1.5 m

💧☼ ❄❄❄ H5 ⓘ 🐝

灌木，中型

月季‘拉伊玫瑰园’ 🏆

茎枝多刺，直立，布满绿色带褶皱的叶片，叶面光滑。夏季至秋季，重瓣、紫色至深红色的花朵大量盛开，散发出芳香。

↕ 1.8 m ↔ 1.5 m

💧☼ ❄❄❄ H7 ⓘ 🐝

攀缘植物，中型

月季‘夏日啤酒’ 🏆

攀缘型月季，具有良好的抗病性。叶片为深绿色。花期从夏季至秋季，花头扁平、半重瓣、珊瑚粉色的花朵成小簇盛开，散发着芳香。

↕ 3 m

💧☼ ❄❄❄ H6 ⓘ 🐝

灌木，大型

月季‘慷慨的园丁’ 🏆

植株具抗病性，叶片绿色。夏季至秋季持续开放粉色花朵，花序低垂，散发着浓郁的香气。在背阴的围栏旁生长良好。

↕↔ 3 m

💧☼◑ ❄❄❄ H6 ⓘ 🐝 ✿

灌木，小型

欧鼠尾草 🏆

常绿灌木。叶片灰绿色、卵圆形，散发出芳香。夏季盛开粉紫色的花朵，穗状花序。黄斑鼠尾草（上图）的绿色叶片上带有黄色斑纹。

↕ 80 cm ↔ 1 m

💧◑ ❄❄❄ H5 🐝

灌木，小型

羽叶银香菊 🏆

茎枝繁密的常绿灌木。株型呈山丘状，灰绿色叶片呈细齿状，全年均呈现出美丽的色彩。夏季开花，头状花序呈绒球形，花色为淡柠檬黄色。‘硫黄’（上图）是一个备受欢迎的品种。

↕ 75 cm ↔ 1 m

💧☼ ❄❄❄ H5

多年生植物，中型

侧花卷舌菊

茎枝繁茂，叶片小，呈披针形，绿色。一簇簇雏菊形花朵从夏末盛开至秋末，白色花朵带有黄色花蕊，有时花瓣会呈暗粉色或蓝色。

↕ 1 m ↔ 30 cm

H7

球根植物，中型

郁金香‘绿色春天’

属绿花群郁金香。叶片深绿色、披针形。晚春开杯状花朵，花色为乳白色，花瓣上带有绿色斑纹。

↕ 38 cm

H6

多年生植物，中型

锦葵状棯葵

直立生长，分枝多。叶片浅裂、绿色。夏季，高高的茎枝上盛开着漏斗状、紫粉色的花朵。适宜成片种植在花境中部。

↕ 90 cm ↔ 45 cm

H7 pH

多年生植物，中型

疏毛毛蕊花

叶片纹理粗糙。夏季浅黄色的花朵成簇盛开，一条条长长的花簇装点着直立型茎枝。‘专辑’（上图）的花朵为白色，带有紫色花蕊。

↕ 90 cm ↔ 45 cm

H6

灌木，中型

小花绣线菊

适宜作为花境的背景植物。卵圆形小叶片布满坚硬的枝条。夏季，白色小花朵成簇盛开。‘雪丘’（上图）是生长旺盛、极具活力的一个品种。

↕↔ 2.5 m

H6

多年生植物，大型

美国紫菀

绿色叶片纤细、多毛。夏末至秋季开花，分枝较多，花朵形似雏菊，花色有紫色、粉色、红色或白色等。株型较高时需要设置支撑桩。

↕ 1.5 m ↔ 60 cm

H7

灌木，大型

欧洲荚蒾‘黄果’

大型落叶灌木。植株枝繁叶茂，叶片深绿色、具裂片。花序扁平，春季开放乳白色花朵。浆果琥珀色，晶莹剔透，成簇悬挂，秋季结果。

↕↔ 4 m

H6

多年生植物，小型

琉璃菊

叶片狭窄呈绿色，仲夏至仲秋，硕大的花朵绽放在短小的茎枝上，形似矢车菊，花色为紫色或蓝色。‘紫色阳伞’（上图）的花朵为紫罗兰色。

↕↔ 45 cm

H4 pH

球根植物，中型

郁金香‘中国粉’

株型高大、晚春开花的球根植物。叶片灰绿色。花形细长，花色为纯净的玫瑰粉色，花瓣先端渐尖并向外弯曲。与奶油色的桂竹香或黄绿色的大戟搭配在一起，景观效果尤为出色。

↕ 55 cm

H6

具感官效应的植物

通过散发芬芳的花朵、触感独特的叶片或美味可口的果实来刺激感官的植物，可以组合成一个让所有人都能享受其中的花园。

感官花园可以满足一系列的需求——它们可以是令人放松的，园内种植着栀子花等芳香植物，还有带遮阴的休息区域；或者也可以是适合家庭的，有着能带来感官刺激的植物，比如向日葵、山羊胡须草，或是沙沙作响的大叶苦竹。凭借植物的香气和质感，某些花园还具有疗愈功效，园内以诸如散发着香气的香蜂花、茉莉芹、巧克力秋英或是触感柔软的银叶鼠尾草为特色。避免种植带刺的植物，确保触手可及的任何果实都是可食用的，并保持路径畅通。

一年生 / 二年生植物，大型

尾穗苋 🏆

株型高大，茎枝繁茂浓密。从夏季至秋季，茎上悬挂着长长的、低垂的穗状红色花朵。

↕ 1.2 m ↔ 45 cm

💧☼❄❄ H3 ✿

一年生 / 两年生植物，中型

金盏花

叶片浅绿色，散发着芳香。晚春至秋季开花，花朵单瓣或重瓣，外形似雏菊，可食用，花色为深浅不一的黄色或橙色。

↕↔ 60 m

💧☼❄❄❄ H5 🐝

乔木，大型

连香树 🏆

落叶乔木。因心形叶片在秋季景致迷人而备受青睐。叶片在秋季会变成黄色、橙色和粉红色。当落叶时，空气中会弥漫着焦糖的香气。

↕ 15 m ↔ 10 m

💧☼◐❄❄❄ H5

一年生 / 二年生植物，小型

金鱼草

直立生长。穗状花序，双唇花朵，颜色有红色、粉色、酒红色、白色和黄色。当花朵基部被挤压时，花瓣会展开，露出似龙形的"花嘴"。

↕↔ 45 cm

💧☼❄ H2 🐝 ✿

灌木，大型

蜡梅

落叶灌木。株型直立，叶片绿色，落叶前会变黄色。冬季，枝条上会垂下黄紫色相间的钟形花朵，具浓郁而迷人的辛香气息。

↕ 4 m ↔ 3 m

💧☼❄❄❄ H5

灌木，中型

柠檬马鞭草 🏆

落叶灌木。叶片披针形，揉碎后具浓郁柠檬香，可用于泡茶。夏季开放淡紫色花朵。在寒冷地区，冬季需在无霜环境中越冬。

↕↔ 2.5 m

💧☼❄❄ H3

多年生植物，小型

鼠尾芋

丛生型多年生植物。花形奇特，外观引人入胜。栗色花朵带有白色基座，像兜帽一样的苞片将细小的花朵遮盖，像拖着一条老鼠尾巴。

↕ 15 cm ↔ 30 cm

💧◐❄❄❄ H5 ⚠

灌木，大型

曲枝欧榛 🏆

这种嫩枝扭曲的落叶灌木，会带给花园一种神秘感，特别是秋季绿色树叶全部落下时。可作为主景植物种植。

↕↔ 5 m

💧☼❄❄❄ H6 ✿

多年生植物，中型

巧克力秋英

叶有分裂。花茎细长，仲夏至霜冻来临之前开放单瓣、深栗色花朵，花朵带有巧克力的香气。需保护其根部免受霜冻。

↕ 60 cm ↔ 45 cm

💧 ☼ ❄ ❄ H3 ✽

灌木，中型

藏东瑞香

常绿或半常绿灌木。株型直立，叶片椭圆形。冬季开放粉色或白色的星形花朵，具浓郁而甜美香气。

↕ 3 m ↔ 1.5 m

💧 ☼ ◐ ❄ ❄ ⓘ H4

多年生植物，小型

喷瓜

寿命较短，植株茂密且丛生，具蔓性。叶片绿色醒目，花黄色、星形。果实具茸毛，形似黄瓜。当受到扰动时，果实会从茎上脱落并喷出种子。

↕ 50 cm ↔ 1 m

💧 ☼ ❄ ⓘ H2

乔木，小型

无花果

落叶乔木。树冠开展，叶片粗糙，有裂片。既能提供凉爽的树荫，还具有独特的香气。夏季结香甜多汁的果实，果实呈绿色、黄色或紫色。

↕ ↔ 5 m

💧 ☼ ❄ ❄ H4 ⓘ

多年生植物，小型

高山草莓

株型紧凑，结出微小、鲜红色的果实，深受孩子们喜爱。可栽种在花盆中或直接种植在土壤中。易养护，适合用来指导孩子们进行园艺活动。

↕ 30 cm ↔ 不定

💧 ☼ ◐ ❄ ❄ ❄ H6 🐝

灌木，小型

栀子‘皇冠宝石’

常绿灌木。株型紧凑，叶片深绿色、有光泽、椭圆形。仲夏至夏末开放重瓣的白花，香气浓郁。适合种植在排水良好的酸性堆肥容器中。

↕ ↔ 1 m

💧 ☼ ◐ ❄ ❄ H3 ✽

一年生 / 二年生植物，中型

向日葵

种子可食用，易于播种和管理。经典的雏菊形、橙色或黄色花朵可持续盛开整个夏季。矮型品种‘泰迪熊’（上图）的花朵重瓣，花瓣蓬松。

↕ 90 cm ↔ 60 cm

💧 ☼ ❄ ❄ H4 🐝 ✽

一年生 / 多年生植物，中型

芒颖大麦草 🏆

丛生，茎拱形。夏季开绿色花朵，花量大，花穗柔软，夏末时逐渐变为浅棕色。触感极佳，非常适合种植在小路旁。

↕ 1 m ↔ 50 cm

💧 ☼ ❄ ❄ ❄ H6

一年生植物，小型

兔尾草 🏆

丛生型一年生禾本科植物。叶片绿色，初夏时长出椭圆形、毛茸茸的白色圆锥花序，非常像柔软的兔子尾巴，一直持续盛开至秋季。

↕ 45 cm ↔ 15 cm

💧 ☼ ❄ ❄ H4 ✽

多年生植物，中型

银扇草

植株直立，基生叶心形。春季开放紫色花朵。因其种子周围具圆形、半透明的纸质结构而受到青睐，这些结构在冬季花园中闪闪发光。

↕ 1 m ↔ 50 cm

💧 ☼ ◐ ❄ ❄ ❄ H6 🐝 ✽

乔木，小型

苹果

栽种一棵苹果树，春天，会盛开绚丽的花朵，然后结出香甜美味的果实。‘科克斯的橙色苹果’（上图）的果实为红色，味道香甜。

↕ ↔ 8 m

💧 ☼ ❄ ❄ ❄ H6 🐝

多年生植物，中型

香蜂花 🏆

叶片心形，表面褶皱，揉碎时会散发出强烈的柠檬香气。夏季开放紫色小花簇。生命力顽强且易于养护。

↕1 m ↔ 50 cm

💧 ☼ ◐ ❄❄❄ H7

多年生植物，大型

奇岗芒

落叶观赏草。植株高大，生长强健，丛生。茎直立坚挺，冬季茎干会变成金黄色，随后转为羊皮纸般的棕色。叶片细长呈拱形，绿色。花蓬松，花期长，即使在微风中也会沙沙作响。

↕4 m ↔ 2.5 m

💧 💧 ☼ ❄❄❄ H6

多年生植物，小型

绒毛狼尾草 🏆

丛生型多年生植物。叶片绿色、细长。花序柔软轻盈，呈拱形，似瓶刷，夏末和秋季开放绿色花朵，后期会变成淡紫色。

↕↔ 50 cm

💧 ☼ ❄❄ H3

多年生植物，中型

茉莉芹

叶片柔软，似蕨叶，具茴香味，可用作香草。花茎有分枝，夏季开放白花。随后结果，种子可食用。

↕90 cm ↔ 60 cm

💧 ◐ ❄❄❄ H5 ✿

乔木，中型

蒙特苏马松 🏆

树冠宽阔，穹顶形，树皮开裂。叶片柔软，翠绿或灰绿色。针叶触感独特，树皮在阳光下会散发树脂芳香，风拂过枝丫时会发出独特的声响。

↕12 cm ↔ 8 m

💧 ☼ ❄❄ H4

多年生植物，中型

毛叶天竺葵 🏆

叶片灰绿色，醒目，表面覆盖柔软茸毛，触碰时会散发出薄荷香气。夏季开放白色小花。需在无霜环境中越冬。

↕↔ 1 m

💧 ☼ ❀ H1C

灌木，大型

金镶玉竹 🏆

这种竹子高大挺拔，直立生长，上面长满绿叶。在花园中种植一片竹林，既可增添一处似丛林般的景观，还可以隔离出一处隐蔽空间。

↕6 m ↔ 不定

💧 ☼ ◐ ❄❄❄ H5

灌木，中型

多腺悬钩子

根蘖发达，枝条拱垂，密被铁锈色刚毛。落叶后，若栽植于向阳处，经霜冻的枝条会呈现晶莹闪烁的观赏效果。夏季结似树莓状的果实。

↕2.5 m ↔ 4 m

💧 ☼ ❄❄❄ H5

多年生植物，小型

克氏孩儿草

丛生型多年生植物。叶片有光泽、绿色，质地爽脆，咀嚼时带有蘑菇般的鲜香，适合拌入沙拉或烹调入菜。盛夏后开放蓝色花朵。

↕45 cm ↔ 30 cm

💧 ◐ ❀ H1C

乔木，小型

黄花柳
茎枝呈拱形，从冬末开始长出柔软、毛茸茸的柔荑花序（柳絮）。春季会长出深绿色叶片。‘基尔马诺克’（上图）长有灰色柳絮，花药呈黄色。
↕↔ 2 m
H6

灌木，大型

细柱柳‘阿苏山’
叶片蓝绿色、纤细，叶背银色。冬季，茎干浅绿色，光秃细长。柔荑花序直立，银白色带粉红斑。触手温软，在岁暮寂寥时节尤显惊鸿之姿。
↕↔ 4 m
H5

多年生植物，中型

银白鼠尾草
叶呈莲座状，硕大，直径可达 20cm，密被银白色茸毛。穗状花序白色，夏季开花。非常适合种植在向阳花境的前部，触感尤佳。
↕ 1 m ↔ 50 cm
H5

多年生植物，大型

大叶苦竹
丛生型竹子。茎干挺拔，叶片宽大、绿色，叶缘在冬季会转为棕褐色。叶片在微风中沙沙作响，尤为悦耳。种植需注意控制其生长范围。
↕ 2.5 m ↔ 4 m
H5

一年生 / 二年生植物，小型

灌木番茄
种植番茄有助于指导孩子们如何养护植物。即使只做了最基本的养护工作，夏季也可采收美味可口的果实。灌木品种最适合在室外种植。
↕↔ 45 cm
H1C

多年生植物，小型

绵毛水苏
常绿多年生植物。毛茸茸的叶片呈银灰色，柔软有质感。夏季开花，淡紫色或粉色的小花形成穗状花序。适宜栽种在阳光充足的花园中。
↕ 38 cm ↔ 60 cm
H7

一年生 / 多年生植物，中型

山羊胡须草
直立生长，茎细长，直根似胡萝卜。夏季清晨开放黄色花朵，中午闭合，随后结种，种子钟状，易引人注目，可随风飘散。
↕ 1 m ↔ 50 cm
H7

一年生 / 二年生植物，小型

旱金莲“阿拉斯加”系列
枝叶繁茂，叶片圆形、深绿色，且散布着奶油色斑点。红色和黄色的喇叭形花朵从夏季持续盛开至初秋。适宜栽种在高大的花盆中。
↕ 30 cm ↔ 45 cm
H3

灌木，中型

智利莓香果
常绿灌木。株型紧凑整齐。叶片小巧圆润，具光泽。初夏开放白色、钟形花朵。花后结红色小浆果，果实芳香似草莓般清甜。
↕ 1.5 m ↔ 1 m
H4

灌木，中型

蓝莓
落叶灌木。夏季可结出香甜的蓝黑色浆果。适宜选用杜鹃花科植物专用混合基质栽种在花盆中，放置在阳光充足的地方。
↕↔ 1.5 m
H6 pH

为蜜蜂提供花蜜的植物

随着蜜蜂数量下降的问题日益引发关注，园丁们正积极帮助这些关键传粉者。那些能够吸引蜜蜂的植物同样也能吸引许多其他有益昆虫。

各类蜜蜂都会造访花园，包括不同种类的大黄蜂、独居蜂，当然还有蜜蜂。它们在采食时为花朵授粉，而种植多种富含花蜜和花粉的植物能吸引它们前来。这类植物大多也能为蝴蝶、食蚜蝇等其他传粉昆虫提供食源，因此被列入英国皇家园艺学会（RHS）《授粉昆虫友好植物名录》，该名录的编制基于科学证据与实践经验。除了栽种合适植物，园丁们还可通过以下措施来帮助蜜蜂：避免使用农药、允许草坪杂草开花，以及提供水源。

多年生植物，大型

蜀葵

株型高大，直立生长，寿命短暂，可自播繁殖。叶片圆形、浅裂。夏季，茎枝上盛开紫色、红色、粉色、白色或黄色的杯状花朵。

↕ 2 m ↔ 60 cm

💧 ☼ ❄❄❄ H5 🐝

球根植物，大型

垂花葱

灰绿色的叶片呈带状。夏季，紫粉色的花朵成簇盛开，从茎干上自然垂下，在开花之前叶片会枯萎。可用于打造更具自然风情的草地景观。

↕ ↔ 70 cm

💧 ☼ ❄❄❄ H6 ⓘ 🐝 ✿

球根植物，大型

蜜腺韭

直立生长，叶片狭窄。初夏，高高的茎干顶端像喷泉般垂下一簇簇钟形奶油色和紫色花朵。可以尝试用于草地景观中，任其自然生长。

↕ ↔ 1.2 m

💧 ☼ ◐ ❄❄❄ H5 ⓘ 🐝

灌木，小型

帚石南

常绿、地被灌木。茎枝上长满鳞片状叶片，叶色有绿色、黄色或银色，秋冬季叶色将变红。夏末至秋季开花，花色为白色、粉色、红色或紫色。

↕ 60 cm ↔ 45 cm

💧 ☼ ❄❄❄ H7 ⊎ 🐝

多年生植物，小型

圆叶风铃草

叶片基生，小而圆。夏季开花，钟形、淡蓝色花朵着生在细长直立的茎枝上。这种蜜源植物可栽种在草地景观或岩石花园中。避免施用化肥。

↕ ↔ 30 cm

💧 ☼ ❄❄❄ H7 🐝

多年生植物，小型

山矢车菊

这种多年生植物适宜栽种在自然风格花园中，可以任其自播繁殖。分枝多，叶片绿色。初夏开花，花朵形似蓟花，花蕊为紫红色的蓝色花朵更受蜜蜂青睐。花朵凋谢后及时去除，以促进二次开花。

↕ 50 cm ↔ 60 cm

💧 💧 ☼ ◐ ❄❄❄ H7 🐝

球根植物，小型

春番红花

矮生型球根植物。春季至初夏开花，花朵小，花头向上，花色为紫色，可产生花蜜以吸引授粉昆虫。可以成组群植或成片种植。

↕ 12 cm

💧 ☼ ❄❄❄ H6 ⓘ 🐝

二年生植物，大型

毛地黄

叶呈莲座状，阔卵形。单侧花序顶生，呈穗状排列，花管状，紫色或白色，第二年开放。花朵凭借自身的颜色和结构，对蜜蜂有着极大的吸引力。

↕ 2 m ↔ 50 cm

💧 ❄❄❄ H7 ⓘ 🐝 ✿

球根植物，小型

冬菟葵

从生型球根植物。叶片浅裂、绿色。冬末至早春开放、杯状、黄色花朵，适宜栽种在岩石之间的空地上，可与春季开花的球根植物搭配在一起。

↕↔ 10 cm

H6

多年生植物，中型

糖芥‘鲍尔斯淡紫’

叶片细长、灰绿色。花朵淡紫色，呈穗状排列，花期长达数月，可持续为蜜蜂及其他多种传粉昆虫提供食源。

↕ 60 cm ↔ 40 cm

H4 ✽

攀缘植物，大型

洋常春藤

常绿攀缘植物。它能为野生动物提供庇护所，结出多汁的浆果，并为昆虫幼虫提供食物。秋季开放绿色的花，吸引蜜蜂等传粉昆虫纷至沓来。

↕↔ 12 cm

H5

多年生植物，小型

八宝景天

夏末开粉色的花，花序大，顶端扁平，吸引着蜜蜂、蝴蝶等传粉昆虫前来。花朵凋谢后可将枯枝保留在植株上，为冬天的花园增添几分情趣。

↕↔ 45 cm

H7

灌木，小型

薰衣草

常绿灌木。银灰色的叶片纤细修长。仲夏开花，穗状花序，花量繁多，紫蓝色的小花朵芬芳四溢，对蜜蜂来说极具诱惑力。

↕ 80 cm ↔ 60 cm

H5

多年生植物，小型

亮叶蓝盆花

株型整齐的蓝盆花属植物。叶片灰绿色、全裂，基部叶片丛生。淡紫色花朵从春季持续盛开至秋季，吸引着蜜蜂和蝴蝶的到来。

↕ 20 cm ↔ 15 cm

H4

乔木，中型

多花海棠

落叶乔木。枝条呈拱形，叶绿色，细长，仲春萌发。花量大，花蕾粉色，花白色，具芳香，似苹果花，能吸引包括蜜蜂在内的传粉昆虫。

↕ 12 m ↔ 8 m

H6

多年生植物，小型

费森杂种荆芥

茎枝繁茂浓密，叶片小、灰绿色，散发出芳香。夏季至秋季开花，淡紫色或蓝紫色的穗状花序，对蜜蜂充满诱惑力。

↕↔ 45 m

H7

多年生植物，中型

紫盆花

通常作为一年生植物栽种。叶片狭窄，边缘带锯齿。夏季开放半球形、紫色小花朵，带有奶油色的花药。上图为‘智利黑色’。

↕ 1 m ↔ 30 cm

H5 ✽

灌木，中型

婆婆纳‘仲夏之美’

常绿灌木。叶片披针形，具光泽。总状花序呈瓶刷状，花小且密，紫色，之后逐渐变成白色，夏季至秋季开放。其花对众多传粉昆虫，尤其是蜜蜂，有着极大的吸引力。

↕ 2.5 m ↔ 1.5 m

H4

为蝴蝶提供花蜜的植物

要打造能吸引蝴蝶的花境，关键在于选择适宜的植物：要么是花朵能提供充足花蜜的品种，要么是能为蝴蝶幼虫提供食物来源的种类。

随着野生栖息地日益萎缩，花园正成为蝴蝶等众多昆虫愈发重要的生存空间。这些色彩斑斓的蝴蝶以野生及园艺花卉的花蜜为食，其中许多花卉已被列入英国皇家园艺学会（RHS）《授粉昆虫友好植物名录》中。大多数蝴蝶喜温暖避风的花园，从早春至霜降前皆可见其翩翩起舞，有些蝴蝶还会吸食落地果实。园丁除需栽植供成年蝴蝶采蜜的花卉以外，还要栽种蝴蝶幼虫（毛毛虫）的寄主植物——如冬青、常春藤、荨麻及多种草甸草类，这些都是幼虫的重要食源。

多年生植物，大型

蛇根泽兰

从生型多年生植物。叶片椭圆形，先端尖，边缘带锯齿。夏季至初秋，花茎顶端盛开出一簇簇细小的白色花朵，可为蝴蝶提供丰富的花蜜。

↕ 1.2 m ↔ 45 cm

❄❄❄ H5

多年生植物，中型

柳叶马利筋

夏末至初秋开花，花色为鲜艳的橙色。适宜栽种在排水性良好、阳光充足处，以吸引蝴蝶的到来。植株流出的乳白色汁液具有刺激性。

↕ 75 cm ↔ 45 cm

❄❄ H4 ⓘ

多年生植物，中型

夏紫菀

直立生长，茎枝繁茂浓密。花蕊为黄色的淡紫色花朵，形似雏菊，花期很长，可从仲夏持续盛开至初秋。这些花朵可为蝴蝶提供花蜜。

↕ 70 cm ↔ 40 cm

❄❄❄ H7

灌木，中型

醉鱼草‘洛金奇’ 🏆

落叶灌木。枝条呈拱形，叶片灰绿色。花序圆锥形，具芳香，夏季开放紫罗兰色小花。需及时摘除残花以促进其再次开花。

↕↔ 2.5 m

❄❄❄ H5

灌木，大型

韦氏醉鱼草‘金色阳光’ 🏆

落叶灌木。枝条拱形，叶色深绿。夏季和秋季开放小巧的黄花。这些花朵对传粉昆虫很有吸引力。需及时摘除残花以延长花期。

↕↔ 4 m

❄❄❄ H6

多年生植物，小型

草甸碎米荠

从生型多年生植物。株型整齐，叶片绿色、全裂，分成若干小叶片。春季开花，具有穗状花序、淡紫色单瓣花朵，也有重瓣品种（上图）。

↕ 45 cm ↔ 30 cm

❄❄❄ H7

多年生植物，中型

黑矢车菊 🏆

直立生长，叶具裂片，带茸毛。头状花序紫色，富含花蜜与花粉，是众多传粉昆虫（尤其是某些蝴蝶）的重要蜜源。

↕ 1 m ↔ 50 cm

❄❄❄ H6

多年生植物，中型

距药草

丛生，茎蔓向外伸展，叶片蜡质、灰绿色。花序呈圆锥状，花星形，花色有红色、粉色或白色，暮春至夏季开放。

↕ 90 cm ↔ 60 cm

❄❄❄ H5 ⓘ

灌木，大型

裂叶南鼠刺 🏆

大型常绿灌木。叶片具光泽、深绿色。圆锥状白色花序，自夏末开放。能有效吸引蝴蝶及其他传粉昆虫。需种植在有遮蔽的地方。

↕ 4 m ↔ 3 m

H3

多年生植物，中型

斑点老鹳草

茎枝繁茂浓密，叶片全裂。晚春成簇盛开粉色或淡紫色花朵，带有白色花蕊。如果土壤足够湿润，这种林地植物将会生长得更具自然野趣。

↕ 75 cm ↔ 45 cm

H7

多年生植物，大型

繁茂旋覆花

叶片大、丛生。夏末开花，具分枝的茎枝顶端着生雏菊形、黄色花朵，花瓣呈丝状。适宜栽种在潮湿的草地景观中，也可种植在池塘边。

↕ 1.8 m ↔ 1 m

H6

多年生植物，中型

中欧孀草

叶片基生、浅裂。夏季，坚硬的茎枝顶端长出纽扣状花朵，可吸引蜜蜂和蝴蝶。与观赏草搭配种植，可打造草地风格景观。

↕ 75 cm ↔ 60 cm

H7

灌木，中型

马缨丹

常绿灌木。生长旺盛，茎干带刺。叶片椭圆形，触感粗糙且具芳香。花色有橙色、红色、黄色、紫色或粉色，对蝴蝶极具吸引力。

↕↔ 1.5 m

H1C

多年生植物，中型

牛至 🏆

丛生，茎直立。叶片具芳香，深绿色，椭圆形。花小，松散成簇，粉色，花苞深色，夏末开放。它颇受包括蝴蝶在内的传粉昆虫喜爱。适合种植在砾石花园和草甸中。

↕↔ 1 m

H6

多年生植物，小型

黄花九轮草 🏆

叶片卵圆形至披针形，边缘带褶皱。春季开花，花头低垂，奶油黄色的管状花朵排成密集的花簇，着生于结实的茎枝上。

↕↔ 25 cm

H5

多年生植物，小型

肺草

叶片绿色，叶面无光，茎枝蔓延伸展。春季盛开蓝色、喇叭形花朵。夏季叶片常会枯萎，为了保持株型整齐，应及时剪除枯萎的茎枝和花头。

↕ 23 cm ↔ 30 cm

H6

多年生植物，大型

异株荨麻 🏆

生长旺盛，根系可蔓延，茎直立。叶片深绿色，具刺毛。夏季柔荑花序会开花，是昆虫（包括蝴蝶幼虫在内）的优质食物来源。宜种植在偏僻角落里。

↕ 1.5 m ↔ 4 m

H7

多年生植物，大型

柳叶马鞭草 🏆

株型高大的多年生植物。紫色花朵成簇盛开，花簇呈半球形，花期从仲夏一直持续至秋季，可吸引蜜蜂和蝴蝶。纤细的茎枝具视觉穿透性。

↕ 1.5 m ↔ 60 cm

H4

为鸟类提供食物的植物

花园中的鸟儿全年都能带来悦耳的歌声、鲜艳的色彩，还增添了灵动之趣。它们还会捕食许多会对植物造成损害的生物。

利用带刺的树篱和树木吸引鸟类，为它们提供保护，免受捕食者侵扰；种植观赏草等植物，供它们筑巢。将鸟巢箱挂在有遮蔽的墙壁和树上，且在筑巢季节切勿修剪植被。栽种能结坚果和浆果的植物，如山楂树（山楂属）和花楸树（花楸属）。要记住，许多鸟类以种子为食，所以冬季尽可能保留灌木和多年生植物的枯萎花序。花园对于某些鸟类的生存愈发重要：请保留掉落的果实和多年生植物的直立枯茎——这些植物吸引的昆虫将成为众多鸟类的美味佳肴。

乔木，中型

拉马克唐棣 🏆

直立生长。春季开放可吸引传粉者的白色花朵。夏末结多汁的红紫色浆果，深受鸟类喜爱。秋季叶色绚丽。

↕ 12 m ↔ 8 m

💧☼◐❄❄❄ H7⚠

灌木，大型

达尔文小檗 🏆

常绿灌木。叶片小，形似冬青叶片。春季，一簇簇深橙色的花朵悬挂在枝头。花朵凋谢后结出蓝黑色的浆果，可被鸟类采食。

↕↔ 3 m

💧☼❄❄❄ H5⚠🐝

灌木，大型

欧洲山茱萸

秋季时叶片为紫红色，并结出可食用的红色果实，颇受鸟类喜爱。冬末，还未长出叶片的嫩枝上成簇盛开富含花蜜和花粉的黄色花朵，花簇呈圆形。

↕↔ 5 m

💧☼◐❄❄❄ H6🐝✿

灌木，大型

栒子‘科努比亚’ 🏆

生长旺盛，枝条呈拱形。叶片细长、深绿色。夏季开白花。随后结成簇的有光泽、红色、豌豆大小的浆果，整个冬季都可供鸟类食用。

↕↔ 8 m

💧☼◐❄❄❄ H6⚠

二年生植物，大型

起绒草

生长旺盛，茎干高大挺拔、粗壮、多刺且具分枝，顶端生有毛刺般的蓟状花序，淡紫色小花对传粉昆虫极具吸引力。

↕ 3 m ↔ 60 cm

💧☼◐❄❄❄ H7🐝✿

乔木，小型

单柱山楂

茎具刺，叶浅裂、绿色。花量大，白色，夏季开放，可吸引传粉昆虫。秋季结果，果实红色，是许多鸟类重要的食物来源。

↕↔ 8 m

💧☼◐❄❄❄ H7⚠🐝

多年生植物，大型

刺苞菜蓟 🏆

丛生型多年生植物。叶基生，呈银灰色，具刺。花茎粗壮，夏季开放硕大的紫色花朵，形似蓟花，结出的种子为许多鸟类所食。

↕ 2 m ↔ 1 m

💧☼❄❄❄ H5🐝✿

多年生植物，大型

发草

落叶、丛生型多年生植物。夏季，长长的茎枝上开出一团团金黄色的小花朵。是益虫最佳的栖息地，也为鸟儿们提供了筑巢植物和食物。

↕ 2 m ↔ 50 cm

💧◐❄❄❄ H6

一年生 / 二年生植物，大型

向日葵

硕大似雏菊的花朵持续盛开整个夏季，花色有黄色、橙色、红褐色或奶油色。种子盘可被正在冬眠的昆虫利用，而种子则会被鸟类吃掉。

↕ 3 m ↔ 45 cm

H4

灌木，大型

间型十大功劳

冬季开花，当很少有其他植物开花时，它为昆虫提供了宝贵的花蜜。花谢之后会结出成串的蓝黑色浆果，深受鸟类喜爱。

↕ 4 m ↔ 3 m

H5

灌木，中型

日本月季

生长强健，根蘖发达，茎干具刺，秋季叶片会变黄。夏季开放具有芳香的深粉色花朵。花后结饱满的猩红色蔷薇果，在冬季成为鸟类的美食。

↕↔ 1.5 m

H7

乔木，中型

紫叶稠李

春季盛开白色花朵，花序较短，随后结出红色果实，果实成熟后为黑色，可以吸引鸟类等野生动物。'舒伯特'（上图）的叶片为椭圆形，深紫色。

↕ 10 m ↔ 8 m

H6

灌木，大型

西洋接骨木

具有羽状复叶。初夏时节圆锥形聚伞花序会开出白色的花朵，随后结出成串的黑色浆果，深受鸟类青睐。

↕↔ 6 m

H6

灌木，中型

华鬼吹箫

落叶灌木。叶片大、心形。夏季开花，一串串白色的花朵从枝条上悬垂下来。秋季结出的黑色浆果会成为鸟类的食物。可以自播繁殖。

↕↔ 2 m

H5

多年生植物，大型

火棘'萨菲尔橙'

茎干具刺，叶片有光泽。花白色，晚春时节开放，随后结出鲜亮的橙红色浆果，整个冬季可供鸟类食用。这个品种抗火疫病。

↕↔ 2.5 m

H6

乔木，中型

欧洲花楸'淡黄绿色'

落叶乔木。幼时直立生长，但随着树龄增长逐渐展开，叶片椭圆形。花白色，随后结橙色浆果，可为乌鸫等大型鸟类提供越冬食物。

↕ 12 m ↔ 8 m

H6

攀缘植物，大型

香忍冬

夏季开花，红白相间的花朵散发出芳香，富含花蜜，能吸引昆虫前来传粉。夏末至秋季结果，红色浆果表面光滑，可为鸟类提供食物。

↕↔ 7 m

H6

灌木，中型

欧洲荚蒾'紧凑'

枝繁叶茂，叶片绿色、具裂片。春季开乳白色小花，似绣球花，花序扁平呈簇状。夏末和秋季，花后会结出红色浆果，对鸟类极具吸引力。

↕↔ 1.5 m

H6

适合野趣花园的植物

花园对于众多生物的生存愈发重要，其中一些生物虽不如其他生物显眼，但在生态系统中具有同等重要的地位。

无论你的花园风格如何，野生动植物都为其增添了引人入胜的一面，还能保障花园的持续健康。许多生物有助于维持生态平衡——例如，食蚜蝇和瓢虫幼虫是贪婪的蚜虫捕食者。打造生态花园的一个切入点是建造一个池塘，搭配喜湿植物来提供遮蔽。豆娘等昆虫以及蝾螈、青蛙等两栖动物可能会在此栖息，同时水也会吸引口渴的动物前来饮用。让处于食物链底层的生物感到自在，很快就能吸引其他生物——比如，种植月见草来吸引夜间飞行的飞蛾，这或许就能将蝙蝠吸引到花园中。

灌木，中型

木柴胡

常绿灌木。叶片灰绿色，具光泽，有芳香。夏季，植株顶部会持续数周开放簇状的黄绿色花朵，对食蚜蝇极具吸引力。非常适合种植在干旱地区。

↕ 2 m ↔ 2.5 m

○ ☼ ❄❄ H4 🐝 ✿

多年生植物，大型

花蔺 🏆

适合种植在池塘边缘。茎干直立，叶片似草。粉色头状花簇生，夏季开放。茎干成为刚羽化的蜻蜓和豆娘幼虫的栖息地。

↕ 1.2 m ↔ 50 cm

● ☼ ❄❄❄ H5 🐝 ✿

一年生 / 二年生植物，中型

金盏花

这种生长迅速、枝叶繁茂的一或二年生植物，盛开形似雏菊的橙色或黄色花朵，可吸引多种昆虫。用于野趣花园时，可选择单瓣的品种，直接将种子播撒在花境中，也可播于花盆中，摆放在露台上、庭院中。

↕ ↔ 60 cm

○ ☼ ❄❄❄ H5 🐝

多年生植物，小型

驴蹄草 🏆

适合生长在潮湿的池塘边缘。植株丛生，叶片深绿色、圆形。春季，金黄色花朵绽放，能吸引传粉昆虫。茎干成为蜻蜓和豆娘幼虫的栖息地。

↕ 40 cm ↔ 45 cm

● ☼ ❄❄❄ H7 🐝

灌木，大型

红瑞木

落叶、直立灌木。冬季时幼茎为鲜艳的绯红色。初夏开乳白色花朵，花谢后结出青白色浆果。可环绕池塘栽种，为野生动物提供遮蔽场所。

↕ ↔ 3 m

◐ ☼ ❄❄❄ H7 ⓘ 🐝

灌木，大型

欧洲榛

落叶、蔓生型灌木。叶片圆形、深绿色，秋季时转变成黄色。初春，黄色柔荑花序悬挂在枝条上。秋季，花朵凋谢后结出可食用的坚果。

↕ ↔ 5 m

○ ☼ ◑ ❄❄❄ H6

灌木，小型

欧石南

常绿灌木。叶片呈针状，是非常出色的花境前景植物，也可用于岩石花园中。细小的粉色、红色或白色花朵，从初冬持续盛开到春末，对于刚从冬眠中苏醒过来的昆虫来说，可谓是大自然赐予的巨大恩赏。

↕ 30 cm ↔ 45 cm 或更大

○ ☼ ❄❄❄ H6 pH 🐝

多年生植物，大型

茴香

丛生型多年生植物。直立生长，叶柔软如羽毛，揉搓时散发香气。夏季，分枝茎高大，着生伞形的亮黄色花朵，深受瓢虫、草蛉等昆虫喜爱。

↕ 1.8 m ↔ 50 cm

○ ☼ ❄❄❄ H5 🐝 ✿

乔木，大型

枸骨叶冬青

生长缓慢的常绿乔木。叶片深绿色、多刺。如果雌株旁边栽种了雄株，则冬季时雌株会结出鲜艳的红色浆果。可为昆虫和鸟类提供栖息地和食物。

↕ 20 m ↔ 6 m

H6

一年生 / 二年生植物，小型

雪白沼沫花

株型低矮的蔓生型植物。叶片形似蕨类叶片。夏季至秋季开花，花朵呈杯形，花瓣白色、花心黄色。可吸引食蚜蝇。

↕ 15 cm ↔ 10 cm

H5

多年生植物，中型

美国薄荷‘剑桥绯红’

直立、丛生型多年生植物。深绿色叶片具芳香。夏季开花，喇叭状花朵，花色为红色，花朵轮生，可吸引蜜蜂以及其他昆虫前来授粉。

↕ 1 m ↔ 45 cm

H4

多年生植物，小型

沼泽勿忘草

适合生长在池塘边缘和浅水区。春季绽放天蓝色花朵，金黄花心格外醒目，既吸引传粉昆虫，又为水生幼虫提供庇护，更成为蝾螈产卵的理想场所。

↕ ↔ 50 cm

H6

多年生植物，大型

林烟草

寿命较短，常作一年生植物栽培。叶片宽大、卵形，带黏性。夏季，花茎上着生下垂的管状白色花朵。它在傍晚散发的甜美香气会吸引飞蛾。

↕ 1.5 m ↔ 75 cm

H2

二年生植物，大型

月见草

直立生长，叶片披针形。花茎直立，夏季傍晚开放硕大、芬芳、漏斗状的黄色花朵。花可吸引飞蛾，进而可能引来蝙蝠。

↕ 1.5 m ↔ 50 cm

H7

多年生植物，中型

柳枝稷

落叶、丛生型禾本科植物。叶片为蓝绿色。夏季开花，绿色中透着粉色的圆锥花序布满茎枝间。可为花园增添极具自然风格的魅力景观，并为鸟类等动物提供栖息地、食物以及筑巢材料。

↕ 1 m ↔ 75 cm

H5

乔木，大型

无梗花栎

大型落叶乔木。树冠呈圆顶状，叶片深绿、革质，入秋后转为橙褐色，还会结出橡子。橡子为鸟类和哺乳动物提供食物。

↕ 40 m ↔ 25 m

H7

一年生 / 二年生植物，小型

万寿菊

叶片深绿色、全裂。花色为深浅不一的黄色、橙色、红色或红褐色，散发出香味，从夏季一直盛开至初秋。为了吸引食蚜蝇和蝴蝶，可选择单瓣或半重瓣的品种栽种。

↕ ↔ 30 cm

H2

为野生动物提供食物的植物

对于越来越多的园艺爱好者来说，曾经被视作野草的植物如今备受欢迎。许多野草对野生动物颇具吸引力，且有着一种质朴之美。

在自然主义风格花园里（见第 15 页），对野草的定义可能与规整式花园大不相同。雏菊和蒲公英常被允许生长在草坪上，而诸如红剪秋罗和红缬草等植物，即便与园艺植物混种，也能为花境增添色彩。在野趣更浓的花园角落，可以留出空间让异株荨麻生长，它是许多蝴蝶幼虫重要的食物来源。在花园中，对这些植物需加以管理，以平衡野生植物与栽培植物的关系。大多数野草适应性强，因而容易肆意蔓延。

多年生植物，中型

距药草

生长在悬崖、古老的砖砌建筑以及荒地上。花色有红色、粉色或白色，呈簇状，春季开放。随后结出的茸毛状种子可随风飘散。

↕ 90 cm ↔ 60 cm

💧☼❄❄❄ H5 🐝 ✿

多年生植物，小型

千叶蓍

具地下匍匐茎，可自由蔓延生长。花序扁平状，夏季开放白色或淡粉色花朵。它是常见的草坪杂草，对传粉者来说是颇具吸引力的野花。

↕ ↔ 50 cm

💧☼❄❄❄ H7 🐝 ✿

球根植物，中型

熊韭

具鳞茎，可迅速繁殖，是春季林地中迷人的地被植物。叶片宽大，有光泽，成对生长，呈拱形。花白色、星形，具浓郁大蒜味。

↕ 30 m ↔ 不定

💧☼◐❄❄❄ H7 🐝

多年生植物，小型

雏菊

多年生野草，常侵占草坪。叶片匙形，呈莲座状。花小，白黄相间。在更自然随意的环境中，雏菊颇具观赏性，还能吸引传粉昆虫。

↕ ↔ 10 cm

💧💧☼◐❄❄❄ H7 🐝

二年生植物，中型

野胡萝卜

花茎细长，伞形花序扁平，夏季开放白色或略带粉色的花。花朵凋谢后，伞形花序逐渐形成篮状结构，直至冬季仍保持观赏性。

↕ 1 m ↔ 50 cm

💧☼❄❄❄ H7 🐝 ✿

一年生 / 二年生植物，大型

续随子

叶片奇特规整，灰绿色，披针形。茎笔直挺拔，不分枝。花黄绿色，呈簇状，夏季从苞片间抽出，随后结实，种子成串。

↕ 1.5 m ↔ 50 cm

💧☼❄❄❄ H5 ⓘ

多年生植物，小型

欧亚榕叶毛茛

匍匐生长，可通过块根蔓延生长。叶片心形，绿色或带斑纹，呈莲座状。花黄色，如毛茛般闪亮，早春开放。夏季植株枯萎。

↕ 10 cm ↔ 50 cm

💧💧◐●❄❄❄ H7 ⓘ 🐝

多年生植物，大型

茴香

茎干挺拔，叶片似蕨类且带茴香气味。夏季，当伞形花序绽放出亮黄色花朵时，便迎来了它的最佳观赏期。茎干在冬季仍具有观赏价值。

↕ 2.5 m ↔ 50 cm

💧☼❄❄❄ H5 🐝 ✿

二年生植物，大型

大翅蓟

植株高大，茎干直立、多分枝。叶片银灰色、带刺，表面覆茸毛。蓟花紫色绚丽，夏季开放，是花园中的焦点植物。在枯萎之前，种子会四处散落。

↕3 m ↔ 1.5 m

💧☼ ❄❄❄ H5 🐝

多年生植物，中型

迪奥卡蝇子草

寿命较短。花茎细长，暮春开花，颇具观赏性，尤其是在树下生长时。非常耐阴且耐干旱，也能丛生于花境或粗放管理的草坪中。

↕80 cm ↔ 45 cm

💧◐ ❄❄❄ H6 🐝 ✿

多年生植物，大型

加拿大一枝黄花

生命力顽强，直立生长，能在荒地上自然繁衍，通过种子和根茎蔓延。花金黄色，在生长季后期开放。适合种植在花园中充满自然野趣的区域。

↕2 m ↔ 1.5 m

💧☼ ❄❄❄ H6 🐝 ✿

多年生植物，大型

聚合草

茎干直立，叶片大、多且粗糙，披针形。花蓝色或略带紫色，钟形。是花园中较为自然野趣区域实用的地被植物。在半阴环境中生长最佳。

↕2.5 m ↔ 1.5 m

💧☼◐ ❄❄❄ H7 ⓘ

多年生植物，小型

药用蒲公英

具直根，植株呈莲座状，常被视作草坪和花园里的杂草。头状花序金黄色，夏季开放，随后结出形似“钟表”的种子。这种植物的大部分部位都可食用，其花朵可吸引一些传粉者前来。

↕↔ 50 cm

💧💧☼◐ ❄❄❄ H7 🐝

一年生 / 多年生植物，中型

山羊胡须草

直立生长，茎细长，直根似胡萝卜，叶从此处萌发。花黄色，夏季清晨开放，中午闭合，随后结种，种子钟状，易引人注目。

↕1 m ↔ 50 cm

💧☼ ❄❄❄ H7 🐝

多年生植物，小型

白车轴草

匍匐型多年生植物，是常见的草坪杂草。叶三裂，呈草垫状，常带有白色斑纹。头状花序白色，夏季开放。这种植物值得保留，因为它对从林鼠、蝴蝶等多种动物都很重要。

↕↔ 50 cm

💧☼ ❄❄❄ H7 🐝

多年生植物，大型

异株荨麻

具走茎，可在荒地蔓延生长。因其生长繁茂，且叶片会使人产生刺痛感，常被视作杂草。但它是蝴蝶重要的食源植物，所以在自然野趣区域值得保留。

↕1.5 m ↔ 4 m

💧☼◐● ❄❄❄ H7 ⓘ

多年生植物，大型

缬草

常被视为杂草。茎干修长，羽毛状叶片带奇特香气。夏季开放具有芳香的白花。它在砾石花园或冷色调花境中种植效果出众。

↕1.5 m ↔ 30 cm

💧💧☼ ❄❄ H4 🐝 ✿

适合草甸花园的植物

受自然主义风格启发的种植流行趋势反映了人们对环境的关注，园丁们热衷于采用那些看起来更贴近自然的种植方案。

“草甸风格”这一术语包含多种不同类型。或许最简单的是一年生花卉草甸，每年播撒精心调配的混合花种，以在夏季呈现绚丽的花卉景观。多年生草甸通常是在现有草皮基础上改造而成的，通过植入穴盘苗、球根花卉，或在草丛中播种来增添特色植物。草甸风格的种植选用一系列北美植物——有些是野生的，有些是栽培品种，通常采用散点式布局。更为规整的欧式多年生植物种植，主要将栽培植物精心布置成花境等形式。总体而言，这些在一定程度上都再现了自然植物群落的风貌。

一年生植物，中型

大阿米芹 🏆

茎干直立，具分枝，叶细裂。初夏开放如蕾丝般的球状白花。可为一年生草甸种植增添层次感、精致度与色彩对比。

↕ 1 m ↔ 50 cm

💧☼◑❄❄❄ H6 ✿

多年生植物，中型

大星芹 🏆

叶片分裂、绿色。花茎细长，具分枝。初夏时节，花茎顶端簇生由众多小花组成的头状花序，苞片呈放射状，有红色、粉色、绿色或白色，似花瓣。

↕ 90 cm ↔ 45 cm

💧☼◑❄❄❄ H7 🐝 ✿

多年生植物，大型

南方巴帕迪豆 🏆

茎干直立，三出复叶，鲜亮绿色。花穗羽扇豆状，初夏开放耀眼的蓝色、豌豆形花朵。在草甸风格种植中，它从其他多年生植物中冒出来。

↕ 1.5 m ↔ 1 m

💧☼❄❄❄ H7 ✿

多年生植物，大型

峨参‘鸦羽’

寿命较短，直立生长。春末夏初时节状态最佳，此时它的分枝茎上长着如蕨类般的紫色叶片，与小巧精致的花头形成鲜明对比。

↕ 1.5 m ↔ 50 cm

💧💧☼◑❄❄❄ H7 ✿

多年生植物，中型

药水苏‘胡梅洛’ 🏆

植株低矮，具蔓性。基生叶绿色、长椭圆形、具褶皱。花茎直立，花紫红色，呈穗状排列。非常适合作为草甸风格花境的镶边植物。

↕ ↔ 60 cm

💧☼◑❄❄❄ H7 🐝

多年生植物，大型

凤尾蓍‘金盘’

丛生型多年生植物。直立生长，叶片具芳香，似蕨叶。夏季，其金黄色的平顶花序为草甸风格的种植增添了水平方向的动态美感。

↕ 1.2 m ↔ 60 cm

💧☼❄❄❄ H7 🐝 ✿

球根植物，大型

糠百合

花茎高大，花紫蓝色，呈穗状排列，晚春和初夏开花。在生长季初期，它与草甸和自然风格种植中的草本植物搭配效果甚佳。

↕ 70 cm ↔ 50 cm

💧☼◑❄❄ H4 ⓘ

多年生植物，小型

草甸碎米荠

植株纤细、淡雅，非常适合种植在湿润的高草丛中。叶片羽状，呈莲座状。花茎直立，总状花序，早春开放淡粉色或白色花朵。

↕↔ 50 cm

💧💧◐● ❄❄❄ H7 🐝

二年生植物，中型

蓝蓟

直立生长，叶片密布刚毛，丛生呈莲座状。花蓝紫色、喇叭形，呈穗状排列，晚春至初夏开放。可与草甸中的其他杂草形成鲜明的对比。

↕ 1 m ↔ 50 cm

💧☼ ❄❄❄ H7 ⓘ 🐝

多年生植物，大型

发草

常绿、丛生型多年生植物。茎拱形，茎上会着生如云朵般的银白色花序，夏季开花，花后逐渐变成棕色。观赏期可持续至深秋。

↕ 2 m ↔ 50 cm

💧☼◐ ❄❄❄ H6

多年生植物，大型

大麻叶泽兰

丛生型多年生植物。生长旺盛，茎直立、紫红色。羽状叶片深绿色。花序粉紫色，平展，夏季开放，深受各类昆虫青睐。

↕ 1.5 m ↔ 1 m

💧☼◐ ❄❄❄ H7 🐝

一年生植物，中型

蓝芙蓉

植株纤细，直立生长，茎具分枝，叶片披针形。头状花序通常为亮蓝色，偶见白色或粉色，夏季开花。适合直接在原地播种打造一年生草甸。

↕ 1 m ↔ 50 cm

💧☼ ❄❄❄ H6 🐝 ✿

多年生植物，大型

淡紫松果菊

头状花序看似娇弱、形似雏菊，花瓣细长、下垂，环绕着中央褐色锥形花托，夏季开花。与观赏草及其他多年生植物搭配种植时效果出众。

↕ 1.5 m ↔ 50 cm

💧☼ ❄❄❄ H5 🐝 ✿

多年生植物，中型

旋果蚊子草

生长强健。下部叶繁茂，羽状复叶，叶面褶皱明显且带有锯齿。花茎细长，花序精致，夏季开放乳白色且具有香气的小花。

↕ 90 cm ↔ 60 cm

💧☼◐ ❄❄❄ H6 🐝

多年生植物，中型

黑矢车菊

植株直立，茎具分枝，叶具裂片、绿色。头状花序紫色，对蝴蝶颇具吸引力。幼苗可种植在草丛中；一旦植株扎根生长后，便会自播繁殖。

↕ 1 m ↔ 50 cm

💧☼◐ ❄❄❄ H6 🐝

多年生植物，中型

松果菊‘马格努斯’

植株挺拔，生长强健。头状花序硕大，雏菊状，橙褐色锥形花盘醒目，被红紫色舌状花瓣环绕，夏季开花。

↕ 1 m ↔ 50 cm

💧☼ ❄❄❄ H5 🐝 ✿

多年生植物，中型

草地老鹳草

茎具蔓性，叶有裂片。花色为淡蓝紫色，初夏迎来盛花期。可将它与其他多年生植物一起种植在自然草坪、草本花境或玫瑰花丛下。

↕↔ 60 cm

💧☼◐ ❄❄❄ H7 🐝

多年生植物，中型

拜占庭唐菖蒲

植株具球茎，叶片剑形，具褶状。穗状花序，花色为艳丽的洋红色，春末夏初开放。适合种植在高草丛中。

↕ 1 m ↔ 30 cm

H5

多年生植物，大型

堆心菊‘瓦尔特劳特’

直立多年生植物。头状花序形似雏菊，花中心呈棕色，花瓣则为黄色和铜橙色，夏末开放。在草甸风格的植物景观布置中尤为夺目。

↕ 1.2 m ↔ 90 cm

H7

多年生植物，中型

中欧孀草

茎纤细多毛。头状花序深红色，圆润如纽扣，夏季开放。非常适合与观赏草及其他多年生植物搭配种植。及时摘除残花可延长花期。

↕ 75 cm ↔ 60 cm

H7

多年生植物，中型

滨菊

生命力旺盛，根系可蔓延生长。基生叶深绿色。花茎直立，顶端着生白黄相间的头状花序，初夏开放。适宜在高大、茂密的草丛中生长。

↕ 1 m ↔ 50 cm

H7

多年生植物，中型

天蓝麦氏草‘斯特拉伦奎尔’

落叶、丛生型多年生植物。花茎轻盈，呈拱形。入秋后植株转为金黄色，秋冬时节格外耀眼。非常适合种植在自然风格花园中。

↕ ↔ 1 m

H7 pH

多年生植物，中型

美国薄荷‘紫罗兰女王’

丛生，茎干直立，叶具芳香。花紫罗兰色，夏季开放。轮生花朵能在大量种植的其他多年生植物中形成持久的色彩对比。可抗白粉病。

↕ 1 m ↔ 50 cm

H4

一年生植物，中型

蕾丝花

茎具分枝。夏秋季开白花，精致如蕾丝帽般。其轻盈的姿态极适合与其他一年生植物一起用于自然风格的植物景观营造。

↕ 1 m ↔ 50 cm

H7

多年生植物，中型

柳枝稷

落叶、丛生型多年生植物。叶片细长、蓝绿色。花茎拱形，夏季开放小花。入秋后，植株会变为金黄色，并一直持续到冬季。

↕ 1 m ↔ 75 cm

H5

一年生植物，中型

虞美人

直立一年生植物。叶片淡绿色、长椭圆形且略带茸毛。初夏时节，细长的花茎抽出，低垂的花苞逐渐绽放成朝上生长的红色碗状花朵。花瓣柔薄如绢，是点缀野花草甸不可或缺的经典元素。

↕ 1 m ↔ 50 cm

H7

多年生植物，小型

林荫鼠尾草‘卡拉多纳’

株型紧凑，叶具芳香、绿色。深色花茎挺拔，花呈穗状排列，紫蓝色明艳照人，初夏开放，及时剪除残花可促其再度开花。

↕50 cm ↔ 30 cm

H7

多年生植物，中型

草原松果菊

丛生型多年生植物。叶有细裂片。花茎高大纤细，头状花序似雏菊，中心花盘圆柱形，花瓣黄色或红色，反卷，夏季开放。

↕1 m ↔ 50 cm

H6

多年生植物，中型

苏氏金光菊‘金色风暴’

花茎有分枝，花量大，头状花序似雏菊，花黄色，花心具棕色花盘，夏末至秋季开放。适合于风格自然随意的花境中。

↕1 m ↔ 50 cm

H6

多年生植物，小型

地榆‘塔纳’

丛生型多年生植物。株型紧凑，叶片秀雅、灰绿色。花茎细长坚韧，筒状花序深红色，形态奇趣，仲夏至秋季开放。可为自然式种植增添独特韵律。

↕↔ 50 cm

H7

多年生植物，大型

细叶拟藁本

直立多年生植物。株型美丽，叶片绿色，具羽状细裂片。花茎略带紫色，扁平状伞形花序白色，夏末和初秋开放。与观赏草搭配种植效果显著。

↕1.2 m ↔ 40 cm

H6

多年生植物，大型

多皱一枝黄花‘烟花’

丛生型多年生植物。茎起初直立，入秋后细长花枝向四周伸展呈拱形，近乎水平伸展。秋季开放黄色小花。

↕1.5 m ↔ 1 m

H7

多年生植物，大型

紫花唐松草

直立、丛生型多年生植物，是打造野趣草甸景观的理想选择。叶具裂片，花茎略带紫晕，花小、淡紫粉色，簇生，聚成轻盈的云团状花序，夏末开放。

↕1.2 m ↔ 50 cm

H7

多年生植物，中型

马鞭草‘班普顿’

丛生型多年生植物。株型规整挺拔，叶片紫色。可在花园的闲适角落自播繁衍，别具野趣。穗状花序，夏季开放粉紫色小花。

↕1 m ↔ 60 cm

H6

打造季相变化景观的植物

通过选择不同季节开花的植物，可以使花园永远不会沉闷，即使在深冬也不会枯燥乏味。最关键的是提前做好规划，并为每个季节配置一些耀眼夺目的明星植物。例如，春季是一些球根植物以及观花树木的亮相时间；初夏或夏末，多年生花卉为花园带来绚丽的色彩；秋季，浆果类灌木和洋溢着热情色彩的彩叶树种尽情展示着它们的美景；常绿类树种以及那些在一年中最阴暗的日子里也可以开花的植物将冬季装扮得亮丽多姿。

适合春季花境的植物

随着冬季寒冷、阴暗的日子逐渐过去，五彩缤纷的花朵以及清新而富有活力的绿色植物让新的季节迸发出勃勃生机。

铁筷子属植物是春天最早开花的一批植物，它们与一大群耀眼的早花型水仙和点缀在花境前部的银莲花一起享受着春日的到来。随着春意渐浓，越来越多的花卉加入了这场盛会。可用色彩明艳或柔和的郁金香、岩白菜、报春花等来装点花境，背景选用花团锦簇的灌木及乔木。还可以加入一些芳香植物，例如荚蒾属植物会散发出美妙的香味，瑞香和落叶型杜鹃也可以。但是，大花贝母会散发出一种难闻的气味，在规划它们的位置时要注意。

球根植物，中型

纸花葱

直立生长，叶片呈带状、灰绿色。春季，白色星状花朵成簇盛开。秋季将种球成组群植用来打造春季花境，最好栽种在花境前部位置。

↕ 50 cm

💧☼❄❄❄ H5 🐝

多年生植物，中型

柳叶水甘草

直立生长的多年生植物。叶片纤细，先端渐尖，秋季掉落前叶色会变黄。晚春到夏季盛开一簇簇星状的蓝色花朵，花期很长。

↕ 1m ↔ 30 cm

💧☼❄❄❄ H5 🐝 ✽ ⓘ

多年生植物，小型

希腊银莲花 🏆

早春盛开如雏菊般蓝色、粉色或白色的花朵，常被种植于花境前部或花园步道两旁。秋季栽种块茎。

↕ 10 cm ↔ 15 cm

💧◐❄❄❄ H6 ⓘ

多年生植物，中型

欧耧斗菜

叶片绿色、全裂，分成若干圆形、浅裂的小叶片。春末至初夏，单瓣或重瓣花朵悬垂在枝条上，花色极为丰富，如白色的‘妮维雅’（上图）。

↕ 90 cm ↔ 45 cm

💧💧☼◐❄❄❄ H7 🐝

多年生植物，小型

岩白菜‘粉色蜻蜓’🏆

常绿多年生植物。低矮丛生，匍匐茎贴地生长。叶片宽大、绿色、具光泽。花茎为红色，高于叶片。花亮粉色，喉部颜色较深，春季开放。

↕↔ 50 cm

💧☼◐❄❄❄ H6 🐝

攀缘植物，大型

绣球藤

生长旺盛的落叶攀缘植物。叶片绿色、全裂。春末夏初盛开大量、单瓣的白色或粉色花朵，带黄色花蕊。根部需遮阴，茎枝需要阳光照射。

↕ 12 m

💧☼◐❄❄❄ H5 ⓘ

灌木，小型

黄雀花

落叶灌木。枝叶茂密，绿色茎枝上长有小叶片。花量繁多，淡乳黄色花朵形似豌豆。‘全金’（上图）的花朵为金黄色。

↕ 1.2 m ↔ 1.5 m

💧☼❄❄❄ H5 ⓘ

灌木，中型

伯氏瑞香

直立生长的半常绿灌木。叶片小、绿色。粉红色花朵散发出浓郁的芳香。‘萨默塞特’（上图）的花朵为紫粉色。

↕ 1.5 m ↔ 1 m

💧☼◐❄❄ H4 ⓘ

多年生植物，小型

美丽血心花

茎枝蔓延伸展，叶片细裂、灰绿色。晚春至初夏，心形、暗红色的花朵悬挂在枝条上。适宜栽种在花境前部。

↕45 cm ↔ 30 cm

💧☀❄❄❄ H5 ⓘ

多年生植物，大型

阿尔巴尼亚大戟

常绿、直立多年生植物，非常适宜作为阳光充足的春季花境的背景植物。高大的茎干上覆盖着线形、灰绿色叶片和黄绿色的穗状花序。

↕↔ 1.2 m

💧☀❄❄❄ H5 ⓘ

灌木，中型

大花白鹃梅‘新娘’ 🏆

落叶灌木。枝条下垂，叶片淡绿色、长椭圆形。花苞圆形，总状花序繁茂，仲春至晚春开放纯白色花朵，观赏价值高。

↕↔ 2.5 m

💧☀☀❄❄❄ H6

多年生植物，小型

淫羊藿‘琥珀女王’ 🏆

常绿、丛生型多年生植物。春季新叶泛红。花茎细长坚韧，花序轻盈舒展，橙色花朵微微低垂，形似蜘蛛。适合种植在乔木和灌木下方背阴处。

↕↔ 50 cm

💧☀❄❄❄ H6

球根植物，中型

加州猪牙花

丛生型球根植物。叶片深绿色带斑点。春季开乳白色花朵，花头低垂，花瓣反折，散发出淡淡的芳香。适宜种植于半阴花境的前部。

↕↔ 35 cm

💧☀❄❄❄ H5 ⓘ

球根植物，中型

黑贝母

直立生长，叶片深绿色。春季，钟形、深紫色花朵沿着直立、纤细的茎枝盛开。非常适宜用于半阴花境中。秋季将种球成组群植。

↕60 cm

💧☀☀❄❄❄ H5 ⓘ

球根植物，大型

皇冠贝母 🏆

株型高大的球根植物，适宜用于花境中，但不要种植在休闲区旁边，因为它们会散发出难闻的气味。晚春开放钟形的橙红色花朵，顶端生有叶状苞片，形似戴着一顶皇冠。

↕1.5 m

💧☀❄❄❄ H7 ⓘ

多年生植物，中型

斑点老鹳草

茎枝繁茂浓密，叶片绿色、全裂。春季至初夏开放浅粉色至淡紫色的单瓣花朵。花期过后应及时摘除花头，防止自播繁殖。

↕75 cm ↔ 45 cm

💧☀☀❄❄❄ H7 🐝

多年生植物，小型

史腾嚏根草

常绿多年生植物。春季开花，花枝多，直立，花朵杯形，雄蕊明显，可以持续开放数周。绿色叶片带斑点，全年可观赏。

↕↔ 45 cm

💧☀ ❄❄ H4 ⓘ 🐝

多年生植物，中型

滨紫草 🏆

株型紧凑的多年生植物，具有柔软的蓝绿色叶片。春季，漏斗状的蓝紫色花朵成簇盛开，花头低垂。夏季植株会枯萎死亡。

↕ 60 cm ↔ 45 cm

💧☀ ❄❄ H4

球根植物，中型

宽叶蓝壶花 🏆

叶片呈带状、灰绿色。簇生微小的双色春花，花朵基部为深蓝紫色，顶部为淡蓝紫色。可用来装点春季花境的前沿部分。

↕ 25 cm

💧☀ ❄❄❄ H6 ⓘ

球根植物，中型

仙客来水仙 🏆

小型球根植物，最适宜栽种在花境前部。叶片绿色，叶形狭窄。早春绽放黄色花朵，花形呈细长的喇叭状，花头低垂，花瓣向后翻折。

↕ 20 cm

💧☀ ❄❄❄ H6 ⓘ

多年生植物，中型

芍药‘晚风之花’ 🏆

多年生草本。丛生，生长旺盛。叶片绿色、具光泽，分裂成细长小叶。暮春，茎枝上成簇盛开微微低垂的白色花朵，雄蕊呈黄色，夜间具香气。

↕↔ 90 cm

💧☀ ❄❄❄ H6 🐝

多年生植物，小型

狭裂福禄考

半常绿、蔓生型多年生植物。叶片披针形、小巧、绿色。晚春开花，品种不同花色各异，有淡蓝色、紫色、白色或粉色。适宜栽种在株型高大的植物下方。

↕ 30 cm ↔ 20 cm

💧☀ ❄❄❄ H5

多年生植物，大型

杂交黄精 🏆

整个植株外形呈拱形。叶片椭圆形、绿色。晚春，白色管状小花朵成簇盛开，尖端泛绿，似一串串铃铛悬挂在茎枝上。适宜用于春季混合花境中，应栽种在斑驳树荫下。

↕ 1.2 m ↔ 1 m

💧☀ ❄❄❄ H7 ⓘ ✿

多年生植物，小型

金边欧报春

可将其成组群植于花境前部，为景观增添极具吸引力的亮点。春季，直立的茎枝上盛开红褐色的花朵，花蕊为金黄色，花瓣带银边。

↕ 25 cm ↔ 30 cm

💧☀ ❄❄❄ H7

多年生植物，小型

日本报春 🏆

叶面褶皱，绿色基生叶呈莲座状排列。初夏，直立的茎枝上盛开一簇簇白色、粉色或红色的花朵。‘波斯特福特白’（上图）开白色花朵。

↕↔ 45 cm

💧☀ ❄❄❄ H6 ✿

多年生植物，小型

欧报春

椭圆形、淡绿色的基生叶呈莲座状排列。早春开放黄色花朵，散发出芳香。适宜栽种在斑驳树荫区的花境前部，可与其他春季开花的球根植物成组群植。

↕ 20 cm ↔ 35 cm

H7

多年生植物，小型

肺草‘蓝旗’

落叶、丛生型多年生植物。生长旺盛，叶片宽大、绿色。早春开放大量天蓝色花朵，鲜艳夺目。非常适合种植在湿润的半阴环境中。

↕ 30 cm ↔ 50 cm

H6

灌木，中型

绯红茶藨子

落叶灌木。叶片绿色、浅裂。春季，枝条上垂下一簇簇红色的花朵，为花园增添了一抹亮丽的色彩。夏季时又为花境打造出一面绿色背景墙。

↕ 2 m ↔ 2.5 m

H6

灌木，中型

绣线菊‘锐齿’

落叶灌木。树冠圆形，枝条拱形，株型优雅。早春，枝条上成簇盛开小巧纯白的花朵。花凋谢后，披针形的绿叶相继展开。

↕↔ 2 m

H6

多年生植物，小型

大花延龄草

矮生型多年生植物。叶片绿色、钻石形。春季开花，花朵三瓣、白色，花姿优雅。成组群植于大型灌木或乔木下方，景观效果最佳。

↕ 38 cm ↔ 30 cm

H5

多年生植物，中型

郁金香‘芭蕾舞女’

百合花型郁金香，仲春至晚春开放。因其鲜艳明亮的橘红色、带有香味且花瓣尖细的花朵而广受欢迎。

↕↔ 50 cm

H6

灌木，中型

红蕾荚蒾

落叶灌木。叶片深绿色。粉色花蕾，白色花朵，成簇盛开，散发出浓郁的芳香。‘奥罗拉’（上图）的花蕾为红色，花朵为粉色。

↕↔ 2 m

H6

适合春季观花的树木

即使是小型花园也能容纳一棵落叶树，作为回报，每年春季都能欣赏到令人惊叹不已的繁花盛开的美景。

树木能够和矮型球根植物形成结构对比鲜明的景观。它们为这些观花植物提供了一个顶部的天篷，花瓣飘落到地面后也会形成一张美丽的花毯。在挑选树种之前，应充分考虑树木在花园中所占空间的比例及其观赏价值。对于空间较狭小的花园，应选择直立生长、株型紧凑的树种，如唐棣属或山茱萸属观花树木。可将树木栽种在阳光充足的花境后部，也可栽种在草坪的中心，然后在树下种植一些春季开花的球根植物，如水仙、葡萄风信子、银莲花，打造一处草坪景观。栽种球根植物时，植株要与树干之间至少留出 60 cm 的空间。

乔木，大型

红花七叶树

落叶乔木，树冠呈圆形。晚春开花，红色花朵形成直立大花簇。叶片深绿色、全裂。秋季会结出坚果。‘布瑞欧蒂’（上图）的花朵为粉色。

↕ 20 m ↔ 15 m

H7

灌木，大型

加拿大唐棣

落叶灌木。叶片椭圆形、绿色，秋季会转变成橙红色。仲春至晚春开花，白色花朵似繁星。夏季结果，浆果可食用，成熟后为红色。

↕ 6 m ↔ 3 m

H7 pH

乔木，小型

平滑唐棣

落叶乔木。春季开花，花枝繁多，花朵白色，花朵凋谢后结出红色果实。幼嫩的叶片为古铜色，夏季转变成深绿色，秋季变成红色和橙色。

↕↔ 8 m

H7 pH

灌木，大型

加拿大紫荆

仲春，淡粉色似豌豆状的花朵盛开。秋季，心形叶片会转变成色彩明快的黄色。白花加拿大紫荆（上图）是一个开白色花的品种。

↕↔ 10 m

H5

乔木，小型

紫荆

晚春，在叶片尚未长出前，光秃秃的枝条上布满玫红色、似豌豆般的花朵，花朵凋谢后结出荚果。硕大的绿色叶片呈心形，具观赏性。

↕ 6 m ↔ 5 m

H5

乔木，中型

南欧紫荆

落叶乔木。春季，在叶片尚未长出之前，光秃秃的茎枝上会开满亮粉色的花朵。夏季，绿色的心形叶片尤为迷人。会结出长长的紫色荚果。

↕↔ 10 m

H5

乔木，小型

四照花‘埃迪的白色奇迹’

直立生长。春末时节，细小的花朵聚成花序，外围包裹着层层叠叠的瓣状苞片。每逢春秋两季尤为惊艳——春季花团锦簇，秋季红叶绚烂。

↕ 8 m ↔ 4 m

H5

乔木，小型

大花四照花

落叶乔木。树形呈圆锥形。晚春开放小巧的绿色花朵，外被一圈绚丽夺目的白色或粉色苞片。纤细、扭曲的叶片在秋季会变为红色和紫色。

↕ 6 m ↔ 8 m

H5 pH

乔木，小型

杂交山楂‘保罗红’ 🏆

小型落叶乔木。枝干多刺，叶面光滑，叶片浅裂、绿色。晚春开放浅红色、重瓣的花朵，花量繁多。可作为小型园景树种植。

↕↔ 8 m

💧☼◐ ❄❄❄ H7 (!)

乔木，中型

珙桐‘索诺玛’ 🏆

落叶乔木。树冠开展，叶片卵形且边缘有锯齿。头状花序球形，周围环绕着长长的形似手帕的白色苞片。晚春开放小花。

↕ 15 m ↔ 10 m

💧☼ ❄❄❄ H5

乔木，中型

北美银钟花‘山地’

生长缓慢，树姿优雅，繁花满树。春季开放单瓣的白色钟形花朵。秋叶鲜艳，使其成为大型庭园中极具价值的景观树种。

↕ 12 m ↔ 8 m

💧☼ ❄❄❄ H5

灌木，大型

星花玉兰

树冠呈圆形，光秃秃无叶的茎枝上生出覆有丝状软毛的花苞，绽开后为白色、星形花朵，散发着芳香。绿色叶片狭窄，在花期过后长出。

↕↔ 10 m

💧☼◐ ❄❄❄ H6

乔木，中型

多花海棠

落叶乔木。春季，深红色的花蕾绽开后露出迷人的淡粉色花朵，花期过后长出椭圆形叶片。随后，秋季结出红黄相间的可食用果实。

↕↔ 10 m

💧☼ ❄❄❄ H6 🐝 ✿

乔木，中型

木兰‘伊丽莎白’

落叶乔木。树形呈圆锥形，类似花瓶状。叶片茂密翠绿，幼叶泛青铜色光泽。花具芳香，朝上开放，呈高脚杯状，颜色为淡黄色。

↕ 10 m ↔ 8 m

💧☼◐ ❄❄❄ H6

乔木，小型

木兰‘菲利克斯·朱里’ 🏆

落叶乔木。株型紧凑，生长旺盛，直立生长。叶片宽大、长椭圆形。早春至仲春开放硕大的粉红色、杯状花朵，花径可达 35 cm。

↕ 6 m ↔ 4 m

💧☼◐ ❄❄❄ H5

乔木，中型

湖北海棠 🏆

枝叶繁茂的蔓生型落叶乔木，非常适宜作为草坪或花境的焦点景观。春季，散发着芳香的粉白色花朵成簇盛开，花量繁多，随后在秋季结出似樱桃般的红色果实。深绿色、椭圆形的叶片会在开花前长出。

↕↔ 12 m

💧☼ ❄❄❄ H6 🐝 ✿

乔木，中型

莫兰海棠‘丰花’

落叶乔木。春季盛开深粉色花朵，花量繁多，与泛着紫色的叶片相映成趣，随着叶片成熟，叶色会转变成绿色。花谢后会结出紫色果实。

↕↔ 10 m

💧☼❄❄❄ H6 ✽

乔木，小型

欧楂

树冠伸展的落叶乔木，主要作为果树种植，但春季会在幼嫩的枝条顶端盛开单瓣的白色花朵，极为迷人。生长缓慢，非常适合小型花园种植。

↕ 6 m ↔ 8 m

💧☼❄❄❄ H6 🐝

乔木，小型

樱‘奖章’ 🏆

落叶乔木。春季，在椭圆形的叶片长出之前，会出现深粉红色的花蕾，花朵绽开后为半重瓣、浅粉色。叶片在秋季会呈现出迷人的色彩。

↕↔ 8 m

💧☼❄❄❄ H6 ! ✽

乔木，中型

关山樱 🏆

落叶乔木。春季，重瓣的粉色花朵成为花园中的焦点。古铜色的叶片在花朵盛开之后长出，夏季转变成绿色，秋季掉落前变为橙色。

↕↔ 10 m

💧☼❄❄❄ H6 ! ✽

乔木，小型

枝垂樱

早春，低垂的枝条上会开满深玫瑰粉色的花朵。叶片椭圆形，先端渐尖，秋季会变为橙色和红色。非常适宜作为小型花园中的焦点景观。

↕↔ 6 m

💧☼❄❄❄ H6 ! ✽

乔木，小型

樱‘普贤象’ 🏆

株型紧凑的落叶乔木，非常适宜小型花园种植。春季，大簇的重瓣白色花朵竞相绽放，随后变为粉色。铜褐色的嫩叶成熟后会变成绿色，并在秋天呈现出橙色。

↕ 8 m ↔ 10 m

💧☼❄❄❄ H6 ! ✽

乔木，小型

樱‘白妙’ 🏆

小型落叶乔木。树冠伸展。春季盛开半重瓣的白色花朵，散发出芳香。绿色带锯齿边缘的叶片与花朵同时出现，叶片在秋季还会呈现出绚丽的色彩，适宜用来装扮以硬铺装为主的城市花园或草坪。

↕ 6 m ↔ 8 m

💧☼❄❄❄ H6 ! ✽

乔木，中型

静香樱

树形呈花瓶状。硕大的半重瓣白花，悬垂于细长花梗上，随着时间推移，在花心处显现出淡淡的粉晕。新叶泛着青铜色光泽，秋季叶色绚丽。

↕ 12 m ↔ 8 m

💧☼❄❄❄ H6 ✽

乔木，小型

樱‘松月’

小型落叶乔木。春季开放重瓣、粉色花朵，随后逐渐变为白色，适宜用于打造花境或草坪的焦点景观。古铜色的嫩叶成熟后逐渐转变成绿色，秋季变为橙色和红色。

↕5 m ↔ 8 m

H6

乔木，中型

樱‘尖顶’

落叶乔木。株型修长，适宜小型城市花园种植。春季，满树盛开淡粉色花朵。叶片会在花期过后长出。嫩叶为古铜色，秋季变成红色和橙色。

↕10 m ↔ 6 m

H6

乔木，小型

樱‘郁金’

落叶乔木。树冠伸展。春季，粉色花蕾绽开后为重瓣、黄白色花朵，花瓣尖端为粉色。幼叶为古铜色，秋季变为红褐色。

↕8 m ↔ 10 m

H6

乔木，大型

东京樱花

落叶乔木。春季满树盛开白中透粉的花朵，散发着浓郁的杏仁香味，为小型花园增添亮丽的季节性色彩。秋季，暗绿色的叶片转变为黄色。

↕15 m ↔ 10 m

H6

乔木，中型

斯拉维尼刺槐

落叶乔木。晚春，形似豌豆的亮粉色花朵成串盛开，从枝条上垂下，随后结出带有节状疙瘩的褐色种荚。似蕾丝花边的细叶呈现出轻度遮阴的效果，是用于小型花园的理想树种。‘希利里’（上图）是深受欢迎的一个品种。

↕↔ 10 m

H6

乔木，大型

夏椿

落叶乔木。夏季，硕大的杯状、白色花朵极具观赏价值。另外，树皮剥落的树干以及秋季时展现出的迷人叶色，也格外引人注目。

↕20 m ↔ 8 m

H5 pH

乔木，中型

野茉莉

落叶乔木。树冠伸展，赋予花境或草坪景观优雅迷人的气息。初夏，一簇簇白色或晕染着淡粉色的钟形花朵悬挂在枝条上。叶片在秋季会呈现出美丽的色彩。

↕10 m ↔ 8 m

H5 pH

适合盆栽的春季观花植物

应提前做好种植规划，并于秋季将翌年春季所用的盆花全部种植完毕。在球根植物迸发生机之前，很多植物可营造出冬季观叶景观。

球根植物的栽种时间为秋季。郁金香应在秋季末期种植，以减少发生火疫病的风险。雪滴花是个例外，最好在春季开花时将长有叶片的植株进行上盆。小型球根植物，如番红花、葡萄风信子和鸢尾非常适宜栽种在小巧的花盆中，而株型高大的水仙、郁金香，则适宜与春季开花的植物一起种植在大型花盆中，如堇菜、桂竹香、报春花，呈现出美丽的容器花园景观。还可以用大型容器栽种一些灌木，如山茶花、杜鹃花，这类植物冬季的叶片和春季的花朵同样迷人。

多年生植物，小型

金庭芥 🏆

常绿、矮生型多年生植物。花朵黄色，花量繁多，花期长，非常适宜用作春季盆栽花卉。花朵盛开于卵形、灰绿色的叶片之上。'斑锦'的叶片边缘呈奶油色。

↕23 m ↔30 m

◇☼❄❄❄ H5 🐝

多年生植物，小型

雏菊

茎枝斜生，叶片绿色。春季开花，花形有单瓣、重瓣或绒球形，花色为粉色、白色或红色。可与春季开花的球根植物搭配种植在容器中。

↕↔20 m

◇☼◑❄❄❄ H5 🐝

灌木，小型

岩须'爱丁堡'

株型矮小的常绿灌木。它的叶片比较细小，呈鳞片状，暗绿色。春季至夏季开放白色钟形花朵，花头低垂。

↕↔20 cm

◇◑❄❄❄ H6 pH

多年生植物，小型

岩白菜'苹果花开' 🏆

常绿、丛生型多年生植物。叶片卵形，具光泽。花茎略带红色，花粉白色、钟形，簇生，艳丽夺目。无论在阳光或荫蔽处都能形成亮丽的景观。

↕50 cm ↔70 cm

◇☼◑❄❄❄ H5 🐝

灌木，大型

山茶

直立生长的常绿灌木。春季开硕大的花朵，花色为红色、粉色或白色，适宜栽种在大型容器中，选用杜鹃科植物专用混合基质，放置在避风处。

↕3 m ↔2 m

♦◑❄❄❄ H5 pH

灌木，大型

威廉姆斯山茶

叶片绿色、卵圆形，先端渐尖，叶面光滑。春季开花，花朵有单瓣也有重瓣，花色有粉色、白色或红色。'捐赠'（上图）开粉色、半重瓣花朵。

↕5 m ↔2.5 m

♦◑❄❄❄ H5 pH

攀缘植物，中型

铁线莲'弗朗西斯·里维斯' 🏆

早花、落叶铁线莲。适宜栽种在大型容器中。叶片全裂，盛开紫罗兰色的钟形花朵。应设置格架或塔形支架以支撑其茎枝缠绕、攀爬。

↕3 m

◇☼❄❄❄ H6 ⓘ

球根植物，小型

双花番红花'蓝珍珠' 🏆

生长低矮，宜于秋季栽种。早春开放蓝紫色的杯状花朵，喉部明黄色，清新夺目。亦可与其他球根植物及欧石南类植物混栽。

↕↔10 cm

◇☼❄❄❄ H6 ⓘ 🐝

球根植物，小型

番红花‘雪鹀’🏆

秋季，将这种球根植物栽种在小型花盆中，早春即可欣赏到其呈现出的美景。白色花朵芳香四溢，花朵中心呈黄色，最外层花瓣外表面晕染着一层淡淡的紫色。叶片线形，绿色带白色条纹。

↕ 7 m

💧 ☼ ❄❄❄ H6 pH ⓘ 🐝

灌木，小型

杂交欧石南🏆

常绿灌木。叶片针形。冬末至初春开放白色或粉色的钟形小花朵，花头低垂，散布在茎枝间。非常适宜用来为早春的花园增添色彩。盆植时栽培基质应选用杜鹃花科植物专用混合基质。

↕ 25 cm ↔ 50 cm

💧 ☼ ❄❄❄ H5 pH 🐝

一年生／二年生植物，小型

桂竹香

适宜在秋季栽种在容器中。其绿色叶片为冬季景观增添了趣味性。仲春开花，穗状花序，花色有黄色、橙色、红色或粉色，花朵散发着芳香。

↕↔ 30 cm

💧 ☼ ❄❄❄ H5 🐝

球根植物，小型

小花仙客来🏆

叶片银色，生长低矮。早春开放精致秀丽的粉色花朵，花头朝下，花瓣向后反折。适宜盆栽，栽培基质宜选用以土壤为主的混合基质。

↕↔ 10 cm

💧 ◐ ❄❄ H5 ⓘ

球根植物，中型

风信子‘哈勒姆城’🏆

早春开花，芳香四溢，其黄色花朵与常绿多年生植物搭配在一起相得益彰。栽培基质应选用以土壤为主的混合基质。种球应于秋季栽种。

↕ 25 cm

💧 ◐ ❄❄ H4 ⓘ ✽

球根植物，中型

网脉鸢尾🏆

秋季，可将这种球根植物与其他颜色的矮型鸢尾一起栽种在小型容器中。早春盛开蓝紫色的花朵，下部花瓣上带有黄色和白色的斑点。

↕ 15 cm

💧 ☼ ❄❄❄ H7 ⓘ

球根植物，中型

亚美尼亚蓝壶花‘瓦莱丽·芬尼斯’🏆

穗状花序淡蓝色，早春绽放，与浅粉、明黄或纯白的郁金香搭配种植相得益彰，亦可栽种于黄色报春花旁。秋季适宜盆栽种植，草状叶片在寒冬来临前便已舒展。

↕ 20 cm ↔ 10 cm

💧 ☼ ❄❄❄ H6 ⓘ 🐝

球根植物，中型

水仙‘阿克泰亚’🏆

晚春开花，花朵白色，中间为带浅红色镶边的黄色杯状副花冠，散发出芳香，非常适宜与红色郁金香搭配在一起栽种在大型花盆中。秋季栽种种球。

↕ 40 cm

💧 ☼ ◐ ❄❄❄ H6 ⓘ ✽

球根植物，中型

水仙‘新娘花冠’ ♡

春季开放完全重瓣的花朵，散发出甜美的芳香，花色为乳白色，中心点缀着黄色斑点。秋季栽种种球，选用以土壤为主的混合基质。

↕ 40 cm

💧☼ ❄❄❄ H6 ! ✿

球根植物，中型

水仙‘快乐’ ♡

非常适合与单瓣的黄色水仙搭配。仲春时节开花，重瓣、白色花朵带有黄色副花冠，芳香四溢。秋季栽种种球，选用以土壤为主的混合基质。

↕↔ 40 cm

💧☼◐ ❄❄❄ H6 ! ✿

球根植物，中型

水仙‘康沃尔欢笑’ ♡

生命力旺盛，分枝多，每个花茎上最多能开三朵花。花下垂，金黄色。花期持久，株型相对紧凑，非常适合盆栽种植。

↕ 45 cm ↔ 50 cm

💧☼◐ ❄❄❄ H6 ! ✿

球根植物，中型

水仙‘狙击手杰克’ ♡

可尝试将其与葡萄风信子属植物或多花报春搭配在一起。叶片狭长呈暗绿色，花朵为乳白色，带有短小的亮黄色杯状副花冠。

↕↔ 23 cm

💧☼◐ ❄❄❄ H6 ! ✿

球根植物，中型

水仙‘大溪地’ ♡

多年生重瓣型水仙。仲春时节盛开金黄色花朵，叶片绿色、细长，栽种在容器中尤为耀眼。秋季将种球栽种在容器中，选用以土壤为主的混合物作为栽培基质。

↕ 45 cm

💧☼◐ ❄❄❄ H6 ! ✿

多年生植物，中型

玉竹 ♡

叶片为椭圆形至披针形，绿色。晚春至初夏开放白色、钟形花朵，尖端绿色，从茎枝上垂下，芳香四溢。秋季将其栽种在花盆中，春季可为花园增添亮丽的色彩。需采取防护措施避免植株遭受叶蜂的侵害。

↕ 60 cm ↔ 30 cm

💧◐ ❄❄❄ H7 ! ✿

多年生植物，小型

金边欧报春

常绿多年生植物。春季开放带有金黄色花蕊的红褐色花朵，花瓣边缘色彩亮丽，可以与矮型水仙搭配种植在容器中。

↕ 25 cm ↔ 30 cm

💧◐ ❄❄❄ H7

多年生植物，小型

报春花‘斯特拉香槟’

寿命较短，常作春季盆栽或窗台箱栽植物种植。叶片青铜色，茎干粗壮。花呈簇状，花色柔和，有粉色、黄色和乳白色，花心黄色。

↕ 30 cm ↔ 15 cm

💧☼◐ ❄❄❄ H7

多年生植物，小型

黄花九轮草 ♡

叶片披针形至卵圆形。春季开花，花头低垂，黄色花朵排成密集的花簇，散发出杏仁般的香味。及时摘除凋谢的花头以延长观赏期。

↕↔ 25 cm

💧◐ ❄❄❄ H5 🐝

多年生植物，小型

花毛茛‘阿维夫橙’

常于秋季在室内作盆花栽培。叶片深裂。春季开放重瓣、碗形、黄橙色花朵，令人惊艳。栽培时需注意防风避雨，并防晚霜侵害。

↕↔ 30 cm

☼ ❄❄ H4 (!)

灌木，小型

屋久岛杜鹃‘小市郎和田’

常绿灌木。株型紧凑，叶片革质，叶背覆有一层褐色的茸毛。晚春时节，枝头垂挂着如苹果花般的粉白色、钟形花朵。非常适合种植在装有酸性堆肥的大花盆中。

↕↔ 1.2 m

❄❄❄ H6 (!) pH

球根植物，中型

西伯利亚垂瑰花

春季开花，蓝色钟形花朵从直立的茎枝上垂下。秋季栽种种球，适宜成组种植在小型花盆中。

↕ 20 cm

☼ ❄❄❄ H6 (!)

多年生植物，小型

威利黄水枝

枝叶繁茂的耐阴多年生植物。叶片浅裂，叶色为略带栗色的绿色。晚春至初夏，白色或粉色的小花朵成簇盛开，花量繁多，宛如大片的彩色泡沫浮在绿叶之上。可为水仙等春季开花的球根植物打造出极为出色的衬景。

↕ 20 cm ↔ 15 cm

❄❄❄ H5

球根植物，中型

印度郁金香

早春开花的郁金香品种，适宜栽种在花盆或花槽中，展现精美雅致的景观。栽培基质宜选用以土壤为主的混合物，并混入砂砾。黄色碗形小花朵的最外层花瓣上散布着红色。秋季栽种种球。

↕ 30 cm

☼ ❄❄❄ H6 (!) ✽

球根植物，中型

郁金香‘纯洁’

碗形、乳白色花朵仲春时节盛开，与灰绿中略带紫色的叶片形成鲜明的对比。秋末，将种球栽种在花盆中，选用砂砾混合物培育。

↕ 40 cm

☼ ❄❄❄ H6 (!) ✽

球根植物，中型

郁金香‘绿色春天’

晚春开放杯状花朵，花色为乳白色，花瓣上带有绿色斑纹，姿态优雅，是晚花型水仙的完美搭档。秋季将种球栽种在花盆中。

↕ 38 cm

☼ ❄❄❄ H6 (!) ✽

多年生植物，小型

大花三色堇

叶片卵圆形。冬末至春季开花，花色几乎涵盖了所有你能想到的颜色，可作为饰边植物。栽培基质可选用以土壤为主的混合基质。

↕↔ 20 cm

☼ ❄❄❄ H6

适合夏季花境的植物

适宜夏季花境的植物可选择范围非常大，如果能够首先确定好创建何种风格的花境，那么挑选植物品种将会更加容易。

用各种各样的月季以及耐寒性多年生植物可以营造出传统的乡村风格花境，而将茎枝坚硬的草本植物进行大面积群植则能展现出更具现代风格的设计理念。将多年生植物成组群植，可以避免因植株长势不一致而造成的景观杂乱。将相继进入盛花期的植物搭配种植则能避免在观赏季末期出现无花可赏的局面。百子莲属、 滨菊属以及分药花属植物可以将秋季与夏季完全连接起来，呈现出花开不断的美景。倒挂金钟、绣球和月季的花期可持续数月，是极具观赏价值的景观植物。

多年生植物，中型

蓍草‘灯塔’ 🏆

夏季开鲜艳的红色花朵，头状花序扁平，花蕊为黄色。叶片绿色，形似蕨类叶片。可为景观注入一抹缤纷的夏日色彩。

↕75 cm ↔ 60 cm

◊ ☼ ❄❄❄ H7 🐝 ✽

多年生植物，大型

荷兰闭口百子莲‘天空’ 🏆

落叶、丛生型多年生植物。叶片绿色、带状。花茎直立高大，花管状，下垂，颜色为淡蓝色，花尖颜色略深，夏末开放。

↕1.2 m ↔ 1 m

◊ ☼ ❄❄ H4 ⓘ ✽

多年生植物，大型

杂交银莲花

直立生长的多年生植物。叶片全裂。夏末至秋季，白色或粉色的花朵着生于高大的茎枝上。‘夏洛特皇后’（上图）的花朵为半重瓣、淡粉色。

↕1.2 m ↔ 不定

◊ ☼ ◐ ❄❄❄ H7 🐝 ✽

多年生植物，大型

赝靛‘靛蓝尖塔’

直立生长，非常适合用于初夏的花境布置。羽扇豆状花序挺拔而轻盈，花深蓝色与黄色相间，格外引人注目。种荚黑色，亦具观赏价值。

↕1.5 m ↔ 1 m

◊ ☼ ❄❄❄ H7

多年生植物，小型

密穗蓼 🏆

椭圆形的绿色叶片密集丛生成垫状，秋季叶色会转变成深棕色。夏初至夏末开花，拥有直立型花穗和柔和的花朵。应定期摘除残花。

↕25 cm ↔ 60 cm

◐ ☼ ◐ ❄❄❄ H7

多年生植物，小型

新风轮菜

夏末至初秋开花，淡紫粉色的小花朵形成穗状花序，可吸引蜜蜂。细小的绿色叶片为花境增添了更丰富的背景色彩。

↕45 cm ↔ 75 cm

◊ ☼ ❄❄❄ H5 🐝

灌木，大型

夏蜡梅‘阿佛洛狄特’

落叶、丛生型灌木。株型开展，适合种植于花境后方。夏季开放硕大、具芳香的花朵，花色为紫红色，带黄色斑纹。

↕4 m ↔ 3 m

◐ ☼ ◐ ❄❄❄ H5 ⓘ

多年生植物，大型

乳白风铃草

直立生长、多分枝的多年生植物。夏季开花，花朵钟形，花色有蓝紫色、粉色或白色，花头低垂。

↕1.2 m ↔ 60 cm

◊ ☼ ◐ ❄❄❄ H7 🐝

多年生植物，小型

紫斑风铃草

株型紧凑的多年生植物。叶片为淡绿色。淡粉色的钟形花朵从茎枝上垂下，非常适合与老鹳草及天蓝绣球搭配种植。

↕30 cm ↔ 40 cm

◊ ☼ ◐ ❄❄❄ H7

灌木，小型

丹瑟罗岩蔷薇

常绿灌木。叶片灰绿色、带黏性。夏季开放碗状花，花瓣白色，常带有紫色斑点，花心为黄色。品种‘匍匐’具有低矮匍匐的生长习性。

↕60 cm ↔ 1 m

◊ ☼ ❄❄ H4

攀缘植物，中型

铁线莲‘多蓝’ 🏆

落叶铁线莲。可用来覆盖花境后方的大型灌木。缠绕茎翠绿色，叶茂密繁盛。仲夏至深秋期间持续开放大量玫红色花朵，花瓣 4 枚。

↕3 m

💧☼◐❄❄❄ H6 ⓘ

攀缘植物，大型

铁线莲‘冰娇’ 🏆

落叶铁线莲。仲夏至夏末，植株上开满白色的小花，花瓣下部呈淡紫色。可任其茎枝在大型春季观花灌木间攀爬穿越。注意保持根部遮阴。

↕4 m

💧☼◐❄❄❄ H6 ⓘ

攀缘植物，中型

铁线莲‘丽贝卡’

落叶铁线莲。整个夏季持续开放硕大、单瓣的鲜红色花朵，偶尔略带紫色。它或许是最出色的红色系铁线莲品种。栽植时需保持根部遮阴。

↕2 m

💧☼◐❄❄❄ H6 ⓘ

多年生植物，小型

轮叶金鸡菊

茎枝繁茂浓密的多年生植物。形似蕨类植物的叶片和黄色、雏菊形的花朵可以填补花境中的任何空隙。‘月光’（上图）的花色为柠檬黄色。

↕50 cm ↔ 45 cm

💧☼❄❄❄ H5 🐝

多年生植物，大型

高翠雀花

直立生长的多年生植物，非常适宜用于花境中部。叶片具深缺刻、绿色。仲夏开花，碗形的花朵组成高大的穗状花序，花色极为丰富。

↕2 m ↔ 90 cm

💧☼❄❄❄ H5 ⓘ 🐝 ✽

灌木，小型

双距花‘霍普利斯’

茎直立，植株丛生，叶片卵形。花茎高大、纤细、分枝多，花量大，夏秋季开放树莓粉色花朵。植株需设立支柱。

↕90 cm ↔ 50 cm

💧☼❄❄ H4

多年生植物，中型

染料春黄菊 🏆

夏季盛开的白色或黄色雏菊形花朵，以及具芳香的羽状叶片，可呈现出对比鲜明的景观效果。‘巴克斯顿’（上图）的花色为柠檬黄色。

↕↔ 1 m

💧☼❄❄❄ H6 🐝

多年生植物，大型

雄黄兰‘保罗黄’ 🏆

直立生长，茎叶挺拔，叶片剑形，叶面褶皱。花茎拱形，圆锥花序，夏末开放喇叭形、亮黄色花朵。

↕1.5 m ↔ 1 m

💧☼❄❄ H4 ✽

多年生植物，大型

硬叶蓝刺头 🏆

直立生长的多年生植物。叶片多刺、全裂、暗绿色。夏末开花，金属蓝色的球形头状花序像一根根长长的大钉子。

↕1.2 m ↔ 75 cm

💧☼❄❄❄ H7 🐝 ✽

灌木，中型

南美鼠刺‘苹果花’ 🏆

株型紧凑的常绿灌木。在一年的大部分时间里可为花园提供枝叶繁茂的绿色背景。初夏至仲夏，茎枝上开满瓶状、粉红色的花朵。

↕↔ 2.5 m

💧☼❄❄ H4 🐝

灌木，中型

倒挂金钟‘黛尔塔的莎拉’ 🏆

生长旺盛、耐寒性强。夏末秋初绽放硕大、半重瓣花朵，白色花萼反卷，花色为紫罗兰色至蓝色。与银叶植物搭配栽种，效果尤为出彩。

↕2 m ↔ 1.5 m

💧◑❄❄ H4 ⓘ 🐝

多年生植物，中型

大花天人菊

适宜用于花境前部或中部，为花境增添一抹亮丽的色彩。绿色叶片纤细修长。夏季开放红色的圆形花朵，外缘带有一圈黄色花环。

↕90 cm ↔ 45 cm

💧☼❄❄❄ H5 🐝

多年生植物，小型

老鹳草‘安妮·汤普森’ 🏆

茎蔓生，叶片圆形、深裂、黄绿色，随时间推移逐渐变深绿色，入秋后略带红色。夏季至秋季开放杯形、紫红色花朵，花心深色。

↕50 cm ↔ 1 m

💧☼◑❄❄❄ H7 🐝

多年生植物，小型

老鹳草‘罗珊’ 🏆

茎蔓生，叶片圆形、深裂、绿色。整个夏季和秋季开放杯状、淡蓝色花朵，花心颜色较浅。

↕50 cm ↔ 1 m

💧☼◑❄❄❄ H7 🐝

多年生植物，中型

路边青‘全橘’

叶丛生，茎具分枝。花量大，橙色，单瓣。夏季花境中，可与其他多年生植物及观赏草搭配种植，也可作为灌木丛与玫瑰的前景植物。

↕90 cm ↔ 30 cm

💧💧☼❄❄❄ H7 🐝✿

多年生植物，中型

萱草‘塞尔玛长腿’ 🏆

拱形带状叶片丛生。花茎高大，花大，花朵成簇开放，杏黄色，喉部橙色，花瓣细长向外反卷如蛛丝状。

↕1 m ↔ 50 cm

💧☼❄❄❄ H6

灌木，大型

木槿 🏆

落叶灌木。夏末至仲秋开放硕大的单瓣或重瓣碟形花朵，花色有蓝色、紫色或白色。适宜栽种在花境后部的避风处。‘蓝鸟’（上图）的花朵为蓝色。

↕3 m ↔ 2 m

💧☼❄❄❄ H5

灌木，大型

马桑绣球

大型落叶灌木。拥有天鹅绒般柔软的大叶片。夏末开花，小巧的淡紫色小花组成顶端扁平的花序，四周环绕着白色大花。

↕↔3 m

💧💧☼◑❄❄❄ H5 ⓘ

灌木，小型

绣球‘马里西·莉拉西娅’ 🏆

株型紧凑的落叶灌木。叶片呈宽椭圆形。小巧的淡紫粉色或蓝色花朵成簇盛开，四周环绕着粉色花朵，花簇顶端扁平。

↕↔1.2 m

💧◑❄❄❄ H5 ⓘ

灌木，中型

栎叶绣球

落叶灌木。仲夏至秋季开花，拥有圆锥形的奶油色花序，随着花朵逐渐成熟，花色会转变成泛着粉色的白色，为阴暗的花境增添亮丽的景色。

↕2 m ↔ 2.5 m

❄❄❄ H5 ⓘ pH

多年生植物，中型

中欧孀草

直立多年生植物，夏季开出深红色的花朵，精致优雅，可植于阳生花境的前部至中部，点缀在花形较大的植物中间。叶片绿色、浅裂。

↕75 cm ↔ 60 cm

❄❄❄ H7

多年生植物，中型

火炬花‘城堡’

常绿、直立多年生植物。夏末开花，鲜艳的橙色、管状花朵组成圆锥花序，高高耸立在带形叶片丛之上。最好栽种在阳光充足的地方。

↕1 m ↔ 45 cm

❄❄❄ H5

多年生植物，中型

滨菊

茎干高大挺拔。花朵形似雏菊，白色，带有金黄色花蕊。适宜大片群植以获得最佳的景观效果，可用作切花。

↕90 cm ↔ 60 cm

❄❄❄ H5

多年生植物，中型

华丽波鸢尾

常绿多年生植物。线性叶片似喷泉般散开，主要作为观叶植物栽种。夏季，纤细的茎枝上着生白色雏菊形花朵，十分精致优雅。

↕75 cm ↔ 60 cm

❄❄ H3

多年生植物，大型

羽扇豆‘女伯爵’

圆锥形花序呈穗状排列，初夏开放深粉色和白色相间的花。最宜与月季、飞燕草及老鹳草等搭配，种植于传统夏季花境中。种子具毒性。

↕1.2 m ↔ 45 cm

❄❄❄ H6 ⓘ

多年生植物，中型

美国薄荷‘园景绯红’

丛生型多年生植物。直立生长，叶片柔软，具芳香。花轮生，整个夏季持续开放管状红花。最适宜种植在不会过于干燥的土壤中。

↕90 cm ↔ 45 cm

❄❄ H4

多年生植物，大型

山桃草

直立生长的多年生植物。细长结实的茎枝上缀满单瓣、白色的星形花朵，花量繁多，从仲夏一直盛开到初秋。茎枝伸展，可用于花境中部。

↕1.5 m ↔ 90 cm

❄❄ H4

多年生植物，中型

芍药

叶片全裂、绿色。初夏开花，花朵硕大呈碗状，单瓣或重瓣，花色有白色、粉色、红色或淡紫色。品种包括‘劳拉甜点’（上图）。

↕↔ 75 cm

❄❄❄ H6

多年生植物，中型

鬼罂粟

充满活力的观花型多年生植物。初夏开出鲜艳的红色花朵，其上带有黑色斑块以及暗色花蕊，结出的种子头也极具观赏性。

↕↔ 90 cm

❄❄❄ H6

多年生植物，中型

钓钟柳‘鱼鹰’

夏季至初秋开放带粉边的白色管状花朵。栽于避风处的阳生花境中，可与鼠尾草‘蓝色尖塔’以及花色柔和的大丽花完美地融合在一起。

↕1.1 m ↔ 60 cm

H3

多年生植物，大型

天蓝绣球

大簇的白色、淡紫色或粉色花朵从夏季持续盛开至秋季。用于花境中部，可打造出一片亮丽浓密的色块。夏季时应保证植株水分充足。

↕1.2 m ↔ 1 m

H7

灌木，小型

南非避日花

一簇簇管状的暗粉色或黄色花朵从高大直立的茎枝上垂下，花期可持续整个夏季。适宜种植在花境中部。‘黄色喇叭’（上图）的花朵为奶黄色。

↕↔ 1 m

H5

灌木，小型

金露梅

茎枝繁茂浓密。橙色、红色、黄色、白色或粉色的花朵从夏季至秋季可以反复盛开。可用于花境中部。‘阿伯特斯伍德’（上图）的花朵为白色。

↕1 m ↔ 1.5 m

H7

灌木，小型

月季“花毯”系列

蔓生型地被月季。茎枝稠密丛生呈堆状，叶片抗病性好。夏季至秋季开放杯形、半重瓣花朵，花色有粉色、红色、黄色或白色。

↕↔ 60 cm

H6

多年生植物，大型

大罂粟

夏末盛开硕大、带有金色花蕊的白色花朵，花瓣薄如纸片，散发着香味。适宜与灌木型月季以及毛蕊花搭配组合，栽种在花境中避风的位置。

↕↔ 2 m

H5

灌木，中型

月季‘芭蕾舞娘’

重复开花的灌木月季。一簇簇中心为白色的淡粉色、单瓣小花朵从仲夏盛开至初秋。在开满暗粉色、白色或紫色花朵的多年生植物花境中，可打造出极具吸引力的焦点景观。

↕1.5 m ↔ 1.2 m

H6

灌木，中型

月季‘葛楚德·杰克尔’

株型中等的灌木月季。花瓣翻卷，完全重瓣的粉色大花朵散发出芳香，整个夏季至初秋，可持续呈现出多彩亮丽的美景。

↕2 m ↔ 1.2 m

H6

灌木，中型

月季‘哈迪夫人’

直立的大马士革月季。叶片绿色，茎枝多刺。初夏，完全重瓣的白色花朵一次性密集盛开，散发出芳香，为混合花境增添了高贵优雅的气息。

↕1.5 m ↔ 1.2 m

H6

灌木，中型

月季‘威廉·罗伯’

古老的莫斯玫瑰。茎枝呈拱形弯曲，多刺，叶片绿色。完全重瓣的杯形花朵，花色为深红色或紫色，散发出芳香。

↕↔ 2 m

H7

多年生植物，中型

苏氏金光菊‘黄金风暴’

株型紧凑。头状花序似雏菊，夏末至秋季开放大量黄花，为花境前部增添鲜艳的色彩，可让凋谢的花头保留在植株上越冬。

↕ 1 m ↔ 50 cm

H6

灌木，小型

鼠尾草‘蓝色尖塔’

直立生长的落叶灌木。夏末至秋季开花，蓝紫色的小花耸立在银灰色的叶片丛上。花朵已经凋谢的花枝可以保留在植株上直至入冬。

↕ 1.2 m ↔ 1 m

H5

多年生植物，中型

鼠尾草‘烈焰红唇’

植株呈圆顶状，叶具黑加仑香气。花白色、红色或红白相间，夏季至秋季开放。耐热且耐旱，非常适合种植在炎热干燥的花境中。

↕ 60 cm ↔ 1 m

H5

多年生植物，小型

蓝盆花‘蓝蝴蝶’

叶片暗绿色。夏季，细长结实的茎枝顶端盛开淡紫色或蓝色的圆形小花朵，可将其栽种在雏菊以及其他花期相同且拥有穗状花序的植物群之间。

↕↔ 40 cm

H4

多年生植物，中型

疏毛毛蕊花

夏季开花，在纹理粗糙的叶丛之上耸立着高大的花茎，淡黄色或白色的花朵形成穗状花序。‘专辑’（上图）的花朵为白色，带有紫色花蕊。

↕ 90 cm ↔ 45 cm

H6

多年生植物，小型

朱庇特之花

直立的茎枝上长有灰绿色叶片，多毛。小巧的红色、粉色或白色的圆形花朵成簇盛开，可持续整个夏季为花境注入缤纷的色彩。

↕↔ 45 cm

H6

灌木，小型

婆婆纳‘大奥尔姆’

仲夏至仲秋开花，粉紫色小花朵组成细长的穗状花序，随着花朵不断成熟，花色会逐渐褪去。幼嫩的枝条为深紫色，叶片光滑、深绿色。

↕↔ 1.2 m

H4

多年生植物，中型

智利庭菖蒲‘梅姨’

叶片剑形，具灰白相间条纹。花淡黄色，呈穗状排列，夏季开放。对于干燥且阳光充足的花境前部来说，这是一个不错的选择。

↕ 60 cm ↔ 30 cm

H4

多年生植物，小型

穗花婆婆纳

可尝试将这种拥有穗状花序，绿色披针形叶片，夏季开花的植物，与花序顶端扁平的虞美人、蓍草属以及春黄菊属植物搭配栽种。

↕↔ 50 cm

H4

多年生植物，中型

美洲决明

夏季开花的多年生植物。穗状花序，小花黄色。高大的花穗耸立在全裂、灰绿色的叶丛之上，可与老鹳草和蓍属植物搭配栽种在阳生花境中，在其后部营造出一处亮丽耀眼的垂直景观。

↕ 1 m 或更高 ↔ 60 cm

H6

适合盆栽的夏季观花植物

夏天，当你在庭院中或露台上休憩纳凉时，能够更多、更细致地欣赏到这些盆栽植物，所以一定要确保它们处于最佳状态，以便为整个夏季提供观赏趣味性。

一年生植物例如天竺葵、矮牵牛、龙面花，是极具观赏价值的盆栽植物，它们可以在整个夏季为庭院持续注入亮丽的色彩。应保持盆栽植株水分充足，定期摘除残花，这样可以促使植物持续开花。作为夏季容器花园的一部分，也可以用观叶植物来制作一些盆栽景观，例如长阶花、玉簪，这样与观花植物搭配在一起更加协调。

灌木，大型

苘麻‘富豪’

株型高大的常绿灌木。叶片形似枫叶。夏季开花，深红色的花朵形似碗状。应设置支撑柱防止茎干倒伏，采取防护措施避免植株遭受冻害。

↕↔ 3 m

H2

一年生 / 二年生植物，小型

熊耳草

夏季开花，花量繁多，花色有粉色、白色和蓝色，毛茸茸的花朵与粗糙的暗绿色叶片形成鲜明的对比。应定期摘除残花，并保持水分充足。

↕↔ 30 cm

H2

多年生植物，小型

莫氏琉璃繁缕‘天空之恋’

常作一年生植物栽培。低矮，丛生。花量大，夏季开放深蓝色、碟形花朵，花五瓣，花心紫色，非常适合种植于吊篮的边缘。

↕ 20 cm ↔ 50 cm

H3

多年生植物，小型

白舌春黄菊

常绿、蔓生型多年生植物。叶片银色。夏季开放雏菊形的花朵，花量繁多。选用以土壤为主的混合基质栽培。定期摘除残花。

↕↔ 30 cm

H4

多年生植物，小型

阿魏叶鬼针草

蔓生垂吊型植物。绿色叶片形似蕨类植物。夏季至秋季开放黄色、星形花朵。非常适宜栽种在高大的花盆或吊篮中。

↕ 30 cm ↔ 不定

H3

灌木，大型

白花木曼陀罗

常绿灌木，通常作为室内植物种植。花朵巨大，呈喇叭状，散发出芳香，花色有白色、黄色或粉色。‘柑曼怡’（上图）的花朵为杏黄色。

↕ 5 m ↔ 2.5 m

H1C

多年生植物，小型

小花矮牵牛“百万小铃”系列

五颜六色的喇叭状花朵从夏季一直盛开至初秋，花色有粉色、黄色、红色、白色或蓝色。‘樱桃粉’（上图）是非常流行的一个品种。

↕ 30 cm ↔ 1 m

H2

一年生 / 二年生植物，小型

心叶百可花

白色或淡粉色小花朵搭配绿色叶片，形成美丽迷人的“花帘”。如果保持植株水分和养分充足，整个夏季都可以开花。

↕ 10 cm ↔ 不定

H2

攀缘植物，中型

铁线莲‘戴安娜的喜悦’

株型紧凑，适合种植在带有尖塔形支架的花盆中。花朵硕大，初开时呈紫罗兰色，随后渐变为蓝色，初夏开放，且在生长季末期还会再次开花。

↕ 2 m

H6

多年生植物，小型

蓝色岩旋花

叶片繁茂的茎枝蔓生垂吊，上面布满漏斗状的蓝紫色花朵，可作为组合盆栽以及窗台花箱植物组合中的饰边植物。栽培基质宜选用多功能混合基质或以土壤为主的混合基质。

↕ 20 cm ↔ 30 cm

H3

一年生 / 二年生植物，大型

秋英

花朵大，形似雏菊，花色为深浅不一的粉色、红色和白色。绿色似羽毛般的叶片将花朵衬托得极为美丽。定期摘除残花以延长花期。

↕ 1.2 m ↔ 45 cm

H3

多年生植物，小型

朱红萼距花‘鱼雷’

丛生型多年生植物。株型紧凑，叶绿色、卵形。夏季开放红色和深紫色的管状花朵，花形奇特，形似蝙蝠面孔。

↕ 50 cm ↔ 40 cm

H2

球根植物，大型

大丽花‘快乐单瓣’

叶片深紫色，具裂片。花量大，夏季至秋季开放单瓣、亮粉色的花朵，花心颜色较深。在大花盆中生长良好，需在无霜冻的地方越冬。

↕ 90 cm ↔ 50 cm

H3

多年生植物，小型

双距花

丛生型多年生植物，经常作为一年生植物种植。纤细而结实的茎枝上盛开杏粉色的花朵，花期从夏季持续至秋季。保持肥料和水分充足。

↕ 25 cm ↔ 50 cm

H4

灌木，小型

倒挂金钟‘灯塔’

丛生型灌木。枝干拱垂，表现稳定。花优雅下垂，花瓣粉色，萼片鲜红色。花期持久，夏季直至霜降时节皆可开放单瓣花朵。

↕ 60 cm ↔ 50 cm

H2 !

灌木，小型

倒挂金钟‘塔莉亚’

一簇簇从枝条上垂吊下来的红色管状花朵从夏季一直盛开至秋季。暗绿色的叶片，背面为栗色，用于组合盆栽中可打造出美丽迷人的景观。

↕↔ 60 cm

H1C !

多年生植物，小型

勋章菊“新日”系列

常作一年生植物栽培。植株低矮，与其他花坛植物相比，所需水分更少。花似雏菊，花色丰富，有红色、橙色、黄色或带粉条纹。

↕↔ 25 cm

H2

多年生植物，小型

非洲菊‘永恒胭脂’

从生型多年生植物。叶具裂片。花茎长，深秋至晚秋开放红粉色的雏菊状花朵。非常适合作盆花栽培。

↕↔ 40 cm

❄❄ H3

一年生 / 二年生植物，小型

美女樱“诺瓦利斯”系列

叶片灰绿色。花序顶端呈圆形，花色有红色、粉色、橙色、紫色或白色，花期可持续整个夏季。可用于填补大型观花植物之间的空隙。

↕↔ 25 cm

❄ H2

一年生 / 二年生植物，中型

向日葵

夏季开花，因拥有硕大的黄色花朵而被人熟知。矮型品种如‘泰迪熊’（上图），非常适合盆栽。可以将枝条顶端掐掉，以获得更多小花头。

↕ 90 cm ↔ 60 cm

❄❄ H4

多年生植物，小型

新几内亚凤仙

粉色、红色以及白色的圆形花朵，无论是单独盆栽，还是与其他植物搭配种植，都能为花园增添很多趣味性。宜选用多功能混合基质栽培。

↕ 35 cm ↔ 30 cm

H1B

多年生植物，小型

长星花

常作为一年生植物栽种。绿色叶片形似羽毛状。开淡紫色或蓝色的星形花朵。栽培基质宜选用多功能混合基质或以土壤为主的混合基质。

↕↔ 30 cm

❄❄ H3(!)

灌木，小型

薰衣草‘杨柳谷’

常绿、株型紧凑的灌木。狭窄的灰绿色叶片，散发出芳香。从初夏至仲夏开花，花色为深紫色，花朵顶端长有波浪状的红紫色苞片。

↕↔ 70 cm

❄❄ H3

一年生 / 二年生植物，小型

六倍利

茎枝蔓延垂下，小叶片深绿色。如果一直保持水分充足，夏季至秋季会盛开蓝紫色、白色或粉色花朵。适宜栽种在花盆、窗台花箱或吊篮中，栽培基质宜选用多功能混合基质。

↕ 20 cm ↔ 15 cm

❄ H2

一年生 / 二年生植物，小型

花烟草“多米诺”系列

叶片大、椭圆形。夏季开出圆形花朵，散发淡淡的芳香，花色有紫色、粉色、红色和白色。可与垂吊型半边莲或鹅河菊搭配栽种在花盆中。

↕ 45 cm ↔ 40 cm

❄ H2(!)

多年生植物，小型

龙面花‘威斯利香草’

常作一年生植物栽培。株型紧凑，叶片狭长、绿色。夏季开放粉白色的花朵，带香草味，呈穗状排列。及时摘除残花以延长花期。

↕↔ 30 cm

H3

多年生植物，小型

蓝眼菊

常绿多年生植物。从夏季至初秋，淡粉色形似雏菊的花朵，在灰绿色的叶片上盛开，非常适宜用作夏季观赏盆栽。冬季应将其移至避风处。

↕↔ 30 cm

H3

多年生植物，中型

蓝眼菊‘紫日’

常绿、丛生型多年生植物，常作一年生植物栽培。叶片狭长、绿色。夏秋季开放杏橙色与紫色相间的花朵。需使用多功能堆肥土栽培。

↕ 60 cm ↔ 30 cm

H2

多年生植物，小型

天竺葵‘比特勋爵’

常绿多年生植物，通常作为一年生植物种植。深紫红色的花朵持续盛开整个夏季，与圆形、多毛的叶片形成鲜明对比。

↕ 45 cm ↔ 30 cm

H1C

一年生 / 二年生植物，小型

矮牵牛“魅影”系列

喇叭状花朵，花色几乎是黑色，中间呈现出的图案为一颗金光闪闪的星星。适宜与金光菊属植物搭配种植。栽培基质宜选用多功能混合基质。

↕↔ 30 cm

H2

攀缘植物，中型

紫钟藤

叶片心形。夏季至秋末，形状别致的花朵悬挂在枝条上。花朵带有粉红色的花冠，下部的花管为深栗色。栽培基质应选用多功能混合基质。

↕ 3 m

H2

多年生植物，中型

黑心金光菊

通常作为一年生植物种植。夏季至秋季开出形似雏菊的金黄色或红色花朵，带有褐色花心。非常适合盆栽。保持水分充足，并定期摘除残花。

↕ 90 cm ↔ 45 cm

H3

一年生 / 二年生植物，小型

一串红“埃及艳后”系列

短小、直立的穗状花序，由红色或紫色的管状花朵组成。可以直接栽种在花盆中，保持水分和肥料充足，并经常摘除残花。

↕↔ 30 cm

H3

攀缘植物，小型

翼叶山牵牛

非常适合栽种在大花盆中。它们那长有心形叶片，开满带有深色花蕊的橙色或黄色花朵的茎枝能够迅速将棚架覆盖。定期摘除残花。

↕ 3 m

H2

多年生植物，小型

百日草‘小人国混色’

花绒球状，花色丰富，包括紫色、粉色、红色、橙色、黄色及白色，夏末至秋季开放。适宜栽种于阳光充足的花盆或窗台花箱中。

↕ 50 cm ↔ 30 cm

H2

适合秋季花境的植物

这些迟来的“表演者”往往在初夏播种时被人们遗忘，却能在最需要的时候，为疲乏的花境注入新生与活力。

每年秋季，可以用一系列重要植物来为花境增添色彩，提升景观的观赏性和趣味性，如紫菀属、金光菊属植物。这些植物色彩极为丰富，可以按照花园风格进行选择搭配，从暖色调的红色、黄色，到柔和淡雅的色调，应有尽有。观花植物不是秋季花园中唯一的造景植物，还可以考虑观赏草，每年这个时候它们都能结出具有观赏性的种穗，成为很多秋季观花植物的完美搭档。一些落叶灌木的叶片此时也会展现出热情四射的色彩，而其他一些树木则挂满果实。可将各种各样的植物组合搭配，创建一处色彩、形态以及结构对比鲜明的花园景观。

乔木，小型

红枝鸡爪槭

轻度遮阴花境中的完美选择。春季叶片为粉黄色，夏季为绿色，秋季时茎枝为珊瑚红色以及黄色，不同季节呈现出色彩丰富的美景。

↕ 8 m ↔ 4 m

H6

乔木，大型

红花槭

树形巨大，叶片圆形、浅裂，夏季时叶片为深绿色，秋季转变成鲜艳的黄色或红色。需要栽种在中性至酸性的土壤中。

↕ 20 m ↔ 10 m

H6 pH

多年生植物，大型

单穗升麻

直立生长，叶片丛生、全裂。初秋至仲秋开花，高大、坚硬的花序耸立在叶片之上，米白色小花十分蓬松。适宜栽种在花境后部。

↕ 1.5 m ↔ 60 cm

H7

多年生植物，中型

柳叶水甘草

晚春至夏季，星形的蓝色花朵成簇盛开。秋季，叶片在掉落之前呈现出浓郁的秋季色彩。适宜与秋季开花的植物搭配栽种在花境中部。

↕ 1 m ↔ 30 cm

H5

多年生植物，大型

打破碗花花

叶片深绿色、深裂。秋季开花，花枝直立，花朵大，单瓣，花色为白色、粉色、红色或淡紫色。‘丰花’（上图）的花朵为粉色。

↕ 1.2 m ↔ 45 cm

H7

灌木，大型

草莓树

叶片深绿色、革质、椭圆形。秋季，白色的瓮形花朵成簇盛开，几乎可同时结出一簇簇绿色或琥珀色的球形果实，果实成熟后为红色。

↕↔ 8 m

H5 pH

多年生植物，小型

少花紫菀

初秋盛开带有黄色花蕊的淡紫色或蓝色花朵，衬托着披针形、绿色叶片，尤为耀眼。‘乔治国王’（上图）的花朵为紫罗兰色。

↕↔ 50 cm

H7

多年生植物，中型

夏紫菀

仲夏至初秋，形似雏菊、带有黄色花蕊的淡紫色花朵在纤细的茎枝顶端持续盛开。‘伍德·范·斯达法’（上图）的花朵为蓝紫色。

↕ 70 cm ↔ 40 cm

H7

灌木，小型

蓝花莸

披针形的灰绿色叶片直立生长。花期从夏末至秋季，紫蓝色的管状花朵形成密集的花簇。‘金叶莸’（上图）有着对比鲜明的金色叶片。

↕ 1 m ↔ 1.5 m

H4

灌木，小型

岷江蓝雪花

落叶灌木。因其鲜红色的秋叶与同时盛开蓝色的小花朵而备受青睐。冬季，植株会枯死，到了春天又会萌发出新芽，重新生长。

↕ 1 m ↔ 1.5 m

H4

多年生植物，中型

偏斜鳌头花 🏆

叶片绿色，边缘呈锯齿状。夏末至初秋开花，穗状花序耸立在叶面之上，双唇花朵深粉色或紫色。可以尝试与泽兰属植物搭配种植。

↕ 1 m ↔ 50 cm

💧 ☼ ❄❄❄ H5

多年生植物，小型

菊花‘后裔’ 🏆

在浅裂的叶片之上花枝伸展，花量繁多，单瓣或重瓣的圆形花朵，有红色、粉色、白色或橙色等花色。为秋日的花园增添了缤纷亮丽的色彩。

↕ 45 cm ↔ 40 cm

💧 ☼ ❄❄ H4 ⓘ 🐝

多年生植物，大型

紫红花泽兰 🏆

直立生长的多年生植物。强壮的茎枝以及叶面粗糙的深绿色大叶片密集丛生。夏末至初秋开放蓬松的淡紫红色花朵。

↕ 2.2 m ↔ 1 m

💧 ☼ ◐ ❄❄❄ H7

多年生植物，中型

堆心菊‘莫尔海姆美人’ 🏆

花量巨大，铜红色花朵带深色花蕊，花形似雏菊，从仲夏盛开至夏末。花朵凋谢后，可将中心的花球保留，为秋季花园增添几分野趣。

↕ 1 m ↔ 60 cm

💧 ☼ ❄❄❄ H7 ⓘ 🐝 ✿

多年生植物，大型

向日葵‘柠檬皇后’ 🏆

直立生长的多年生植物。叶片深绿色。盛开在枝条顶端的雏菊形、淡黄色大花朵，花量繁多。需要设置支撑物固定高大的茎干。

↕ 1.5 m ↔ 60 cm 或更大

💧 ☼ ❄❄ H4 ✿

灌木，大型

七子花 🏆

长势强健，叶片深绿色。花轮生，夏末至秋季开放小巧、芬芳的白花。花谢后，花萼会膨大并变成红色，从而长时间保持鲜艳的色彩。

↕ 8 m ↔ 4 m

💧 ☼ ◐ ❄❄❄ H7

多年生植物，中型

绯红夜鸢尾

叶片呈剑形。粉色的星形花朵可持续盛开整个秋季。喜潮湿且排水性良好的土壤。冬季应用厚厚一层护根物覆盖植株根部区域。

↕ 60 cm ↔ 30 cm

💧 ☼ ❄❄ H4 ✿

多年生植物，小型

八宝景天 🏆

顶端扁平的玫瑰粉色花朵成簇盛开，花谢后结出褐色的种子头，整个冬季可持续挂在茎枝上。椭圆形的肉质叶片呈灰绿色。

↕ ↔ 45 cm

💧 ☼ ❄❄❄ H7 ⓘ

多年生植物，大型

秋花火把莲

常绿多年生植物。植株直立挺拔，叶呈带状。花茎粗壮，圆球形花序呈穗状排列，由下向上开花，花管状，初期橙色，后逐渐褪为黄色。

↕ 1.2 m ↔ 1 m

💧💧 ☼ ❄❄❄ H5

多年生植物，大型

迟熟小滨菊 🏆

株型高大的多年生植物。秋季，叶片繁茂的茎枝顶端盛开白色的雏菊形花朵，带黄色花蕊。适宜与紫菀以及泽兰属植物搭配种植。

↕ 1.5 m ↔ 90 cm

💧💧 ☼ ◐ ❄❄❄ H7 🐝 ✿

多年生植物，小型

短莛山麦冬

常绿多年生植物。叶片深绿色，叶面光滑。秋季开花，直立型穗状花序，小花密集簇生，花朵淡紫色或紫蓝色。花朵凋谢后结出黑色浆果。

↕ 30 cm ↔ 45 cm

H5

多年生植物，中型

矮桃

茎枝蔓延伸展，叶片绿色。夏末开花，白色穗状花序细长，先端渐尖。具有潜在侵占性。高大的茎枝需要支撑柱固定。

↕↔ 1 m

H6

多年生植物，中型

紫茉莉

茎直立，根似胡萝卜。花量大，具芳香，漏斗形，花色丰富，从夏末到秋季，直至霜冻来临皆可开放。在避风向阳处，可通过种子繁殖扩散。

↕↔ 1 m

H3

多年生植物，大型

山桃草

夏季至秋季，细长结实的茎枝上盛开着白色的星形花朵，随风摇曳。'卡拉利白'（上图）是一个颇受欢迎的品种。

↕ 1.5 m ↔ 90 cm

H4

多年生植物，中型

柳枝稷

直立生长，叶片繁密。蓝绿色的叶片秋季会转变成黄色。夏季开花，绿色中透着粉色的圆锥花序布满茎枝，花色会逐渐褪成米黄色。

↕ 1 m ↔ 75 cm

H5

球根植物，中型

鲍登纳丽花

春季将种球种下后，夏季处于休眠期，秋季，花瓣细长似蜘蛛足的粉色花朵在直立的茎枝顶端成簇盛开。随后，带状叶片会展开。

↕ 60 cm

H5

多年生植物，中型

狼尾草

绿色叶片呈拱形，夏末会变成古铜色。圆锥花序密生刚毛，略带紫色，秋季会结出种穗。可尝试与大丽花、金光菊以及景天搭配种植。

↕ 1 m ↔ 45 cm

H3

多年生植物，中型

全缘金光菊

直立型多年生植物。叶片狭窄、绿色。夏末至秋季开花，带有褐色花蕊的金黄色、雏菊形花朵布满茎枝。冬季，花朵凋谢后可为花园增添趣味性。

↕ 90 cm ↔ 45 cm

H6

多年生植物，大型

金光菊

高耸挺拔的多年生植物，为初秋的花境增添了一些趣味性。高大的茎枝顶端盛开着亮黄色的雏菊形花朵，与紫菀搭配在一起效果非常出色。

↕ 2.3 m ↔ 75 cm

H6

多年生植物，大型

鼠尾草‘阿米斯塔德’

叶片尖细、亮绿色，具芳香。花量大，夏秋时节开放管状、深紫色花朵，花萼黑色，非常醒目，为晚季花园增添独特色彩与观赏趣味。

↕ 1.2 m ↔ 60 cm

H3

多年生植物，大型

多皱一枝黄花‘烟花’

叶片深绿色、披针形。花茎高大、多叶。秋季从花茎上抽出黄色的小花簇。对于干燥的土壤来说，它是一个不错的选择。适合种植在花境后部。

↕ 1.5 m ↔ 1 m

H7

多年生植物，大型

美国紫菀

叶片绿色、纤细。花朵形似雏菊，花色有紫色、粉色、红色或白色，花期从夏末直至秋季。‘紫色穹顶’（上图）的花朵为紫色。

↕ 1.5 m ↔ 60 cm

H7

多年生植物，大型

心叶紫菀

直立生长，茎枝繁茂浓密，叶片深绿色、卵圆形，边缘呈锯齿状。夏末至秋季开花，形似雏菊的淡蓝色小花朵生于拱形枝条上，花枝繁多。

↕ 1.2 m ↔ 1 m

H7

多年生植物，大型

弗吉尼亚腹水草‘迷恋’

茎直立，叶片披针形、深绿色。穗状花序呈尖形，花小而密，从下往上依次开放星形花朵，初期呈紫罗兰色，后逐渐褪为白色。

↕ 1.2 m ↔ 50 cm

H7

多年生植物，大型

总苞鼠尾草

株型高大，叶片呈心形。由深粉色、管状小花朵组成的穗状花序会一直盛开至仲秋。应采取防护措施避免植株冬季遭受严寒霜冻的侵袭。

↕ 1.5 m ↔ 1 m

H3

灌木，大型

宽叶穗花牡荆 🏆

叶片具芳香、灰绿色，掌状复叶，小叶 5~7 枚。总状花序顶生，夏末至秋季开放芬芳的淡紫色花朵。最适宜种植在炎热且阳光充足的墙边。

↕↔ 8 m

H4

多年生植物，大型

林荫鼠尾草

株型紧凑，直立生长，叶片披针形、绿色。蓝紫色花朵有粉色苞片，穗状花序，观赏期可持续至初秋。可尝试与景天、禾本科植物搭配种植。

↕ 75 cm ↔ 60 cm

H7

多年生植物，中型

紫菀‘库姆贝·菲什阿克尔’ 🏆

将这种秋季开花的多年生植物用于花园景观中，使其与秋季明媚的金黄和绯红形成强烈的对比。淡丁香粉色的小花朵布满茎枝，与深色的叶片相互映衬，用于花境中部为景观增添了趣味性。

↕ 90 cm ↔ 35 cm

H7

适合秋季观叶的树木

春天，球根植物令人精神振奋，而随着秋天的到来，充满活力的彩叶植物则为花园中的这场盛会上演了完美的结局。

秋季花园中的明星当属槭属植物。它们那如雕刻般的叶片在掉落之前会变成亮丽的深红色或橙色，格外耀眼。可将它们种植在草坪或花境最显眼的位置，打造一处应季焦点景观。房屋外墙以及花园的栅栏也可以被爬山虎属和葡萄属植物那绯红色的叶片装扮得活力四射。可以选用暖色调的植物与这些鲜艳的亮红色植物搭配在一起，形成强烈的视觉对比，例如叶色为黄油色的桦树和绣球，以及叶色为亮古铜色的鹅耳枥和山毛榉。

乔木，小型

建始槭

小型乔木。多分枝，叶片深绿色，复叶，分裂成三片椭圆形的小叶。初秋时节，叶色会呈现出红彤彤一片，并晕染着橙色。适宜栽种在肥沃的土壤中，可用于阳光充足或轻度遮阴的花境中，抑或能够避风的草坪景观中。注意避免遭受强风侵袭。

↕8 m ↔ 10 m

H6

乔木，中型

羽扇槭‘葡萄叶’ 🏆

茎枝繁茂浓密的落叶乔木，适宜作为花境的背景植物。春季，红色花朵成簇盛开，花簇下垂。叶片大，形似枫叶。秋季，叶色会转变成紫色、深红色或橙色。

↕↔ 10 m

H6

乔木，小型

鸡爪槭‘尼克尔森’

树姿优美，茎枝呈拱形弯曲。叶片细长而尖、深裂。春季叶片为紫红色，夏季转变成绿色。秋季，植株呈现出的黄色、橙色和红色，营造出一片令人眼花缭乱的迷人美景。

↕↔ 8 m

H6

乔木，小型

鸡爪槭‘红灯笼’

树冠呈圆形的乔木。叶片绿色、深裂。红色花朵成簇盛开，花簇低垂，会结出翅果。秋季时叶色转变成橙色和红色，尤为引人注目。

↕↔ 6 m

H6

乔木，小型

鸡爪槭‘忍冈’

分枝稀疏，叶片层叠，茎枝直立，鲜绿色的小叶片长而窄。秋季，叶色会转变成半透明的黄色和金色。

↕↔ 8 m

H6

乔木，大型

红花槭‘十月光辉’🏆

树姿优美，叶片深绿色、浅裂。春季，在未长出叶片之前，光秃秃的树枝上开满一簇簇红色小花。秋季叶色会变为深红色。

↕ 20 m ↔ 10 m

💧☼◑❄❄❄ H6pH

乔木，中型

加拿大黄桦🏆

株型中等的直立乔木。树皮为淡古铜色，剥裂条纹呈水平状。秋季，带锯齿的椭圆形、先端渐尖的叶片会变成奶黄色。

↕ 12 m 或更高 ↔ 3 m

💧☼◑❄❄❄ H7

乔木，大型

山桦

树皮为棕灰色，带有明显的斑纹。当树木长大成熟时，树皮上通常会出现黑色的垂直剥裂。宽椭圆形的叶片在秋季会呈现出迷人的金黄色。

↕ 15 m ↔ 12 m

💧☼◑❄❄❄ H7

乔木，大型

粗皮山核桃

当树木长大成熟时，树皮会剥落。秋季，树叶会变成黄色和金棕色，并结出可食用的坚果。

↕ 25 m ↔ 15 m

💧☼◑❄❄❄ H6

乔木，大型

南欧朴

落叶乔木。树冠开展，呈宽阔的圆顶形，叶片卵形，先端尖细，叶缘具锯齿。入秋后，叶片转为灿烂的金黄色，熠熠生辉。夏季开放绿色花朵，后结深紫色果实。可耐受炎热干燥的夏季环境。

↕ 20 m ↔ 10 m

💧☼❄❄❄ H6

乔木，大型

连香树🏆

心形叶片成对生长，幼叶呈古铜色。秋季，树叶呈现出绚丽迷人的橙色、粉色和黄色，还会散发出太妃糖的香味。

↕ 20 m ↔ 15 m

💧☼◑❄❄❄ H5

灌木，大型

红瑞木‘西伯利亚’🏆

落叶灌木。冬季，光秃秃的茎枝为亮红色。初夏开白色花朵，花序顶端扁平。花朵凋谢后结出白色果实。叶片在掉落前呈现黄色、橙色和红色。

↕ ↔ 2.5 m

💧☼❄❄❄ H7

乔木，小型

四照花🏆

晚春开花，细小的花朵被奶油色、花瓣状的苞片包围。叶片呈椭圆形，层层叠叠地着生在茎枝上，颜色尤为丰富，有红色和橙色。

↕ 7 m ↔ 5 m

💧☼◑❄❄❄ H6

灌木，大型

黄栌‘优雅’🏆

秋季，这种灌木的宽椭圆形叶片逐渐从紫色转变成红色和橙色。无论是紫叶品种还是绿叶品种，均能展现出极为夺目的秋色景观。

↕ 6 m ↔ 5 m

💧☼❄❄❄ H5

灌木，大型

双花木

丛生型灌木。在湿润和耐阴环境中生长旺盛。叶片大而翠绿，呈圆形至心形。入秋后叶色变为深红色、紫色和橙色。叶片间零散点缀着小巧、深红色的星形花朵。

↕↔ 3 m

H5

灌木，小型

卫矛‘紧凑’

落叶灌木。新叶柔软鲜嫩，春季萌发。花绿色，后结红色浆果。它最主要的观赏期是在秋季，届时叶子会在掉落之前变成炽热的红色。

↕ 1 m ↔ 1.5 m

H6

灌木，中型

大北美瓶刷树

株型中等，春季开花，茎枝繁茂稠密。圆形大叶片在秋季呈深红色，与叶色为深色的常绿植物搭配种植，可形成鲜明的视觉对比。

↕ 2.5 m ↔ 2 m

H5

灌木，大型

南天竹‘湾流’

茎干多分枝，叶片呈羽状。春日嫩叶泛着青铜光泽，入夏后变为绿色，待到秋冬时节则晕染上红黄相间的暖色调。圆锥花序白色，夏季开花。

↕ 1.5 m ↔ 1 m

H5

乔木，大型

银杏

落叶乔木。树形挺拔直立。幼时树冠呈规整的圆锥形，随着树龄增长逐渐扩展得更为开张。叶片扇形、翠绿色，秋季落叶前，叶片变为金黄色。

↕ 30 m ↔ 8 m

H6

攀缘植物，大型

素方花‘因弗利斯’

落叶攀缘植物。茎蔓缠绕，叶片深绿色。夏季开放白红相间的星形花朵。秋季落叶前的几周里，叶片会呈现出炽热的红色和橙色色调。

↕↔ 8 m

H5

乔木，大型

北美枫香

秋季，深绿色的浅裂叶片转变成橙色、红色和紫色，呈现出绚丽壮观的美景。对于面积较小的花园，可挑选株型紧凑的品种，例如‘橡皮球’。

↕ 25 m ↔ 12 m

H6

乔木，中型

蓝果树

茎枝蔓延伸展。秋季，狭窄的椭圆形叶片转变成琥珀色和猩红色，展现出引人入胜的壮观秋色，是出色的秋景观赏树。栽种在避风处的潮湿土壤中生长最佳。

↕↔ 10 m

H5

乔木，小型

波斯铁木

枝叶繁茂，茎干分枝多，树皮剥落。入秋后植株呈现出另一番美景，宽椭圆形叶片会转变成红色、紫色以及琥珀色，叶脉更加鲜明。

↕ 8 m ↔ 10 m

H6

攀缘植物，大型

爬山虎

叶面光滑，叶片绿色、浅裂，秋季叶色转变成深红色。适宜作为秋景花境的背景，如大面积房屋外墙或栅栏的立体美化。可能具有入侵性。

↕ 20 m

💧☼◑❄❄❄ H5 ⓘ 🐝

乔木，大型

大山樱

叶片在秋季会呈现出热情似火的红色和琥珀色。‘牧场’（上图）的树形呈圆柱状，叶片展开后为红褐色。春季开出粉红色、单瓣的大花。

↕ 20 m ↔ 15 m

💧☼❄❄❄ H6

乔木，大型

金钱松 🏆

生长缓慢，树冠最终呈金字塔形。枝条细长，叶轮生，小巧的叶片淡绿色、披针形。入秋后，叶色会逐渐转为金黄与古铜色相间。

↕ 15 m ↔ 6 m

💧☼❄❄❄ H7

乔木，大型

沼生栎 🏆

株型高大，树冠呈金字塔形。叶片椭圆形、浅裂，夏季叶色为绿色，秋季转变成红棕色或深红色，营造出大型花园中壮观华丽的焦点美景。

↕ 20 m ↔ 12 m

💧☼❄❄❄ H6

乔木，大型

红槲栎

树冠呈圆形，秋季可尽情享受其所呈现出的美景。先端渐尖的浅裂叶片秋季会转变成浓郁的红棕色或深红色。

↕ 25 m ↔ 20 m

💧☼❄❄❄ H7

乔木，小型

火炬树 🏆

落叶乔木。株型紧凑，叶片羽状。新叶初生时呈鲜绿色，入夏逐渐变为金黄色，至秋时变成红色和橙色。果实圆锥形。

↕ 2.5 m ↔ 4 m

💧☼❄❄❄ H6

攀缘植物，大型

毛葡萄 🏆

这种卷须型攀缘植物的心形大叶片令人印象深刻。夏季时叶色为绿色，如果采取适当的遮蔽设施给植株一个温暖的环境，则秋季叶色会转变成紫色、红色、橙色或黄色，呈现出色彩斑斓的美景。

↕ 15 m

💧☼❄❄❄ H5

乔木，大型

榉树 🏆

树冠伸展呈花瓶状，茎枝交替生长。叶片细长，先端渐尖，叶脉明显，边缘呈锯齿状。秋季树叶会呈现出色彩浓郁的橙黄色至红褐色。

↕ 30 m ↔ 25 m

💧☼◑❄❄❄ H6

适合观果的植物

虽然秋季观花植物的选择范围比较有限，但果实种类却非常多。形态各异的果实不仅可以为景观设计增添丰富的色彩和趣味，还能够为野生动物提供食物。

既具观赏性又可食用的果实同样可以用来装饰花园，它们无论是味道还是色彩都非常出色。经典的红色果实，例如海棠果、蔷薇果，以及栒子所结的果实，宛如一颗颗小彩珠，与其他颜色的浆果搭配在一起能够营造出非常出色的景观效果。虽然很多果树都是高大的乔木和灌木，但茵芋则是小型花园中非常理想的景观植物，而攀缘植物仅需占用很少的地面空间即可爬满花园围栏、栅栏以及房屋外墙。

多年生植物，中型

白果类叶升麻

从生型多年生植物。叶片全裂、亮绿色。仲夏，直立的穗状花序上缀满蓬松的白色花朵。秋季结出椭球形的白色浆果，果实的顶端为黑色。

↕1 m ↔50 m

H7

灌木，大型

草莓树

大型常绿灌木。叶片深绿色、革质、椭圆形。秋季，白色的瓮形花朵成簇盛开，几乎可同时结出形似草莓的果实，果实成熟后为红色。

↕↔8 m

H5

灌木，大型

稠李叶涩果

直立灌木。叶片椭圆形、深绿色。春季盛开白色花朵，秋季结出紫黑色浆果，与红彤彤的叶片交相辉映，营造出对比极为鲜明的景观效果。

↕3 m ↔2.5 m

H7

灌木，小型

金花小檗

从生型灌木。株型紧凑，茎干密集、多刺。叶片小、椭圆形、绿色。入秋后叶色变成红色和橙色，同时，结珊瑚粉色的小浆果。

↕1 m ↔1.5 m

H6

攀缘植物，中型

长花海桐

常绿、缠绕型攀缘植物。叶片狭窄呈绿色。盛开黄绿色的钟形小花朵。秋季，结出紫蓝色的果实，表面散发出金属光泽，极为与众不同。

↕2 m

H3

灌木，大型

老鸦糊

茎枝繁茂的落叶灌木。叶片椭圆形，颜色略微发紫。盛开淡紫色小花朵，随后于秋季结果。紫色的小浆果呈球形，沿着枝条密集簇生，每簇果实之间相隔一小段距离。

↕3 m ↔2.5 m

H6

灌木，中型

紫珠‘幻雪星’

落叶灌木。叶片具锯齿、卵形。夏季开出淡紫色的小花簇，后结出小巧、色泽光亮的白色浆果。为提高坐果率，建议群植多株。

↕↔ 2.5 m

H6

灌木，大型

海州常山

直立灌木。叶片较宽，呈心形。夏季至仲秋开花，白色花朵散发出芳香，随后结出蓝色的浆果，果实被栗色的苞片包裹。

↕↔ 6 m

H5

乔木，中型

头状四照花

喜温暖、避风的地方。初夏时节，花开满枝，头状花序，奶油色苞片似花瓣般，耀眼而亮丽。花谢后结出草莓状果实，于秋季成熟。

↕↔ 12 m

H5pH

乔木，小型

绯红山楂

茎枝伸展的落叶乔木。叶片宽大，边缘带锯齿。春季开出白色花朵，随后在秋季结出红色的山楂果，悬挂在枝条上闪闪发光。

↕↔ 6 m

H7

灌木，大型

猫儿屎

落叶、直立灌木。叶片大、全裂。初夏开花，黄绿色的花朵形似铁线莲，成簇盛开，悬挂在茎枝上，随后结出蓝色的豆荚，于秋季成熟。

↕↔ 6 m

H4

乔木，小型

日本四照花

初夏开花，生长缓慢。叶片椭圆形，叶面光滑。带有似花瓣般的奶白色苞片，苞片颜色会逐渐呈现出粉红色。秋季，花朵凋谢后结果。一串串略微泛着粉色、表面有小疙瘩的红色球形果实悬挂在枝条上。

↕7 m ↔ 5 m

H6pH

灌木，大型

西南卫矛

大型落叶灌木。叶片披针形，秋季时叶片色彩火红炽烈。秋季结出形态独特、极具观赏性的果实。果实呈肉粉色，剥裂后会露出光滑的橙红色种子。

↕↔ 8 m

H6

灌木，小型

多刺白珠树

常绿灌木。叶片深绿色、多刺。春季盛开白色花朵，最主要的观赏价值在于它结出的球形浆果色彩丰富，有白色、粉色或深红色。

↕↔ 1.2 m

H6

灌木，大型

北美冬青‘闪亮浆果’

落叶灌木。茎枝繁茂浓密，叶片卵圆形、先端尖。如果附近有雄株授粉，那么雌株光秃秃的茎枝上会结满鲜红色的小浆果，这些浆果可以一直挂在枝头，持续至入冬，直至被鸟儿们吃掉。

↕ 5 m ↔ 4 m

H6

多年生植物，中型

白玉鸢尾

耐阴、耐旱。叶片剑形。初夏至仲夏开花，花色为紫色略泛黄色。秋季，长长的种荚裂开，露出橙红色浆果，极具观赏性。

↕ 90 cm ↔ 不定

H6

乔木，小型

海棠‘万圣节’

株型紧凑的落叶乔木。春季开放半重瓣花朵。海棠果色泽鲜艳、带棱纹，橙黄色，似迷你南瓜，秋季结果。果实能一直留存到冬天，并可用来制作果冻。

↕ 4 m ↔ 3 m

H6

灌木，大型

火棘‘莫哈维’

茎干多刺，初夏盛开一簇簇白色花朵，花朵凋谢后结出一串串橙红色浆果。火棘品种繁多，有些品种果实成熟后为橙色、红色或黄色。

↕↔ 4 m

H5

乔木，中型

八棱海棠‘红哨兵’

春季满树盛开单瓣的白色花朵。秋季枝条上挂满了一簇簇表面光滑的红色樱桃状果实。在树叶凋零之后，果实仍然保留在枝条上。

↕ 12 m ↔ 10 m

H6

多年生植物，中型

酸浆

蔓生型多年生植物。茎枝直立，仲夏盛开乳白色小花，随后结出橙色、形似灯笼的果实，极具观赏性。用于室内装饰时可尽早将挂果枝条剪下。

↕ 75 cm ↔ 90 cm

H7

灌木，小型

月季‘弗鲁·达格玛·哈斯楚普’

灌木月季。叶片强健、卷曲。夏季至初秋，单瓣、色彩柔和的粉色花朵集中盛开，花团锦簇，散发出阵阵芳香。在花期后期，会结出深红色的蔷薇果。

↕ 1 m ↔ 1.2 m

H7

灌木，大型

华西蔷薇

株型高大，茎枝呈拱形弯曲。夏季盛开单瓣、橙红色花朵，每朵花的中心都有一簇金黄色的雄蕊。一串串橙红色、表面光滑、形似细颈瓶状的蔷薇果悬挂在枝条上，极为美丽，特别是‘天竺葵’这个品种，果实格外漂亮。

↕4 m ↔ 3 m

💧☼ ❄❄❄ H6 ⓘ

灌木，中型

日本茵芋

树姿整齐优美的常绿灌木。叶片深绿色，叶面光滑。春季开花，粉色或红色的小花蕾密集簇生，绽开后为白色花朵，散发出芳香气味。如果在旁边栽种一棵雄株，雌株会结出红色浆果，可一直悬挂在枝条上直至入冬。

↕↔ 1.5 m

💧☼ ❄❄❄ H5 ⓘ

灌木，小型

日本茵芋‘白果’

株型矮小的常绿灌木。树姿整齐优美，叶片深绿色。春季盛开一簇簇白色花朵，花朵凋谢后结出白色浆果。为了有助于雌株结果，应在旁边种植一棵雄株。

↕60 cm ↔ 1 m

💧☼ ❄❄❄ H5 ⓘ

灌木，中型

桦叶荚蒾

落叶灌木，中等大小。叶形似桦树叶。夏季开出白色花簇。入秋后结鲜红色果实，下垂，具光泽，果实沉甸甸地压弯了枝条。为获得最佳观赏效果，建议成片栽植。

↕↔ 2.5 m

💧☼☼ ❄❄❄ H6 ⓘ

灌木，大型

野花椒

叶片全裂，具芳香，带有长刺，叶面光滑。晚春盛开绿黄色的小花朵。如果将雌株和雄株栽种在一起，雌株在秋季会结出红褐色的果实。

↕6 m ↔ 5 m

💧☼ ❄❄❄ H6 ⓘ

灌木，中型

杜勒布毛核木

长势旺盛的落叶灌木，可用作自然风格的树篱。具有深绿色圆形小叶片，夏季盛开略带绿色的白色小花，可打造一面极具实用性的花境背景墙。花朵凋谢后结出一簇簇白色圆形果实，闪耀夺目，增强了花园景观冬季的趣味性。

↕2 m ↔ 不定

💧☼☼ ❄❄❄ H7 ⓘ

适合盆栽的秋冬季观花植物

当夏日的花坛开始凋零，秋冬季开花的植物便开始在盆栽中展现活力。

秋冬季花卉的选择范围不是很大，颜色范围可与夏季的色系保持一致，例如暖色调的翠菊、报春花和大丽花，或冷色调的翠竹、仙客来。初秋购买盆栽植物的时候，如果想让植物初霜之后依旧生命顽强，记得检查它的耐受力。例如，紫罗兰虽冬季开花，但在非常寒冷时并不开花，因此小花的堇菜属植物更可靠。

多年生植物，小型

雏菊

常作为一年生植物种植。冬末，绿叶上方开出单瓣或重瓣的粉色、白色或红色花朵。常与常绿灌木以及堇菜属植物组合盆栽。

↕↔ 20 cm

💧☼◐❄❄❄ H7 🐝

一年生 / 二年生植物，中型

翠菊

叶片椭圆形、绿色，叶缘浅裂。秋季开出红色、粉色、紫色或黄色的花朵。及时摘除残花可以延长花期。

↕ 60 cm ↔ 45 cm

💧☼❄ H2 🐝

多年生植物，小型

蓝雪花 🏆

从生型多年生植物。适宜栽种在窗台花箱或花盆中。可爱的蓝色小花每年都会盛开。秋季，椭圆形的叶片会由绿变红。

↕ 45 cm ↔ 20 cm

💧☼❄❄❄ H5 🐝

多年生植物，小型

菊花‘后裔’ 🏆

在有遮蔽处，将这种多年生植物种在装满肥沃土壤的花盆里。圆形的粉色重瓣花朵，着生在椭圆形绿叶之上。

↕ 45 cm ↔ 40 cm

💧☼❄❄ H4 ⓘ 🐝 ✿

球根植物，中型

拜占庭秋水仙

适宜栽种在小型花盆或窗台花箱中。秋季盛开漏斗状的粉紫色花朵。先开花后长叶。

↕↔ 20 cm

💧☼❄❄❄ H5 ⓘ 🐝

球根植物，中型

秋水仙‘睡莲’ 🏆

秋季盛开粉色或淡紫色的重瓣花朵。开花后不久，便长出带状叶片。夏季将球茎种在装满肥沃土壤的小型花盆中。

↕↔ 15 cm

💧☼❄❄❄ H5 ⓘ 🐝

多年生植物，中型

巧克力秋英 🏆

从夏末到初秋，碗状、散发着巧克力香味的深栗色花开在细长花茎的顶端，下面着生着分裂的绿色叶片。

↕ 60 cm ↔ 45 cm

💧☼❄❄ H3 ✿

球根植物，小型

小花仙客来 🏆

大理石花纹的银色叶片和粉色、花瓣卷曲的花朵为冬季带来色彩。宜种在装有含沙堆肥土的小型花盆或窗台花箱中。

↕↔ 10 cm

💧◐❄❄❄ H5 ⓘ

球根植物，小型

常春藤叶仙客来 🏆

为增添秋色，可选用这种耐寒的矮生型球根植物。具有螺旋状的粉色花瓣，开花之后才会长出带有银色斑块的绿叶。

↕ 10 cm

💧☼❄❄❄ H5 ⓘ

球根植物，中型

杂交仙客来 🏆

常被用作秋季花坛植物。植株形态多样，株型紧凑。叶片心形，表面带有大理石花纹。花白色、粉色或淡紫色，偶有芳香。

↕ 30 cm ↔ 20 cm

💧☼◐❄ H2 ⓘ

球根植物，中型

大丽花‘华尔兹·玛蒂尔达’🏆

叶具裂片，深紫色。花量大，单瓣，杏色略带樱桃红色调，夏末至秋季开放，可吸引传粉者，尤其适合在大型容器中栽培。

↕↔ 50 cm

💧☼❄❄H3🐝✿

一年生/二年生植物，小型

石竹“节日”系列🏆

株型紧凑，叶深绿色。花呈簇状，红色、粉色、淡紫色或双色，花瓣边缘有锯齿。花期从夏末持续至冬季，春季亦能复花，观赏价值极高。

↕↔ 20 cm

💧☼◐❄❄H4⚠

多年生植物，小型

黑根铁筷子🏆

丛生。叶常绿，掌状分裂。花硕大，星形，纯白色，花冠外展，冬季开放，花期绵延数周。长期栽培时，容器种植更易养护。

↕↔ 30 cm

💧◐❄❄❄H7⚠🐝

多年生植物，中型

大理石纹铁筷子‘罗德尼·戴维’

丛生。叶革质，银绿色，带大理石斑纹。花茎直立，粗壮。花呈簇状，大型，碗形。花期长，花色有白色、粉色和红色。

↕↔ 50 cm

💧☼◐❄❄❄H7⚠🐝

多年生植物，小型

八宝‘红辉’

具有略带紫色的绿叶和星形红色的花朵，以及深红色的茎干。夏末到初秋，可为花盆提供装饰性的镶边。

↕ 20 cm ↔ 40 cm

💧☼❄❄❄H5

球根植物，中型

鲍登纳丽花🏆

这种多年生的球根植物具有形似蜘蛛的粉色花朵，开花后才会长出带状叶片。宜在春季将球根种于含沙堆肥土中。

↕ 60 cm

💧☼❄❄❄H5⚠✿

多年生植物，中型

桔梗🏆

初秋，气球状的花蕾绽放出蓝紫色花朵，十分典雅。可与堇菜属植物搭配种植，打造色彩丰富的组合盆栽。

↕ 60 cm ↔ 45 cm

💧☼❄❄❄H5

多年生植物，小型

报春花‘斯特拉香槟’

多年生草本，寿命较短，常作为春季容器花卉栽培。叶青铜色。花茎粗壮，顶端簇生花朵，花色柔和，有粉色、黄色及奶油色，花心具明黄色花眼。

↕ 30 cm ↔ 15 cm

💧☼◐❄❄❄H7

球根植物，中型

珊瑚樱🏆

常绿灌木。株型紧凑、生长低矮且带芳香。花小，星形，夏季开放。果实圆润，黄色和橙色，秋冬季结果。非常适合作盆花栽培摆放在阳光充足的窗台上。

↕ 50 cm ↔ 60 cm

💧☼❄H2⚠

多年生植物，小型

纽约紫菀‘安东·基彭伯格教授’

这种多年生植物具有雏菊般彩色的花朵，宜于秋季栽种在土壤肥沃的花盆或花境前方的湿润土壤中。要浇足水以预防白粉病。

↕ 35 cm ↔ 45 cm

💧☼◐❄❄❄H6🐝✿

多年生植物，小型

大花三色堇

这种常用以装饰花坛的植物是寒冷季节盆栽的主体植物。具有色彩斑斓的圆形花朵。秋冬季，可将其植于含有堆肥的花盆中。

↕ 23 cm ↔ 30 cm

💧☼◐❄❄❄H6

适合冬季花境的植物

冬季，尽管天气可能变得寒冷且阴暗，但通过一些此时仍具有观赏性的花卉、果实、茎干和叶片，花园依然可以展现出令人惊叹的美丽。

冬季花园的主流品种是常绿植物，当然也包括红色木藜芦属植物、南天竹属植物，以及具有金斑的卫矛属植物。每年这个时候的花卉都极为珍贵，这也使得它们面对寒冷时更具魅力。还有一些植物，如台湾十大功劳、野扇花属和金缕梅属能为花园带来芬芳。可将这些冬季散发光芒的植物与夏季花卉的种穗和观赏草组合在一起，搭配多彩的茎干，打造出专属于冬季的独特美景。

灌木，中型

翅果连翘

宜将其置于有遮蔽处，以保证霜冻不会损害其具有香味的星形粉白色花朵。冬季开花，花朵长在茎干顶端。春季长出深绿色的叶片。

↕↔ 1.5 m

H6

多年生植物，小型

匍匐筋骨草‘金辉’

叶绿色，带柔和的黄色斑纹，天气凉爽时，会呈现粉色。花呈穗状排列，蓝色，春季开放。可作地被植物。

↕ 15 cm ↔ 90 cm

H7

多年生植物，小型

意大利疆南星

深绿色箭形叶片晚秋长出，一直可保持整个冬季。春季长出白色或黄色的花瓣状佛焰苞。‘云斑’具有奶油色花纹的叶片增加了冬日乐趣。

↕ 30 cm ↔ 15 cm

H6

乔木，大型

喜马拉雅白皮桦

这种落叶乔木用白色的茎干提亮冬季花境。春季，黄色的花序出现后开始长叶。秋季，深绿色的叶片变成黄色。

↕ 18 m ↔ 10 m

H7

多年生植物，中型

线柄薹草

具有丛生的棕色叶子。夏末，穗状花序开出浅棕色花朵，随后结出红棕色种穗。将它种在花境前方排水良好的土壤中，可以度过严霜期。

↕ 80 cm ↔ 60 cm 或更大

H4

多年生植物，小型

大岛薹草‘埃弗里洛’

丛生。叶修长呈拱形，新叶呈柠绿色，成熟后渐变为金黄色，为冬季的花境增添亮色。

↕↔ 50 cm

H7

灌木，大型

蜡梅

这种落叶丛生灌木具有薄荷绿色的叶片，冬季开出黄色的花朵。‘磬口’（上图）具有香味浓郁、花蕊为红褐色的黄色花朵。

↕ 4 m ↔ 3 m

H5

攀缘植物，中型

卷须铁线莲

需将这种具有锯齿状叶片的常绿攀缘植物植于有遮蔽处，以保护其晚冬和早春开出的花朵。花朵为具有红色斑点的奶油色，钟形。

↕↔ 3 m

H4

攀缘植物，大型

尾叶铁线莲‘东美人’

花呈簇状，下垂，蜡质，白色，钟形，冬末和春季开放。嫩枝带青铜色光泽。需在背风且温暖的环境中才能茁壮成长，适宜种植在朝阳的墙脚。

↕ 4 m

H3

灌木，大型

红瑞木

可将这种落叶灌木植于一个能让其红色枝条更显多彩的花境中。为了获得最好的景观效果，冬末可修剪茎干以促进新枝生长。

↕↔ 3 m

H7

灌木，大型

欧洲山茱萸

裸露的茎端开出的圆形簇状小黄花，将改变冬末单调的景观。花期结束后，长出椭圆形的绿叶，结出红色的果实。

↕↔ 5 m

❄❄❄ H6

灌木，大型

欧洲红瑞木

这种落叶灌木具有红绿相间的茎干。冬末，可贴地剪去老茎干。‘冬季美人’（上图）具有明亮的橙黄色或红色冬芽。

↕3 m ↔ 2.5 m

❄❄❄ H6

灌木，中型

柔枝红瑞木

这种落叶灌木冬季通常具有鲜艳的红色茎干，有些品种（上图）的茎干为黄绿色。冬末，贴地剪去老茎干以促进鲜艳的幼茎萌发。

↕2 m ↔ 4 m

❄❄❄ H7

灌木，大型

藏东瑞香

这种常绿灌木具有椭圆形的革质绿叶，是花境后方的理想植物。冬末开出芳香的白花（略带粉色），随后结出黑色的果实。

↕3 m ↔ 1.5 m

❄❄ H4 !

多年生植物，中型

近缘鳞毛蕨

这种常绿蕨类植物，具有像羽毛一样散开、分裂的浅绿色叶片，成熟时变成深绿色，为乔木和灌木下的冬季花境起到装点作用。

↕↔ 90 cm

❄❄❄ H5

灌木，中型

结香

晚冬和早春，若将其栽种在避风处，会开出美丽的管状黄色花朵，芬芳馥郁，花瓣上覆盖着白色丝状毛。春季，深绿色的椭圆形叶片开始生长。

↕↔ 1.5 m

❄❄ H4

灌木，小型

欧石南

可将这种常绿小灌木栽种在花境前沿。其深绿色的针状叶片与穗状丛生的粉色、红色或白色小花，能为冬春时节增添亮丽色彩。

↕30 m ↔ 45 cm 或更大

❄❄❄ H6pH

球根植物，中型

雪滴花

可让这种多年生球根植物沿着花境边缘蔓延。冬末，低垂的小白花（有些品种的花上有绿色斑点）在灰绿色的叶丛中绽放。

↕↔ 15 cm

❄❄❄ H5 !

灌木，大型

丝缨花

这种浓密的常绿灌木，具有革质、波浪边的灰绿色叶片。仲冬到春季，长出灰绿色柔荑花序。花序褪色之后再进行修剪。

↕↔ 4 m

❄❄ H4

灌木，大型

金缕梅‘阿芙罗狄蒂’

落叶灌木。叶椭圆形，具锯齿，春季萌发，秋季叶色会变成金黄色。花带甜美柑橘香气，形似蜘蛛，橙色，冬季即使在霜冻环境下也可开放。

↕3 m ↔ 3.5 m

❄❄❄ H5

多年生植物，中型

臭铁筷子

这株常绿多年生植物以红色茎干托举着杯状低垂、浅绿色镶红边的花朵，为冬末花境增添亮色。其深绿色叶丛由狭长的锯齿状小叶构成。

↕↔ 60 cm

❄❄❄ H7 !

多年生植物，小型

黑根铁筷子

这种丛生的半常绿多年生植物具有革质小叶。冬季到早春开出杯状低垂的白色或粉色花朵，雄蕊基部带一抹绿色。

↕↔ 30 cm

◑ ☼ ❄❄❄ H7 ! 🐝

灌木，大型

圆锥绣球

尽管这是一种落叶灌木，却能在深绿色的叶片掉落之后，增添冬季的生趣——或白或粉的圆锥形花簇褪色后，仍具有装饰效果。

↕↔ 3 m

◑ ☼ ❄❄❄ H5 ! 🐝

乔木，大型

枸骨叶冬青

叶缘波状具刺，叶片深绿。经授粉的雌株会结出猩红色果实。若选择斑叶品种，更能为寒冷季节增添色彩。适合种植于花境后方。

↕ 20 cm ↔ 6 m

○ ☼ ☼ ❄❄❄ H6 ! 🐝

多年生植物，小型

黑叶鸢尾‘玛丽·巴纳德’ 🏆

多年生草本。叶丛生，披针形，草状。花具甜香味，深紫色，带黄斑，冬春季开放。

↕↔ 50 cm

○ ☼ ❄❄❄ H5 ! ✽

灌木，大型

迎春花 🏆

这种落叶灌木长有椭圆形的暗绿色叶片。冬季到早春，在叶片生长之前，裸露的绿色茎干上开出星形的亮黄色花朵。

↕↔ 3 m

○ ☼ ❄❄❄ H5

灌木，中型

长叶木藜芦

这种常绿灌木枝条优雅弯曲且泛着红晕，绿叶相衬，春日还会绽放铃铛状的乳白色花朵。‘斯卡蕾塔’（上图）的叶片在冬季会呈现青铜色调。

↕ 1.5 m ↔ 2 m

◑ ☼ ● ❄❄❄ H6 ! pH

灌木，中型

珀普斯忍冬‘冬美人’ 🏆

这种植物长势强健。花白色，具甜美香气，冬季开放，花期可持续数周。虽霜冻可能损伤花朵，但新蕾仍会不断萌发。花后可能结出红色浆果。

↕↔ 2.5 m

○ ☼ ☼ ❄❄❄ H6 ! 🐝 ✽

多年生植物，中型

森林地杨梅‘金黄’ 🏆

多年生常绿地被植物，生长旺盛。叶丛生，黄绿色，有光泽，草状。叶色在冬季更为浓郁。花小，呈簇状，棕色，夏季开放。

↕ 1 m ↔ 50 cm

○ ☼ ● ❄❄❄ H7

灌木，大型

阔叶十大功劳‘莱昂内尔·福蒂斯丘’ 🏆

茎直立。羽状复叶呈莲座状，带刺。总状花序直立。花具芬芳，亮黄色。秋末至冬季开花。花后结蓝色浆果。

↕↔ 4 m

○ ☼ ☼ ❄❄❄ H5 ! 🐝 ✽

多年生植物，中型

柳枝稷

直立的禾本科植物。丛生的蓝绿色叶片入秋转为金黄色。夏季，高茎顶端绽放粉绿色花序，秋日渐褪为米黄色，宿存整个寒冬。

↕ 1 m ↔ 75 cm

○ ☼ ❄❄❄ H5

灌木，大型

黄槽竹

这款气质高雅的丛生竹，修长的黄色竹秆（基部偶有弯曲），既可用作冬日花境中的屏障，亦可成为视觉焦点。

↕ 6 m ↔ 不定

○ ☼ ☼ ❄❄❄ H5

灌木，中型

细叶海桐‘沃纳姆金’

多年生草本。叶丛生，披针形，草状。花具甜香味，深紫色带黄斑，冬春季开放。

↕↔ 1.5 m

H4

灌木，大型

火棘‘莫哈维’

可将这种常绿灌木植于冬季花境后侧，并牵引至墙壁或围栏生长。带刺的枝干上有具光泽的暗绿色叶片。橙红色的果实亦能增添亮丽的色彩。

↕↔ 4 m

H5

灌木，中型

华中悬钩子

一种生长浓密的落叶灌木，具有带刺的拱形茎干，冬季为亮白色。春季，长出卵状披针形的绿色叶片。夏季，紫色的花开之后，结出紫黑色果实。

↕↔ 2.5 m

H6

灌木，大型

水丝梨

常绿亚灌木或小乔木。叶深绿色，革质，先端尖，椭圆形。冬末绽放橙红色低垂的花朵，花形奇特。适宜种植在有遮蔽的地方。

↕ 1 m ↔ 1.5 m

H3

灌木，中型

双蕊野扇花

将这种常绿灌木栽种于冬日花境中，可欣赏其纤长青绿的披针形叶片间绽放的小白花（芬芳馥郁）。花后结出球形黑色果实，平添意趣。

↕ 1.5 m ↔ 2 m

H5

灌木，大型

博德荚蒾

深秋至早春，光秃的枝条上簇拥着粉白相间的花团，芬芳馥郁。'黎明'（AGM，上图）的花蕾为深粉色，绽放后转为粉红色。

↕ 3 m ↔ 2 m

H6

多年生植物，小型

野扇花‘冬季宝石’

株型紧凑，根蘖发达。叶具光泽，深绿色，先端渐尖。花小，具芳香，白色，冬季开放。花后可能会结具光泽的浆果，初期红色，后期黑色。

↕↔ 70 cm

H5

灌木，大型

香荚蒾

将它植于靠近向南墙壁的花境内侧，其将用整个冬季开于枝干上具有香味的白色或浅粉色花朵来回报你。深绿色的叶片春季刚长出来时是青铜色的。

↕ 3 m ↔ 2.5 m

H6

灌木，大型

中国旌节花

冬末至初春，这种落叶灌木黄绿色的钟形花朵簇生地悬挂在裸露的茎干上，为满是叶片的冬季花境增加了亮点。花后长出深绿色的叶片。

↕ 4 m ↔ 3 m

H5

常绿植物

常绿植物为季节性花卉提供了永恒的舞台。它们在小庭院中尤显珍贵，且能在百花沉寂时维系景观的连贯之美。

虽然多数常绿植物低调内敛，但若将叶形、质感与色彩迥异的品种搭配组合，亦能自成雅致景观。例如，八角金盘硕大的掌状叶、斑叶冬青的彩叶与蕨类植物的羽状叶，便可构成阴生花园的经典组合。设计新植栽方案时，应先规划常绿植物作为永久骨架，同时核查其高度和冠幅：既要避免遮挡季节性花草，也需确保不被周边多年生植物在夏季生长旺季所湮没。

灌木，大型

草莓树

将其栽种于避风处的肥沃土壤中，可使叶丛全年展现最佳观赏效果。秋季，革质叶片变为暗绿色，并开出白色花朵，随即结出红色的果实。

↕↔ 8 m

💧☼❄❄❄ H5 ⚠

灌木，小型

熊果

可将这种生长缓慢的常绿灌木植于酸性土壤的花境前沿。椭圆形暗绿色的叶片、带粉色边缘的白花和圆形的红色果实使它全年都具有独特魅力。

↕ 10 cm ↔ 50 cm

💧☼◐❄❄❄ H7 ⚠ pH

多年生植物，小型

岩白菜 🏆

这种丛生的常绿多年生植物具有圆形带光泽的绿色大叶子。春季，开出深粉色的穗状花序。宜种在花境最前侧。注意去除枯萎或受损的叶子。

↕ 40 cm ↔ 60 cm

💧☼◐❄❄❄ H5

灌木，中型

桃叶珊瑚‘二月之星’🏆

这种常绿灌木可形成圆形的灌丛，枝叶密集。叶狭长，具光泽，绿色，带明黄色斑点和斑纹。冬季结红色浆果。

↕↔ 2 m

💧☼❄❄❄ H5 ⚠

灌木，大型

小叶金柞‘斑叶’🏆

常绿乔木或大型灌木。植株高大修长。叶小，具光泽，深绿色，叶缘乳白色。花具香草味，黄色，冬季开放。

↕ 8 m ↔ 4 m

💧☼❄❄ H4

多年生植物，中型

穗乌毛蕨

作为常绿植物色彩和质地的典型代表，这种蕨类形态低矮，叶片羽状且坚硬，在树荫下生长旺盛。

↕ 75 cm ↔ 45 cm

💧◐●❄❄❄ H6 pH

灌木，小型

帚石南

在酸性土壤和阳光充足的环境中，其灰色、黄色或亮绿色的小叶子使花境充满生机。盛夏到秋末，开出粉色、白色或紫色的铃铛状花朵。

↕ 30 cm ↔ 35 cm

💧☼◐❄❄❄ H7 pH

灌木，小型

日本柳杉

这种常绿针叶树株型圆润，在遮阴处生长旺盛。其茂密的翠绿色叶丛能为花境带来四季观赏趣味。短促的拱形枝条上，密布着鳞片状的叶片。

↕↔ 1 m

💧☼◐❄❄❄ H6

灌木，小型

大王桂

常绿灌木。丛生。茎呈拱形。叶细长，具光泽，在冬日阳光下莹润生辉。入夏结红果。耐阴性强，即便在高大乔、灌木的荫蔽下亦能茁壮生长。

↕1 m ↔ 1.5 m

❄❄❄ H5

灌木，中型

烟斗欧石南

常绿灌木。叶片深绿色、针状。春日，金字塔状的花序簇拥着钟形花朵，灰白色中透着蜜香。高山变种（AGM）较原种更为低矮紧凑。

↕2 m ↔ 85 cm

❄❄ H4 pH

多年生植物，中型

尖叶铁筷子

这种常绿多年生植物，宽大、墨绿、边缘带刺的叶片尤为出众。冬末至春季，低垂的浅绿色碗状花朵持久绽放。秋季需修剪残叶与枯花。

↕60 cm ↔ 45 cm

❄❄❄ H5 !

灌木，大型

神农箭竹

拱形的黄绿色竹秆与披针形的翠绿色叶片相映成趣。无论是作为花境的装饰性屏障，还是砾石床的焦点植物，都能全年展现观赏价值。

↕4 m ↔ 不定

❄❄❄ H5

多年生植物，小型

杂交矾根‘和服’

多年生草本。植株低矮，丛生。叶常绿，具裂片，银绿色。叶脉深紫色，与叶色形成鲜明对比。花略带粉色，夏季开放。

↕↔ 50 cm

❄❄❄ H6

灌木，中型

瑞香

因深绿光亮的叶片以及冬季至早春绽放的浓香小花而备受青睐——簇簇白瓣镶着胭脂红边。‘金边’（AGM，上图）的叶片有金黄色镶边。

↕↔ 1.5 m

❄❄ H4 !

灌木，大型

八角金盘

这种灌木具有大型深裂常绿叶。秋季簇生的玲珑白花与黑色浆果，更添别样景致。‘花叶’（AGM）的叶片镶有白边。

↕↔ 4 m

❄❄❄ H5 !

灌木，中型

花叶木藜芦

一种具有拱形红色叶柄的常绿灌木。叶片卵状披针形。奶白色的花朵春季悬挂在枝头。‘彩虹’（上图）长着夹杂有奶白色和粉色的叶子。

↕1.5 m ↔ 2 m

❄❄❄ H6 pH

灌木，小型

伏卧白珠树

常绿地被型灌木，匍匐茎蔓延成毯。叶片光亮，冬季泛青铜色光泽，与此同时，还会结亮红色浆果。喜酸性土壤。

↕15 cm ↔ 1 m

❄❄❄ H5 ! pH

灌木，中型

日本女贞‘圆叶’

常绿灌木。株型紧凑，生长缓慢。茎直立。叶具光泽，深绿色，厚实，蜡质且叶缘反卷。花朵呈簇状，白色，夏季开放。

↕1.5 m ↔ 2 m

❄❄❄ H5 !

多年生植物，中型

雪草地杨梅

这种常绿的多年生植物是花境边缘的理想植物。其长有像草一样松散簇生的暗绿色叶子。初夏到仲夏，纤细的茎上开出密集簇生的白色小花。

↕↔ 60 cm

💧◐● ❄❄❄ H5

乔木，大型

荷花木兰

这种常青树生有圆润的树冠。叶片硕大油亮、深绿悦目。仲夏至初秋，绽放清香扑鼻的洁白花朵。

↕ 18 cm ↔ 15 cm

💧☼◐ ❄❄❄ H5

灌木，中型

安坪十大功劳‘柔抚’

常绿灌木。株型紧凑，直立多干。叶细长，革质，无刺，丛生，呈莲座状。花黄色，秋季开放。花后结出蓝色浆果。

↕↔ 1.5 m

💧☼◐ ❄❄ H4 (!) 🐝

灌木，小型

北美蔓虎刺

这种常绿亚灌木的蔓生茎上长着椭圆形带白色条纹的绿叶。初夏开出带香味的白色小花，随后结出红色的果实。

↕ 5 cm ↔ 不定

💧◐ ❄❄❄ H6 pH

灌木，中型

细柄十大功劳

常绿灌木，根蘖发达。羽状复叶，小叶多达七片且边缘带刺，叶正面深蓝绿色，背面银白色。花紫色，夏季开放。

↕ 1.5 m ↔ 2.5 m

💧◐ ❄❄❄ H5 (!) 🐝

灌木，小型

胡柏

这种低矮的常绿针叶灌木，枝条上缀满细小的鳞状亮绿色叶片（冬季转为铜紫色）。花与球果并不显眼，却能为彩叶花灌木提供绝佳衬托。

↕ 1 m ↔ 不定

💧☼ ❄❄❄ H7

多年生植物，小型

黑龙沿阶草

作为花境边缘种植或盆栽的完美选择，这种多年生植物长着具有光泽的黑色叶片，可与明亮的砾石形成鲜明的对比。夏季紫粉色的花序开过后，就会结出黑色的秋果。

↕ 23 cm ↔ 30 cm

💧☼◐ ❄❄❄ H5

灌木，大型

柊树

这种常绿灌木长着冬青般油亮翠绿的叶片，秋季开出带香气的白色花朵。‘金边’（上图）的叶片具有金色镶边。

↕↔ 5 m

💧☼◐ ❄❄❄ H5

多年生植物，大型

新西兰麻‘三色’

多年生常绿草本。丛生。叶拱垂，带状，剑形，叶面带黄色纵纹，叶缘红色。花管状，黄绿色，夏季开放。

↕1.5 m ↔ 2.5 m

H4

灌木，大型

海桐‘银皇后’

这种常绿灌木长着叶缘波浪形的灰绿色叶片，常用作向阳花境的背景。若选用斑叶品种，更添观赏趣味。

↕10 m ↔ 5 m

H4

灌木，大型

火棘‘莫哈维’

特别适合沿墙面或篱笆攀缘生长，深绿色的叶片能为前方植物提供绝佳背景。夏末结出橙红色的果实，成为吸引鸟类的天然食源。

↕↔ 4 m

H5

多年生植物，大型

麻兰

这种常绿、丛生的植物，长有长且直立、剑状呈拱形的灰绿色叶片。炎热的夏季，高大的茎端开出暗红色的花朵。

↕3 m ↔ 2 m

H5

灌木，中型

迷迭香

倘若将其种在荫蔽处，可终年保持芳香。针状的叶片全年深绿色。冬季不要采摘叶片。春季，开出蓝色的小花。初夏，可以剪去老枝。

↕↔ 1.5 m

H4

乔木，小型

蓝粉云杉‘胖阿尔伯特’

针叶树。生长缓慢，株型紧凑，树冠呈宽阔的金字塔形。枝条茂密，针叶呈浓郁的银蓝色，偶见球果。

↕4 m ↔ 2.5 m

H7 pH

灌木，大型

海桐

将这种常绿灌木种在一个适宜的环境中，它将长出整洁的长椭圆形深绿色叶片。像星星一样带芳香的成簇白花，随花期变为奶黄色。

↕10 m ↔ 3 m

H3

灌木，大型

瓦氏棕榈

常绿单茎棕榈树。叶坚硬、直立、深裂、扇形。花黄色，夏季开放。株型规整、紧凑，可全年保持极具张力的建筑美感，即使寒冬亦不凋零。

↕4 m ↔ 2 m

H5

灌木，小型

矮赤松

这种紧凑型针叶树四季常青的枝叶层层叠叠，能为其他植物充当绝佳陪衬。若作盆栽栽培，建议选择‘拖把’（AGM，上图）这类矮生品种。

↕1 m ↔ 2 m

H7

多年生植物，中型

棕鳞耳蕨

多年生常绿植物。羽状复叶丛生呈莲座状，有光泽，绿色，叶柄铁锈色，与冬季花卉相映成趣。

↕↔ 1 m

H7

多彩和芳香植物

色彩和芳香不仅能影响我们的情绪与感知，更能在园林设计中发挥奇妙功效。不妨将薰衣草种植于休憩区旁，其幽香可以抚平焦躁的心绪；或使用色彩柔和的植物，同样能营造宁静的氛围。反之，明艳的红橙色调犹如天然兴奋剂，既能激活整体植栽布局的活力，又可成为视觉焦点。还可借鉴自然景观中的色彩渐变原理——随着视野向地平线延伸，色调逐渐淡去，从而营造出深邃的空间幻象。

自从维塔·萨克维尔－韦斯特于20世纪30年代打造了著名的白色花园后，设计师们便对单色调植物造景的美学魅力推崇备至。

要打造类似效果，可错季栽植白色花卉：初春由铁筷子与雪滴花揭开序曲，盛夏以芍药、玫瑰及大滨菊演绎华章，深秋则以紫菀与日本银莲花收尾。若觉纯白过于单调，不妨点缀些许蓝调花卉——既能和谐相融，又不破坏整体韵律。此外，蓝灰调观叶植物可为柔粉色或亮色花卉构筑一个冷色或中性色调的背景；而银叶植物，如蒿属、旋花属及菊蒿属，更能将阳光折射为跳动的光斑，令花坛或花境宛若缀满聚光灯般璀璨生辉。

乔木，大型

白冷杉

这是一种常绿针叶树，具有引人注目的“圣诞树”外形，是很好的草坪孤植树种。银色的针叶是其主要的特征。

↕30 m ↔8 m

❄❄❄ H7

多年生植物，中型

乌头‘不锈钢’

这种多年生植物丛生茂密，叶片深裂。仲夏至晚夏，抽生出独特的银蓝色塔形花穗，在荫蔽花境中勾勒出优雅景致。

↕1 m ↔60 cm

❄❄❄ H7

多年生植物，中型

百子莲‘温莎灰’

多年生落叶植物。丛生。叶片呈带状。花簇生，喇叭形，淡薰衣草色，夏季开放。非常适合种植在砾石花园中。

↕1 m ↔50 cm

❄❄❄ H5

多年生植物，中型

银莲花‘野天鹅’

多年生落叶草本。植株纤细丛生。叶三裂，带锯齿。花大型，白色。花瓣5枚，背面带淡紫色或蓝色斑纹。初夏到秋季开花。

↕1 m ↔50 cm

❄❄❄ H6

多年生植物，小型

春黄菊

这款常绿多年生地被植物的银叶如丝，入冬转青。初夏，短茎单生的洁白雏菊竞相绽放，花蕊点点嫩黄，宛若繁星铺地。

↕↔30 cm

❄❄ H4

多年生植物，中型

欧耧斗菜

这种植物直立丛生，长有类似蕨类植物的叶子。春末夏初，开出以浅色调为主的低垂花朵，花色柔和。‘雪白’（AGM，上图）绽放纯净无瑕的白色花朵。

↕90 cm ↔45 cm

❄❄❄ H7

多年生植物，中型

银叶艾‘银皇后’

这种蔓生多年生植物银灰色的窄叶挺立于茎干，常被用作花卉的陪衬。夏季开出的小黄花需及时摘除，方能维持其观叶效果的最佳呈现。

↕↔75 cm

❄❄❄ H6

灌木，小型

银蒿‘鲍维斯城堡’

这种植物长有蕨类般的银灰色叶片，能为月季等绿叶植物及喜阳花境的多年生植物提供绝佳衬托。需及时剪除其黄色的绒球状花朵，以突显独特的观叶效果。

↕↔1 m

❄❄ H3

多年生植物，小型

日本蹄盖蕨 🏆

这种落叶蕨类具有深裂的灰绿色叶片，叶面泛着金属质感的紫铜色与银白色光泽。宜栽植于阴生花境的绿色观叶植物丛中，注意防范冻害。

↕ 30 cm ↔ 不定

💧 ◑ ❄❄❄ H5

多年生植物，小型

岩白菜‘苹果花开’ 🏆

多年生常绿地被植物。丛生。叶具光泽，椭圆形。花茎略带红色。花簇生，浅粉色与白色相间，钟形，春季开放。

↕ 50 cm ↔ 70 cm

💧 ☼ ◑ ● ❄❄❄ H5 🐝

多年生植物，小型

心叶牛舌草‘杰克·弗罗斯特’ 🏆

植株低矮，呈丛生状。叶心形，宽大且相互交叠，银色，叶脉绿色。花小，蓝色，春季开放。

↕ 45 cm ↔ 80 cm

💧 ◑ ❄❄❄ H6

多年生植物，小型

新风轮菜

因直立生长的淡紫粉色花穗而备受青睐，花期从夏末持续至初秋。绿叶带芳香，适合种植于小径旁，行人经过时轻触叶片便可释放香气。

↕ 45 cm ↔ 75 cm

💧 ☼ ❄❄❄ H5 🐝

多年生植物，小型

丛生风铃草 🏆

这种矮生的多年生植物长有茂密的心形叶片。钟形的紫罗兰色或白色花朵可持续盛开整个夏季。常用作地被植物或填补墙壁和铺装的缝隙。

↕ 10 cm ↔ 30 cm

💧 ☼ ◑ ❄❄❄ H5 🐝

球根植物，大型

大百合

这种多年生植物长有心形的叶片。夏季，粗壮无分枝的茎端开出喇叭状、带香气、略带紫色的白花。宜种植于有遮蔽、土壤肥沃的地方。

↕ 3 m

💧 ◑ ❄❄❄ H5

灌木，小型

蓝花莸‘纯银’ 🏆

落叶灌木。株型紧凑。叶具芳香，银色。花小而醒目，呈簇状，蓝色略带紫色，夏末至秋季开放，可很好地营造出冷色调的搭配效果。

↕↔ 1 m

💧 ☼ ❄❄ H4 🐝

灌木，大型

乔木美洲茶‘特鲁威森蓝’ 🏆

生长迅速。叶具光泽，椭圆形，正面深绿色，背面银白色。圆锥花序硕大，蓝色，初夏开放。

↕ 8 m ↔ 6 m

💧 ☼ ❄❄ H4 🐝

灌木，中型

美洲茶“凡尔赛荣耀” 🏆

这种丛生落叶灌木，株型饱满，椭圆形小叶玲珑可爱。夏秋之际，枝头绽放松散顶生的花序，簇簇蓝紫色小花，芳香四溢。

↕ 2 m ↔ 1.5 m

💧 ☼ ❄❄ H4 🐝

乔木，大型

丝光蓝雪松 🏆

这是一种常绿的针叶树，幼时树形为圆锥形，成熟时长成宽阔的树冠。具有引人注目的银蓝色针叶。常作为大花园里的草坪孤植树。

↕ 40 m ↔ 10 m

💧 ☼ ❄❄❄ H6

多年生植物，大型

白花柳兰

落叶草本。生长旺盛，根系发达，易通过匍匐根蔓延成片。花茎直立，纯白色穗状花序轻盈，盛夏开放。易打理。

↕ 1.5 m ↔ 2 m

💧☼ ❄❄❄ H7 🐝

灌木，小型

银旋花 🏆

这种矮小的蔓生型常绿灌木长有狭长的银色叶片。夏季，粉红色花苞绽开漏斗状纯白色花朵。适合栽植于避风花境前沿或砾石园中。

↕ 60 cm ↔ 1 m

💧☼ ❄❄ H4

球根植物，大型

沼泽百合

这种香气馥郁的多年生球根植物，长着拱形的带状阔叶。夏末和秋季，粗壮的茎端开出漏斗状的大白花。寒冷地区冬季要注意提供越冬保护。

↕ 1 m ↔ 60 cm

💧☼ ❄❄❄ H5 (!) ✿

多年生植物，大型

高翠雀花

这种高大的植物生有深裂的翠绿色叶丛，以仲夏时节挺立的花柱而闻名。淡蓝色与白色品种能为浓艳的花卉带来清凉对比。茎干需支撑。

↕ 2 m ↔ 90 cm

💧☼ ❄❄❄ H5 (!) 🐝 ✿

灌木，大型

美丽溲疏

落叶灌木。直立生长。叶绿色，披针形。总状花序。花白色，钟形，初夏开放。花量大。成年植株树皮红棕色，会剥落。

↕ 3 m ↔ 2.5 m

💧☼ ◐ ❄❄ H4

多年生植物，小型

石竹‘莫吉托’

多年生草本。植株低矮。叶细长，常绿。花带丁香味，纯白色，花瓣有锯齿，花心绿色，夏季开放。

↕ 30 cm ↔ 50 cm

💧☼ ❄❄❄ H6 (!) ✿

多年生植物，中型

松果菊‘弗吉尼亚’ 🏆

多年生草本。花茎直立。花朵硕大扁平，带甜美香气，雏菊状，花瓣白色，花心绿色、圆锥形。

↕ 1 m ↔ 80 cm

💧☼ ◐ ❄❄❄ H5 🐝 ✿

灌木，大型

银果胡颓子‘速银’

生长旺盛，萌蘖发达。春季和初夏，枝叶状态最耀眼。新叶柔软，具有金属般银绿色光泽，长叶时同时绽放具芳香、星形的黄色花朵。

↕ ↔ 4 m

💧☼ ❄❄❄ H5

多年生植物，中型

巨大刺芹 🏆

这种生命短暂但能自播繁殖的多年生植物，长有基部丛生、平滑的心形灰绿色叶片。挺拔直立的茎干顶端托举着银蓝色锥形花序，夏季绽放时，外围环绕着银色叶状苞片。

↕ 90 cm ↔ 30 cm

💧☼ ❄❄❄ H6 🐝 ✿

乔木，大型

苹果桉 🏆

这株常绿细乔木生有圆润芳香的蓝灰色嫩叶，随着树龄增长，叶片逐渐转为革质镰刀状。定期修剪老枝可促进新枝萌发，保持鲜艳叶色。

↕25 m ↔15 m

💧☼❄❄❄ H5 ✽

乔木，中型

羽叶银香茶 🏆

这种直立生长的半常绿乔木，叶片翠绿，边缘呈锯齿状。夏季绽放碗状的单瓣或重瓣白花，花心簇拥着醒目的雄蕊丛。

↕10 m ↔6 m

💧💧☼◑❄❄ H4 pH

多年生植物，大型

阿尔巴尼亚大戟

这种常绿植物具有多个直立茎，长有轮生、灰绿色的纤细叶片。次年春季，抽生出持久不凋的黄绿色花序。需注意其汁液具有刺激性。

↕↔1.2 m

💧☼❄❄ H4 ⓘ 🐝

多年生植物，小型

香桃大戟 🏆

这种匍匐的常绿多年生植物，具有木质茎干，长着鳞片状肉质灰绿色叶片。春季，茎尖开出黄绿色花。植株汁液可引起皮肤不适。

↕8 cm ↔20 cm

💧☼❄❄❄ H5 ⓘ

灌木，中型

大花白鹃梅

这种落叶灌木具有浓密的茎干，茎上覆生深绿色小叶。春末夏初，茎端开出碟形的白色小花。

↕2 m ↔3 m

💧☼◑❄❄❄ H6

多年生植物，小型

蓝羊茅

这种常绿草本植物长有拱形丛生、纤细的螺纹状铁青色叶片。夏季抽出短小花穗，建议及时剪除以保持植株整齐的株型与统一的色彩。

↕↔50 cm

💧☼❄❄❄ H5

球根植物，中型

雪花莲 🏆

这种多年生球根植物宜群植观赏。丛生的灰绿色叶片细长如草。冬末绽放低垂的玲珑白花，内层花瓣上点缀着醒目的绿色“V”形纹，暗香浮动。

↕15 cm

💧◑❄❄❄ H5 ⓘ ✽

多年生植物，小型

结节老鹳草‘银木’

半常绿草本。植株低矮，呈丛生状，可作地被植物。适应性强，在多种环境中均可茁壮成长，包括浓荫遮蔽之处。花纯白色，杯状，夏季开放。

↕30 cm ↔50 cm

💧☼◑●❄❄❄ H5 🐝

多年生植物，中型

常青异燕麦 🏆

这种常绿禾本科植物，狭长的银蓝色叶片形成蓬松的株丛。初夏至仲夏，拱形茎干上绽放淡蓝色花序，随后结出麦秆色穗序，轻盈如烟。

↕1 m ↔60 cm

💧☼❄❄❄ H5

多年生植物，小型

黑根铁筷子

这种半常绿植物具有丛生的裂片状墨绿色叶丛。冬季至早春绽放白色碟状花朵，随花期渐染粉晕。‘陶工之轮’（上图）以纯白花瓣著称。

↕↔30 cm

💧◑❄❄❄ H7 ⓘ 🐝

灌木，中型

乔木绣球

这种灌木生有椭圆形绿色叶片。仲夏，从青柠色花苞中绽放半球形花簇，花色渐变为乳白色。冬季花簇枯萎后仍宿存枝头，极具观赏性。

↕↔1.5 m

💧☼❄❄❄ H5 ⓘ

灌木，中型

绣球‘四色’

树冠呈圆顶状。叶绿色，其上分布着醒目的白色、浅灰色及黄色斑纹。伞房花序浅粉色（在酸性土壤中为淡蓝色），夏末开放，花期持久。

↕↔ 1.5 m

◐ ☼ ◑ ❄❄❄ H5 ⓘ

多年生植物，大型

染料凤仙花

多年生草本。茎肉质直立。叶椭圆形，深绿色。夏末绽放白色和紫色花朵，形状奇特，夜间具香气，花距长。

↕ 2 m ↔ 1 m

◐ ☼ ◑ ❄❄ H3

多年生植物，中型

鸢尾‘夏日天空’

丛生。叶起初直立，而后呈拱形，细长，绿色，披针形。花茎高大，花呈簇状，大多为淡蓝色，带精致的黄色和白色斑纹，初夏开放。

↕ 75 cm ↔ 50 cm

◐ ☼ ◑ ❄❄❄ H7 ⓘ

灌木，小型

铺地柏‘兰星’ 🏆

这种浓密的常绿针叶树会形成低矮的丘丛，短硬而密集的蓝灰色叶片层层叠叠，尤为适合砾石花园或岩石花园造景。

↕ 40 cm ↔ 1 m

◯ ☼ ◑ ❄❄❄ H7 ⓘ

多年生植物，中型

荷包牡丹‘阿尔巴’ 🏆

这种丛生的多年生植物，具有蕨类植物一样深裂的浅绿色叶子。晚春到初夏，开出心形的白色花朵，夏末枯萎。

↕ 75 cm ↔ 60 cm

◐ ◑ ❄❄❄ H6 ⓘ

灌木，小型

薰衣草‘杨柳谷’ 🏆

这种常绿灌木长有带芳香的灰绿色窄叶。初夏到仲夏，挺拔的茎干顶端抽出短穗状深色花序，冠以波状紫色苞片。

↕↔ 70 cm

◯ ☼ ❄❄ H3

多年生植物，中型

大滨菊

一种直立的多年生植物，具有丛生的暗绿色矛状叶。夏季，不分枝的茎上开出单瓣或重瓣的白色大雏菊。‘雪城佳人’（上图）的花瓣为螺纹状。

↕ 90 cm ↔ 60 cm

◯ ☼ ❄❄❄ H5 🐝 ✿

球根植物，大型

麝香百合 🏆

这种多年生植物长着光亮的披针形叶片。初夏至夏末，高大的茎上开出香气馥郁、向外展开的漏斗形纯白色花。

↕ 1 m

◯ ◑ ❄❄ H3 ⓘ ✿

球根植物，大型

岷江百合 🏆

这种多年生植物具有直立的茎干，茎上覆生窄叶。夏季，茎端开出芳香、向外展开的喇叭状白色大花。花瓣喉部为黄色，外部为粉紫色。

↕ 2 m

◯ ☼ ❄❄❄ H6 ⓘ

灌木，大型

星花玉兰

这款落叶灌木以芬芳的丝质花蕾与白花著称，是早春花境的宠儿。细嫩的绿叶在花谢后舒展。宜栽植于有遮蔽处以防霜冻伤花。

↕↔ 10 m

H6

多年生植物，大型

拟藿香叶绿绒蒿

这种生命短暂的多年生植物叶面覆有锈色茸毛。春末，多叶茎干顶端托举着类似罂粟花形的惊艳蓝花，金黄色的花蕊十分夺目。

↕ 1.2 m ↔ 45 cm

H5

多年生植物，中型

斑叶芒‘世界主义者’

落叶观赏草，观赏期较长。丛生。茎干直立。叶有斑驳的白绿相间条纹。花穗粉红色，如羽毛般，秋季开花。入冬后茎干也颇具观赏性。

↕ 2.5 m ↔ 1.5 m

H6

球根植物，中型

水仙‘冰之舞’

这种多年生植物于仲春开花，乳白色花朵缀以黄色褶皱杯状花冠，随花期渐褪为纯白色，与紫色或蓝色的花朵搭配尤显清雅。

↕ 40 cm

H6

多年生植物，小型

费森杂种荆芥

这种丛生的多年生植物长着灰绿色带香味的小叶片。夏、秋季，开出柔软的蓝紫色花穗。首次盛花期后需及时修剪，以保持紧凑株型。

↕↔ 45 cm

H7

灌木，大型

伯克伍德木樨

这种生长缓慢的常绿灌木，具有椭圆形的深绿色小叶片。春季，漏斗状、花香馥郁的白色花簇盛开。花后结出黑色果实。

↕↔ 3 m

H5

灌木，中型

山梅花‘博克莱尔克’

这种落叶灌木具有弧形的茎干，叶片椭圆形。初夏，开出芳香浓郁的单瓣白花，花蕊为淡紫色。宜种于花境内侧。

↕↔ 2.5 m

H6

多年生植物，大型

宿根福禄考‘富士山’

这种丛生的多年生植物高大的茎干上长着矛状叶片。仲夏到初秋，开出白色的伞房状圆锥花序。日常养护时要注意保持土壤湿润。

↕ 1.2 m ↔ 60 cm

H7

灌木，小型

直立南非吊金钟‘象牙旋’

根蘖发达。茎直立。叶卵形，带有刺激性气味。圆锥花序顶生。花白色，下垂，管状，夏季开放。

↕↔ 1 m

H5

乔木，大型

蓝粉云杉‘科斯特’

这种常绿针叶树的树冠呈圆锥形，簇生硬挺的银蓝色针叶。枝梢末端直立着球果。宜植于避风处，喜中性至酸性土壤。

↕ 15 m ↔ 5 m

H7

灌木，小型

金露梅‘修道院白’

这种强健耐用的落叶灌木，株型饱满呈圆球形或半球形。夏季至初秋持续数周绽放白花。叶片细裂成小型羽状复叶，展现持久观赏性。

↕ 1 m ↔ 1.5 m

H7

灌木，小型

地中海波萼苏

这种茂密的矮生型常绿灌木，茎干直立。灰绿色的圆形小叶对生，叶上覆有白色茸毛。轮生的粉红色小花凋谢之后需及时修剪。

↕ 60 cm ↔ 90 cm

❄❄❄ H6

球根植物，中型

黎巴嫩蓝条海葱

这种多年生植物，叶带状。春季开出钟形的白色花簇，每片花瓣上都有蓝色条纹。可成片种植于草坪中，或与春季球根花卉及高山植物搭配。

↕ 15 cm

❄❄❄ H6

乔木，小型

柳叶梨‘垂枝’

这种枝条悬垂的小乔木，长有狭窄的银灰色叶片，开出奶油色的花朵。可以通过修剪来控制株型。

↕ 8 m ↔ 6 m

❄❄❄ H6 ①

多年生植物，大型

大罂粟

这种夏末开花的灌木状多年生植物，长有深裂的灰绿色叶片和白色芳香的碗状大花，花朵中央有金色的雄蕊形成的穹顶状凸起。

↕↔ 2 m

❄❄❄ H5

攀缘植物，大型

月季‘永恒的快乐’

这种充满活力的月季长有半常绿具光泽的叶片。夏季，粉白色、花香馥郁的重瓣花朵可以营造壮观的景致。

↕ 5 m

❄❄❄ H6 ①

灌木，小型

紫叶鼠尾草

这种常绿的木本灌木，长着芳香的卵形叶片（幼嫩时为红紫色，成熟时呈紫色）。夏季开放的花朵为丁香紫色。常用作镶边植物。

↕ 80 cm ↔ 1 m

❄❄❄ H5

多年生植物，中型

蓝花鼠尾草

这种多年生草本植物直立的茎上长有椭圆形毛茸茸的叶片。盛夏到秋季，茎端开出两分叉的蓝色花朵。‘剑桥蓝’（AGM，上图）的花色较浅。

↕ 60 cm ↔ 45 cm

❄❄ H3

灌木，小型

俄罗斯鼠尾草

这种植物具有直立的白色茎干，茎上长有带芳香的灰绿色叶片。夏末到秋季开出淡紫色的花朵。冬季裸露的白色茎干是其典型特征。

↕ 1.2 m ↔ 1 m

❄❄❄ H5

多年生植物，中型

银香菊

一种矮生的常绿多年生植物，枝叶密集。叶具浅裂，银灰色，有较浓的芳香气味。宜在开花前剪掉花蕾，以保持植株观叶的景观效果。

↕ 75 cm ↔ 1 m

❄❄❄ H5

多年生植物，中型

银叶菊‘天使翅膀’

多年生常绿草本。植株极具辨识度。叶醒目，圆形，银白色，密布天鹅绒般的茸毛，呈丛生状。花小，黄色，夏季开放。

↕↔ 75 cm

❄❄ H3

多年生植物，中型

流苏蝇子草

多年生草本。丛生。叶柔软，椭圆形，绿色，春季萌发。花茎修长。花白色，花瓣边缘呈流苏状，花基部皆具膨大的绿色花萼囊。

↕↔ 1 m

❄❄❄ H5 ①

灌木，中型

菱叶绣线菊

这种落叶灌木长着小叶片和弧形的茎干。初春到仲春，茎上开出白色花朵。常植于花境内侧或作为孤植景观种植。

↕2 m ↔ 1.5 m

❄❄❄ H6

多年生植物，小型

绵毛水苏

一种常绿的多年生植物。叶片椭圆形，银灰色，触感柔软。夏季，毛茸茸的花茎上抽出穗状花序，开放簇生的淡紫色或粉色小花。在阳光充足且避风的区域越冬效果最佳。

↕38 cm ↔ 60 cm

❄❄❄ H7

乔木，中型

野茉莉

这种中型的落叶乔木，枝叶舒展，叶片呈尖椭圆形，是阴生花境或草坪孤植的理想树种。初夏，枝头垂下成簇的铃形白花，芬芳馥郁。

↕10 m ↔ 8 m

❄❄❄ H5 pH

二年生植物，大型

奥林匹亚毛蕊花

第一年会形成莲座状的灰白色大型毡毛叶片（冬季可能枯萎），次年春季抽出银白色的直立高茎，仲夏至夏末绽放金黄色碟状花朵。

↕2 m ↔ 1 m

❄❄❄ H6

多年生植物，中型

柳叶白菀

宜将这种丛生型多年生植物植于花境中段。其持续数周开放的白色小雏菊花序，能为更大、更饱满的花朵提供绝佳的衬托。

↕1 m ↔ 30 cm

❄❄❄ H7

灌木，大型

欧丁香‘莱莫因夫人’🏆

大型落叶灌木。叶片心形。春季，圆锥状花序从乳白色花苞中绽放，重瓣花朵香气浓郁。

↕↔ 7 m

❄❄❄ H6

多年生植物，小型

卵叶延龄草

这种林地生长的多年生植物，单一茎干上着生 3 片心形叶子。早春，茎端开出白色的三瓣花。

↕38 cm ↔ 20 cm

❄❄❄ H5 pH

多年生植物，小型

龙胆婆婆纳

常绿草本植物。叶片椭圆形，表面光亮。初夏抽出细长花穗，开放淡蓝色花朵。需及时剪除残花，干旱期注意补水。

↕↔ 45 cm

❄❄❄ H7

灌木，大型

红蕾雪球荚蒾🏆

落叶灌木，株型饱满。春季中后期（4—5月）小花自粉红色花苞绽出组成球状花序，纯白色，具甜香。

↕↔ 3 m

❄❄❄ H6 !

浅色植物

以浅粉、浅紫、浅黄等构成的浪漫柔和色调植栽方案，能为花园赋予宁静舒缓的视觉体验。

这些令人赏心悦目的柔和色调极受追捧，具有这些色调的植物品种也十分丰富。但需警惕，完全由淡雅色调构成的设计可能显得过于平淡，因此需要添加少量明暗对比色，如亮粉色与深红色，来平衡整体色彩。点缀零星的小型白花也能为柔和的粉彩色系增添明亮感。此外，可通过栽种攀缘植物（如粉色藤本月季或紫色铁线莲）将视觉焦点提升至人眼高度及以上层次，同时搭配山茱萸、彩叶草和绣线菊等观叶植物，以延续持久的色彩表现。

乔木，大型

梣叶槭

这种大乔木嫩叶分裂、红棕色，夏季变成薄荷绿。‘火烈鸟’（上图）能长出白粉混色的叶片，秋季变成亮黄色。

↕ 15 m ↔ 10 m

💧☼◐❄❄❄ H6

多年生植物，中型

蓍草

这种多年生植物羽状的灰绿色叶片与浅黄色的平顶夏花相得益彰，能为柔和色调的花境带来一抹含蓄的亮色。需排水良好的土壤和全日照环境。

↕ 60 cm ↔ 50 cm

💧☼❄❄❄ H7 🐝

多年生植物，中型

藿香

可用这种多年生植物装饰向阳的花床或花境。夏末到初秋，纤细的绿叶上方抽出紫色穗状花序。宜与其他浅色调植物搭配种植，或与白色或火红的色调搭配。

↕ 60 cm ↔ 45 cm

💧☼❄❄ H4 🐝

球根植物，大型

花葱‘紫色震撼’ 🏆

这种多年生球根植物初夏会从粗壮的花茎顶端绽放出由紫色小花组成的球状花序，花后还会结出极具观赏性的浅棕色种球。带状叶片会在花期逐渐枯萎，建议通过搭配其他植物进行遮挡。

↕ 80 cm

💧☼◐❄❄❄ H6 🐝

球根植物，中型

山韭

这种初夏开花的球根植物茎干短小，顶端簇生紫粉色球状花序，花期可持续数周。叶片呈蓝绿色。秋季为适宜栽种时节。

↕ 60 cm

💧☼❄❄❄ H6 🐝

球根植物，中型

纸花韭 🏆

这种球根植物以初夏绽放的硕大球状花序著称，其星形紫色花朵尤为珍贵，花后形成的观赏性种球更是将观赏期大大延长。

↕ 40 cm

💧☼❄❄❄ H5 🐝

多年生植物，小型

绵毛点地梅 🏆

这种蔓生型常绿多年生植物的叶片为灰绿色、莲座状、尖端渐细。盛夏开出紫粉色小花。适合种植于花境边缘或岩石园。

↕ 4 cm ↔ 18 cm

💧☼❄❄❄ H5

多年生植物，小型

欧洲银莲花

宜将这种多年生植物种植于砾石花床或花境边缘。春季，羽状分裂的绿叶上方开出蓝紫色的碗状花。

↕30 cm ↔ 15 cm

💧☼ ❄❄❄ H5 ✿

多年生植物，大型

乳白风铃草

这种多年生植物的高大品种和矮生品种夏季均开出钟形、低垂的蓝紫色花，偶尔也开出粉色或白色花。宜与其他浅色花卉搭配丛植。

↕1.2 m ↔ 60 cm

💧☼◑ ❄❄❄ H7 🐝 ✿

多年生植物，中型

夏紫菀

这种花期长的多年生植物盛夏到初秋会开出淡紫色的花朵。可尝试与松果菊及杂交银莲花混植，营造层次丰富的夏秋花园景观。

↕70 cm ↔ 40 cm

💧☼ ❄❄❄ H7

攀缘植物，中型

长花海桐 🏆

这种常绿攀缘植物可很好地为阴生花境作背景。夏季开出细长的黄绿色钟形花朵，秋季结出紫蓝色果实。寒冷地区需提供越冬保护。

↕2 m

💧☼ ❄❄ H3

灌木，大型

威廉姆斯杂交山茶

春季，这种常绿灌木的粉色花朵在革质深绿叶丛间绽放。耐全阴环境，宜种植于避风处。

↕5 m ↔ 2.5 m

💧◑ ❄❄❄ H5 pH

多年生植物，小型

紫斑风铃草

这种植物垂坠的浅粉色花朵，能为花境前沿增添一抹优雅韵味。宜与冷色调花卉搭配，并避开明亮的暖色调，以免掩盖其柔美的色彩。

↕30 cm ↔ 40 cm

💧☼◑ ❄❄❄ H7

多年生植物，中型

蓝箭菊

可将这种强壮的植物丛植于野生或自然式花园中。茎干顶端的蓝色或白色星状花随风摇曳。‘双色’（上图）的花白色，半重瓣。

↕60 cm ↔ 30 cm

💧☼ ❄❄❄ H5 🐝 ✿

灌木，中型

美洲茶‘凡尔赛荣耀’ 🏆

常绿灌木，生长迅速。具有大型圆锥花序。花蓝紫色，具香气，夏秋季开放。一旦扎根稳固，便具有耐旱能力。

↕2 m ↔ 1.5 m

💧☼ ❄❄ H4 🐝

灌木，中型

皱皮木瓜

这是一种落叶灌木。春季，可选一个开粉色或桃红色花的品种装饰浅色主题花境。其多刺的茎干非常适合在向阳或半阴的墙垣上进行造型栽培。‘莫洛’（AGM，上图）是一个广受欢迎的品种。

↕2.5 m ↔ 5 m

💧☼◑ ❄❄❄ H6 ⓘ 🐝

灌木，小型

岩蔷薇‘银粉’

常绿灌木。喜阳。株型紧凑，树冠呈圆形。叶银绿色。花呈簇状，粉红色，单瓣，初夏开放，与银绿色的叶片相得益彰。

↕↔ 1 m

💧☼ ❄❄ H4

攀缘植物，中型

阿尔卑斯铁线莲

叶分裂、薄荷绿色。花朵灯笼状，蓝色、粉色或白色。花朵凋谢后，会形成轻盈的羽状种穗。与春季开花的灌木共植，能营造出美丽的景观。

↕ 3 m

◇ ☼ ◐ ❄ ❄ ❄ H6 ⓘ

攀缘植物，中型

铁线莲‘根西奶油’

这种植物花瓣中间具有一条绿色中脉。初夏和夏末，开出淡黄色大花。宜用来装饰花境内侧的拱架、墙壁或围栏。

↕ 2.5 m

◇ ☼ ◐ ❄ ❄ H4 ⓘ

攀缘植物，中型

铁线莲‘倒影’

花色雅致。花单瓣或半重瓣，非常适合拱门或方尖塔造型。初开时花朵为丁香蓝色，随时间渐变为银蓝色。栽种时需保持根部处于阴凉处。

↕ 2.5 m

◇ ☼ ◐ ❄ ❄ ❄ H6 ⓘ

灌木，中型

桤叶树

夏末抽出细长花穗，绽放芬芳的铃形小白花，能为阴湿环境中的柔粉色与淡紫色系植物提供绝佳的背景。叶片在秋季会转为明黄色。

↕ ↔ 2.5 m

◐ ◐ ❄ ❄ ❄ H5 pH

乔木，小型

大花四照花

暮春，这种落叶乔木会被白色或粉色的花状苞片完全覆盖。秋季卷曲的红紫色叶片，能为花境提供绚丽的背景。

↕ 6 m ↔ 8 m

◇ ☼ ◐ ❄ ❄ ❄ H5 pH

灌木，大型

大风铃花

这是一种落叶灌木，叶片灰绿色，春末夏初盛开紫色的碗状花朵。宜种在遮阴处，为柔和色彩主题的花境作背景。

↕ 4 m ↔ 2.5 m

◇ ☼ ❄ ❄ H4

球根植物，小型

春番红花

这种矮生球根植物在春季至初夏绽放杯状的紫色小花，适合直接栽种在草坪上，也可与其他浅色调花卉搭配进行盆栽。

↕ 12 cm

◇ ☼ ❄ ❄ ❄ H6 ⓘ

球根植物，小型

小花仙客来 🏆

这种多年生植物由秋季种植的块茎长成。叶圆形，暗绿色，常有银色斑块。冬季到早春，粉色的小花常与叶子一同出现。

↕ 8 cm

◇ ◐ ❄ ❄ ❄ H5 ⓘ

多年生植物，大型

大丽花‘黑加仑甜酒’

多年生草本。具块状根茎，通常于春季栽种。茎直立，多叶。花硕大，重瓣，正面呈柔和的紫粉色，背面呈深粉色，夏秋季开放。

↕ ↔ 1.2 m

◇ ☼ ❄ ❄ H3

多年生植物，大型

高翠雀花

这种直立型植物拥有淡蓝色、淡粉色及淡紫色等花色。盛夏，柔美的穗状花序在深裂的翠绿叶丛上方绽放。茎干需支撑以防倒伏。

↕ 2 m ↔ 90 cm

H5

多年生植物，中型

双距花‘霍普利斯’

多年生草本。茎直立，丛生。叶深绿色，具锯齿，卵形。花茎高大、纤细、分枝多。花树莓粉色，夏季至秋季开放。茎干需支撑以防倒伏。

↕ 90 cm ↔ 50 cm

H4

灌木，小型

美秀溲疏

宜将这种圆冠形的落叶灌木栽种于可充分感受其花香的位置。多数品种花色呈柔和的粉色调，能为春末夏初的花境增添色彩与芬芳。

↕ 1.2 m ↔ 1.5 m

H5

多年生植物，中型

香石竹

这种多年生植物拥有灰绿色叶片，细长挺拔的花茎顶端簇生圆润花朵，呈现出各种柔美色调，非常适合乡村花园或自然风格庭院。

↕ 80 cm ↔ 23 cm

H4

多年生植物，大型

巨独尾草

夏季，这种多年生植物会抽出修长的淡粉色穗状花序，丛植更引人注目。春季种植块茎前，需在土壤中加入砾石。茎干需支撑以防倒伏。

↕ 3 m ↔ 1.2 m

H6

球根植物，大型

美丽红漏斗花

这种夏季开花的球根植物，优雅的拱形茎干从一丛窄长的常绿带状叶中抽出，其上垂挂着漏斗状的深粉色花朵，非常适合作为花境的镶边植物。

↕ 1.5 m

H4

灌木，大型

双盾木

落叶灌木。绿叶披针形。春末夏初，漏斗状的乳白色花朵竞相绽放，花喉部点缀着橙粉色的斑纹。

↕ ↔ 4 m

H5

灌木，小型

杂交欧石南

可成片栽植这种矮生常绿灌木，使其在冬末至早春形成铺地绽放的白色或粉色“花毯”。披针形叶片呈深绿色。白花变种‘白光’（上图）尤受欢迎。

↕ 25 cm ↔ 50 cm

H5 pH

多年生植物，大型

三裂刺芹

这种多年生植物具有莲座状的灰绿色多刺叶丛，并抽生出高大的蓝紫色花茎，顶端着生锥形紫色小花序，外围包裹着细长的深蓝色苞片。

↕ 1.2 m ↔ 50 cm

H5

灌木，中型

粉花倒挂金钟

这种高大、强壮的落叶灌木，夏季到初春，开出悬垂的铃铛状浅粉色花，长出披针形的小叶子。适合作为自然式绿篱。

↕↔ 2 m

H4

多年生植物，小型

红紫铁筷子

可将其与早春开花的浅黄色或白色水仙花共植于阴生花境中。早春，深绿色的羽状叶丛间抽生出低垂的杯状深紫色花朵，乳白色花蕊点缀其中。

↕↔ 30 cm

H6

灌木，中型

南鼠刺‘苹果花’

夏季到初秋，这种茂密的常绿灌木具光泽、边缘有刺的深绿色叶片与管状的粉色或白色小花搭配在一起，形成冷暖色调互补。

↕↔ 2.5 m

H4

多年生植物，中型

林地老鹳草

春末夏初，其深裂的叶片上方开出碟状、白色花蕊的蓝紫色花，可为向阳或半阴生的浅色调花境打造美丽的地被景观。

↕ 75 cm ↔ 60 cm

H7

多年生植物，小型

萱草‘北极雪’

一种落叶的多年生植物。叶弧形、带状。夏季到早秋，茎端开出奶油色大花，花朵具有浅黄色的镶边和喉部。花期只有一天。

↕ 55 cm ↔ 50 cm

H6

球根植物，大型

唐菖蒲‘迷人女士’

叶直立、狭长、剑形。穗状花序高挑优美，为柔和的丁香粉色，初夏数周内从花穗底部依次向上开放。

↕ 1 m

H3

多年生植物，中型

萱草‘塞尔玛长腿’

多年生草本。丛生。叶带状，呈拱形。花茎细长。花呈簇状，杏橙色，喉部亮橙色，夏季开放，花期持久。

↕ 1 m ↔ 60 cm

H6

多年生植物，中型

新妇花

这种地被型多年生植物，能形成茂密的绿色叶丛，入秋后可能会变成红色。花茎修长，夏季开花，5 枚花瓣为粉白色双色，花期可持续数周。

↕ 80 cm ↔ 60 cm

H4

多年生植物，小型

矾根‘野玫瑰’

多年生常绿草本。丛生。叶宽大，略带褶皱，深紫粉色。花茎细长。花小，淡粉色，低垂，杯状，夏季开放。

↕↔ 50 cm

H5

多年生植物，中型

神香草

这是一种直立的装饰性草本植物，可与其他植物混植于阳生花境中。叶子具茴香的气味，花序由毛茸茸的薰衣草色小花组成。

↕60 cm ↔ 1 m

❄❄❄ H7

攀缘植物，中型

香豌豆

可设置攀爬架，用来支撑这种一年生具卷须的攀缘植物。粉色、蓝色、紫色、白色的花朵可以从夏季开到初秋。宜于秋季或早春在室内播种。

↕3 m

❄❄ H3 (!)

灌木，大型

马桑绣球 🏆

这种直立的落叶灌木适合与浅色调的多年生植物搭配。生有宽大的天鹅绒质感叶片。夏末开出淡紫色的小型花簇，外围环绕着浅色苞片。

↕↔ 3 m

❄❄❄ H5 (!)

多年生植物，大型

蛇鞭菊

这种直立型多年生植物夏末至初秋会从线形叶丛中抽出如火炬般的穗状花序，绽放轻盈的粉紫色或白色花朵。

↕1.5 m ↔ 45 cm

❄❄❄ H7

多年生植物，中型

八宝景天‘马特罗娜’ 🏆

多年生草本。丛生。茎直立，红色。叶片肉质，灰绿色带紫晕。花头扁平。花淡粉色，星形，夏末至秋季开放。入冬后宿存的种荚仍具观赏价值。

↕60 cm ↔ 50 cm

❄❄❄ H7

多年生植物，中型

荷包牡丹 🏆

可将这种多年生植物种于晚春花境中，当其蕨类般的翠绿色叶丛中抽出拱形花茎，其上悬挂着玫红色与白色相间的心形花朵时，别具风情。不妨尝试与早花型老鹳草搭配种植。

↕↔ 1 m

❄❄❄ H6 (!)

多年生植物，中型

麝香锦葵

这种多年生植物叶基部为心形。夏季到初秋，开出大量碟形的淡粉色花。自由生长的习性使其成为野生花境或自然式主题花境的理想选择。

↕1 m ↔ 60 cm

❄❄❄ H5

球根植物，中型

水仙

这种植物簇生的小型芳香花朵在早春至仲春期间绽放于线形绿叶之间，花瓣反卷呈白色，花冠杯状为黄色。宜于秋季栽种球根。

↕23 cm

❄❄ H4 (!)

一年生植物，小型

黑种草

将其种于阳光充足的花境中，既可观赏羽状叶片的美丽，又能欣赏白色、紫色、玫红色及蓝色的碟形花朵。花后还会结出硕大而别致的种荚。

↕45 cm ↔ 20 cm

💧☼❄❄ H3 🐝 ✿

一年生植物，小型

粉蝶花

这种一年生植物拥有锯齿状的灰绿色叶片和夏季绽放的碟形蓝花（花心呈白色），非常适合用来装饰露台盆栽或阳光充足的花境边缘。可将其与开柔色或亮色花朵的高干植物搭配种植。

↕20 cm ↔ 15 cm

💧☼❄❄ H4 🐝

球根植物，中型

鲍登纳丽花‘奥斯塔拉’ 🏆

多年生草本。花呈簇状，淡粉色，花瓣反卷，秋季开放。待花朵凋谢后，带状光亮的叶片方始舒展。适宜种植于花境前沿。

↕60 cm

💧☼❄❄❄ H5 ⓘ ✿

多年生植物，大型

山桃草 🏆

这种多年生植物具有魔杖般的细长直立茎干。夏季，星星一样的蝶形白花（花苞呈粉色）在披针形的绿叶上方绽放。宜将其种植于花境前沿或小径两侧。

↕1.5 m ↔ 90 cm

💧☼❄❄ H4 🐝 ✿

多年生植物，小型

美丽月见草

这种多年生植物是排水良好的阳生花境前沿的理想选择。春末夏初，开出带香气的杯状粉白色花。可尝试与粉蝶花和天竺葵共植。

↕↔ 30 cm

💧☼❄❄❄ H5 🐝

多年生植物，中型

芍药

红褐色茎干上长有深绿色的羽状裂叶。初夏，绽放单瓣或重瓣的碗状花朵，花色为白色、粉色、红色或淡紫色，且散发着芬芳。

↕↔ 70 cm

💧☼◐❄❄❄ H6 🐝 ✿

灌木，中型

牡丹

这种具有许多浅色品种的灌木，春末开出单瓣或重瓣花，与深绿色叶片形成鲜明对比。‘伊丽莎白女王’具有重瓣的粉色花。

↕↔ 2 m

💧☼◐❄❄❄ H5 🐝

多年生植物，中型

东方罂粟‘帕蒂李’

夏季开出带褶皱的暗红色大花，花后结出极具观赏性的种球，可与浅黄色花卉形成鲜明对比。注意为茎干提供支撑，以防倒伏。

↕90 cm ↔ 60 cm

💧☼❄❄❄ H7 🐝

多年生植物，小型

天竺葵‘普利茅斯夫人’ 🏆

这种多年生植物经常作为一年生植物种植。叶分裂，边缘为银色，带桉树香味。夏季，开出由淡紫粉色小花组成的花簇。

↕40 cm ↔ 20 cm

💧☼❀ H1C

多年生植物，中型

俄罗斯糙苏 🏆

叶片硕大、质地粗糙，呈心形。夏季，独特的兜帽状黄色花朵沿着高挺的茎干错落绽放。枯萎后的果序在冬季依然别具韵味。

↕ 1 m ↔ 60 cm

💧 ☼ ❄❄❄ H6 🐝

多年生植物，大型

新西兰麻 ‘小丑’

因色彩斑斓的叶片而被人们喜爱。叶起初直立而后呈拱状，剑形，叶缘为绿色，中央有一条粉色条纹。花呈穗状排列，红色，夏季开放。

↕↔ 1.5 m

💧 ☼ ❄❄ H4

多年生植物，中型

钓钟柳 ‘海德科粉’ 🏆

叶细长，披针形，灰绿色。圆锥花序。花管状，粉色，喉部带有紫斑，夏季到秋季开放。非常适合与银叶植物搭配种植。

↕ 90 cm ↔ 50 cm

💧 ☼ ❄❄ H3 🐝 ✿

多年生植物，小型

矮牵牛 ‘凌波粉色’

多年生草本，常作一年生植物种植。株型紧凑，叶淡绿色。花喇叭状，淡粉色，夏季可持续开放。及时摘除残花可延长花期至霜冻时节。

↕ 20 cm ↔ 30 cm

💧 ☼ ◐ ❄ H2

灌木，小型

南非避日花

夏季，茎上开出悬垂的管状、暗粉色或黄色花朵。若在冬季受到冻害，春季应贴地剪去枝干，使其重新生长。适宜种植在阳光充足的区域。

↕↔ 1 m

💧 ☼ ❄❄❄ H5

多年生植物，小型

球花报春 🏆

长有丛生的齿状绿叶。仲春到夏季，粗壮的花茎顶端绽放紫色或白色的球状花序，花瓣中央点缀着黄色花蕊。适宜栽种于池塘边湿润的土壤中。

↕↔ 45 cm

💧 ◐ ❄❄❄ H6

多年生植物，中型

高穗花报春 🏆

这种丛生的多年生植物特别适合潮湿的土壤环境。春末，粗壮的花茎上抽出独特的锥形双色花序——蓝紫与深红渐变，格外引人注目。

↕ 60 cm ↔ 30 cm

💧 ☼ ◐ ❄❄❄ H5

多年生植物，小型

甜肺草

可将这种丛生的半常绿植物与水仙花、荷兰鸢尾共植于浅色主题的花境中。绿叶带有白色斑点。春季，漏斗状的蓝紫色花簇能吸引蜜蜂。

↕ 30 cm ↔ 60 cm

💧 ◐ ● ❄❄❄ H6 🐝

灌木，中型

月季 ‘泡芙美人’ 🏆

长势旺盛，修长的拱形枝条上覆有光亮的叶片。夏秋之际，枝头簇拥着芬芳的半重瓣小花，杏黄色与浅黄色交织，与深紫色植物搭配时尤显夺目。

↕↔ 2 m

💧 ☼ ❄❄❄ H6 ⓘ 🐝 ✿

攀缘植物，大型

月季‘希林顿夫人’

可将这种杂交茶香月季牵引至墙面或篱笆上，栽种于浅色调花境后方。其芬芳的杏色夏花与深绿色叶片(新叶呈铜红色)将形成绚丽的背景。

↕5 m

H4

灌木，中型

粉绿叶蔷薇

单瓣的花朵呈玫瑰粉色，花蕊色浅，搭配暗红色枝条与灰紫色叶片，堪称浅色调植栽的绝佳点缀。可作花境背景或自然式树篱，建议冬末修剪。

↕2 m ↔1.5 m

H7

灌木，大型

月季‘慷慨的园丁’

攀缘植物。花粉色，重瓣，具浓郁的古典月季香气，夏季和秋季可持续开放。在有遮阴的篱笆旁生长良好，并且具有抗病性。

↕↔3 m

H6

多年生植物，中型

樱桃鼠尾草‘草莓和奶油’

灌木状。叶小，椭圆形，绿色，具黑醋栗清香。花小，呈簇状，深粉、浅粉与乳白色交相辉映，夏末至秋季开放，尤其适合在砾石花园栽培。

↕↔1 m

H4

多年生植物，中型

锦葵状棯葵

夏季，直立茎基部肾形的叶片上方开出紫粉色的漏斗状花朵。宜与老鹳草、蓍草等搭配种植。

↕90 cm ↔45 cm

H7 pH

灌木，大型

中国旌节花

冬末春初，这种落叶灌木开出黄绿色铃铛状的花朵，成簇地悬挂在裸露的枝干上，创造出令人兴奋的景观。春季，萌发出细长、渐尖的绿叶。

↕4 m ↔3 m

H5 pH

多年生植物，小型

琉璃菊

这种常绿植物长有薄荷绿色的叶片。盛夏到仲秋，短茎上开出蓝色或紫色矢车菊一样的花朵。‘紫色阳伞’(上图)具有紫罗兰色的花朵。

↕↔45 cm

H4 pH

多年生植物，中型

紫菀‘库姆贝·菲什阿克尔’

这种精致的植物是浅色主题花境的理想选择。夏末到仲秋，深色的叶片衬托着淡丁香粉色的辐射状小花。可尝试与白色日本银莲花共植。

↕90 cm ↔35 cm

H7

多年生植物，小型

荷兰菊

这种矮生型多年生植物是盆栽和地栽花境的理想选择。多叶的茎端可开出红色、粉色、白色、蓝色或紫色的花朵。确保土壤湿润以免出现白粉病。

↕35 cm ↔45 cm

H6

灌木，中型

花叶丁香 🏆

这种茂密的灌木适合作为花境的背景。春末开放的紫色花可使空气充满芳香。叶矛状、暗绿色。

↕↔ 2 m

H5

灌木，大型

欧丁香

春末，这种充满生机的落叶灌木长出心形叶子后，开出大型圆锥花序。花朵色泽淡雅、芳香四溢。可作为屏障种植于花境边界处。

↕↔ 7 m

H6

球根植物，中型

郁金香‘中国粉’🏆

这种百合花形态的郁金香在春末绽放玫瑰粉色的花朵，并生有宽阔的灰绿色叶片。其他品种则能呈现一系列柔和的色彩，花期贯穿仲春至春末。需在秋季将种球成簇栽种。

↕ 55 cm

H6

多年生植物，大型

唐松草

这种常栽种在阴生花境边界湿润土壤中的植物长有由蓬松的丁香紫色小花组成的花簇，浅裂的灰绿色叶子也十分引人注目。

↕ 1.2 m ↔ 45 cm

H5

球根植物，中型

郁金香‘美好年代’

叶带状。花硕大，单瓣或半重瓣。花色温暖柔和，如橙色、杏色和古铜色等。仲春至晚春开花。非常适合与紫色的花朵和叶丛搭配种植。

↕↔ 45 cm

H6

多年生植物，大型

穗花婆婆纳

夏季，直立的花穗上绽放蓝色、粉色、白色或紫色的星形花朵，下方丛生着细长披针形的绿色叶片。若想打造柔美色系景观，可选择紫色或粉色品种。

↕ 1.2 m ↔ 60 cm

H4

多年生植物，大型

弗吉尼亚腹水草‘尖指’

茎直立。叶轮生，披针形。总状花序呈尖塔形，会弯曲呈水平状。花淡紫色或蓝色，夏末开放。茎干需设立支撑以防倒伏。

↕ 1.5 m ↔ 50 cm

H7

亮色和暗色植物

炽烈色调的花朵能为花园营造惊艳效果，若搭配暗紫色或蓝黑色叶片的植物，更添一抹深邃韵味。

明艳的花朵与金色叶片的植物（如墨西哥橘、接骨木等）搭配时，能形成醒目的组合；若点缀以中性绿植，则更显清新雅致。紫色叶片几乎能与任何花色相得益彰，但注意与金色搭配时，要加入粉色或桃色等浅色调，以免产生不协调的视觉冲突。以炽热的红、橙、黄为主色调的花境不仅吸睛，还能为素雅的配色方案增添亮点。

灌木，中型

红萼苘麻

这种常绿灌木适宜栽种在向阳避风处。铃铛状的夏日花朵明黄艳红，与心形墨绿叶片相映成趣，能为景观增添亮色。冬季需注意防寒保护。

↕↔ 2 m

H3

灌木，中型

羽毛槭

这种落叶灌木的深紫色叶片能与明亮炽烈的花色互相映衬。株型呈圆顶状，生有裂叶，叶片末端纤细如分叉的“指尖”。宜栽种于避风处。

↕ 1.5 m ↔ 1 m

H6

乔木，小型

金色满月红枫

这种落叶小乔木叶片浅裂、亮黄色，宜植于亮色的花境或砾石花园。春季开出深红色的小花。秋季，亮黄色的叶片变成暗红色。

↕↔ 6 m

H6

多年生植物，中型

蓍草‘明亮月光’

这个生命短暂的多年生植物是亮色主题的理想植物，适合种植在阳光充足的花境前方。纤细的茎上着生蕨类一样的叶子。夏季叶子上方开出平顶状的黄色花序，花期持久。耐踩踏。

↕ 60 cm ↔ 50 cm

H7

多年生植物，中型

蓍草‘红辣椒’

这种半常绿植物绽放着由绯红色小花（随花期渐变为浅褐色）组成的扁平花序，可与金黄色的植物形成鲜明对比。羽状叶片呈银绿色。

↕ 80 cm ↔ 40 cm

H7

多年生植物，大型

单穗升麻‘黑睡衣’

茎直立。叶深紫色，近乎黑色，具裂片。花序类似瓶刷状。花小，略带紫色，秋季开放。暗沉叶色与鲜艳炽热的花色形成了强烈的对比。

↕ 1.2 m ↔ 60 cm

H7

攀缘植物，大型

狗枣猕猴桃

这种落叶植物叶心形，多带乳白色或粉红色斑块。常在墙壁或篱笆旁种植，可作为色彩鲜艳的植物的背景。

↕ 4 m

H5

乔木，小型

北美红花七叶树

作为七叶树的近亲，这种植物在春季尤为夺目——直立的圆锥花序上绽放着橙红色的管状花朵。需注意秋季结出的种子有毒。

↕ 5 m ↔ 3 m

H5

球根植物，中型

孔雀银莲花

早春，其带深色花心的红色、粉色或紫色花朵绽放于羽状裂片之上。若要打造绚丽的早春花景，可将其与黄色水仙及鸢尾搭配种植。

↕25 cm

H5

多年生植物，中型

欧耧斗菜

少数品种呈暗色调，如图中所示的‘威廉·吉尼斯’。春末至夏初，精致繁复的紫黑色花朵（花心呈白色），绽放于蕨类般的翠绿色叶片之上。

↕90 cm ↔45 cm

H7

多年生植物，小型

秋海棠‘炽热余烬’

株型紧凑，丛生或蔓生。叶正面深绿色，带银色脉纹；背面深紫色；先端尖。花橙色，夏季开放，花期可持续至霜降。5℃以下易受低温伤害。

↕↔30 cm

H1B

一年生植物，小型

羽衣甘蓝

这种一年生植物以绚丽多彩的叶片为秋冬季的盆栽造景和花坛布置增添亮色。叶片平整或带褶边，呈松散的莲座状，颜色或白或红或粉。

↕↔45 cm

H7

多年生植物，大型

美人蕉‘火焰’

桨状阔叶在春末呈现橙绿条纹相间的绚烂景观，而到夏末，高耸的花茎又将托起层叠的橙色花朵，成就一套完整的亮色调植物组合。

↕1.6 m ↔50 cm

H3

一年生植物，中型

金盏花

这种生长浓密的植物的花朵为橙色或黄色，像雏菊一样，夏季为花境带来亮丽的色彩。春季播种在花坛或花盆中。

↕↔60 cm

H5

灌木，小型

帚石南‘金色烟雾’

可用这种叶片金黄的低矮常绿灌木为花境前沿铺就色毯。夏末至秋季绽放小白花。

↕45 cm ↔60 cm

H7 pH

灌木，大型

山茶

叶片光洁亮丽，早春绽放的花朵更添点睛之笔。若要打造色彩浓烈的景观，可选色彩饱满的品种。

↕3 m ↔2 m

H5 pH

多年生植物，小型

薹草

这种常绿多年生植物是沼泽花园的理想之选。丛生的金黄色狭长叶片呈拱形。夏季抽生出纤细的黑褐色花穗。不妨与红色的半边莲及金黄色的金盏花搭配种植，营造鲜明对比。

↕40 cm ↔15 cm

H6

乔木，中型

金叶美国梓树

这种落叶乔木长有金黄色的大叶片，可为亮色调花境营造明亮的背景。夏季，叶片变成淡黄绿色，并开出美丽的白花。

↕↔10 m

H6

乔木，小型

红叶加拿大紫荆

这种茂密的落叶小乔木，具有心形的紫色叶片，秋季叶片变成黄色，为花园提供了亮色调。仲春，开出浅粉色花朵。

↕↔ 5 m

H5

灌木，小型

华丽木瓜

一种带刺的落叶灌木。叶子萌发前，枝上覆生杯状的橙色、白色、粉色、红色花朵。如果想要橙红色效果，可以选择‘猩红与金黄’(AGM，上图)。

↕ 1 m ↔ 2 m

H6

多年生植物，小型

彩叶草

这种茂密的多年生植物常作为一年生植物种植，具有矛状粉色、红色、绿色或黄色的叶子，可为花园小径、花境边缘或盆栽增添色彩。

↕ 45 cm ↔ 30 cm 或更大

H1C

乔木，小型

澳洲朱蕉

这种常绿乔木的叶片为剑形，绿色或紫色，是亮色花卉主题的重点植物。

↕ 3 m ↔ 1 m

H3

灌木，大型

黄栌‘优雅’

可将这种落叶灌木种植于花境后方。其火红的椭圆形秋叶可创造出火焰般的景观。夏季叶片为紫色。其他品种的叶片为绿色或浅黄色。

↕ 6 m ↔ 5 m

H5

多年生植物，中型

雄黄兰‘东方之星’

直立生长。叶呈拱状，剑形，绿色。花橙黄色，喇叭状，夏秋季开放。非常适合种植在暖色调花境中。

↕ 70 cm ↔ 8 cm

H4

多年生植物，中型

香鸢尾‘路西弗’

一种丛生的多年生植物。叶剑形。夏末开出管状红花，为花境注入炽热的色彩。其他品种的花还有鲜艳的橙色、黄色。

↕ 1 m ↔ 25 cm

H5

一年生植物，中型

火红萼距花

纤细的红花（瓣尖呈黑色）在披针形绿叶丛中绽放，整个夏季都光彩夺目，既可作为装饰性的花境镶边植物，也能成为盆栽中的亮点。

↕ 75 cm ↔ 90 cm

H2

球根植物，大型

大丽花

这种球根植物开有半重瓣的亮红色花朵，深色叶片为火红的花朵作衬托。霜冻过后，宜将球根种于室外。茎干需要支撑以防倒伏。

↕ 1 m

H3

多年生植物，大型

大丽花‘约克主教’

具块茎。直立生长。叶巧克力色，有分裂。花黄色略带橙色，单瓣，量大，夏秋季开放。需起球，并放置在无霜冻的地方越冬。

↕ 1 m

H3

球根植物，大型

大丽花‘大卫·霍华德’

具块茎。直立丛生。叶片略带青铜色。花圆形，重瓣，焦橙色，夏秋季开放。冬季需起球并妥善保存。

↕ 1 m

H3

多年生植物，小型

美丽血心花

晚春到初夏，悬垂的心形、粉色或红色花朵能很好地与橙色郁金香搭配。分裂的灰绿色叶子能提供多叶的背景。

↕ 45 cm ↔ 30 cm

H5

一年生 / 二年生植物，小型

花菱草

每年春季，在阳光充足、排水良好的土壤中播种，夏季会收获大量的碗形橙色或黄色花朵。首个生长季后就可自播繁殖。

↕ 30 cm ↔ 15 cm

H3

多年生植物，中型

圆苞大戟

茎红色，其上着生具有铜质光泽的暗绿色窄叶，橙色的小花组成圆形花簇，是增加初夏半阴生花境色彩的理想选择。树液对皮肤有刺激。

↕ 75 cm ↔ 50 cm

H7

灌木，小型

狭叶黄蓉菊

这种圆形的常绿灌木可以提亮砾石花园的色彩。春末夏初，开出亮黄色的花朵。叶子银蓝色。可尝试将其与晚花的郁金香共植。

↕↔ 30 cm

H4

灌木，大型

杂交连翘‘林伍德’

落叶灌木。冬末至初春，当嫩绿的新叶还未萌发时，修长的裸枝上已缀满星状的明黄色小花，灿若鎏金。

↕↔ 3 m

H5

球根植物，大型

皇冠贝母

可将其与暖色调的郁金香搭配种植，用于春末展示。叶片蓝绿色，橙红色的钟形花朵开于粗壮的茎上方。

↕ 1.5 m

H7

灌木，小型

倒挂金钟‘精灵’

这种落叶丛生的灌木呈现出如火般绚丽的色彩组合。新叶初绽时呈黄绿色，入夏渐转为青柠色，夏秋之际更会垂挂大量樱红与绛紫相间的花朵。

↕↔ 75 cm

H4

多年生植物，小型

勋章菊‘新日混色’

常作一年生栽培。植株低矮。叶狭长，覆有灰色茸毛。花雏菊状，黄色、橙色、粉色或褐红色，夏季开放。可耐受高温、大风和干旱环境。

↕↔ 25 cm

H3

多年生植物，中型

路边青‘全橘’

丛生。叶有分裂，茎具分枝。花橙色，单瓣，晚春绽放，整个夏季都繁花不断。

↕ 90 cm ↔ 30 cm

H7

乔木，中型

金叶美国皂荚

这种落叶乔木因硕大的金黄色羽状复叶而备受推崇——叶片入夏转绿，至秋又换作明黄，并垂悬修长的种荚。

↕ 12 m ↔ 10 m

H6

灌木，大型

间型金缕梅

寒冬，这种独特的灌木裸茎上开出微香的长丝状花。春季长叶。

↕↔ 4 m

H5 pH

多年生植物，大型

姜花‘塔拉’

根茎匍匐蔓延。茎肉质。叶宽大醒目，绿色，披针形。总状花序顶生，具香气。花形似蜘蛛，橙红色。冬季需保护根部防寒。

↕ 2.5 m ↔ 1 m

H4

多年生植物，中型

堆心菊‘温德利’

盛夏至初秋，坚挺的茎干顶端簇生雏菊状的橙褐色花朵（中央缀有褐色花盘）。叶片呈披针形，深绿色。

↕ 80 cm ↔ 50 cm

H6

多年生植物，小型

半日花‘火龙’

这种常绿多年生植物的蔓生茎上长有柔软的灰绿色叶子和橙红色、圆形的花朵。可用其给种植床或阳生花境增加活力。

↕ 30 cm ↔ 45 cm

一年生 / 二年生植物，大型

向日葵

这种易成活的植物具有矮生型和高大型，开有黄色、橙色、红褐色、奶油色的夏花。种盘是鸟类的食物。幼苗时注意免受蛞蝓危害。

↕ 3 m ↔ 45 cm

H4

多年生植物，中型

萱草‘燃昼’

多年生草本，丛生。叶呈拱形，绿色，披针形。花呈漏斗形，橙黄色，具香味，瓣缘微卷，仲夏开放。

↕ 70 cm ↔ 50 cm

H6

多年生植物，小型

矾根‘琥珀波浪’

丛生。具有分裂带褶边的橙黄色叶子和钟形粉色小花。常用来装饰花盆或花境的边缘。适合与具有深色叶子的植物搭配。

↕ 30 cm ↔ 50 cm

H6

多年生植物，小型

矾根‘黑曜石’

多年生常绿草本，丛生。叶近黑色，富有光泽，具裂叶。新叶初生时泛红，随时间推移颜色逐渐加深。花小，呈簇状，白色，夏季开放。

↕↔ 50 cm

H6

多年生植物，中型

紫景天

这种多年生植物具有深紫色茎、肉质叶。夏末到秋季开出的粉白色花朵，可与亮色花朵和多年生绿叶植物形成强烈对比。

↕ 60 cm ↔ 30 cm

H7

多年生植物，小型

白茅‘红叶’

多年生落叶草本。丛生，直立生长，生长缓慢。叶片基部翠绿，向叶尖渐染绯红。夏末，当小巧的花簇绽放时，会呈现出最浓烈鲜艳的色彩。

↕↔ 50 cm

H4

多年生植物，小型

番薯‘太阳能黑心’

多年生草本，常作一年生盆花栽培或用作花坛植物。具攀缘茎。叶心形，紫黑色，为色彩浓烈的植物配置增添了一抹迷人的韵味。

↕25 cm ↔ 60 cm

H1C

攀缘植物，中型

橙红茑萝

这种充满异域风情的植物，生有心形绿叶和芬芳的管状花朵（绯红色花瓣间点缀着明黄色喉部）。可在夏日至初秋为花境增添亮丽色彩。

↕3 m

H1C

球根植物，大型

百合“金色荣耀”系列

这种直立高大的球根植物的花朵芳香、喇叭状、金黄色，可为花境后方创造精彩的亮点。春季种植球根。注意为茎干提供支撑。

↕2 m

H6

球根植物，中型

卷丹

叶片狭长披针形。夏季至初秋，枝头垂挂土耳其帽状的粉橙色或红橙色花朵。‘光辉’（AGM，上图）具有带黑色斑点的亮橙红色大花。

↕60 cm

H6 pH

攀缘植物，大型

忍冬‘柑橘’

落叶攀缘植物。缠绕茎木质化。叶绿色，幼叶带青铜色。花朵管状，外层为略带粉色的橙红色，内层为橙黄色，对比鲜明，夏季开放。

↕4 cm

H5

多年生植物，中型

毛剪秋罗

可绽放大量圆形亮粉色的小花，是花境前沿的理想植物。银灰色微微下垂的叶子也十分引人注目。可任其自我繁殖，创造自然的效果。

↕60 cm ↔ 45 cm

H7

多年生植物，中型

美国薄荷‘园景绯红’

多年生草本。丛生，直立生长。叶柔软，具芳香。花轮生，管状，花色深红，整个夏季持续开放。具抗白粉病的特性。

↕90 cm ↔ 45 cm

H4

灌木，中型

亮叶忍冬

可用这种常绿灌木衬托红色、黄色或橙色的花朵。长有黄绿色叶子的拱形茎可构成密集背景。

↕2 m ↔ 3 m

H6

球根植物，中型

水仙‘田云雀’

将这种矮生植物成片栽植于花境或大型容器中，来年仲春至春末便能收获一片芬芳的柠檬黄色花海。

↕25 cm

H6

多年生植物，中型

黄花芍药 🏆

晚春到初夏，这种丛生的多年生植物艳丽的柠檬黄色碗状花，开在阳光明媚或部分遮阴的花境中。粉红色的叶芽展开成卵形的蓝绿色叶片。

↕↔ 75 cm

💧☼◐❄❄❄ H6

灌木，中型

滇牡丹

这种落叶灌木茎干高挺。叶片宽大深裂，表面深绿色，背面蓝绿色。晚春开出杯状低垂的深红色花朵。适合种植于暖色调花境后方，或沿边界种植。

↕↔ 2 m

💧☼◐❄❄❄ H6

多年生植物，小型

康布里罂粟

春夏季，柠檬黄色或橙色的花朵可提亮花境的色彩。叶分裂、浅绿色。可让其在排水良好的土壤中自我繁殖。

↕ 45 cm ↔ 30 cm

💧◐☼◐●❄❄❄ H6

多年生植物，中型

鬼罂粟

种植这种初夏绽放的多年生植物，只为那猩红硕大的花朵（花心为深色）。宜将其与牡丹及夏末开花的植物共植，以填补花落后的空白。

↕↔ 90 cm

💧☼❄❄❄ H6

多年生植物，中型

毛地黄钓钟柳‘胡斯克红’

这种茂密的多年生植物，具有深红色的披针形幼叶和茎干。春末到盛夏，开出白色的管状花。

↕ 75 cm ↔ 30 cm

💧☼❄❄❄ H5 ✽

灌木，中型

欧洲山梅花‘金叶’ 🏆

这种直立的落叶灌木具有亮黄色的嫩叶，随着树龄增长变成黄绿色。初夏，开出芳香的奶白色花。可作为暖色调花境的背景。

↕ 2.5 m ↔ 1.5 m

💧☼◐❄❄❄ H6

灌木，小型

南非避日花

这种半常绿的直立亚灌木的长枝上开有芳香的喇叭状黄色或红色花，花下为披针形绿叶。‘非洲女王’（AGM，上图）具有橙红色的花朵。

↕ 1 m ↔ 1.2 m

💧◐☼❄❄❄ H5

灌木，大型

无毛风箱果

这种落叶灌木具有分裂的绿色、黄色或紫红色叶片，可作为暖色调主题花境的背景。夏季，淡粉色的花朵聚成圆顶状花簇，随后结出棕色果实。‘红衣女郎’（AGM，上图）拥有醒目的红色叶片。

↕ 3 m ↔ 1.5 m

💧☼◐❄❄❄ H7

灌木，中型

月季‘仅供您阅览’

生命力顽强。叶富有光泽，深绿色。花具芳香，单瓣，初开时杏橙色，随后逐渐变为粉红色，花心深红色，夏秋季开放。抗病能力强。

↕↔ 2 m

💧☼❄❄❄ H6 ! ✽

攀缘植物，中型

月季‘热烈欢迎’ 🏆

株型紧凑，生长旺盛，非常适合种植在拱门、墙壁或柱子旁。叶古铜色，抗病性强。花呈簇状，小巧，深橘色，带香气，半重瓣，夏秋季开放。

↕ 2.5 m

💧☼❄❄❄ H6 ! ✽

多年生植物，中型

黑心金光菊

这种生命周期较短的多年生植物常作一年生栽培。夏季至秋季，能为向阳花境的前景增添大量金黄色的雏菊状花朵，花心呈褐色。

↕90 cm ↔ 45 cm

❄❄ H3

灌木，大型

接骨木‘萨瑟兰黄金’

落叶灌木。羽状复叶金黄色。偶有白色花头开放，花后结红色浆果。每年需重度修剪以促进枝叶生长。

↕↔ 4 m

❄❄❄ H7

一年生植物，小型

旱金莲

这种速生的一年生植物从夏季到初秋开出红色、黄色或橙色花朵。叶片圆形。常用来装饰高大花盆的边缘。

↕30 cm ↔ 45 cm

❄❄ H3

一年生植物，小型

孔雀草

长有深绿色的羽状芳香叶片。夏季到初秋开出黄色、橙色、红色或红褐色的花朵。早春时节在室内播种，需防霜冻。

↕↔ 30 cm

❄ H2

攀缘植物，中型

六裂旱金莲

让其缠绕茎蔓在花境后方的大型灌木丛中自由穿行——红色花朵衬着蓝绿色的掌状裂叶，将成为引人注目的焦点。入秋后还会结出明亮的蓝色果实。

↕3 m

❄❄❄ H5

多年生植物，中型

鼠尾草‘烬愿’

常作一年生栽培。穗状花序，花量大。小花密集，低垂，管状，橙色略带粉色，夏末至秋季盛开，花期绵延至霜冻降临。

↕1 m ↔ 50 cm

❄❄ H3

球根植物，中型

郁金香‘依尔恩公主’

这种仲春开花的球根植物具有碗状的橙色花，花瓣背面具紫色斑块。可与其他黄色或红色的品种搭配种植。秋季，可将种球群植在花境或花盆中。

↕35 cm

❄❄❄ H6

灌木，大型

欧洲接骨木‘伊娃’

这种落叶灌木长着蕨类般的羽状裂叶，叶片几近黑色，能为鲜艳花卉提供深色背景。暮春时节，开出淡粉色花序，入秋后结出黑红色的浆果。

↕↔ 6 m

❄❄❄ H6

攀缘植物，中型

翼叶山牵牛

初夏到初秋，长出层层叠叠的齿状心形至椭圆形叶片，并开出圆润的平瓣花朵——花色呈橙色、黄色或粉色，花心深色。可搭建三脚架，任其攀爬生长。

↕3 m

❄ H2

彩茎植物

当气温骤降，落叶植物褪去它们的羽衣，却有少数物种选择在此时展现一年中最绚丽的姿态。

白桦树独特的白色树干在荒芜的风景中突显出独特的轮廓。山茱萸用它一大束带刺的暗红色、金色或黄绿色茎干来装饰冬季花园。其他植物带纹路的树皮也会让你的花园熠熠生辉。细柄槭和青榨槭的树干如蛇鳞般斑斓，悬铃木混色的枝干宛如设计感十足的墙纸。如果你有充足的空间，不妨试试这类高大的树木。竹类的景观效果也很好，其简洁的枝干可以注入金色、蓝色或绿色的元素。

乔木，中型

细柄槭

这种落叶乔木的树形优美，树皮具有极具装饰性的绿色或灰色条纹。秋季，三裂的暗绿色叶片变成鲜艳的橙色或红色。

↕↔ 10 m

💧☼◐❄❄❄ H6

乔木，中型

血皮槭 🏆

这种落叶乔木具有易剥落的青铜色树皮，冬季叶子掉落后看起来更明显。秋季，分裂的暗绿色叶子变成亮橙色或红色。

↕↔ 10 m

💧☼◐❄❄❄ H5

乔木，小型

红枝鸡爪槭 🏆

这种落叶乔木的红色枝干和黄色叶子搭配起来非常美妙。分裂的叶子春季萌发时为粉黄色，夏季变成绿色。

↕ 8 m ↔ 4 m

💧☼◐❄❄❄ H6

乔木，中型

条纹槭

这种直立的落叶乔木，树皮具有绿色或白色的条纹，全年看起来都很美。秋季，圆形的绿叶变成黄色。

↕ 12 m ↔ 10 m

💧☼◐❄❄❄ H6

一年生 / 二年生植物，小型

瑞士甜菜

这是一种具有观赏性的可食用作物，长有鲜艳的红色、橙色或黄色茎干。春季到夏季播种，可全年保持色彩。宜种在花境前侧或花盆中。

↕↔ 45 cm

💧☼❄❄ H3

灌木，大型

朱丝贵竹 🏆

这种丛生竹具有带光泽的黄绿色茎干，修长的纸质白色叶鞘使新秆呈现条纹，搭配绿色的线形叶片，是打造屏障景观的理想之选。

↕ 5 m ↔ 2.5 m 或更大

💧☼❄❄ H4

乔木，大型

河桦

这种落叶乔木具有红棕色的片状剥落树皮，堪称冬日园林的焦点。春季绽放黄色葇荑花序。绿叶入秋后变为橙红色。

↕ 15 m ↔ 10 m

💧☼◐❄❄❄ H7

乔木，大型

喜马拉雅白皮桦

这种以雪白枝干闻名的落叶乔木，冬季到春季绽放黄色葇荑花序时尤为惊艳。叶片在秋季变为黄色。多干丛生的株型尤其适合小庭院栽植。

↕ 18 m ↔ 10 m

💧☼◐❄❄❄ H7

灌木，大型

云龙箭竹 🏆

丛生。植株起初直立而后呈拱形。嫩竹秆粉蓝色，随着时间推移变为灰绿色，具明显纸质箨鞘。叶常绿，宽阔，柔软，披针形。

↕ 8 m ↔ 4 m

💧☼◐❄❄❄ H5

灌木，大型

红瑞木

以冬季的红茎著称，四季皆具观赏价值。初夏，开出扁平的白色花序；秋季，叶色渐次转为明黄、橙红与艳红。

↕↔ 3 m

💧 ☼ ❄❄❄ H7 ⓘ 🐝 ✽

灌木，大型

粉绿竹

常绿丛生竹。茎干幼嫩时绿棕色，老化后变成黄绿色。叶子亮绿色。可尝试种在现代风格的花床中。春季可将老茎除去。

↕ 8 m ↔ 不定

💧 ☼ ◑ ❄❄❄ H5

灌木，大型

欧洲红瑞木

幼枝冬季为红绿色，春季长出的绿叶秋季变成红色。冬末宜对老枝进行贴地修剪。

↕ 3 m ↔ 2.5 m

💧 ☼ ❄❄❄ H6 🐝 ✽

乔木，大型

苹果桉 🏆

具有光滑的灰绿色树皮，夏末剥落后会透出泛粉调的灰绿色新皮，形成混色的视觉效果。幼叶呈蓝灰色，成熟后变为翠绿色。

↕ 25 m ↔ 15 m

💧 ☼ ❄❄❄ H5 ✽

乔木，中型

细齿樱桃

以闪耀的铜红色剥落树皮著称，多干丛生的株型尤能突显树皮魅力。深绿色的椭圆叶片入秋转黄，暮春时节更缀以玲珑白花，平添清雅之韵。

↕↔ 10 m

💧 ☼ ❄❄❄ H6

灌木，大型

黄槽竹

丛生。茎干呈黄色且基部带条纹，搭配披针形的绿色叶片，是打造屏障的理想选择。建议用锋利铁锹切除部分根系以控制其蔓延。

↕ 6 m ↔ 不定

💧 ☼ ◑ ❄❄❄ H5

灌木，中型

华中悬钩子

这种落叶灌木冬季茎干变为白色，十分独特。叶片卵状披针形，夏季开出紫色花朵，花后结出紫黑色果实。

↕↔ 2.5 m

💧 ☼ ❄❄❄ H6

灌木，中型

柔枝红瑞木

因冬季艳红的茎干而备受瞩目（有些品种的茎干为黄绿色，见上图）。火红的秋叶更添观赏价值。冬末可将老茎齐地修剪以促进新枝萌发。

↕ 2 m ↔ 4 m

💧 ☼ ❄❄❄ H7 ✽

灌木，大型

紫竹 🏆

大型常绿丛生竹。幼嫩时为带凹槽的青褐色茎干，次年转为黑色，在浅色背景衬托下尤为夺目。披针形的翠绿叶片更添风姿。

↕ 8 m ↔ 不定

💧 ☼ ◑ ❄❄❄ H5

芳香植物

芳香植物堪称园中瑰宝，其馥郁气息不仅能吸引游人驻足探索，更能为园林设计增添嗅觉层次的妙韵。

可将芳香植物种于休息区、门径及小径旁，薰衣草、香叶天竺葵等需触碰释香的品种，需布置在行人可擦身而过处。帝王百合等浓香植物不宜靠近就餐区，栽植前需实地测试。若欲四时盈香：秋有月季，冬赏十大功劳与金缕梅，春夏更可择众芳之馥者。

灌木，大型

大花六道木

这种拱枝形的半常绿灌木，叶片小巧深绿，仲夏会持续数周绽放淡粉色至白色的钟形花朵，散发清幽香气。

↕3 m ↔ 4 m

💧☼ ❄❄❄ H5 ✽

灌木，小型

熊果

这种匍匐的常绿灌木叶子椭圆形，有光泽，暗绿色。花小，粉红色或白色，具香味，春季到初夏开放。花后结出红色浆果。

↕10 cm ↔ 50 cm

💧☼ ◑ ❄❄❄ H7 pH ⓘ

灌木，大型

白花木曼陀罗

这个大型灌木通常需在温室过冬，夏季可移至温暖的露台摆放。垂悬的巨型喇叭状花朵夜间散发芬芳。花白色、黄色或粉色。

↕5 m ↔ 2.5 m

💧☼ ❀H1C ⓘ

灌木，中型

智利夜来香 🏆

落叶灌木。直立生长。叶具浓烈气味，形似柳叶。圆锥花序硕大，绿黄色。小花管状，夜间具甜美香气，夏季开放。适宜靠墙或篱笆栽植以获得支撑。

↕2.5 m ↔ 1.5 m

💧☼ ❄❄ H3

灌木，大型

蜡梅

这种落叶灌木生有披针形叶片，冬季光秃的枝干上绽放黄色的花朵，散发浓郁芳香。

↕4 m ↔ 3 m

💧☼ ❄❄❄ H5 ✽

攀缘植物，中型

直立铁线莲

这种多年生草质藤本植物会攀附其他灌木生长。夏季至初秋，开出由众多白色小花组成的硕大芳香花序，随后结成蓬松的果序。

↕2 m

💧◑ ❄❄❄ H6 ⓘ

灌木，中型

桤叶树

这种丛生灌木有整齐的锯齿叶，秋季叶片变黄。夏末抽生出由白色铃铛状小花组成的花穗，花香浓郁。宜植于小径入口处。

↕↔ 2.5 m

💧◑ ❄❄❄ H5

多年生植物，中型

巧克力秋英

这种纤细的植物茎细长，花深栗色、碗状，具巧克力味。花期从夏末直到初秋。最宜露台盆栽观赏。

↕60 cm ↔ 45 cm

💧☼ ❄❄ H3 ✽

球根植物，大型

沼泽百合

这种常绿的多年生植物，生有拱形的带状叶片，夏末至秋季会在挺拔直立的茎干上开出硕大的白色漏斗状花朵，香气浓郁。

↕1 m ↔ 60 cm

💧☼ ❄❄❄ H5 ⓘ

灌木，大型

藏东瑞香

这种常绿灌木具椭圆形、深绿色的叶片。冬季，开出香甜的花簇，花白色带粉紫色。

↕ 3 m ↔ 1.5 m

H4

灌木，小型

跨大西洋瑞香‘永恒芬芳’

半常绿灌木。株型紧凑。叶深绿色。花呈簇状，花瓣 4 枚，淡粉色，具甜美香气，春季、夏季和秋季开放，几乎全年都能散发芬芳。

↕↔ 1 m

H5

灌木，小型

细梗溲疏

这种直立型落叶灌木小而亮绿的叶片隐没在繁多的白色花簇中。晚春到初夏开花，花朵散发迷人的芳香。

↕↔ 1 m

H5

二年生植物，中型

须苞石竹

这种丛生直立的二年生植物，是乡村风格花境的“主力军”。披针形叶片托起球状花序，初夏绽放，甜香阵阵，花色有粉、红、酒红、白及双色等变化。

↕ 70 cm ↔ 30 cm

H7

多年生植物，中型

香石竹

这款经典的多年生植物，最宜植于村舍花园或切花花园。纤长的灰绿色叶丛中抽出细茎，顶端簇生色彩淡雅的甜香花朵。另有矮生品种可选。

↕ 80 cm ↔ 23 cm

H4

多年生植物，小型

常夏石竹‘父亲的最爱’

这款常绿矮生多年生植物，堪称花境镶边的绝佳之选。灰绿色的短细叶间，整个夏季持续绽放半重瓣白花，瓣上点缀栗红斑纹，散发浓郁的丁香芬芳。

↕ 45 cm ↔ 30 cm

H6

灌木，中型

结香

一种晚冬到早春开花的灌木。花朵黄色，圆形花簇成为寒冬的一道靓丽风景，具丁香味。

↕↔ 1.5 m

H4

一年生 / 二年生植物，小型

桂竹香

具有浓烈的香味。秋季种植，仲春开花，花色有黄色、橙色、红色或粉色，常吸引蜜蜂和蝴蝶。

↕↔ 30 cm

H5

灌木，中型

蜜腺大戟 🏆

这种圆顶状的常绿灌木，植于砾石间能营造地中海风情景观。暮春时节，枝条顶端会形成球状的褐色花序，散发蜂蜜般的甜香。

↕2 m ↔2.5 m

💧☼❄❄ H3 ⓘ

灌木，大型

间型金缕梅

这种枝条舒展的灌木，因在初冬至仲冬时节光秃的枝干上绽放的芬芳花朵而备受青睐——花瓣如碎柑橘皮般皱卷，呈黄色或红褐色。

↕↔4 m

💧☼◑❄❄❄ H5 pH ✽

灌木，小型

南美天芥菜

这种丛生常绿灌木常作一年生植物栽培。卵形的墨绿皱叶簇拥着茎干，整个夏季顶端持续绽放紫色或白色的花序，散发着香草与辛香交织的芬芳。

↕↔45 cm

💧☼ H1C 🐝

球根植物，中型

风信子 🏆

这种早春开花的多年生球根植物具有宽大的穗状花序，花香浓烈。花蜡质、钟形，有蓝色、紫色、粉色、红色、橙色、黄色和白色等色。

↕25 cm

💧☼◑❄❄ H4 ⓘ ✽

灌木，大型

冬青叶鼠刺 🏆

常绿灌木。叶似冬青，但没有那么多尖刺。花成串下垂，似柔荑花序，绿色，具蜂蜜般甜香（尤其是傍晚），夏末开放。

↕4 m ↔2.5 m

💧☼◑❄❄❄ H5

攀缘植物，大型

素方花

这种充满活力的半常绿攀缘植物，具对生小叶。花簇白色，夏秋季开放，夜晚香味浓郁。它是打造庭院藤架绿廊的好材料。

↕12 m

💧☼◑❄❄❄ H5 🐝

攀缘植物，中型

香豌豆

这种具卷须的一年生藤本植物，具椭圆形的小叶，花香浓郁。经选育，可以得到粉色、蓝色、紫色或白色花朵的品种。夏季至早秋开花。

↕3 m

💧☼❄❄ H3 ⓘ ✽

球根植物，大型

东方百合

硕大的鳞茎抽生出弯曲的茎干，缀满修长的叶片。夏季顶端绽放红瓣镶白边的花朵，花香浓郁。

↕1 m

💧☼❄❄❄ H6 ⓘ ✽

球根植物，大型

岷江百合 🏆

夏季，挺拔的茎干顶端绽放数朵硕大的白色喇叭花，喉部金黄，外瓣点缀粉紫色斑纹，芳香馥郁。需立支柱防倒伏，并提防百合甲虫。

↕ 2 m

💧 ☼ ❄❄❄ H6 ⓘ ✿

攀缘植物，大型

京红久忍冬

这种落叶或半常绿藤本植物叶片椭圆、深绿色。夏季开花。花瓣粉色，花喉部橙黄色，香味浓郁（尤其是早晚）。

↕ 5 m

💧 ☼ ◐ ❄❄❄ H6 ⓘ

攀缘植物，大型

香忍冬

这种落叶蔓生藤本植物，夏季开出喇叭形管状花。花奶白色、黄色或粉色，不同品种花色不同。黄昏时香味浓烈。

↕ 7 m

💧 ☼ ◐ ❄❄❄ H6 ⓘ 🐝

灌木，中型

珀普斯忍冬‘冬美人’ 🏆

这种植物长势旺盛，因芳香扑鼻的白色花朵而广受欢迎。隆冬时节开花，花期可持续数月，花谢后还偶尔会结橙红色浆果。

↕↔ 2.5 m

💧 ☼ ◐ ❄❄❄ H6 ⓘ 🐝 ✿

灌木，大型

荷花木兰‘凯帕里斯’ 🏆

常绿灌木。直立生长且株型紧凑。叶具光泽，绿色，叶背密布棕色茸毛。花蕾卵形。花朵硕大，杯状，具柠檬香气，乳白色，夏季开放。

↕ 12 m ↔ 8 m

💧 ☼ ❄❄❄ H5

攀缘植物，大型

飘香藤

落叶攀缘植物。缠绕茎细长。叶先端尖锐，椭圆形。花白色，管状，具甜香，夏末开放。适宜栽植于温暖且避风的墙边，喜夏季高温环境。

↕↔ 4 m

💧 ☼ ❄ H2 ⓘ

一年生植物，小型

紫罗兰

这种半耐寒性的一年生植物绿色叶丛上方绽放硕大的花球（如“灰姑娘”系列，上图），整个夏季持续散发甜美的丁香芬芳。

↕↔ 25 cm

💧 ☼ ❄❄ H4 🐝 ✿

球根植物，中型

水仙‘二月金’

这是水仙中春季第一个开花的品种，仅有单一的黄色，具浓郁的甜香味。秋日可群植于草坪或花境，任其自然繁衍，亦是春季盆栽的上佳之选。

↕ 30 cm

💧 ☼ ◐ ❄❄❄ H6 ⓘ ✿

灌木，中型

间型十大功劳

这款杂交品种可为冬日花园增添建筑美感——油亮的大型羽状叶丛间，茎干顶端簇生芬芳的黄色穗状花序。

↕ 1.8 m ↔ 4 m

💧 ☼ ◐ ❄❄❄ H5 ⓘ

球根植物，中型

水仙‘田云雀’

这款球根植物以浓香著称，最宜盆栽于门廊周边或群植于抬升花床。柠檬黄色的多头花序，于仲春时节盛放。

↕ 25 cm

💧 ☼ ◐ ❄❄❄ H6 ⓘ ✿

二年生植物，大型

月见草

一种直立的二年生植物，是岩石园的优选素材。花朵杯形，黄色，具香味，夏季开放，花期只有一天。

↕ 1.5 m ↔ 50 cm

◊ ☼ ❄❄❄ H7 🐝

多年生植物，小型

龙面花‘威斯利香草’

常作一年生栽培。植株低矮，株型紧凑。茎纤细蔓生。穗状花序，粉白色，具香草香味，夏季开放。

↕↔ 30 cm

◊ ☼ ❄❄ H3

一年生植物，中型

花烟草

一种直立的一年生植物，可于夏季种植于苗床。叶匙形，有黏性。夏末至秋季开花，花展开成喇叭状，黄绿色，傍晚香气浓郁。

↕ 60 cm ↔ 25 cm

◊ ◐ ❄ H2 ⓘ

多年生植物，大型

林烟草 🏆

常作一年生植物栽培，具黏性大叶。茎顶端开出管状、白色花，花朵末端向外张开，夜晚具有香味。

↕ 1.5 m ↔ 75 cm

◊ ◐ ❄ H2 ⓘ 🐝 ✿

多年生植物，小型

矮牵牛“垂吊美人”系列

茎具蔓性。花重瓣，香味浓郁，花瓣边缘有皱褶，夏季开放。花色丰富，涵盖粉、紫、蓝、白及黄色系。

↕ 25 cm ↔ 30 cm

◊ ☼ ❄ H2

灌木，大型

山梅花‘洁白’

一种具有活力的直立灌木。叶子深绿色、卵形。花白色、重瓣。初夏到仲夏开花，花香满园。

↕ 3 m ↔ 2.5 m

◊ ☼ ◐ ❄❄❄ H6

灌木，中型

月季‘格特鲁德·杰尔茎’ 🏆

一种直立的灌木。夏季至早秋开花。花重瓣，淡粉色，香味浓郁。可牵引至藤架、凉亭或者靠近门口的屋墙上。

↕ 2 m ↔ 1.2 m

◊ ☼ ❄❄❄ H6 ⓘ 🐝 ✿

灌木，中型

月季‘热可可’ 🏆

叶光亮。花杯形，簇状，重瓣，香味浓郁。花色独特，初开呈铜橙色，后褪为红棕色。若及时摘除残花，夏秋季可持续开花。抗病虫害能力强。

↕ 2 m ↔ 80 cm

◊ ☼ ❄❄❄ H6 ⓘ 🐝 ✿

攀缘植物，大型

月季‘天籁之香’ 🏆

叶革质，深绿色，有光泽。茎坚硬带刺。花呈簇状，半重瓣，具浓郁果香。夏秋季持续开放。花色柔和——橙黄色略带粉色。

↕ 4 m

◊ ☼ ❄❄❄ H6 ⓘ 🐝 ✿

灌木，小型

美丽野扇花

这种枝叶繁茂的常绿灌木长着深绿色革质披针形叶片，因冬季绽放的细小白花散发甜美芬芳而广泛栽培，是行道树或者庭院树的理想选择。

↕↔ 1 m

❄❄❄ H5

灌木，中型

双蕊野扇花

这种丛生的常绿灌木，叶片细长，冬季绽放具有芳香的白色小花，宜种植于靠近门口或者车道的地方。

↕ 1.5 m ↔ 2 m

❄❄❄ H5

灌木，中型

蓝丁香'帕利宾'

这个讨人喜欢、生长缓慢的矮生丁香品种，是一种枝叶浓密的落叶灌木。花头直立，粉红色，晚春至初夏开花。

↕↔ 1.5 m

❄❄❄ H5

灌木，大型

欧丁香

一种具有活力的落叶灌木，因芬芳的花朵而闻名。晚春开花，花簇大、锥形，紫色、粉色、黄色或白色。

↕↔ 7 m

❄❄❄ H6

攀缘植物，大型

络石

一种常绿藤本，具缠绕茎。叶小、椭圆形，寒冷的夜晚变为深红棕色。花簇小、白色。仲夏开花，花香浓郁。

↕ 9 m

❄❄ H4

灌木，大型

博德荚蒾

这种直立的落叶灌木，深秋至早春时节光秃的枝条上会绽放团簇状的粉白花朵，散发甜美杏仁芬芳。

↕ 3 m ↔ 2 m

❄❄❄ H6

灌木，中型

红蕾荚蒾

一种落叶灌木。晚春开花，花蕾粉色，半球形。花白色，喇叭状，具甜香。秋季浆果由红变黑。宜植于向阳花境的后方。

↕↔ 2 m

❄❄❄ H6

多年生植物，小型

香堇菜

一种匍匐生长的半常绿多年生植物。叶心形。晚冬至早春开花。花蓝紫色，有时呈白色，具淡淡的甜香味。宜植于灌木下或者铺装缝隙中。

↕ 20 cm ↔ 30 cm

❄❄❄ H6

多年生植物，小型

大花三色堇

这种花期灵活的植物，开花时间取决于品种和播种时间。花呈平面，颜色和形状多样，具甜香，群植时最引人注目。

↕↔ 20 cm

❄❄❄ H6

具特殊形态和纹理的植物

当缤纷花卉在花园中独占风头时，设计师们却更青睐那些以形态与质感取胜的植物——这些特质能带来更持久的观赏趣味。精选观叶植物与枝干出众的品种，既可构筑衬托花卉的雅致背景，亦能作为视觉焦点提升设计张力。诸如河桦等树皮剥落的乔木自带艺术宣言，而八角金盘、新西兰麻等极具建筑美感的叶片，更能营造震撼的视觉效果。

具特殊形态和纹理茎干的植物

虽然，鲜艳的色彩十分具有吸引力，但对比鲜明的特殊形态和纹理同样能成为焦点。

虽然多数茎干的纹理较为“含蓄”，需近观方显其妙，但也不乏夺目之星。譬如血皮槭青铜色的剥落树皮，以及河桦黄白相间的枝干，皆是无法忽视的绝妙焦点。扭曲的枝干同样摄人心魄，尤其在凛冬时节。若空间充裕，龙须柳蜿蜒的枝条可营造戏剧性景观；而小庭院中，枝条卷曲如蓬发、春季垂挂柔荑花序的曲枝欧榛亦为佳选。

乔木，中型

血皮槭

这种落叶乔木具有青铜色片状剥落的树皮。修剪下部枝条可突显其树干特质。掌状裂叶秋季变为明艳的橙红色调，更添视觉魅力。

↕↔ 10 m

H5

乔木，大型

河桦

引人注目的剥落树皮，与春日金黄的柔荑花序相映成趣，纹理效果尤为惊艳。菱形的翠绿叶片秋季会变为明黄色调。

↕ 15 m ↔ 10 m

H7

乔木，大型

纸桦

这种高大的落叶桦木，幼树分枝少，具光滑的白色树皮。树皮会大量呈片状脱落，反面为淡橙黄色。

↕ 20 m ↔ 10 m

H7

灌木，大型

曲枝欧榛

这种落叶灌木具螺旋状茎。冬季到早春，当树枝映衬着其柔荑花序时最具吸引力。

↕↔ 5 m

H6

多年生植物，大型

软树蕨

多年生茎干由层层叠叠的旧叶基构成纤维状“伪树干”，形成独特的箭羽纹路。顶端丛生的羽状复叶如毽子般舒展，新萌发的蕨叶呈优雅的螺旋卷曲姿态。

↕ 6 m ↔ 4 m

H3

灌木，中型

卫矛‘刀锋’

落叶灌木。茎干形态奇特，具木栓质翅，冬季落叶后尤为显眼。秋季叶色绚丽。花绿色，春季开放。入秋后结果，果实略带红色。

↕↔ 1.5 m

H6

乔木，中型

多花蕨叶梅

树冠圆锥形。树干红褐色，树皮大片剥落，颇为引人注目。叶繁茂，似蕨叶。花呈簇状，白色，夏季开放。需种植在气候温和且避风的地方。

↕ 12 m ↔ 8 m

H4

乔木，小型

波斯铁木

冬季，这种枝繁叶茂的树木的棕色树皮逐渐剥落，露出灰色、绿色和白色混杂的茎干。秋叶的颜色变化多样。

↕ 8 m ↔ 10 m

H6 pH

灌木，大型

黄槽竹

这是一种丛生的竹子，茎干直立（偶尔弯曲），黄色，随着树龄增长颜色逐渐变暗，有的基部具纵向的绿条纹。

↕6 m ↔ 不定

💧☼◑ ❄❄❄ H5

乔木，中型

细齿樱桃

一种落叶乔木，铜红色树皮闪闪发光，成熟后树皮剥落。剥去树皮后的枝干看起来像缠绕着缎带一样。黄色的秋叶使其更具观赏性。

↕↔ 10 m

💧☼ ❄❄❄ H6

灌木，中型

多腺悬钩子

丛生。根蘖发达，枝条拱形。全株密布铁锈色刚毛，在阳光照射下熠熠生辉。叶鲜绿色。夏季可结类似树莓的果实，可食用。

↕2.5 m ↔ 4 m

💧☼ ❄❄❄ H5

灌木，大型

紫竹 🏆

这种丛生的竹子，茎干略呈弓形，青褐色，成熟时变为光亮的黑色。宜除去弱茎和修剪下层侧枝以突显主干。

↕8 m ↔ 不定

💧☼◑ ❄❄❄ H5

乔木，中型

龙须柳

一种落叶乔木，枝条扭曲，具有波浪形的窄叶。夏季，叶片会遮挡部分茎干。可通过修剪枝条来控制树冠大小。

↕↔ 12 m

💧☼ ❄❄❄ H5 ✽

乔木，大型

欧洲黑松

这种抗旱性强、树冠半球形的常绿乔木，具针状长叶和黄褐色球果。树皮分裂，呈现出不规则的焦糖色和灰色斑块，极具观赏价值。

↕30 m ↔ 8 m

💧☼ ❄❄❄ H7

灌木，大型

扁刺峨眉蔷薇

丛生，茎干多刺。尖刺硕大，半透明，红色，基部向外张开。倘若有阳光从背后照射过来，尖刺会十分惊艳。

↕4 m ↔ 2.5 m

💧☼◑ ❄❄❄ H5 ⚠ 🐝

乔木，小型

棕榈 🏆

这种常绿植物生有扇状巨叶，修长柔韧的叶柄从中央树干辐射伸展。幼株呈灌木丛生状，需经数年方能形成包裹纤维层的木质化主干。

↕2 m ↔ 2.5 m

💧◑ ❄❄❄ H5

灌木，中型

华中悬钩子

一种落叶灌木，枝干上具稀疏的钩状皮刺。冬季，枝干上覆盖白色粉霜，极具特色。夏季，茎被暗绿色的叶片和紫色的花朵遮住。花期过后，结紫黑色的果实。果实不能食用。

↕↔ 2.5 m

💧☼ ❄❄❄ H6

具特殊纹理的观叶植物

纹理独特的观叶植物堪称造景典范，无论是作为独立焦点展现视觉张力，还是与周边植物形成肌理对比，皆能成就点睛之笔。

纹理丰富的观叶植物是花园设计师手中的“王牌”——既能营造四季常新的景致，与光滑亮泽的叶片搭配时也尤显惊艳。冷杉、云杉等松科植物抽生的帚状常绿针叶，既可修剪成造型绿雕，亦可与石楠组合，编织出全年无休的质感画卷。若在向阳花境前沿布置季节性景观，不妨让毛茸茸的绵毛水苏与锋芒毕露的刺芹来场刚柔对话；至于荫蔽角落，则可集结蕨类、玉簪与蕾丝边酒红矾根，共赴一场质感交响乐。

乔木，小型

贝利氏相思 🏆

一种娇小的常绿树。叶细碎、银灰色，可与其他植物平滑的绿叶形成鲜明对比。晚冬到春季，开出毛茸茸的黄花。需植于中性至酸性土壤中。

↕↔ 6 m

💧 ☼ ❄❄ H3 pH

乔木，小型

红枝鸡爪槭 🏆

这种落叶乔木的羽状复叶生长在红色的茎干上。春季，粉红色略带黄色的叶片生长，夏季变绿，秋季变成奶黄色。

↕ 8 m ↔ 4 m

💧 ☼ ◑ ❄❄❄ H6

多年生植物，小型

掌叶铁线蕨 🏆

这种落叶或半常绿蕨类生有浅绿色的羽状分枝复叶，卵圆形小叶层层叠生，形成令人惊艳的肌理效果。新萌发的蕨叶常泛着淡淡红晕。

↕↔ 45 cm

💧 ◑ ❄❄❄ H6

多年生植物，中型

厚叶铁角蕨 🏆

这种莲座状常绿蕨类生有革质的亮绿色舌状叶片，叶背孢子群形成独特的纹理。

↕ 70 cm ↔ 60 cm

💧 ◑ ❄❄❄ H6

多年生植物，小型

心叶牛舌草

叶椭圆形，尖端细长，表面被柔毛，具斑点或边缘呈银白色。多种植在半阴花园，是作地被植物的理想素材。春季开出小而明亮的蓝色花朵。

↕ 45 cm ↔ 60 cm

💧 ◑ ❄❄❄ H6

乔木，小型

日本鹅耳枥 🏆

这种落叶乔木的叶片为锯齿状，纹理突出，叶脉明显，与具有光滑叶片的植物形成鲜明对比。春季，长出绿色的柔荑花序，成熟后变为棕色。

↕↔ 8 m

💧 ☼ ◑ ❄❄❄ H6

多年生植物，小型

蜗牛秋海棠 🏆

叶大，淡紫色或绿色，具银色螺旋形的斑纹，极具吸引力。秋季开花。花小、粉红色。冬季宜植于室内，夏季可作为室外盆栽种植。

↕ 25 cm ↔ 50 cm

💧 ◑ ❀ H1B

灌木，小型

银叶鞘蕊花 🏆

一种枝叶繁茂的常绿小灌木。茎银白色，叶灰绿色，常与革质和具光泽的植物搭配种植。夏季开出蓝白色穗状花序。常用于装饰花器边缘。

↕↔ 1 m

💧 ◑ ❀ H1C

多年生植物，大型

红橙雄黄兰

晚春，这种丛生的多年生植物拱起的茎上开出橙红色花朵。叶剑形，深绿色，具纵向褶皱，形态与纹理引人注目。

↕ 1.4 m ↔ 45 cm

H4

多年生植物，大型

刺苞菜蓟

这种直立的多年生植物具有多刺的银灰色叶子。在阳光充足的花境，可作为焦点植物。夏秋季开花，花大如蓟、紫色。

↕ 2 m ↔ 1 m

H5

多年生植物，大型

开普竹灯草

多年生常绿草本，具匍匐根茎。茎干似竹状，支撑着一轮轮草质叶片，偶尔还会开出褐色花头。

↕↔ 2 m

H3

多年生植物，大型

阿比西尼亚红脉蕉

生有宽大的桨形绿叶，叶背呈红色，叶正面乳白色中肋与横向凸起的叶脉形成独特的纹理。寒冷地区建议用大盆栽种，冬季需移入室内保护。

↕ 2 m ↔ 1 m

H2

乔木，大型

欧洲水青冈

一种高大的落叶乔木，常修剪成树篱。生有叶脉凸起、边缘波状的质感绿叶，入秋后转为古铜色。用作绿篱时，秋叶可在枝头宿存至寒冬。

↕ 25 m ↔ 15 m

H6

多年生植物，小型

细裂刺芹

一种直立的多年生植物。叶缘有锯齿，具银色叶脉。夏季开出锥形花朵，边缘多刺。

↕ 45 cm ↔ 30 cm

H5

乔木，大型

苹果桉

一种高大的常绿树。嫩叶光滑、蓝灰色，老叶粗糙、革质。叶成熟后变成灰绿色，更具质感。色彩鲜艳、剥落的树皮也极具观赏价值。

↕ 25 m ↔ 15 m

H5

多年生植物，大型

茴香

这种高大的多年生草本植物，纤细直立的茎干上舒展着云雾般的羽状叶片。夏季，茎顶会绽放大型平顶花序，簇拥着繁星般的黄色小花。将其栽植于花境中，可与叶片宽大光滑的植物形成鲜明对比。

↕ 1.8 m ↔ 45 cm

H5

乔木，大型

银杏

一种树冠呈圆锥形的落叶乔木，具扇形、绿色、边缘褶皱的叶片。秋季叶片变为金黄色，可增添色彩。

↕ 30 m ↔ 8 m

H6

多年生植物，小型

蓝叶玉簪‘翠鸟’ 🏆

这种密生的多年生植物的叶片心形、蓝灰色、抗虫，可搭配深绿色叶片的植物种植。

↕ 40 cm ↔ 70 cm

💧 ☀ ❄❄❄ H7

灌木，中型

栎叶绣球

这种灌木生有粗糙的掌状裂叶，叶色初现绛红，入秋后变为惊艳的红紫渐变色调。圆锥花序自仲夏绽放至深秋，形成绵延的季节盛宴。

↕ 2 m ↔ 2.5 m

💧 ☀ ❄❄❄ H5 pH ⓘ

乔木，小型

蓝粉云杉‘胖阿尔伯特’ 🏆

针叶树。树冠呈宽阔的金字塔形，枝叶茂密。针叶为浓郁的银蓝色，偶结球果。生长缓慢，株型紧凑，非常适合种在小型花园中。

↕ 4m ↔ 2.5 m

💧 ☀ ❄❄❄ H7 pH

乔木，大型

枸骨叶冬青 🏆

这种生长缓慢的植物以墨绿色带刺的叶片著称，全年都能提供富有张力的棘刺质感。雌株会结出红艳的冬果。另有斑叶品种可供选择。

↕ 20m ↔ 6 m

💧 ☀ ☀ ❄❄❄ H6 ⓘ

灌木，中型

间型十大功劳

常绿灌木。叶深绿色，复叶成对排列、多刺。冬季成簇地开出具香味的柠檬黄色花朵。

↕ 1.8 m ↔ 4 m

💧 ☀ ☀ ❄❄❄ H5 ⓘ

多年生植物，中型

荚果蕨 🏆

蕨类植物多具独特纹理，而这款落叶蕨尤为出众。绿色的高大羽叶呈齿状分裂，特别适合林地潮湿环境。

↕ 1 m ↔ 45 cm

💧 ☀ ❄❄❄ H5

乔木，大型

辐射松

这种常绿乔木冠幅宽阔，浓密的墨绿色针叶构成极具质感的景观，适合大型庭院草坪造景。枝头会结出硕大的锥形至卵圆形球果，更添野趣。

↕ 40 m ↔ 12 m

💧 ☀ ❄❄❄ H6

多年生植物，大型

掌叶大黄

一种直立的多年生植物。叶片巨大，叶面深绿色，叶背紫红色，叶缘锯齿状深裂，叶脉明显。初夏开花，花如羽毛般轻柔，奶白色或红色。

↕ ↔ 2 m

💧 ☀ ❄❄❄ H6 ⓘ

多年生植物，大型

鬼灯檠

这种多年生植物的叶大、叶缘分裂，具有独特的脉纹和质感。幼叶青紫色，成熟变为绿色，秋季变成青铜色。夏季开花，花序圆锥状、奶白色。

↕ 1.5 m ↔ 1.8 m

💧 ☼ ◑ ❄❄❄ H6

多年生植物，中型

银白鼠尾草

生命短暂，具有丛生的银白色叶子，叶质柔软，适宜与绿叶植物搭配种植。夏末，枝头抽出白色的穗状花序。

↕ 1 m ↔ 50 cm

💧 ☼ ❄❄❄ H5

多年生植物，小型

朱塞佩长生草 🏆

这种常绿多年生植物莲座丛生的尖刺状绿叶缀着紫红色叶尖，夏季抽生直立花茎，顶端绽放星状粉红或艳红花朵，堪称点睛之笔。

↕ 10 cm ↔ 10 cm

💧 ☼ ❄❄❄ H7

多年生植物，小型

绵毛水苏

莲座状的多年生常绿植物。叶椭圆形、银灰色，叶质柔软（有茸毛般的质感）。夏季开花。花穗状、微小、淡紫色或粉色，着生于茎端。在气候温和的地区，叶片即使在冬季也能保持动人的观赏性。

↕ 38 cm ↔ 60 cm

💧 ☼ ❄❄❄ H7

多年生植物，中型

细茎针茅

落叶草本植物。纤叶如翠，夏季抽出银绿色花序，结籽时渐染米黄色，朦胧发丝般的质感尤为迷人。适合作花境前景，与多年生花卉相映成趣。

↕ 60 cm ↔ 40 cm

💧 ☼ ❄❄ H4

多年生植物，大型

藜芦 🏆

多年生草本。丛生。叶宽大，椭圆形，绿色，有明显深褶皱，春季状态最佳。茎直立。花小巧，紫黑色，形成大型圆锥花序，夏季开放。

↕ 1.5 m ↔ 50 cm

💧 💧 ☼ ◑ ❄❄❄ H6 ⚠

二年生植物，大型

奥林匹亚毛蕊花

第一年长出硕大的灰绿色莲座叶丛，触感如天鹅绒般柔软。次年仲夏至夏末，绽放金黄色的碟状花朵，届时可能需要立杆支撑茎干。

↕ 2 m ↔ 1 m

💧 ☼ ❄❄❄ H6

乔木，大型

榉树

叶小，具锯齿，先端尖，披针形，带褶皱，绿色，落叶前变成橙色或红色。树冠呈圆顶状，常多干丛生。嫩枝纤细曲折，呈“之”字形生长。

↕ 15 m ↔ 10 m

💧 ☼ ◑ ❄❄❄ H6

叶形独特的观叶植物

乔木与灌木形态硕大的叶片营造的视觉张力，丝毫不逊于明艳绚丽的花朵。

可以极具雕塑感的观叶植物为路径尽头的视觉焦点，或列植成入口仪仗。多数阔叶品种喜荫蔽环境，错落配置不同规格、形态与质感的叶片，即可在幽暗中谱写出优雅的韵律。向阳处则宜栽植剑形叶片与穗状叶片的植物，其凌厉的轮廓能与圆润的小叶形成鲜明对比。

多年生植物，大型

茛力花

这种半常绿的直立型多年生植物，深绿色的狭长叶片表面光亮，边缘呈锐利深裂。夏季抽生挺拔花穗，绽放漏斗状白紫双色花序。

↕ 1.2 m ↔ 60 cm

💧 ☼ ◑ ❄❄❄ H6

多年生植物，中型

莲花掌

将其栽于盆中，夏季移至户外，便可欣赏分枝茎干上丛生的莲座叶。肉质匙形叶片呈淡绿色（部分品种带紫黑晕染）。冬季需移入室内避寒。

↕↔ 60 cm

💧 ◑ ❀ H1C

乔木，大型

智利南洋杉

常绿针叶树，适种于大型花园中。茎枝密被鳞片状带刺绿叶，充满雕塑质感。初期生长缓慢，数年后便迅猛抽枝。

↕ 25 m ↔ 10 m

💧 ☼ ❄❄❄ H7

多年生植物，大型

花叶芦竹

茎干类似竹子，具匍匐根茎。叶呈拱状，白绿条纹相间，披针形，晚春萌发。适合种植在花境后部。春季需齐地修剪。可能具有入侵性。

↕ 5 m ↔ 3 m

💧 ☼ ❄❄ H4

多年生植物，大型

丝兰叶龙荟兰 🏆

常绿多年生植物，适合生长在肥沃土壤中。叶尖锐、带状、灰绿色。夏季开花，花管状、黄绿色、具有红色苞片。

↕↔ 1.5 m

💧 ☼ ❄❄ H3

多年生植物，大型

美人蕉‘蕉叶’ 🏆

植株挺拔丛生，具匍匐根茎。茎肉质，直立，略带紫色。叶宽大，亮绿色，叶纹和叶缘泛着红晕，夏季萌发。寒冷地区需冬季覆土防寒。

↕ 3 m ↔ 2 m

💧 ☼ ❄❄ H3

乔木，大型

美国梓树 🏆

这种落叶乔木生有极具辨识度的绿色宽卵形巨叶，可通过截顶修剪强化其观叶效果。夏季绽放白花，而后结出豆荚状种荚。

↕↔ 15 m

💧 ☼ ❄❄❄ H6 🐝

灌木，大型

欧洲矮棕 🏆

这种常绿棕榈的叶子为扇形，深裂至叶柄，是观叶树种的理想选择。成熟植株夏季开花，花簇小、黄色。

↕ 3 m ↔ 2 m

💧 ☼ ❄❄ H4

乔木，小型

澳洲朱蕉 🏆

这种常绿棕榈状乔木会抽生出极具雕塑感的剑形叶丛，呈现从翠绿色到深紫色的丰富色阶。宜用大盆栽种。幼苗需防寒保护。

↕ 3 m ↔ 1 m

💧 ☼ ❄❄ H3

多年生植物，大型

刺苞菜蓟 🏆

一种直立生长、高大的多年生植物。叶多刺、银灰色。夏秋开花，花蓟状、紫色。可种植在阳光明媚的花境边界，具有很好的景观效果。露天种植时需支撑茎干。

↕ 2 m ↔ 1 m

💧 ☼ ❄❄❄ H5 🐝

灌木，大型

交让木

一种耐旱、具异国情调的常绿灌木。叶簇生、大而纤细、椭圆形，可在阴生庭院中种植。初夏开花，雄花紫粉色，雌花绿色。

↕↔ 6 m

💧 ☼ ❄❄ H4

多年生植物，大型

雨伞草 🏆

叶大而圆，具有纹理，绿色，秋季变红。露地种植通常比在花盆中长得大。春季开出白色或浅粉色花簇。先开花后长叶。

↕ 1.2 m ↔ 60 cm

💧 ☼ ◐ ❄❄❄ H6

多年生植物，中型

近缘鳞毛蕨 🏆

修长的披针形羽状蕨叶初展时呈嫩绿色，成熟后转为墨绿色，可为阴生花园营造雕塑般的立体景致。早春时节需修剪老叶。

↕↔ 90 cm

💧 ◐ ● ❄❄❄ H5

灌木，大型

枇杷

这种极具建筑美感的灌木，在分枝末端簇生着光亮墨绿的大型叶片（叶背具茸毛）。宜栽植于向阳避风处，以促进秋冬季芳香白花的盛放。

↕↔ 8 m

💧 ☼ ❄❄ H4

多年生植物，中型

大吴风草

一种常绿多年生植物。叶大、肾形、绿色，能给阴生花园带来独特的景观效果。秋末开出黄色，像雏菊一般的花朵。冬季需覆盖护根。

↕↔ 60 cm

💧 ◐ ❄❄ H3

灌木，中型

日本八角金盘‘纹织’ 🏆

叶深裂，常绿，正面密布细小的白色斑点，在叶缘处分布最密集。圆锥花序。花白色，秋季开放，是点缀荫蔽区域的绝佳选择。

↕↔ 2.5 m

💧 ◐ ● ❄❄❄ H5 ⓘ 🐝

乔木，小型

无花果

在温暖地区种植它的目的是生产果实，在凉爽地区主要是发挥其观赏价值。圆形、浅裂、灰绿色的叶子独具特色。

↕ 3 m ↔ 4 m

💧 ☼ ◐ ❄❄ H4 ⓘ

灌木，大型

凹脉鹅掌柴 🏆

大型常绿灌木。茎干粗壮。叶椭圆形，具缺刻，向外展开似伞状。花白色，夏季开放。花后结黑色浆果。

↕ 12 m ↔ 4 m

💧 💧 ☼ ◐ ❄❄❄ H4 ⓘ

多年生植物，大型

玉簪‘武则天’

植株呈宽阔的穹顶状。丛生。叶硕大，椭圆形，灰绿色，叶脉深，表面独具褶皱，冬季落叶。花淡紫红色，管状，夏季开放。

↕↔ 1.5 m

◐☼❄❄❄ H7

乔木，大型

金边北美鹅掌楸

这种落叶乔木堪称大型庭院的理想之选。虽以开花迟缓著称，但其独特的方缘绿叶镶着黄边，别具风致。成熟植株会在夏季绽放淡绿色郁金香状花朵。

↕ 30 m ↔ 15 m

◇☼❄❄❄ H6 pH

乔木，大型

荷花木兰

常绿乔木。仲夏至初秋开花，花大，白色，具香味，极具吸引力。叶圆形，有光泽，深绿色，光滑，种植在阴生花园中同样引人注目。

↕ 18 m ↔ 15 m

◐☼☀❄❄❄ H5

灌木，大型

蜜花

这款常绿亚灌木以醒目的雕塑质感叶片著称，蓝灰色的羽状裂叶边缘呈锯齿状。暮春时节会抽出棕红色小花。冬季需避寒风并覆盖护根。

↕↔ 3 m

◇☼❄❄ H3

多年生植物，大型

芭蕉

外形颇具异域风情。茎干肉质，类似树干。叶宽大，桨状，呈拱形，长度可达 3 m。花序下垂，呈穗状排列。花后结不可食用的果实。

↕ 5 m ↔ 3 m

◐☼❄ H2

多年生植物，大型

欧紫萁

这种丛生的落叶蕨类羽状分裂的绿色叶片初展时泛粉，入秋转为红棕色。成熟植株会在高大蕨叶末端垂下流苏状的锈褐色孢子穗。

↕ 2 m ↔ 1 m

●☀❄❄❄ H6

灌木，中型

间型十大功劳

复叶大，由深绿色小叶组成。种植在阴凉的地方可创造引人入胜的景观。冬季开花，花柠檬黄色，花序穗状，具芳香，对蜜蜂极具吸引力。

↕ 1.8 m ↔ 4 m

◇☼☀❄❄❄ H5 ⓘ

灌木，中型

杂交黄牡丹

掌状裂叶正面翠绿、背面蓝绿的独特双色效果，延续了这种灌木的观赏期——即便杯状春花凋零后依然风姿绰约。适合作花境背景。

↕ 2 m ↔ 1.2 m

◇☼☀❄❄❄ H6

多年生植物，小型

斑点鬼臼‘斑点黛蒂’

多年生草本。丛生。茎粗壮。叶伞状，未完全开裂，有褶皱，密布紫铜色斑点，叶缘浅裂。花红色，钟形，夏季开放。

↕↔ 50 cm

H4

乔木，中型

厚叶矛木

常绿乔木。幼株茎干直立无分枝。叶狭长，革质，深绿色，坚硬，向下伸展。成熟植株具分枝。雌株花白色，浆果黑色。

↕ 12 m ↔ 2.5 m

H4

多年生植物，大型

掌叶大黄

直立的多年生植物。叶片巨大、锯齿状、深绿色，可作观叶植物。初夏开花。花呈奶白色或红色，如羽毛般轻柔。

↕↔ 2 m

H6

乔木，小型

裂叶火炬树

落叶小乔木或丛生灌木。绿色叶片具有天鹅绒般的质感，极具吸引力。秋季，叶片变成黄色、红色或者橙色，枝头同时垂坠着酒红色的锥形果实。

↕↔ 3 m

H6

多年生植物，大型

羽叶鬼灯檠

这种丛生多年生植物以硕大皱褶的深绿色裂叶著称。夏季绽放圆锥花序，缀满粉红、艳红或黄白小花。

↕ 1.2 m ↔ 75 cm

H6

灌木，大型

通脱木‘霸王’

观赏性极强，生长旺盛。茎干直立，丛生。叶大，具裂叶，叶背和茎干密被毡状茸毛。若枝条受霜冻损伤，会迅速从根部萌发新枝。

↕↔ 8 m

H4

乔木，小型

棕榈

常绿植物。叶片着生在直立茎顶端，深裂、扇形，随着树龄增长变成纤维状。在阴生区域可以成为吸引人的焦点植物。注意远离凛冽干燥的寒风。

↕ 2 m ↔ 2.5 m

H5

乔木，小型

瓦氏棕榈

常绿乔木。外形奇特，树干粗壮。叶坚硬，直立，深裂，扇形。花黄色，夏季开放。相较于其他棕榈，叶片更硬挺，株型更紧凑。

↕ 4 m ↔ 2 m

H5

乔木，中型

昆栏树

这种乔木生有椭圆渐尖的油亮阔叶。春末至夏初枝头垂挂簇簇奇特的绿色蛛形花序。需避开凛冽干燥的寒风。尤适热带风情园林造景。

↕ 10 m ↔ 8 m

H3

灌木，中型

柔软丝兰

丛生常绿灌木。叶尖，剑形，绿色。仲夏至夏末枝头垂落朵朵郁金香状花朵。适合在向阳花境或大花器中做主景植物。

↕ 2 m ↔ 1.5 m

H5

盆栽观叶植物

枝叶是打造和谐盆栽景观的关键元素——以叶为衬托显花之艳，借叶之形塑景之韵。

蕨类、矾根与常春藤的叶片能为秋冬季的三色堇盆栽增添丰厚质感，而古铜色莎草与矮生水仙的搭配则能让春意盎然的盆栽更显生机。若想营造夏季热带风情，可将深色叶片的彩叶草，与红色的大丽花、马鞭草和鼠尾草相搭配。值得注意的是，部分观叶植物无须花卉陪衬即可自成景观：叶片带条纹且锐利的龙舌兰宜独植成景，单株玉簪展叶即成色形兼备的画卷，八角金盘油亮的叶片与釉面陶盆相得益彰，皆能展现独特的观赏价值。

多年生植物，小型

金钱蒲

这种半常绿植物因拱垂的叶丛而备受青睐，枝叶可自然垂坠于花器边缘。宜生长于湿润、肥沃的土壤中。金叶菖蒲（上图）的叶片带黄色条纹。

↕ 25 cm ↔ 15 cm

H6

多年生植物，小型

掌叶铁线蕨

这种半常绿蕨类堪称荫蔽处盆栽佳选。浅绿色羽状复叶精巧纤秀，细密小叶层层叠生，最宜独植成景。需勤加浇灌，并避开干燥寒风。

↕↔ 45 cm

H6

多年生植物，中型

黑法师

常绿肉质植物。茎干直立，其上着生光滑、紫黑色的叶片。适合种植在排水良好、肥力充足的盆栽中。冬季注意防霜冻。

↕ 60 cm ↔ 1 m

H1C

多年生植物，大型

龙舌兰

这种多肉植物以肥厚的披针形锐尖叶片著称。需栽种于排水良好的大型容器中，保证全日照环境。黄斑龙舌兰（上图）的叶片边缘呈奶油色。

↕↔ 1.5 m

H2 (!)

多年生植物，小型

日本蹄盖蕨

落叶蕨类。叶深裂，灰绿色。适合植于大花器内。夏季注意勤浇水，冬季须防霜冻。

↕ 30 cm ↔ 不定

H5

多年生植物，中型

孤尾天门冬

这种娇嫩的多年生植物以纤巧如蕾丝般的细密叶片著称。最适合在半阴环境下盆栽或点缀窗台花箱，冬季需移入室内防护。

↕ 1 m ↔ 50 cm

H1C (!)

多年生植物，中型

蜘蛛抱蛋

这种生长缓慢的常绿植物挺立着油亮深绿的叶片，置于大型容器中尤为雅致。需栽种在背风避寒处。花叶一叶兰（上图）的叶片带乳白色条纹。

↕ 60 cm ↔ 45 cm

H3

多年生植物，大型

查塔姆聚星草

常绿。丛生。叶坚硬、剑形，初生时直立而后呈拱状，正面金属绿色，背面银白色。花呈簇状，淡绿色，在较低位置着生。雌株的浆果为橙色。

↕ 1.5 m ↔ 1 m

H3

多年生植物，小型

蜗牛秋海棠

这种常绿多年生植物以独特的心形卷叶著称——紫底泛绿的叶片上镶嵌银色螺旋形斑纹。夏季可置于遮阴避风的户外，冬季则需移入室内养护。

↕ 25 cm ↔ 50 cm

H1B (!)

多年生植物，小型

秋海棠‘炽热余烬’ 🏆

株型紧凑，最适宜当作一年生盆花。叶深绿色，带银色叶脉，叶尖锋利，叶背紫色，与橙色花朵形成鲜明对比。

↕↔ 30 cm

💧☼◑❄ H1B (!)

多年生植物，大型

美人蕉‘火焰’

叶大、船桨形，有鲜亮的橙色叶脉。夏末，高大的茎干顶端着生橙色花朵。勤浇水，及时剪除残花，冬季需做好防寒保护。

↕ 1.6 m ↔ 50 cm

💧☼❄❄ H3

多年生植物，中型

棕红薹草 🏆

常绿。窄细如草的铜色叶片，近基部渐呈绯红色，初期挺立而后优雅垂拱。枝叶自然垂悬的姿态，使其成为装点吊篮与窗台花箱的理想植材。

↕ 60 cm ↔ 20 cm

💧☼◑❄❄❄ H5

多年生植物，小型

大岛薹草‘埃弗里洛’

常绿多年生植物。丛生。叶修长呈拱形，新叶呈柠绿色，成熟后渐变为金黄色。无论是阳光充足还是半阴环境，全年都能保持鲜艳色彩，尤其在冬季最为亮丽。最适合盆栽观赏，养护时需保持土壤湿润。

↕↔ 50 cm

💧☼◑❄❄❄ H7

多年生植物，中型

头穗薹草‘闪烁’

丛生，茎直立。叶草状，辐射状轮生似自行车辐条，叶缘具醒目的白色镶边。花序呈短穗状。花起初呈绿色，之后变为棕色，夏季开放。

↕ 1 m ↔ 50 cm

💧💧☼◑❄❄ H4

多年生植物，大型

红叶白穗茅 🏆

植株茂密，丛生呈花瓶状，在微风中摇曳。叶细长，呈拱形，红棕色。花穗细长，夏季开放。春季需梳理掉枯草以保持整洁。

↕ 1.5 m ↔ 1 m

💧☼❄❄❄ H7

多年生植物，中型

银色鞘蕊花‘山居’ 🏆

多年生草本。茎蔓生。叶柔软，带醒目的银绿色和淡黄色斑纹。花穗为淡蓝色管状，夏末开放。

↕↔ 1 m

💧☼❀ H1C

灌木，小型

香妃草

这种常绿灌木的蔓生姿态与裂状绿叶别具风韵。斑叶香妃草（上图）尤适合作组合盆栽。适时修剪过长枝条以促发新枝。

↕ 30 cm ↔ 不定

💧◑❀ H1C

多年生植物，中型

彩叶草“帝王”系列

丛生，分枝良好。叶硕大，圆形。叶色丰富，包括红色、紫色、粉色、绿色和淡黄色，是夏秋季盆栽的绝佳选择。需及时掐掉花朵以促进叶片生长。

↕ 60 cm ↔ 45 cm

💧☼◑❀ H1C

多年生植物 大型

苏铁 🏆

常绿植物，生长缓慢，外观形似棕榈。树干粗壮，呈辐射状。叶坚硬，呈拱形，深绿色，羽状。在霜冻频发地区，建议采用容器栽培，冬季需移至室内进行保护。

↕↔ 2 m

💧☼❄❄ H3 (!)

多年生植物，大型

埃及纸莎草

茎直立。叶簇生，类似拖把状。在易出现霜冻的地区，可将它种植在花盆中，再把花盆置于水盘中，让其在室外生长。冬季需移入温室越冬。

↕ 4 m ↔ 1 m

H1C

灌木，大型

顶毛猬丝兰

这种生长缓慢的常绿灌木纤细的矛状叶片，自中央冠丛辐射伸展，最终形成饱满的球形叶丛。冬季需加以防护。

↕ 6 m ↔ 2.2 m

H2

多年生植物，小型

马蹄金‘银瀑’

这种常绿多年生植物生有银白色的蔓生茎枝，搭配圆润光亮的银绿色叶片，最适合吊篮与窗台花箱栽种。因生长迅猛，需注意隔离周边植物。

↕ 50 cm ↔ 不定

H2

灌木，大型

八角金盘

常绿灌木，适植于大型花器。叶大，手掌形，光滑，深绿色。适合种植在遮阴、肥力充足的地方，全年均可观赏。

↕↔ 4 m

H5 (!)

多年生植物，中型

玉簪‘玉瀑’

茎拱形。叶宽大，细长，椭圆形，叶尖突出，层层叠叠形成蓬松下垂的叶丛。花呈穗状排列，淡紫色，漏斗状，夏季开放。最适合种植在高脚容器中。

↕ 80 cm ↔ 1 m

H7

多年生植物，小型

箱根草‘光环’

这种生长缓慢的落叶草本植物因鲜亮的绿黄条纹叶片与垂悬的株型而备受青睐。初秋抽出红褐色穗状花序，花期可持续至冬季。

↕ 40 cm ↔ 60 cm

H7

灌木，小型

伞花麦秆菊

这种灌木多作一年生栽培，其蔓生枝条上覆满灰绿色带茸毛的叶片。若加以防护亦可越冬。‘石灰灯’（上图）的叶子为浅灰绿色。

↕ 15 cm ↔ 30 cm

H3

多年生植物，小型

矾根‘琥珀波浪’

丛生的常绿多年生植物，适植于花器内。叶橙黄色，分裂。夏季开花。花白色，具有微小斑点。其他品种也有绿色、银色或紫色的叶子。

↕ 30 cm ↔ 50 cm

H6

多年生植物，小型

玉簪‘革命’

这种观叶植物的深绿色叶片上布满奶油色斑纹，可为斑驳荫蔽处增添亮色。花期短暂，淡紫花序凋谢后需及时剪除。注意防止蛞蝓侵害。

↕ 50 cm ↔ 1.1 m

H7

多年生植物，小型

玉簪‘六月’

这种多年生植物以蓝绿色巨叶著称，叶面点缀着浅绿色斑纹，形成浓密的冠状叶丛。适合栽种于大花器中作为观叶主体。注意防止蛞蝓侵害。

↕ 38 cm ↔ 70 cm

H7

多年生植物，小型

番薯‘太阳能黑心’

多年生草本，常作一年生盆花栽培或用作花坛植物。具攀缘茎。叶心形，近乎黑色，为色彩浓烈的植物配置增添了一抹迷人的韵味。

↕ 25 cm ↔ 60 cm

H1C (!)

多年生植物，大型

沙生赖草

生长旺盛的直立多年生草本植物。叶细长，青色。适生于沙质、肥沃土壤中。及时摘除残花可避免自播繁殖。

↕ 1.5 m ↔ 不定

H7

多年生植物，小型

黑龙沿阶草

常绿多年生植物，适于花坛种植或种植在花器内。叶子黑色。夏季开花，花簇紫粉色，可与花色明亮的植物形成鲜明对比。

↕ 23 cm ↔ 30 cm

H5

多年生植物，小型

天竺葵‘普利芳斯夫人’

常绿多年生植物。叶绿色，嵌银边，深裂，具香味。夏季开放淡紫粉色花朵。需覆盖越冬。

↕ 40 cm ↔ 20 cm

H1C

多年生植物，小型

天竺葵‘皇家橡树’

这种丛生型常绿多年生植物以深绿皱褶的裂叶著称。成熟叶片中心会渐变为深红色。夏季零星绽放简约的粉红色小花。

↕ 38 cm ↔ 30 cm

H1C

多年生植物，大型

狼尾草‘红叶’

多年生草本植物，常作一年生植物栽培。姿态优雅，触感良好。叶丛生呈拱形，叶尖红色。花穗顶生，如茸毛般，夏末和秋季开放。

↕ 1.5 m ↔ 1 m

H3

多年生植物，中型

麻兰‘金发女郎’

多年生常绿草本植物。叶丛生呈拱形，非常细长，带状，绿色，中央有乳白色条纹。株型紧凑整齐，是盆栽的绝佳选择。

↕ 60 cm ↔ 1 m

H4

多年生植物，中型

银叶菊‘天使翅膀’

多年生草本植物。丛生。枝叶繁茂，叶片呈银白色，摸起来如天鹅绒般柔软。头状花序黄色，夏季开放。无论是当作一年生植物种植，还是冬季移入温室养护，很适合栽种在花盆中。

↕ ↔ 75 cm

H3

多年生植物，中型

千母草

这种半常绿多年生植物具有质感独特的常春藤形绿叶，能为组合盆栽与吊篮增添层次分明的对比效果。

↕ 60 cm ↔ 2 m

H6

多年生植物，大型

流苏蕨

常绿蕨类。丛生。叶长，披针形，起初直立而后呈拱状，形似羽毛。作盆花展示能够营造出繁茂华丽的景象。在寒冷的环境下，需要放置在有遮蔽且阴凉的角落。需移至温室越冬。

↕ 1.5 m ↔ 1 m

H3

小庭院优选树木

大型植物反而能令小庭院显得更加宽阔——葱茏枝叶可柔化边界轮廓，营造出空间向外延展的视觉幻境。

当选购庭院树木时，宜选择株型紧凑的品种，避免树冠笼罩整个园地。较高大的树种宜栽于庭院北侧或东侧，以减少其遮阴范围。角隅处可选纤秀型或杯状树形，而中庭则适植开展型树种以成纳凉佳境。更应考量四时之趣：常绿树种虽能四季常青、兼顾私密，然落叶乔木春华秋实、叶色斑斓，亦颇具观赏价值。

乔木，小型

红枫

一种小而茂密的树木。叶片夏季紫红色，秋季变为红色。宜适当遮阴，防止枯萎。

↕↔ 8 m

💧☼◑❄❄❄ H6

乔木，小型

大花唐棣‘芭蕾舞女’🏆

落叶乔木。新叶略带青铜色。花白色，呈簇状，耀眼夺目，春季开放。花后结红紫色浆果，能吸引鸟类啄食。入秋后，树叶会变为橙色。

↕↔ 8 m

💧☼◑❄❄❄ H7 ⓘ pH

乔木，小型

草莓树

株型紧凑，四季皆具吸引力。叶常绿。花呈簇状，白色，秋季开放。同时，上一年花后结出的果实渐变为红色。成年植株树皮红棕色。

↕↔ 8 m

💧☼❄❄❄ H5 ⓘ 🐝

乔木，小型

合欢‘夏日巧克力’🏆

小型乔木或大型灌木。树冠圆润开展呈阔伞形。叶大，细裂如蕨类般，青铜紫色。花粉红色，轻盈柔软，夏季开放。

↕ 8 m ↔ 4 m

💧☼❄❄ H4

乔木，大型

喜马拉雅白皮桦

一种独特的白茎桦树，垂悬的黄色柔荑花序与金色秋叶更添风韵。

↕ 18 m ↔ 10 m

💧☼◑❄❄❄ H7

乔木，中型

血皮槭🏆

落叶乔木。树形紧凑，生长缓慢。树皮青铜色且会剥落，秋季呈现出绚丽的橙红色。夏季树冠轻盈，能为小型花园提供斑驳的遮阴效果。

↕↔ 10 m

💧☼◑❄❄❄ H5

乔木，小型

紫荆

将此多枝小乔木植于向阳处，可促其盛放艳丽的繁花。花形独特，于心形叶长出之前簇生于枝干上。

↕ 6 m ↔ 5 m

💧☼◑❄❄❄ H5

乔木，小型

互叶梾木‘银斑’🏆

这种小型落叶乔木株型开展，拥有优美的水平分枝结构，枝上覆满白边绿色的椭圆形叶片，入秋转为红色。

↕↔ 6 m

💧☼◐❄❄❄ H6 ⓘ

乔木，小型

埃特纳染料木 🏆

绿色枝条细长，呈拱形。叶片稀疏。花黄色，具芳香，形似豌豆花，夏季开放。尤其适宜炎热干燥环境，具有极强的耐旱性。

↕↔ 8 m

💧☼❄❄❄ H5

乔木，中型

南欧紫荆

一种茂密的落叶树，适植于阳光充足的庭院。仲春，裸露的茎干上簇生艳丽的粉色花朵。开花后长叶，叶心形。荚果紫色。

↕↔ 10 m

💧☼◐❄❄❄ H5 🐝

乔木，大型

枸骨叶冬青 🏆

这种生长缓慢的常绿乔木呈柱状，可修剪塑形。叶片深绿油亮带刺。雌株冬季结红果。可选斑叶品种为荫蔽处增添亮色。

↕ 20 m ↔ 6 m

💧☼◐❄❄❄ H6 ⓘ 🐝

乔木，小型

美国流苏树

此珍异乔木堪称紧凑空间的上佳之选，开展的树冠夏日缀满长瓣且花香馥郁的白色花朵。待椭圆形叶片尽落后，剥落状的斑驳树皮便显露独特风姿。

↕↔ 3 m

💧☼❄❄❄ H5

乔木，小型

落山基圆柏

一种常绿针叶树。叶窄，鳞片状。‘火箭’（上图）的叶片为蓝灰色，‘蓝剑’的叶片也为蓝灰色。二者皆能形成醒目的柱状景观，且不会侵占宝贵空间。

↕ 6 m ↔ 75 cm

💧☼◐❄❄❄ H6 ⓘ

乔木，小型

波斯山楂‘李叶’🏆

落叶乔木。枝干带刺。叶椭圆形，有光泽，深绿色，深秋时略带红色。花白色，春季开放。花后结红色果实。株型紧凑，生长强健，观赏期长。

↕↔ 8 m

💧☼❄❄❄ H7 ⓘ

乔木，小型

栾树

圆形树冠，树形矮小宽阔。叶呈羽状，入秋后变成黄色。花黄色，呈大型圆锥花序状，夏末开放。花后结果。果实膨大，略带粉红色。

↕↔ 8 m

💧💧☼❄❄❄ H5 🐝

乔木，小型

紫薇

落叶乔木。树干直立。喜阳。叶深绿色，椭圆形，春季略带青铜色。成年植株树皮呈棕灰色，且会剥落。圆锥花序绚丽。花呈褶皱状，有白色、粉色或紫色，夏季开放。

↕↔ 8 m

H3

灌木，大型

荷花木兰‘凯帕里斯’

常绿灌木。直立生长且株型紧凑。叶椭圆形，具光泽，绿色，叶背密布棕色茸毛。偶有花蕾绽放。花杯状，乳白色，具柠檬香气，夏季开放。

↕ 12 m ↔ 8 m

H5

乔木，小型

海棠‘珠穆朗玛’

树形呈金字塔形。花蕾粉红色，春季开放，带苹果香气。花后结果。果实橙黄色，果期为整个夏季。果实不仅观赏性强，还能吸引鸟类。

↕↔ 8 m

H6

乔木，小型

洛氏木兰‘梅里尔’

这种丛生落叶小乔木枝干挺拔，叶长椭圆形，先开花后长叶。仲春绽放高脚杯形的重瓣白花。

↕ 8 m ↔ 7 m

H6 pH

乔木，小型

西康玉兰

树形呈开展状、丛生，常多干或低分枝。叶深绿色，椭圆形，叶背有丝质感。花大，白色，具芳香，杯形，初夏开放。花后结果，果实略带粉红色。

↕↔ 8 m

H6

乔木，中型

多花海棠

这种落叶乔木堪称紧凑空间的完美之选。树冠圆整，春日里深红蓓蕾绽放淡粉花朵，继而结出红黄相间的可食果实，秋叶更是绚烂夺目。

↕↔ 10 m

H6

乔木，小型

海棠‘劳拉’

花朵粉色，春季开放。花后长叶，叶略带紫色。入秋后结果，果实成熟后渐渐变成紫红色。果实不仅具有观赏性，还可以用来制作果冻。

↕ 8 m ↔ 4 m

H6

乔木，小型

桑‘垂枝’

落叶垂枝乔木。株型紧凑，枝叶层层叠叠。叶心形，具光泽。果实小巧，从粉白色变为淡红色，味道甜美，果期夏季。

↕ 4 m ↔ 8 m

❄❄❄ H5

乔木，小型

樱‘奖章’

这种植物树冠舒展。花半重瓣，柔粉色，呈簇状，低垂，春天开放。落叶前，叶片会呈现出如火焰般的绚烂秋色。

↕↔ 8 m

❄❄❄ H6

乔木，中型

才力樱

生长茂密，是一种早春开花的观赏樱花。株型紧凑，花朵粉红而小巧繁密，单瓣，具芳香。秋天叶片呈橙红色。

↕ 10 m ↔ 8 m

❄❄❄ H6

乔木，小型

小叶槐‘金日之王’

在寒冷地区，建议将这种丛生常绿乔木靠南向墙垣栽植。叶片椭圆形。冬末，簇簇金黄色的钟形花朵灿然绽放。

↕ ↔ 3 m 或更高、更大

❄❄ H4 (!)

乔木，中型

樱‘尖顶’

这种植物的柱状株型，是狭小区域用于增加高度的理想植物。花朵着生于直立的树枝上。嫩叶古铜色，夏季变为绿色，秋季变为橙色和红色。

↕ 10 m ↔ 6 m

❄❄❄ H6

乔木，小型

榆橘

一种圆形灌木或小乔木。生有具芳香的三出复叶。初夏绽放绿白色小花，清香袭人。花后结出纸质垂悬果簇。

↕↔ 7 m

❄❄❄ H6

乔木，小型

川滇花楸

树冠轻盈开展。叶羽状，似蕨类，绿色。花头球状，白色，春季开放。花后结出艳丽夺目的簇状果实。果实起初红色，之后变为粉色，成熟时为白色。观赏期长。

↕↔ 4 m

❄❄❄ H6 (!)

焦点和塑形植物

有些植物是天生的“明星”，以其耀眼的颜色、奇特的造型和细致的纹理“抢镜”，创造出夺目的景观。

常绿植物全年具有观赏性，而落叶植物只能在一段时间内具有观赏性，因此在这段时间内，应把落叶植物种植在最显眼的地方，以达到观赏效果。例如，种植樱桃树最好的地方应该是能使它的花朵充分沐浴阳光的地方，从而使其形成特有的花冠，达到极好的观赏效果。与一般植物不同的是，塑形类植物的颜色和形态通常不具有很强的观赏性。然而，如果将它们进行修剪塑形，也能够打造出令人惊叹的效果。

乔木，小型

鸡爪槭‘血红’

一种树形优美的小乔木。叶分裂，紫色，秋季变成亮红色。冬季其骨架结构也讨人喜欢。

↕↔ 5 m

H6

乔木，大型

智利南洋杉

这种常绿针叶树的枝干形态尤为醒目，且密被鳞片状带刺绿叶。初期生长缓慢，数年后生长迅速，需预留充足的生长空间。

↕ 25 m ↔ 10 m

H7

乔木，大型

喜马拉雅白皮桦

这种桦树常作为多茎树单独种植。茎干白色，创造出独特的景致。悬垂的黄色柔荑花序和金黄的秋叶更添意外之喜。

↕ 18 m ↔ 10 m

H7

乔木，大型

黄金树

这种异域风情浓郁的观花乔木生有心形叶片，夏末绽放簇簇白花，形似兰花，喉部缀有紫黄斑纹。花后结细长荚果，由绿色渐转为深褐色。

↕↔ 15 m

H6

乔木，大型

雪松

一种壮观的大型乔木，树冠宽阔延展，树枝层叠，需要足够的生长空间。叶片着生在枝条上，短针形、蓝绿色。

↕ 30 m ↔ 15 m

H6

乔木，小型

澳洲朱蕉

此常绿点睛之木初时剑叶成瀑宛若雕塑，终长成疏枝棕榈形乔木。叶色变幻无穷——由绿色变为青铜色或紫色，后变为杂色。

↕ 3 m ↔ 1 m

H3

乔木，大型

灯台树

这种大型落叶乔木枝干层叠优雅，垂悬着椭圆形的油亮叶片，夏日绽放伞状白色花簇。秋季，叶片变为紫色。

↕↔ 15 m

H5

乔木，小型

大花四照花

一种落叶乔木或灌木。花一样的苞片呈白色或粉色。春季，苞片密集地布满枝头。秋季，卷曲的绿叶变为红色或紫色。

↕ 6 m ↔ 8 m

H5 pH

乔木，小型

日本四照花

一种初夏开花的乔木。苞片花瓣状、奶白色。果实悬垂，粉红色。花、果都具有观赏价值。秋季，椭圆形的叶片变成醒目的紫红色。

↕7 m ↔ 5 m

H6 pH

灌木，中型

帚枝秋叶果

常绿灌木。株型紧凑、直立，枝叶茂密。叶卵形，灰绿色。花黄色，春季开放。花后结红色浆果。耐定期修剪，可用于打造简单的绿篱造型。

↕1.5 m ↔ 1 m

H4

多年生植物，大型

蒲苇‘桑宁戴尔银’

丛生型观赏草。叶细长，呈拱形，叶缘锋利。花序羽状，银白色，夏末至秋季开放，随后变成毛茸茸的种序。

↕2.5 m ↔ 1.5 m

H6 (!)

球根植物，中型

彩凤兰

这种晚夏开花的盆栽球根花卉具有独特的吸引力。花头大，形态让人联想起菠萝。花白绿色，被叶状苞片包裹，从醒目的叶丛中长出。

↕50 cm

H4

乔木，中型

羽叶银香茶

一种直立的半常绿乔木，开花时变成最耀眼的植物。花碗形、纯白色，花心具一簇雄蕊。夏季开花，花朵与深绿色、具光泽的叶片形成对比。

↕10 m ↔ 6 m

H4 pH

多年生植物，大型

阿尔巴尼亚大戟

将此常绿亚灌木植于砾石间更显其结构之美。春季，灰绿色叶片覆盖挺立的茎干，顶端缀满黄绿色小花序。

↕↔ 1.2 m

H4 (!)

多年生植物，小型

箱根草‘光环’

落叶草本。常单独植于花器，或者在花坛前沿成片种植，亦可沿着道路种植。具黄色条纹、弧形的丝带状叶片可以点亮阴暗处。

↕40 cm ↔ 60 cm

H7

灌木，大型

齿叶冬青

株型紧凑，生长缓慢。叶椭圆形，深绿色，有光泽。花白色，夏季开放。花后结黑色浆果。非常适合修剪成球形、圆锥形或螺旋形绿篱造型。

↕↔ 5 m

H6 (!)

灌木，小型

落基山圆柏‘火箭’

常绿针叶树，直立生长，非常适合种植在花境边缘或砾石区域，起点睛作用。‘蓝箭’也是不错的选择。二者均有独特的蓝灰色叶片。

↕6 m ↔ 75 cm

H6 (!)

多年生植物，大型

具茎火把莲

具有亚热带植物的外观。茎直立、强壮，顶部着生花朵。叶灰绿色，带状。晚夏至秋季开花。总状花序呈火炬形，红黄相间。

↕ 1.2 m ↔ 60 cm

H5

乔木，中型

月桂

一种大型的常绿乔木。叶深绿色，具甜蜜芳香。可修剪成多种形状，如锥形、柱形、球形。在寒冷地区越冬需进行防护。

↕ 12 m ↔ 10 m

H4

乔木，大型

荷花木兰

一种常绿乔木。叶大而光滑，深绿色。仲夏至初秋开花。花大、白色、芳香馥郁，具有热带风情。常植于南向墙垣避风处。

↕ 18 m ↔ 15 m

H5

乔木，中型

莫兰海棠‘丰花’

此树春日盛放时最为壮观——枝头遍染深粉繁花。新叶泛紫，至秋又披锦绣彩叶，可谓一树尽览四季风华。花后结出小巧紫果。

↕↔ 10 m

H6

乔木，中型

蓝果树

中型落叶树。秋季，特别是植于酸性至中性土壤时，狭窄的椭圆形叶片呈琥珀色和猩红色，是一种很好的秋景植物。

↕↔ 10 m

H5 pH

乔木，小型

波斯铁木‘瓦内萨’

落叶乔木或多茎的大灌木。冬季，树皮剥落，枝干上呈现出灰色、绿色和白色图案。秋叶的颜色也引人注目。

↕ 8 m ↔ 4 m

H6

灌木，大型

狭叶总序桂

常绿灌木。株型紧凑，枝繁叶茂。叶细长，深绿色。花乳黄色，带芳香，晚春开放。耐定期修剪，是打造简单绿篱造型的不错选择。

↕ 3 m ↔ 2 m

H5

多年生植物，大型

麻兰

这种常绿丛生的多年生植物以拱垂或挺立的剑形叶片与形态柔和的植物形成鲜明对比。炎热的夏季，深红色的花序着生在高大的茎上。

↕ 3 m ↔ 2 m

H5

灌木，中型

红叶石楠‘粉脆’

叶椭圆形，具光泽，叶缘锯齿状。幼叶为亮粉色，随后逐渐变为深绿色与浅黄绿色相间的斑驳色彩。头状花序白色，春季开放。

↕ 2.5 m ↔ 1.5 m

H4

乔木，大型

蓝粉云杉‘科斯特’

这种银蓝色常绿针叶树生长较为缓慢，树形端庄对称，刚硬的针状叶片间，枝梢末端挺立着球果，自成一道迷人的风景。

↕ 15 m ↔ 5 m

H7

灌木，大型

海桐 🏆

在避风的花园中，这种常绿植物可用作树篱，或修剪成整齐的圆顶造型。椭圆形的叶片轮生呈螺旋状排列。春末，簇簇乳白色花朵绽放，散发出甜美的香气。

↕10 m ↔ 3 m

H3

乔木，大型

沼生栎 🏆

将这种金字塔形的高大栎树植于宽阔草坪上，会成为引人注目的焦点。其掌状分裂的叶片秋季变成闪耀的深红色或红棕色，也极具吸引力。

↕20 m ↔ 12 m

H6

乔木，中型

柱状欧洲红豆杉 🏆

一种常绿的针叶树，树形柱状，既可作为花境中的点缀，又能沿小径两侧列植，形成庄严的仪仗树阵。雌株结果，果实红色。

↕10 m ↔ 4 m

H7 (!)

乔木，小型

棕榈 🏆

这种常绿乔木以笔直的茎干（随树龄增长会逐渐纤维化）和硕大如扇的深裂叶片构成独特景观。需择避风处栽植。

↕2 m ↔ 2.5 m

H5

灌木，大型

蝴蝶荚蒾‘玛丽’ 🏆

枝干近水平伸展，具独特的分层生长形态。叶椭圆形，叶脉深陷。花球呈蕾丝帽形，白色，春季开放。入秋后，叶片在凋落前渐变为红紫色。

↕ ↔ 4 m

H6

灌木，大型

鸟喙丝兰

极具造型感，适合种植在阳光充足且有遮蔽的地方。茎干粗壮且很少分枝。叶细长，蓝绿色，叶尖带刺，成一个球状叶冠。花白色，夏季偶尔开放。

↕4 m ↔ 2.5 m

H5 (!)

对症选植：庭院问题解决之道

得天独厚者毕竟寥寥——既拥有肥沃土壤，又坐享平整苗床，这般条件优越的庭院自是草木欣荣。然纵是这般天时地利，也难逃野兔、蛞蝓之患，那些觊觎珍品的“饕客”总叫人防不胜防。所幸世间草木各有禀性，择其适者而植之，则困境可解。所以，无论你需要耐旱、耐湿或是适合坡地花园的品种，以下内容都会对你有所帮助。

喜阳耐旱植物

虽然适合在养分易流失的透水性土壤中生存的植物有限，但仍有一些珍贵的物种能够适应这种环境且生长良好。

大多数喜阳的野花不喜欢肥沃的土壤，许多庭院栽培植物，如蜀葵、大波斯菊，也能在排水良好、烈日暴晒条件下健壮生长。本节介绍的植物，一旦定植就可以适应贫瘠的土壤，所以可选择沙质土进行种植。那些苦于冬季湿冷的植物，如桂竹香和多肉植物，在干燥环境中反而更易存活。

多年生植物，大型

凤尾蓍

叶细裂，灰绿色。茎强壮。夏季，茎干上着金黄色头状花序。‘金盘’（上图）是十分受欢迎的品种。在干燥及阳光充足的环境中生长良好。

↕ 1.2 m ↔ 60 cm

💧 ☼ ❄❄❄ H7

多年生植物，小型

椰子芦荟 🏆

丛生，具匍匐茎。叶肉质，披针形。花序黄绿相间，火炬状，夏季开放。喜阳光充足、排水良好的环境。需防霜冻和雨水积涝。

↕ 1.5 m ↔ 2 m

💧 ☼ ❄❄ H3

一年生植物，小型

阿魏叶鬼针草

植株低矮，茎具蔓性，可覆盖地面。花亮黄色，星形，夏秋季开放。喜全日照环境，耐旱性强。

↕ 30 cm ↔ 不定

💧 ☼ ❄❄ H3

灌木，小型

蓝花莸

一种生长茂密的落叶灌木。簇生灰绿色披针形叶片，夏末至秋日绽放繁密的蓝紫色小花丛。金叶莸（上图）具有对比鲜明的金色树叶。

↕ 1 m ↔ 1.5 m

💧 ☼ ❄❄ H4

一年生 / 二年生植物，小型

彩虹花

一种矮生植物。叶小，肉质。夏季，红、粉、橙、白各色雏菊状花朵在阳光下绽放，暮色降临时又悄然闭合，为庭院增添昼夜交替的趣味。

↕ 15 cm ↔ 30 cm

💧 ☼ ❄❄ H3

球根植物，小型

金黄番红花 🏆

一种多年生球根植物，宜秋季植于土壤排水良好且阳光明媚的地方，来年初春即可见其杯状花朵与深绿色线形叶片相映成趣。

↕ 7 cm

💧 ☼ ❄❄❄ H6 ⓘ

多年生植物，小型

云雾露子花

一种贴地生长的常绿多年生植物，适植于烈日暴晒处。夏季，长出肉质的绿色叶片，开出柠檬黄色的花朵。寒冷地区需要防止霜冻。

↕ 5 cm ↔ 50 cm

💧 ☼ ❄❄❄ H5

二年生植物，中型

蓝蓟

这种丛生的二年生植物，基生莲座状叶丛，叶片呈披针形。初夏，抽出细长的花穗，绽放明艳的蓝紫色铃状花朵。

↕ 60 cm ↔ 30 cm

💧 ☼ ❄❄❄ H7 ⓘ

多年生植物，小型

宽叶蜂鸟花

根蘖发达，茎有分枝，易成丛。叶灰绿色。花鲜红色，喇叭形，夏末和秋季开放。喜阳光充足的高温环境，以及干燥、多砾石的土壤。

↕ 40 cm ↔ 60 cm

💧 ☼ ❄❄ H4

多年生植物，小型

加勒比飞蓬 🏆

茎细长坚韧向外蔓延，可形成地被垫状。花呈雏菊状，夏秋季开放。可自行播种于干燥的铺石缝隙、墙垣中。

↕ 15 cm ↔ 不定

💧 ☼ ◐ ❄❄❄ H5

多年生植物，小型

滨海刺芹

直立生长，是沿海地区和岩石花园的适生植物。叶蓝绿色，多刺，具白色叶脉。初夏到初秋，分枝茎端着生管状、金属般蓝色的花朵。

↕ 50 cm ↔ 45 cm

H5

多年生植物，中型

糖芥‘鲍尔斯淡紫’

一种常绿耐旱的多年生植物，是阳光充足地区的理想选择。冬末到夏季都能欣赏纤细、灰绿色的叶片和紫红色的花朵。

↕ 60 cm ↔ 40 cm

H4

一年生 / 二年生植物，小型

花菱草

一种丛生植物。春季播种容易生长。夏季开花，花量大，碗状，橙色、红色或黄色。适植于暴晒处。第一个栽植季后可以自然繁殖。

↕ 30 cm ↔ 15 cm

H3

多年生植物，小型

蔓枝满天星

一种蔓延生长的半常绿多年生植物。叶线形，蓝绿色。夏季绽放圆形、淡粉色花朵。开花后宜进行修剪。

↕ 20 cm ↔ 30 cm

H5

多年生植物，小型

景天‘霜晨’

沙质土壤的理想之选。肉质叶片呈现白绿相间的斑驳色彩。夏末至初秋，簇簇淡粉色花朵与叶片相映成趣，褐色种穗更能傲立寒冬。

↕ 30 cm ↔ 45 cm

H5

多年生植物，小型

长生草

常绿植物。形似石莲花，丛生莲座状叶盘，三角形硬质叶片边缘密布茸毛，叶色青翠中常泛红晕。夏季绽放钟形黄褐色花朵。

↕ 15 cm ↔ 10 cm

H4

多年生植物，中型

麝香锦葵

一种生长茂密的植物。叶深裂，深绿色。夏季至初秋开出碟形、淡粉色的花朵。可自播繁殖。

↕ 1 m ↔ 60 cm

H5

灌木，小型

橙花糙苏

这种常绿灌木天生适应岩质土壤，在充沛日照下生长尤盛。叶片灰绿色。夏季，挺立的花茎上绽放兜状黄花，而宿存的种穗更能在冬季平添野趣。

↕ 1 m ↔ 1.5 m

H5

多年生植物，小型

朱塞佩长生草

它是阳光暴晒的墙壁裂缝或砾石花床中的理想植物。叶尖而长、绿色，尖端呈紫红色。夏季，茎端着生星形、粉色或红色的花朵。

↕ 10 cm ↔ 10 cm

H7

多年生植物，大型

柳叶马鞭草

多年生草本。直立生长，茎细长，具分枝。叶披针形，深绿色。头状花序紫色，具香气，夏秋季开放。在排水良好的环境中，易自播繁殖。

↕ 1.5 m ↔ 60 cm

H4

灌木，中型

柔软丝兰

一种常绿灌木，耐旱耐晒。叶呈醒目的剑形，顶端尖，深绿色。仲夏至夏末开放白色花朵。‘亮边’（上图）是一个杂色品种。

↕ 2 m ↔ 1.5 m

H5

适生于水涝地的植物

容易发生内涝的花园能为适合沼泽地生长的植物提供良好的生存条件。

虽多数植物忌久浸涝渍，然如落新妇属、橐吾属及落羽杉等，反以此境为乐。如果你的土壤会间歇性地积水，那么可以考虑选择诸如玉簪属植物、喜湿鸢尾（如西伯利亚鸢尾）、报春花以及绣球这类能够耐受多种环境条件的植物。若想改良土壤结构，可以进行深翻、开沟引渠、堆积大量腐熟肥料，再覆以沙砾，还可以每年用有机物覆盖土表。

多年生植物，大型

欧乌头

一种直立生长的多年生植物。叶深裂，深绿色。仲夏至晚夏绽放靛蓝色花序。茎干高大，需支撑。有毒，处理时需戴手套。

↕1.5 m ↔30 cm

💧◐ ❄❄❄ H7 ! ✿

多年生植物，大型

总序类叶升麻 🏆

此多年生植物堪称涝土救星。羽状深裂叶片与盛夏绽放的白色瓶刷状花穗相得益彰。即便花谢后，褐色的干枯种穗仍可延续观赏价值。

↕1.5 m ↔60 cm

💧◐ ❄❄❄ H7 !

多年生植物，小型

阿兰德落新妇

一种适合在沼泽地生长的多年生植物。夏季长出深裂、形如蕨类的深绿色叶片，并开出羽毛状，白色、粉色、淡紫色或红色的花朵。

↕45 cm ↔30 cm

💧☼◐ ❄❄❄ H7 ✿

灌木，中型

柔枝红瑞木

长有令人惊叹的红色茎干，也有黄绿色茎干的变种——金枝梾木（上图）。秋季，深绿色的披针形叶片变成橙红色。注意冬末齐地修剪老茎。

↕2 m ↔4 m

💧☼ ❄❄❄ H7

多年生植物，大型

紫红花泽兰

植株直立挺拔。茎紫绿色。叶卵形，绿色。花茎高大。花球形，呈簇状，粉紫色，夏末至初秋开放。

↕2.2 m ↔1 m

💧☼◐ ❄❄❄ H7

多年生植物，中型

旋果蚊子草

一种多叶的多年生植物。叶深裂、绿色，秋季变为明亮的红色。夏季，直立的茎干上开出微小、芳香的乳白色花朵。

↕90 cm ↔60 cm

💧◐ ❄❄❄ H6 🐝

多年生植物，中型

圆叶玉簪

叶大，圆形，具褶皱，蓝绿色。初夏开出略带紫色的白花。适合生长于阴湿的环境，并注意防虫害。

↕1 m ↔1.2 m

💧◐ ❄❄❄ H7

灌木，中型

平顶绣球

一种阔叶灌木，在黏土中生长良好，可耐受偶尔的涝害。仲夏到秋季开出白色、粉色、紫色、蓝色的花朵。

↕2 m ↔2.5 m

💧◐ ❄❄❄ H5 !

灌木，大型

圆锥绣球

一种直立生长的灌木，可耐受偶尔的水涝。叶椭圆形，有光泽，深绿色。夏末开出锥形，白色或粉色的花朵。'幻影'（AGM）有大量的白色花朵。

↕↔3 m

💧◐ ❄❄❄ H5 ! 🐝

多年生植物，中型

玉蝉花 🏆

在潮湿环境中生长色泽更加艳丽。叶带状。初夏至仲夏开花。花无髯毛、淡紫粉色，花瓣基部呈金色。也有蓝花、紫花和白花品种可供选择。

↕1 m ↔ 不定

◐ ☼ ❄❄❄ H6 ⓘ

多年生植物，中型

猩红猴面花 🏆

一种生长繁茂的多年生植物，在沼泽地中生长良好。叶小，柔软，绿色，边缘锯齿状。夏季到早秋开花。花小，二唇形，猩红色。

↕90 cm ↔ 60 cm

◐ ☼ ❄❄ H4

多年生植物，中型

霞红灯台报春 🏆

一种喜潮湿环境的多年生植物，适植于沼泽地。基生莲座状丛生的皱褶绿叶。夏季，挺立的花茎上缀满圆簇状的紫色花序。

↕60 cm ↔ 30 cm

◐ ◑ ❄❄❄ H6

多年生植物，中型

西伯利亚鸢尾

在湿润的土壤中生长健壮。叶直立，剑形，蓝绿色。春季到初夏开花。花大，无髯毛。‘黄油与糖’（上图）的花黄白相间。

↕1 m ↔ 不定

◐ ☼ ❄❄❄ H7 ⓘ

乔木，大型

落羽杉

一种落叶针叶树，树冠圆锥形。叶纤细、绿色，秋季落叶前变成黄棕色。适植于潮湿环境。

↕40 m ↔ 9 m

● ◑ ❄❄❄ H7 pH

多年生植物，大型

掌叶橐吾

叶片硕大，圆润，深裂，墨绿色。仲夏至晚夏，抽出细长的花穗，绽放蛛丝状的黄色花朵。茎干需要支撑以防倒伏。

↕2 m ↔ 1 m

◐ ☼ ◑ ❄❄❄ H6

多年生植物，大型

拟美国薄荷

一种耐涝的丛生植物。盛夏开花。花小，二唇形，淡紫色，可吸引大量的蜜蜂和蝴蝶。

↕1.2 m ↔ 45 cm

◐ ☼ ◑ ❄❄❄ H5 ✽

多年生植物，大型

多穗马鞭草

这种耐涝喜湿的直立多年生植物，生有窄齿状叶片，仲夏至秋季绽放烛台状的紫红色花序。

↕1.5 m ↔ 60 cm

◐ ☼ ❄❄❄ H5 ✽

乔木，中型

北美木兰

耐涝，在潮湿的土壤中生长良好。叶大，深绿色。初夏到早秋开花。花大，杯状，乳白色，具香草香味。

↕10 m ↔ 6 m

◐ ☼ ◑ ❄❄❄ H5

多年生植物，大型

北美金线草

生有椭圆形的绿色叶片，叶面具深绿色斑纹。夏末至初秋，抽出穗状杯形花朵，初绽青翠，渐染绯红。‘画师的调色板’（上图）拥有绿、黄、粉三色斑驳叶片，宛若打翻的颜料盘。

↕1.2 m ↔ 60 cm

◐ ☼ ❄❄❄ H6

可减轻空气污染的植物

在减轻空气污染的这场战斗中，植物可以成为得力的“盟友”，因为它们的叶子能够吸附危害人类健康的颗粒物，进而改善空气质量。

种植乔木、灌木、攀缘植物等作为屏障，是减轻空气污染的有效方法。叶子有茸毛、蜡质或纹理丰富的植物，在捕捉空气中的颗粒物方面效果最佳——这些颗粒物会附着在叶面上，随时间推移被雨水冲洗掉。树冠茂密的植物最为实用：一道修剪整齐、厚实的绿篱比稀疏的种植方式能捕捉更多的颗粒物，但即便只是阳台上的盆栽灌木或墙上的攀缘植物，也会起到积极作用。常绿植物和落叶植物都值得考虑。一些落叶植物，如欧洲鹅耳枥，在冬季可能还会保留少量叶子。

灌木，中型

日本小檗

落叶灌木。多刺。叶小巧，椭圆形，排列紧密，能够吸附空气中的污染颗粒物。入秋后，叶色绚丽。可结红色浆果。

↕↔ 1.5 m

💧☼◑❄❄❄ H7 ⓘ 🐝

乔木，大型

欧洲鹅耳枥

叶卵形，叶脉具棱纹，能够吸附空气中的污染颗粒物。入秋后，叶子会变成橙黄色。冬季树上还会留存一些叶子。可被修剪成各种造型。

↕ 25 m ↔ 20 m

💧☼◑❄❄❄ H7

灌木，中型

红瑞木‘西伯利亚’

落叶灌木。因每年冬季进行平茬修剪后呈现红色茎干而闻名。夏季卵形叶片表面粗糙，可有效吸附空气中的污染颗粒物。

↕↔ 2.5 m

💧💧☼◑❄❄❄ H7 🐝

灌木，大型

西南栒子

茎拱形。叶椭圆形，常绿或半常绿，表面有光泽，背面覆有白色毡状茸毛。可被修剪成树篱，在吸附空气中的污染颗粒物方面效果显著。

↕↔ 4 m

💧☼◑❄❄❄ H6 ⓘ

乔木，小型

单柱山楂

生命力顽强。叶具裂片，略带褶皱，质地粗糙，颜色翠绿。叶片可吸附空气中的污染颗粒物。花白色，呈簇状，春季开放。秋季结出红色果实。

↕↔ 8 m

💧☼◑❄❄❄ H7 ⓘ 🐝

灌木，大型

大叶胡颓子 🏆

生命力顽强且生长旺盛。叶硕大，银绿色。花具芬芳，秋季开放。可被修剪成茂密树篱，叶片在吸附空气中的污染颗粒物方面效果显著。耐土壤贫瘠，在开阔环境中生长良好。

↕↔ 5 m

💧☼◑❄❄❄ H5 🐝

灌木，大型

冬青卫矛 🏆

常绿灌木，生命力顽强。叶宽大，表面具光泽，蜡质，能有效吸附空气中的污染颗粒物，修剪成致密树篱时效果更佳。

↕ 4 m ↔ 2.5 m

💧☼◑❄❄❄ H5 ⓘ

乔木，大型

欧洲水青冈

高大落叶乔木。叶表面有纹理，具有显著的颗粒物吸附能力。若空间较小，可以对它进行修剪，塑造成各种造型，从而形成致密树篱。入冬后，褪色的叶子会留在树枝上。

↕25 m ↔20 m

H6

乔木，中型

稠李

落叶乔木。总状花序具芳香，白色，春季开放，极具吸引力。叶片在吸附空气中的污染颗粒物方面也颇为有效。

↕12 m ↔8 m

H6

灌木，大型

火棘‘提顿’

常绿灌木。生长强健，茎干带刺。花白色，呈簇状，夏季开放。花后结橙红色浆果，果实可诱鸟。密植成篱时，枝叶能有效吸附污染颗粒物。

↕↔4 m

H6

灌木，中型

绯红茶藨子

长势旺盛，易栽培。总状花序艳丽、下垂，常呈红色，春季开放，颇为夺目。叶粗糙多毛，可有效吸附空气中的污染颗粒物。

↕↔2.5 m

H6

乔木，大型

欧洲红豆杉

常绿乔木。寿命很长，久负盛名。叶小巧、细长且带蜡质，树冠致密，能够吸附空气中的污染颗粒物。

↕15 m ↔10 m

H7

乔木，大型

北美乔柏

常绿针叶树。叶深绿色、蜡质且呈鳞片状，可扰乱空气在植株间的流动，促使污染颗粒物滞留于枝叶间。

↕30 m ↔25 m

H6

灌木，大型

地中海荚蒾

大型常绿灌木。枝繁叶茂，可作自然式绿篱或屏障。叶片带蜡质，能有效吸附污染颗粒。花白色，呈簇状，冬季开放。

↕↔3 m

H4

灌木，中型

锦带花‘佛罗里达斑叶’

落叶灌木。枝条呈拱形。花粉红色，管状，夏季开放。叶粗糙，表面具斑纹，有助于吸附污染颗粒物。

↕↔2.5 m

H6

可减轻噪声污染的植物

长时间暴露在令人厌烦或恼人的噪音中会对我们的健康产生不利影响。幸运的是，一些易于栽种的园林植物能够帮助改善这种状况。

噪声污染是一个常见的问题，尤其是在城市地区。诸如针叶树这类不规则叶片粗糙的表面能有效散射声音，而茂密厚重的叶片则能吸收噪音。树干有助于阻挡低频声音，比如车辆行驶时发出的嗡嗡声，尤其是使用树篱进行分层种植时效果很好。植物自身也能产生噪音，例如，沙沙作响的树叶会产生一种“白噪音”来掩盖其他声音。

灌木，中型

日本小檗

落叶灌木。叶小而密集，蓝绿色，椭圆形，有助于反射声音。秋季叶片色彩鲜艳，还会结红色浆果。

↕↔ 1.5 m

❄❄❄ H7

乔木，大型

地中海柏木

喜阳针叶树。树形细长高耸呈柱状，能为面积有限的花园增添垂直景观。枝叶茂密，在吸收噪音方面也颇为有效。

↕ 15 m ↔ 4 m

❄❄❄ H6

乔木，大型

苹果桉

生长迅速，嫩叶蓝灰色。树皮粗糙且会剥落，可能有助于散射声波。低分枝的习性、圆润的叶片沙沙作响，共同构成了有效的隔音屏障。

↕ 20 m ↔ 12 m

❄❄❄ H5

乔木，大型

雪松

针叶树。幼树呈圆锥形，分枝低矮，成年后树冠舒展开阔。茂密的树冠有助于散射和吸收声波，尤其是低频声波。需栽种于宽敞庭院中。

↕ 30 m ↔ 15 m

❄❄❄ H6

乔木，大型

欧洲水青冈

高大落叶乔木。叶椭圆形，能有效反射声音。同时，茂密树冠也有助于缓解噪声污染，亦可用作树篱栽植，成为生态隔音屏障的一部分。

↕ 25 m ↔ 20 m

❄❄❄ H6

灌木，大型

枸骨叶冬青

植株茂密且分枝良好，可吸收声音。叶椭圆形，常绿，有助于反射声音，是减轻噪声污染的不错选择。可作绿篱栽植，亦能培育为孤植景观树。

↕ 12 m ↔ 8 m

❄❄❄ H6

多年生植物，大型

奇岗芒

落叶观赏草。生长旺盛，丛生。茎似竹子。叶呈拱形，在微风中沙沙作响，且能留存到冬季，起到掩盖噪音的作用。

↕ 4 m ↔ 2.5 m

❄❄❄ H6

灌木，大型

石楠

常绿灌木或小乔木。叶椭圆形，革质，有锯齿，新叶初现时带红色，随后会开出白色花朵。它能有效地吸收高频声音，并且很容易形成致密的屏障或树篱。

↕ 12 m ↔ 8 m

◇☼◑❄❄ H4

灌木，大型

罗汉竹 🏆

直立型竹子。丛生。易栽种，生长旺盛。叶常绿，起风时可沙沙作响，有助于掩盖噪音。既可孤植，也可密植成屏障。

↕ 8 m ↔ 4 m

◇◆☼◑❄❄❄ H5

乔木，大型

冬青栎 🏆

常绿乔木。树冠宽阔，呈穹顶状。叶正面深绿色，背面银白色。椭圆形叶片和致密树冠在阻隔噪音方面效果显著。适合修剪成树篱。

↕ 25 m ↔ 20 m

◇☼◑❄❄ H4

乔木，大型

欧洲赤松

叶蓝绿色，成年树干的树皮为橙色。针状叶子即便在微风中也能发出独特且悦耳的声音，有助于掩盖噪音。

↕ 30 m ↔ 10 m

◇◆☼❄❄❄ H7

乔木，大型

欧洲红豆杉 🏆

常绿乔木。茎具分枝。叶小而密，细长且带蜡质，独特的层叠排列可有效散射并吸收声波。易被修剪成树篱，从而形成致密的隔音屏障。

↕ 15 m ↔ 10 m

◇☼◑●❄❄❄ H7(!)

乔木，大型

北美乔柏

常绿针叶树。作为绿篱种植时，可以吸收噪音。作为乔木种植时，树干和茂密的树冠有助于减少噪音。

↕ 30 m ↔ 25 m

◆☼◑❄❄❄ H5

灌木，大型

卢奇梅 🏆

树冠宽阔，呈穹顶状，枝叶茂密。叶深绿色，有光泽，椭圆形，能有效地反射声音。茂密的树冠和树干有助于阻挡和分散噪音。可用来打造优质的树篱。

↕ ↔ 10 m

◇☼◑❄❄❄ H5(!)

可适应气候变化的强韧植物

那些能够在炎热干燥的夏季极端气候以及潮湿，甚至积水或严寒的冬季条件下存活的植物，需求量正日益增长。

变幻莫测的极端天气是气候变化的显著征兆。夏日的持续高温与干旱过后，秋冬季因硬化地面径流加剧的强降雨可能引发洪涝；而后持续的冰冻天气又会雪上加霜。在此类极端条件下，唯有强韧的植物方能存活——某些物种可展现出惊人的耐受性，尤其是那些根系发达的成熟植株。它们大多原产于温差巨大的大陆性气候区，或干湿季分明的特殊地域。园艺师可通过巧妙利用庭院微气候，显著提升植物的生存概率。

多年生植物，小型

柔毛羽衣草 🏆

多年生草本。丛生。叶圆润，被茸毛，淡绿色。花黄绿色，夏季开放。可很好地耐受夏季炎热和干旱气候，亦能耐晒或耐阴。

↕↔ 50 cm

◇◑☼◐● ❄❄❄ H7

多年生植物，小型

密穗蓼‘超级’ 🏆

叶椭圆形，秋季变红。可适应全日照或半阴环境。能生长于干燥土壤，甚至能耐受冬季短期积水的地方。

↕ 25 cm ↔ 60 cm

◇◑☼◐ ❄❄❄ H7

多年生植物，小型

欧铃兰 🏆

叶对生，宽大，绿色。总状花序具芳香，晚春开放。在阳光充足或遮阴处均可繁茂生长。能耐受严寒酷暑，适应干燥或湿润的环境。

↕ 50 cm ↔ 1 m

◇◑☼◐ ❄❄❄ H7 ⓘ ✽

灌木，中型

红瑞木‘西伯利亚’

落叶灌木。叶椭圆形。花白色，夏季开放。既能耐受冬季严寒，也能耐受一定时期的积水，同时还能适应干燥的夏季环境。

↕↔ 2.5 m

◑●☼◐ ❄❄❄ H7

乔木，小型

杂交山楂‘保罗红’ 🏆

落叶乔木。树冠呈圆顶形，株型紧凑，易于栽种。枝条带刺。花重瓣，浅红色，呈簇状，春季开放。成年植株耐热、耐旱，亦耐半阴，且具良好的耐寒性。

↕↔ 8 m

◇◑☼◐ ❄❄❄ H7 ⓘ

二年生植物，大型

毛地黄 🏆

叶呈莲座状，阔卵形。花管状，紫色或白色，呈穗状排列，第二年开放。可在阳光充足处或落叶乔木下方的半阴环境中生长。既耐湿又耐旱。

↕ 2 m ↔ 50 cm

◇☼◐ ❄❄❄ H7 ⓘ ✽

二年生植物，大型

起绒草

茎直立，粗壮，带刺，具分枝。头状花序布满刚毛，形似蓟草。既耐干旱和水涝，也耐夏季炎热和冬季寒冷。易自播繁殖。

↕ 3 m ↔ 60 cm

◇☼◐ ❄❄❄ H7 ✽

多年生植物，小型

蓝叶玉簪‘翠鸟’ 🏆

叶片厚实，椭圆形，蓝灰色。花序淡紫色，夏季开放。若处于荫蔽环境，能耐高温和干旱，但在凉爽、湿润且阳光充足的地方，也能茁壮成长。

↕ 40 cm ↔ 70 cm

◇◑☼◐ ❄❄❄ H7

乔木，中型

栾树 🏆

树冠圆形宽阔，株型矮小。叶呈羽状，入秋后变成黄色。夏末开放黄色圆锥花序。花后结果。果实膨大，略带粉红色。耐热、耐旱、耐寒。

↕ 10 m ↔ 8 m

💧 ☼ ❄❄❄ H5

球根植物，中型

夏雪片莲 🏆

多年生草本。丛生。叶带状。花绿白色，钟形，春季开放。既耐短期涝渍，又可在夏季休眠时耐受干旱。

↕ ↔ 50 cm

💧💧💧 ☼ ❄❄❄ H7 (!)

多年生植物，大型

芒‘喷泉’ 🏆

丛生观赏草。叶翠绿色，中脉白色，入秋后变成金黄色。羽状花序，夏末开放。既能耐高温、干旱，也能适应潮湿的土壤。

↕ 1.5 m ↔ 1 m

💧💧 ☼ ❄❄❄ H6

多年生植物，中型

千屈菜‘罗伯特’ 🏆

丛生。叶披针形。总状花序直立。花粉红色，夏季开放。适植于阳光充足处或半阴环境下。

↕ 1 m ↔ 50 cm

💧💧 ☼ ◑ ❄❄❄ H7

乔木，中型

桑

落叶乔木，适应性强。树冠呈宽阔圆顶形。叶有光泽，心形，落叶前变成黄色。夏季结果。果实最初为白色，之后变为红色，可食用。成年植株可耐受夏季高温和干旱。

↕ 12 m ↔ 8 cm

💧💧 ☼ ❄❄❄ H5

乔木，中型

豆梨‘雄鸡’

落叶乔木。树冠呈圆锥形，树枝带刺。叶具光泽，深绿色，入秋后变得火红艳丽。花白色，春季开放。一旦生长稳定，便能耐受夏季炎热和干燥环境，还能抵御冬季严寒。

↕ 15 m ↔ 6 m

💧 ☼ ❄❄❄ H6 (!)

灌木，中型

月季‘拉伊玫瑰园’ 🏆

花朵芳香，呈半重瓣状，颜色为深红色至紫色，在整个夏季和秋季都能持续良好地绽放。可以在全日照或半阴环境下生长，耐寒、耐热、耐旱。

↕ 1.8 m ↔ 1.5 m

💧💧 ☼ ◑ ❄❄❄ H7 (!)

乔木，大型

落羽杉

一种大型的落叶针叶树，树冠呈圆锥形。绿叶秋季变为橙色和棕色。既能在沼泽地或排水不良的土壤中良好生长，也能耐受较干燥的环境。

↕ 40 m ↔ 9 m

💧💧 ☼ ◑ ❄❄❄ H7

多年生植物，大型

细叶美女樱 🏆

直立生长。茎干细长。夏季和秋季开出具香味的紫色花簇。既可耐受夏季的炎热和干旱，也能经受住冬季短暂的潮湿。

↕ 1.5 m ↔ 60 cm

💧 ☼ ◑ ❄❄ H4

耐旱植物

随着许多地区的降雨量越来越不稳定，园艺师开始选择那些耐旱植物，这样既能节约用水，又能确保花园具有吸引力。

气候变化意味着园艺师不得不去适应更加变幻无常的天气状况，比如漫长的干旱期，尤其是在炎热的夏季。许多传统园艺植物正变得越来越难以培育，或许已不值得再投入过多时间与资源，而一批具有耐旱特性的替代植物正展现出独特优势。它们既能适应全日照环境，也能在干燥荫蔽处生长，一旦扎根成型，即使在限水条件下也能蓬勃生长。这些植物天生能适应干旱环境，其典型特征包括：肉质叶片、具反光效果的银灰色叶片、多茸毛叶片，或在极端干旱时会转入地下休眠的生存策略。

乔木，大型

银荆

速生常绿乔木。叶蓝绿色，似蕨类植物。花序呈球状，圆润蓬松。花黄色，冬末和早春开放。极耐夏季炎热和干旱。

↕↔ 15 m

H3

多年生植物，大型

山地龙舌兰

植株呈莲座状。叶绿色，带锯齿，具针状尖刺。花茎高大、壮观。喜烈日和干旱环境，也能耐受一定程度的冬季寒冷和潮湿。

↕↔ 1.5 m

H4

多年生植物，大型

南方巴帕迪豆

丛生。茎干直立。花穗羽扇豆状。花蓝色，似豌豆花形，初夏开放。花后结种荚。耐旱。

↕ 1.5 m ↔ 1 m

H7

球根植物，小型

常春藤叶仙客来

先开花后长叶。花粉色或白色。叶银绿色，秋冬季萌发。极耐炎热和干旱且阳光充足的环境，亦能适应凉爽、潮湿或干旱的背阴环境。

↕ 10 cm

H5

灌木，小型

大王桂

常绿灌木。丛生，茎干拱形。叶细长，具光泽。花略带绿色，春季开放。花后结红色浆果，果期夏季。

↕ 1 m ↔ 1.5 m

H5

乔木，小型

无花果

落叶乔木。树冠呈圆顶形。叶宽大粗糙，通常有深裂，且带芳香。夏季结果。果实甜美多汁，绿色、黄色或紫色。极耐夏季酷热和干旱。

↕↔ 5 m

H4

多年生植物，小型

宽叶蜂鸟花

多年生草本。根蘖发达，茎有分枝，易成丛。叶灰绿色。花鲜红色，喇叭形，生于花茎顶端，夏末和秋季开放。耐夏季高温和干旱。

↕ 40 cm ↔ 60 cm

H4

一年生植物，小型

花菱草

可作地被，易自播繁殖。叶具裂片，蓝绿色，呈丛生状。花具光泽，橙色、黄色或红色，夏季开放。喜阳光充足和炎热环境，耐贫瘠，耐旱。

↕ 30 cm ↔ 15 cm

H3

多年生植物，大型

茴香

直立生长，丛生。叶柔软如羽毛，具香气。花茎高大，具分枝。花伞形，亮黄色，夏季开放。耐土壤瘠薄。喜光耐旱。

↕ 1.8 m ↔ 50 cm

💧☼ ❄❄❄ H5 🐝 ✽

乔木，小型

埃特纳染料木 🏆

绿色枝条细长，呈拱形。叶片稀疏。花明黄色，具芳香，形似豌豆花，夏季开放。具有极强的耐旱性。

↕↔ 8 m

💧☼ ❄❄❄ H5

球根植物，中型

意大利唐菖蒲 🏆

叶剑状，春季萌发。花序起初呈拱形，而后直立。花淡紫色，初夏开放。入夏后，地上部分会枯萎休眠以躲避炎热干燥环境。

↕ 50 cm

💧☼ ❄❄ H3 ✽ ⓘ

多年生植物，中型

白玉鸢尾 🏆

生命力顽强。叶带状，绿色。花黄色或紫色，初夏至仲夏开放。冬季结绿色荚果，裂开后露出橙色种子。

↕ 90 cm ↔ 50 cm

💧☀ ❄❄❄ H6 ⓘ

多年生植物，中型

宿根银扇草 🏆

叶心形。花茎直立。花紫色或白色，春季至初夏开放。种荚椭圆形。可用于点缀树木下方空间。

↕ 90 cm ↔ 50 cm

💧◐☀ ❄❄❄ H7 ✽

多年生植物，小型

费森杂种荆芥

多年生草本。株型饱满呈丘状，枝叶茂密。叶灰绿色，有芳香。花轮生，蓝紫色，夏季开放。非常适宜在阳光充足且干燥的环境中生长。

↕↔ 45 cm

💧☼ ❄❄❄ H7 🐝

灌木，中型

夹竹桃 🏆

常绿灌木。叶革质，椭圆形。花呈簇状，白色、粉色、红色，偶见黄色，有单瓣和重瓣之分，夏季开放。耐酷暑和干燥的环境。寒冷地区，冬季需移至室内养护。

↕ 2.5 m ↔ 1.5 m

💧☼ ❄❄ H3 ⓘ

灌木，大型

大齿榄叶菊 🏆

常绿灌木。叶表面灰绿色，边缘具锐齿，背面银白色。花似雏菊，黄白双色，夏季开放。喜光耐旱。

↕↔ 4 m

💧☼ ❄❄ H4 🐝

灌木，小型

地中海波萼苏 🏆

常绿灌木。茎初时直立，后呈蔓生状。叶灰绿色，密被白茸毛。花轮生，粉色，夏季开放。在漫长的夏季高温和干旱时期，表现十分出众。

↕ 60 cm ↔ 90 cm

💧☼ ❄❄ H4

适生于边坡的植物

坡地与堤岸能为园林设计增添趣味性和层次感。为了获得最佳的景观效果，应选用生命力顽强、耐旱的植物品种。

斜坡能为堤岸提供不同的颜色和纹理，创造出非凡的景致，但易受干旱和冲蚀之扰。根系发达的植物（如老鹳草、刺柏、欧石南等）蔓延的根系可固土护坡，而茂密冠层更能缓解雨水冲刷。当选耐旱品种以应对瘠薄土壤时，如果斜坡裸露，还需考虑其抗风性。

灌木，小型

香脂冷杉‘哈德逊’

一种生长缓慢的常绿针叶树，可适应排水良好的斜坡。叶针形、深绿色，蔓延成山丘状。适植于中性或酸性土壤中。

↕↔ 1 m

H7 pH

灌木，大型

达尔文小檗

这种坚韧多刺的常绿灌木能为斜坡增添层次与高度。冬青般的微型叶丛中，春季垂悬橙色花簇。花后结出蓝黑色浆果。

↕↔ 3 m

H5

多年生植物，小型

近缘拳蓼‘大吉岭红’

茂密的绿叶秋季会呈现出多彩的色调。整个夏季都会有小巧的粉红色和红色花朵绽放。

↕ 50 cm ↔ 1 m

H7

灌木，小型

帚石南‘金色烟雾’

这种贴地蔓生的欧石南，以鳞状叶丛与夏末至秋日绽放的细小白花，为斜坡铺就天然锦毯。需栽植于酸性土壤中。

↕ 45 cm ↔ 60 cm

H7 pH

灌木，大型

狭叶小檗

一种大型多刺的常绿灌木。叶狭长，顶端尖，深绿色。春季绽放黄色小花。花后结出蓝黑色的果实。花谢后可轻微修剪。

↕ 3 m ↔ 5 m

H5

多年生植物，小型

岩白菜

适生于斜坡上排水良好处。叶大、肉质、圆形，在寒冷的气候中变成紫色。春季开出深粉色的花簇。宜去除褪色的花头。

↕ 40 cm ↔ 60 cm

H5

灌木，小型

匍匐美洲茶

常绿灌木。茎拱形。叶小巧，有光泽，深绿色。晚春绽放蓝色圆锥花序。速生种，耐旱，适合种植在阳光充足的斜坡上。

↕ 1 m ↔ 4 m

H4

灌木，中型

桤叶树

落叶灌木。夏季开花，花序锥形，花小、白色、有香味。秋季，叶子由绿色变成亮黄色。在斜坡底部潮湿的酸性土壤中生长最好。

↕↔ 2.5 m

💧 ☀ ❄❄❄ H5 pH

灌木，小型

欧石南

一种匍匐生长的常绿灌木，可在阳光充足的坡地和河岸生长。叶深绿色，针状。冬季到春季，短穗上着生微小的粉色、红色或白色花朵。

↕ 30 cm ↔ 45 cm

💧 ☀ ❄❄❄ H6 pH 🐝

灌木，小型

大宝石南

一种耐旱、矮生的灌木。叶小，深绿色。初夏到秋季绽放瓮形，白色或紫色的花朵。

↕ 45 cm ↔ 60 cm

💧 ☀ ❄❄❄ H5 pH

多年生植物，小型

白花扬格淫羊藿 🏆

一种匍匐生长的多年生植物。叶心形，边缘锯齿状，初生时青铜色、后变成绿色，可装饰坡地和河岸。晚春开出白色花朵。

↕↔ 30 cm

💧 ☀ ❄❄❄ H5

灌木，小型

尖萼白珠树

一种常绿灌木，可装饰坡地或河岸。叶深绿色，多刺。晚春绽放白色小花。花后雌株上结出红色、粉色、白色的浆果。

↕↔ 1.2 m

💧 ☀ ❄❄❄ H6 ⓘ pH

多年生植物，小型

恩氏老鹳草 🏆

叶丛生，浅裂，绿色。春季到秋季，叶片可很好地装饰坡地。夏季绽放淡粉色花朵，花瓣略有缺口，可增加景观效果。

↕ 45 cm ↔ 60 cm

💧 ☀ ☀ ❄❄❄ H7 🐝

多年生植物，小型

巨根老鹳草

一种易栽植的多年生植物。叶片深裂。初夏开花，花量大，花小、品红色。若夏季修剪，可二次开花。

↕ 38 cm ↔ 60 cm

💧 ☀ ☀ ❄❄❄ H7 🐝

灌木，大型

弗吉尼亚鼠刺

一种蔓生的常绿灌木。茎拱形，其上着生椭圆形、多刺的深绿色叶片。仲夏到秋季，绽放绿白色的柔荑花序。宜栽植在酸性土壤中。

↕ 3 m ↔ 1.5 m

💧 ☀ ❄❄❄ H5 pH

灌木，中型

迎春花 🏆

常被当作攀缘植物。枝条拱形，可顺着斜坡向下悬垂生长。一边生长，一边生根入土，有助于稳固土壤。冬季，光秃的茎干上缀满黄色花朵。

↕↔ 2.5 m

💧☼◑❄❄❄ H5

灌木，小型

铺地柏

一种株型紧凑的常绿针叶灌木，常用作河岸和坡地的地被植物。叶密实，多刺，绿色。果实小，圆形，棕色或黑色。宜植于阳光充足或阴凉的地方。

↕ 20 cm ↔ 75 cm

💧☼◑❄❄❄ H7 ⓘ

灌木，小型

蕊帽忍冬

一种蔓生、密集生长的常绿灌木，可耐受干燥的坡地环境。叶深绿色，光滑。晚春绽放漏斗状白色花朵。花后结出蓝紫色浆果。

↕ 60 cm ↔ 2.5 m

💧◑❄❄❄ H6 ⓘ

多年生植物，小型

金叶丛林地杨梅

一种丛生的常绿多年生植物，常作为地被植物种植在阴凉的斜坡上。叶片有光泽，夏季为绿色，冬春季为黄绿色。

↕ 40 cm ↔ 45 cm

💧◑❄❄❄ H7

灌木，小型

胡柏 🏆

一种矮生或匍匐生长的常绿针叶灌木，常作为地被植物种植在阳光充足的坡地。叶绿色、鳞片状，冬季变成铜紫色。秋季结出黄棕色果实。

↕ 1 m ↔ 不定

💧☼❄❄❄ H7

球根植物，中型

水仙‘二月金’ 🏆

这款强健的水仙品种尤其适宜排水良好的斜坡环境，其短茎特性更能抵御风害。细长的绿色叶片簇拥着早春绽放的芳香黄花。

↕ 30 cm

💧☼◑❄❄❄ H6 ⓘ ✿

灌木，小型

小米空木

一种矮生的落叶灌木，卷曲的叶片可覆盖倾斜的苗床。秋季，叶片变成黄色和橙色。夏季开花，花簇微小、绿白色。易栽培，能适应大多数土壤。

↕ 60 cm ↔ 3 m

💧☼◑❄❄❄ H7

多年生植物，大型

俄罗斯糙苏 🏆

常绿植物。生长健壮，丛生。叶柔软，绿色，心形。花茎直立。花轮生，黄色，兜状，夏季开放。花后形成头状种荚，颇具观赏性。

↕ 1.5 m ↔ 2 m

💧☼❄❄❄ H6 🐝 ✿

灌木，中型

雅库杜鹃 🏆

这种常绿灌木具有革质、深绿色的叶片和钟形的花朵（花蕾为粉色，绽开后为白色），是坡地栽植的理想植物。

↕↔ 2 m

💧◑❄❄❄ H5 ⓘ pH

灌木，小型

地被月季

蔓延匍匐生长，宜植于受庇护的斜坡上，以保护其免受风害。夏季和秋季开花，花杯状、半重瓣，开于叶片上方。叶片抗病性强，光滑，绿色。

↕45 cm ↔ 1.2 m

💧☼❄❄❄ H6 ⓘ 🐝 ✿

灌木，小型

月季‘肯特’🏆

叶片抗病性强，有光泽，绿色。夏季和秋季绽放半重瓣的白色花朵。宜每年春季在根部施腐熟有机肥。

↕80 cm ↔ 90 cm

💧☼❄❄❄ H6 ⓘ 🐝 ✿

灌木，中型

月季‘白花’

茎干多刺。叶有光泽。花带香味，白色，单瓣，夏季开放。花后结橙色果实。可能具有入侵性。

↕↔ 1.5 cm

💧☼❄❄❄ H7 ⓘ 🐝

球根植物，中型

土耳其雪百合

多年生球根花卉，宜种植在阳光充足的坡地。叶线形，绿色。早春绽放星形的蓝色花朵，花心白色。宜秋季成群种植。

↕15 cm

💧☼❄❄❄ H6 ⓘ

多年生植物，小型

反曲景天‘安吉丽娜’

常绿多肉植物。铺地生长，具匍匐茎，可形成低矮的金黄色垫状丛。花黄色，夏季开放。在阳光充足或半阴的斜坡上种植，十分引人注目。

↕30 cm ↔ 1 m

💧☼◐❄❄❄ H7

灌木，中型

团雪果

一种密生的落叶灌木，可在大部分地块生长。叶小而圆，深绿色。夏季绽放粉色花朵。花后结出白色圆形果实。可修剪成齐腰高的树篱。

↕↔ 2 m

💧☼◐❄❄❄ H7 ⓘ 🐝

多年生植物，小型

小金莲花

光润绿叶之上绽放黄色毛茛状花朵，能为春末花园增添亮色。无论全阳或半阴处皆可生长，尤喜湿润土壤。

↕30 cm ↔ 20 cm

💧☼◐❄❄❄ H7 🐝

灌木，大型

加拿大铁杉

一种生长缓慢的常绿针叶树。茎干下垂，如喷泉般。叶片针状，蓝绿色。具有小的棕色球果。

↕↔ 5 m

💧◐❄❄❄ H7

抑制杂草的地被植物

蔓延生长的地被植物，以密织的茎叶覆盖地表形成天然防草毯，可以将耗费大量劳动力管理的花园变成易于管理的休闲空间。

虽然此类植物生性强健，但多数对生境有其特定需求，故需确保园中条件契合所选品种。向阳处宜选择景天、欧石南，荫蔽地当选富贵草、常春藤与蕨类。除却蔓延的茎叶，众多地被植物还具有美丽的花朵——香雪球与南芥率先报春，继而老鹳草与月季接力绽放，可延续数月绚烂花事。然而，如果不管理这些长势旺盛的植物，它们或许会越界蔓生，故需适时修剪，以免侵扰附近娇弱的植物。

多年生植物，小型

匍匐筋骨草

具有蔓生习性。光亮的墨绿色叶片会形成紧密的莲座丛。春末夏初时节，短穗状花序上绽放深蓝色小花。‘紫铜’(上图)的叶片泛青铜色光泽。

↕ 15 cm ↔ 90 cm

❄❄❄ H7

多年生植物，小型

柔毛羽衣草 🏆

叶片圆形，淡绿色。夏季长出松散分枝，着生黄绿色小花。最好种植在阴凉处。

↕↔ 50 cm

❄❄❄ H7

多年生植物，大型

杂交银莲花

茎枝舒展。扁平的花冠呈粉白双色，花期可持续至秋季。蔓生的习性会形成低矮的叶冠层。

↕ 1.2 m ↔ 不定

❄❄❄ H7

多年生植物，小型

高加索南芥

一种常绿多年生植物。叶片多毛，灰绿色。早春到初夏绽放白色小花。

↕↔ 15 cm

❄❄❄ H6

多年生植物，小型

海石竹

一种丛生的常绿多年生植物。叶片细长，有光泽。夏季绽放白色或粉色小花。宜植于排水良好处，让其自然生长。

↕ 10 cm ↔ 15 cm

❄❄❄ H5

多年生植物，小型

密穗蓼‘超级’ 🏆

一种具有活力的多年生植物。叶片椭圆形，绿色。夏季开出穗状、直立的淡粉色花序。生长迅速，在较小的地块需控制生长。

↕ 25 cm ↔ 60 cm

❄❄❄ H7

多年生植物，小型

北美细辛

这款地被型多年生植物生有观赏性十足的肾形叶片，宛如铺就的碧绿地毯。夏季绽放杯形紫褐色小花。耐阴性强。

↕ 15 cm ↔ 30 cm

❄❄❄ H6

多年生植物，中型

大星芹

一种直立、丛生的多年生植物。叶绿色，分裂。仲夏到早秋绽放绿色、白色、粉色或红色小花。

↕ 90 cm ↔ 45 cm

❄❄❄ H7

灌木，小型

帚石南

一种矮生的常绿灌木。仲夏至秋季绽放粉色、红色或白色花朵。具有蔓生性，可全年极好地覆盖地表。在酸性土壤中生长良好。

↕60 cm ↔ 75 cm

H7 pH

多年生植物，小型

蓝雪花

一种茂密的多年生植物。叶片椭圆形、绿色。花小、蓝色，晚夏到秋季开放。可能具有入侵性。

↕45 cm ↔ 20 cm

H5

多年生植物，小型

草茱萸

这种低矮匍匐的多年生植物能形成地毯般的覆盖层。暮春时节会在圆簇状绿叶中央绽放单瓣白花。虽然生长缓慢，但特别适合阴生花园。

↕15 cm ↔ 30 cm

H5 pH

灌木，小型

大宝石南

一种蔓生的常绿灌木。叶片小，深绿色。初夏到秋季开花。花朵瓮形，单瓣或重瓣，白色或紫红色。

↕45 cm ↔ 60 cm

H5 pH

多年生植物，小型

大花淫羊藿

这种丛生的多年生植物会形成低矮的心形硬质绿叶冠层。春季，枝头垂下白色、黄色、粉色或紫色的铃形花朵。需及时修剪枯老叶片。

↕25 cm ↔ 30 cm

H5

多年生植物，小型

罗比扁叶桃大戟

常绿草本。根系蔓延性强，丛生。叶深绿色，呈莲座状。花柠檬绿色，呈簇状，花期长，春季开放。

↕50 cm ↔ 1.5 m

H5

多年生植物，小型

车轴草

茎密集，匍匐生长，形成茂密的地被层。叶深绿色，披针形。花白色，星形，头状，春季和初夏开放。可作优良的耐阴地被植物。

↕15 cm ↔ 30 cm

H7

灌木，小型

伏卧白珠树

这种常绿矮灌木会形成浓密的椭圆形亮绿叶毯。夏季绽放粉白相间的小花，秋季结出鲜艳的红色浆果。非常适合栽种在高大灌木下方作地被植物。

↕15 cm ↔ 不定

H5 pH

多年生植物，小型

杂交老鹳草‘比科沃’

生命力顽强，可通过地下根茎蔓延生长形成致密的地被层。叶有光泽，深绿色。花白色，雄蕊粉红色，夏季开放。入秋后，叶色鲜艳似火。

↕20 cm ↔ 60 cm

H6

多年生植物，小型

巨根老鹳草

一种生命力顽强的多年生植物。叶深裂，具芳香。初夏开出大量品红色花朵。蔓延性强，可能具有入侵性。

↕38 cm ↔ 60 cm

H7

多年生植物，小型

皱叶老鹳草

一种生长旺盛的常绿多年生植物。叶分裂，齿状。晚春到仲夏绽放圆形粉色花朵。

↕ 45 cm ↔ 60 cm

💧☼◐❄❄❄ H7 🐝

多年生植物，中型

圆叶玉簪

可形成蔓延的丛簇。宽大的灰蓝色叶片间，会在初夏短暂抽穗，绽放淡紫灰色的铃形花序。需注意防止蛞蝓侵害。

↕ 1 m ↔ 1.2 m

💧◐❄❄❄ H7

灌木，小型

冬绿金丝桃

一种充满活力的常绿矮生灌木。茎拱形。叶浓密，深绿色。仲夏到仲秋绽放亮黄色花朵。可作为地被植物大面积种植。具有入侵性。

↕ 60 cm ↔ 不定

💧☼◐❄❄❄ H5 ⓘ

灌木，小型

平枝圆柏

这种匍匐生长的常绿针叶树鳞片状的蓝绿色枝叶，是覆盖大面积裸地的理想选择。‘巴尔港’的枝叶在冬季呈独特的紫晕色调。

↕ 50 cm ↔ 不定

💧☼◐❄❄❄ H7 ⓘ

多年生植物，小型

紫花野芝麻

地被植物，是阴凉地区和大灌木丛下的理想选择。晚春到夏季绽放白色穗状花序。叶片绿色，具有白色斑点。

↕ 15 cm ↔ 1 m

💧◐●❄❄❄ H7 🐝

多年生植物，小型

总花猫薄荷 🏆

一种蔓生的多年生植物。茎上覆盖灰绿色的叶片。夏季开出蓝紫色的穗状花序。

↕ 30 cm ↔ 45 cm

💧☼❄❄❄ H7 🐝

多年生植物，小型

顶花板凳果

通过地下根茎向四周蔓延生长，在湿润的背阴处形成茂密的地被层。茎短小直立。叶有锯齿，具光泽，深绿色。花白色，穗状，夏季开放。

↕ 50 cm ↔ 2 m

💧◐●❄❄❄ H5

多年生植物，小型

丛生福禄考

常绿。叶针形，绿色。夏季绽放星形的粉色、白色或淡紫色花朵。适合植于需要矮生地被植物覆盖、阳光充足的地区。

↕ 15 cm ↔ 50 cm

💧☼❄❄❄ H6

多年生植物，小型

肺草 🏆

叶片丛生，无光泽，绿色。春季，蓝色、喇叭形的花朵簇生在直立的茎上。夏季长新叶。

↕ 23 cm ↔ 30 cm

💧◐●❄❄❄ H6 🐝

灌木，小型

地被月季

亮绿色叶片抗病性强。花朵半重瓣，花色涵盖白色、粉色、红色及黄色系。多叶的茎蔓非常适合大面积覆盖栽培。

↕ 45 cm ↔ 1.2 m

💧☼❄❄❄ H6 ⓘ 🐝

灌木，小型

月季‘肯特’

这种蔓生灌木生有抗病性强的墨绿色叶片，夏秋季会成簇绽放扁平状的半重瓣白花。需定期摘除残花。

↕ 80 cm ↔ 90 cm

H6

多年生植物，小型

反曲景天‘安吉丽娜’

多肉植物。常绿。铺地生长，具匍匐茎，可形成低矮的金黄色垫状丛。花黄色，呈簇状，夏季开放。在砾石花园中，能很好地抑制杂草生长。

↕ 30 cm ↔ 1 m

H7

一年生植物，小型

旱金莲

一种适合夏季栽植的地被植物。叶圆形，蓝绿色。花黄色。种植在阳光明媚处，可迅速自播繁殖。斑叶旱金莲（上图）具有杂色的叶片。

↕ 30 cm ↔ 45 cm

H3

多年生植物，小型

虎耳草

一种蔓生的多年生植物，适用于覆盖阴凉角落。叶着生于蔓生的茎上，圆形、被毛、深绿色，具银色叶脉。夏季开花，花小、白色。

↕ 15 cm ↔ 30 cm

H2

多年生植物，小型

异叶蔓长春花‘珍妮·皮姆’

叶片具光泽，亮绿色。春季开出边缘为白色的粉红色花朵。无论是在阳光充足处还是阴凉的地方，都能很快形成浓密厚实的覆盖层。

↕ 50 cm ↔ 2 m

H4

多年生植物，小型

堪察加景天

一种蔓生的半常绿多年生植物，可用于覆盖小面积地块或者群植。晚夏绽放橙黄色花朵。

↕ 8 cm ↔ 20 cm

H7

多年生植物，小型

绵毛水苏

一种蔓生的常绿多年生植物，是干燥、阳光明媚地区的理想选择。叶密集生长、柔软、灰绿色。夏季开花，花小、淡紫色或粉色、穗状。

↕ 38 cm ↔ 60 cm

H7

多年生植物，小型

林石草

一种半常绿的多年生植物。叶茂盛、深绿色、分裂。晚春至早夏开花，花蝶形、亮黄色。适植于荫蔽处，但可能成为入侵植物。

↕ 10 cm ↔ 30 cm

H7

多年生植物，中型

大花饰缘花

一种半常绿的多年生植物，是阴生地段和林地花园的理想选择。叶心形、绿色、有纹理。春末到仲夏开花，花穗状、奶白色。

↕ ↔ 60 cm

H6

低致敏性植物

花粉丰富的花园是吸引蜜蜂和蝴蝶的好地方，但也可能诱发人类的过敏反应。

如果你易受过敏困扰，建议选择重瓣月季、绒球大丽花等花形复杂的品种——其繁复的花瓣能将花粉锁闭在花冠内部。杂草会产生大量花粉，应在开花前及时清除；观赏草类也需避免种植，它们与野生禾本科植物一样，是引发过敏反应的主要元凶。除栽种低致敏植物外，构筑绿篱屏障亦能有效阻隔随风传播的花粉，降低过敏发作概率。

多年生植物，中型

百子莲‘烟火’

丛生。叶带状，常绿。小花白色，基部略带紫色，喇叭形。寒冷地区，冬季需在温室加以保护。

↕60 cm ↔ 50 cm

H3

多年生植物，大型

龙舌兰

一种常绿多年生植物。叶片披针形、顶端尖锐，灰绿色。成熟后开花，花奶白色。宜植于花盆中，并于室内越冬。

↕↔ 1.5 m

H2

多年生植物，中型

宽钟风铃草

具有荨麻状的锯齿叶。夏季，多叶的高茎上簇生铃形的蓝紫色花朵。‘伯妮斯’的重瓣蓝色花朵花粉量少，特别适合过敏体质者栽种。

↕1 m ↔ 30 cm

H7

多年生植物，小型

紫叶匍匐筋骨草

一种常绿多年生植物。叶片具光泽，深青紫色，莲座状。春季开出蓝色短穗状花序，花粉产量极少。

↕15 cm ↔ 90 cm

H7

球根植物，大型

花葱‘紫色震撼’

这种多年生植物茎干挺拔，初夏在茎顶绽放紫色的球状花序，花粉含量极少。建议秋季将种球成簇栽植于多年生植物之间，周边植株可自然掩映其叶片。

↕80 cm

H6

球根植物，大型

大丽花‘黑加仑甜酒’

茎直立。花硕大，重瓣。花瓣正面呈柔和的紫粉色，背面呈深黑醋栗色。夏秋季开花。冬季来临前需起球，并将种球存放在无霜冻处。

↕1.2 m

H3

灌木，大型

神农箭竹

一种巨大的丛生常绿竹子，是过敏者的完美选择，因为它几乎不开花。茎拱形，黄绿色。叶片长矛形，亮绿色，可用来打造一个焦点景观。

↕4 m ↔ 不定

H5

多年生植物，中型

光蕊老鹳草

一种丛生的多年生植物。叶片分裂、齿状、薄荷绿色，秋季变成红色。夏季开花。花碟形、洋红色，具有黑色的花心和脉纹。

↕↔ 60 cm

H7

一年生植物，中型

向日葵

叶片心形。夏季开出硕大的橙黄色雏菊状花朵，花后结出可食用的种穗。其中重瓣品种（如上图的‘泰迪熊’）花粉含量较少。

↕ 90 cm ↔ 60 cm

H4

多年生植物，小型

蓝叶玉簪‘翠鸟’

这种枝叶繁茂的低矮多年生植物，蓝灰色的长心形叶片具明显肋状纹理，夏季还会短暂抽生出淡紫灰色的高挑花茎。

↕ 40 cm ↔ 70 cm

H7

多年生植物，中型

西伯利亚鸢尾

一种喜湿润的丛生多年生植物。宽大的叶片与蓝紫色或白色的花朵，能在初夏至仲夏为花境增添雅致。花朵从锥形花苞中渐次绽放。

↕ 1 m ↔ 60 cm

H7

球根植物，大型

百合‘秃鹰’

重瓣品种。无花粉。叶具光泽，披针形。花茎直立。花呈簇状，深红色，夏季开放。非常适合盆栽观赏，也适合用作切花。

↕ 1 m ↔ 30 cm

H6

一年生 / 二年生植物，小型

矮牵牛“魅影”系列

能形成圆丘状的株丛，绽放近乎黑色的喇叭形花朵（花瓣带金色星状纹），并配以椭圆形的绿色叶片。

↕↔ 30 cm

H2

灌木，大型

粉绿竹

一种丛生的常绿灌木，几乎不开花，是低致敏性花园的理想选择。叶片亮绿色。茎干绿棕色，成熟变为黄绿色。春季宜剪除枯死枝和弱枝。

↕ 8 m ↔ 不定

H5

多年生植物，中型

花荵

一种丛生直立的多年生植物。叶片全裂。初夏开花，花小、淡蓝紫色，雄蕊橙黄色，花粉含量少。自播繁殖，可成为入侵植物。

↕↔ 60 cm

H7

攀缘植物，中型

月季‘阿罗哈’

这种杂交茶香月季能绽放芬芳的重瓣玫瑰粉与鲑粉色花朵，花粉含量极少，花期贯穿夏秋两季。深绿色叶片具强抗病性。

↕ 2.5 m

H6

多年生植物，中型

穗花婆婆纳

这款多年生植物夏季会抽生出蓝色、粉色、白色或紫色的穗状花序，花粉产量极少。细长的披针形绿叶之上，挺拔的花序格外醒目。

↕ 60 cm ↔ 45 cm

H4

多年生植物，小型

角堇 、

一种精致的低致敏性常绿多年生植物。叶片椭圆形，边缘有锯齿。春季至夏末开花。花蓝紫色，有时呈白色。其是理想的地被植物和盆栽植物。

↕ 20 cm ↔ 20 cm

H5

防蛞蝓植物

防蛞蝓植物包含诸多观赏性优异的品种，能适应各类生长环境。

蛞蝓会啃食多种植物的嫩叶与多汁茎干，造成严重危害，但对木质化植物和芳香叶片兴趣索然。某些植物（如波斯菊、飞燕草）可完全不受其害，或仅在幼嫩期易受侵袭，成熟后则具抗性。在植物脆弱期可采取以下防护措施：少量施用化学药物，安装会释放微弱电流的铜质防虫环，或在茎干周围铺设沙砾屏障。

多年生植物，大型

乌头

这种挺立的多年生植物适合作为花境背景。深裂的翠绿叶丛中，秋季会抽生高大的兜帽状蓝紫色花序。栽培时需设立支撑物。

↕ 1.5 m ↔ 30 cm

❄❄❄ H7

多年生植物，小型

柔毛羽衣草

一种丛生的多年生植物，生有圆形的浅绿色叶片，叶缘呈褶皱状。夏季抽出黄绿色的小型花序。夏季需修剪杂乱的叶片。

↕↔ 50 cm

❄❄❄ H7

球根植物，中型

纸花韭

这款多年生植物的灰绿色叶片寿命较短，初夏枯萎时，绽放由紫色星形小花组成的球状花序。花朵自然风干后仍能保持观赏性直至夏末。

↕ 40 cm

❄❄❄ H5

多年生植物，中型

星花欧耧斗菜

一种直立的多年生植物。叶片坚韧，分裂。茎高。春季到初夏，茎上着生绒球似的重瓣花。需定期去除花头以防止不必要的自花授粉。

↕ 75 cm ↔ 50 cm

❄❄❄ H7

多年生植物，中型

雄黄兰‘东方之星’

一种直立的多年生植物。叶片拱状，剑形，绿色。夏秋季开花。花喇叭形，橙黄色。

↕ 70 cm ↔ 8 cm

❄❄ H4

多年生植物，中型

落新妇‘维纳斯’

这款多年生植物生有粗糙的深裂叶片（蛞蝓不喜啃食），仲夏抽出直立的羽状浅粉色花序，即便干枯后仍能保持观赏性直至冬季。

↕↔ 1 m

❄❄❄ H7

多年生植物，小型

岩白菜

一种常绿多年生植物。叶大、肉质、圆形，可蔓生成丛，天气寒冷时变为紫色。春季开花，花簇深粉色。宜在夏秋季去除受损伤的叶片。

↕ 40 cm ↔ 60 cm

❄❄❄ H5

多年生植物，小型

深色黄堇

一种丛生的常绿多年生植物。叶片纤弱，灰绿色。晚春到夏季开花，花小、管状、黄色。适植于阴凉的野生花园，可能具入侵性。

↕↔ 30 cm

❄❄❄ H5

多年生植物，小型

半夏石竹‘父亲的最爱’

叶片坚韧呈簇生状。整个夏季持续绽放芳香四溢的半重瓣白花，花瓣带深红褐色斑纹。所有品种都适合作为阳光充足处花境的镶边植物。

↕ 45 cm ↔ 30 cm

❄❄❄ H6

多年生植物，大型

硬叶蓝刺头 🏆

一种直立的多年生植物。叶分裂、多刺、绿色。晚夏开花，花序球状、金属蓝色。干燥的花序虽留存时间较短，但可持续观赏至冬季。

↕ 1.2 m ↔ 75 cm

◊ ☼ ❄❄❄ H7 🐝 ✽

多年生植物，小型

阿尔及利亚淫羊藿

这款半常绿植物是荫蔽花境与林地花园的理想之选。分枝茎干上簇生着心形绿叶。建议早春新叶抽生前进行修剪，随后便会萌发垂悬的黄色穗状花序。

↕ 30 cm ↔ 45 cm

一年生 / 二年生植物，小型

花菱草

一种生长迅速的植物。叶片深裂，灰绿色。夏季开花。花大，杯形，黄色、橙色或红色。

↕ 30 cm ↔ 15 cm

◊ ☼ ❄❄ H3 🐝

多年生植物，中型

圆苞大戟

这种丛生的多年生植物生有铜质光泽的绿色叶片，初夏绽放橙红色的半球状花簇。适合种植于轻度遮阴处。汁液可能刺激皮肤。

↕ 75 cm ↔ 50 cm

◑ ☼ ❄❄❄ H7 ⓘ

多年生植物，小型

香桃大戟 🏆

一种常绿多年生植物，具有攀爬能力。茎木质。叶小而尖，肉质，灰色。春季开花，花簇亮黄绿色。宜植于阳光充足处，并及时去除枯萎的花朵。

↕ 8 cm ↔ 20 cm

◊ ☼ ❄❄❄ H5 ⓘ

灌木，中型

倒挂金钟‘德尔塔·莎拉’

落叶灌木。繁茂的枝条间垂挂着铃形花朵。花头低垂，具有反卷的白色萼片，形似花瓣。需将其种植在有遮蔽的地方。

↕ 2 m ↔ 1 m

◊ ☼ ❄❄ H4 ⓘ 🐝

球根植物，中型

雪滴花 🏆

一种多年生球根花卉。叶片具光泽，灰绿色。冬末绽放低垂的单瓣白花，内层花瓣尖端泛绿。其萌发期早于蛞蝓活跃期，因而能免受侵害。

↕ 15 cm

◊ ☼ ❄❄❄ H5 ⓘ 🐝

多年生植物，小型

车轴草

这种多年生植物由披针形绿叶组成圆簇状株丛，蔓延形成地被覆盖。春末至仲夏，绽放大量微型星状白花，特别适合打造自然风格花园。

↕ 15 cm ↔ 30 cm

◑ ☼ ❄❄❄ H7 🐝

多年生植物，小型

巨根老鹳草

叶深裂，具芳香。初夏开花，花多而小、品红色。可能具有入侵性。

↕ 38 cm ↔ 60 cm

◊ ☼ ☼ ❄❄❄ H7 🐝

多年生植物，中型

暗色老鹳草

一种直立丛生的植物。纤细的茎上着生绿色的裂叶。晚春到初夏绽放低垂的栗色或白色花朵。可种植在灌木丛或树篱下，任其蔓延生长。

↕ 75 cm ↔ 45 cm

◊ ☼ ❄❄❄ H7 🐝

多年生植物，中型

路边青‘全橘’

丛生。叶有分裂，具茸毛。茎纤细，分枝多。花橙色，单瓣。若及时摘除残花，从暮春到仲秋都有花开放。喜肥沃、湿润的土壤。

↕ 90 cm ↔ 30 cm

H7

多年生植物，中型

杂交铁筷子

常绿丛生型植物。裂叶丛中从冬季到早春绽放低垂的杯状花朵，花色涵盖白、粉、紫等色系。需及时摘除残花以免过度自播。

↕↔ 60 cm

H7

多年生植物，小型

萱草‘金娃娃’

这种植物拥有拱形的窄长绿叶丛，仲夏至夏末陆续绽放大型黄色喇叭状花朵（单朵花期仅一天）。

↕ 30 cm ↔ 45 cm

H6

灌木，中型

绣球

宽大的绿叶间夏季绽放平顶状的粉色或蓝色花簇。‘拉纳斯白’(AGM，上图)是一个十分受欢迎的品种。

↕↔ 1.5 m

H5

灌木，大型

圆锥绣球

这种落叶直立灌木生有卵形绿色叶片，叶脉深凹。夏末，枝梢绽放粉色或白色具褶边的锥形花序。

↕↔ 3 m

H5

多年生植物，中型

中欧孀草

这种植物以深裂叶丛中挺立的细韧茎干著称，顶端托着深红色花朵，特别适合自然风格的种植方案。

↕ 75 cm ↔ 60 cm

H7

灌木，小型

薰衣草

这种灌木因银绿色叶片和夏季绽放的管状小花簇而备受青睐。需种植于阳光充足、排水良好的土壤中。芳香枝叶能有效抵御蛞蝓啃食。

↕ 80 cm ↔ 60 cm

H5

球根植物，大型

湖北百合

一种直立生长的多年生球根花卉。茎高大、拱形，其上着生披针形绿叶，茎顶绽放亮橙色的土耳其帽状花朵（内带斑点）。

↕↔ 1 m

H6 pH

多年生植物，中型

鬼罂粟

一种直立生长的多年生植物。叶子分裂，薄荷绿色。夏季开花。花大，碟状，粉色、白色、紫红色或红色。虽花期短暂，但盛放时极为壮观。

↕↔ 90 cm

H6

多年生植物，小型

天竺葵“桑塔纳”系列

常作一年生栽培。叶圆形，深绿色。花头硕大，花色有红色、粉色、紫色、白色或白粉色相间。非常适合种植在花盆和吊篮中。耐夏季炎热和干旱。

↕ 50 cm ↔ 30 cm

H1C

多年生植物，小型

钓钟柳‘伊芙琳’

一种直立的多年生植物。叶纤细。夏秋季开花。花小，白色、粉色、红色或淡紫色。秋季应采取护根措施。

↕↔ 45 cm

❄❄ H4

多年生植物，中型

花荵

丛生。初夏簇状的淡蓝紫色或白色铃形花朵，挺立于披针形裂叶之上，特别适合种于自然风格花园的荫蔽花境内。

↕↔ 60 cm

❄❄❄ H7

多年生植物，大型

黑鳞刺耳蕨

一种丛生的落叶蕨类，以大型拱形羽叶著称——由中央冠丛抽生的侧枝上密布的微型小叶组成。全阴或半阴环境生长最佳。

↕ 1.2 m ↔ 90 cm

❄❄❄ H7

攀缘植物，大型

黄木香花

一种藤本植物，具有很顽强的生命力，不怕蛞蝓侵害。晚春，无刺的茎上着生大量小而淡黄色的重瓣花，形成壮观的视觉冲击。适合植于大花园，需要较多的维护。

↕ 10 m

❄❄❄ H5

多年生植物，中型

金露梅

一种落叶的多年生植物。夏秋季绽放圆形的红色、白色、黄色或橙色花朵，与绿色分裂的小叶形成对比。适合植于排水良好的土壤。

↕ 1 m ↔ 1.5 m

❄❄❄ H7

多年生植物，小型

药用肺草

一种半常绿的多年生植物。叶片鲜绿，带白色斑点。春季绽放漏斗状的粉色、蓝色或白色花朵。

↕ 30 cm ↔ 60 cm

❄❄❄ H6

多年生植物，中型

黑心金光菊

直立生长，常作为一年生植物栽培。夏秋季开金黄色或红色的花朵，花形如雏菊，花心褐色、金色或红色。宜种植在阳光充足的花境前方或盆栽。

↕ 90 cm ↔ 45 cm

❄❄ H3

多年生植物，中型

银香菊

常绿。叶片具芳香，银灰色，浅裂。夏季绽放黄色绒球状花朵。最好植于阳光充足的花境中。及时修剪枯萎的花朵以保持整洁。

↕ 75 cm ↔ 1 m

❄❄❄ H5

多年生植物，中型

疏毛毛蕊花

一种多年生植物。叶丛生，大而粗糙，绿色。夏季开花，花簇直立、淡黄色。宜植于阳光充足的花境中。

↕ 90 cm ↔ 45 cm

❄❄❄ H6

防止被兔子和鹿破坏的植物

兔子和鹿会食用或破坏植物，给花园造成巨大威胁。

兔子和鹿喜欢吃园林植物和农作物，从而对乡村的花园，或是靠近公园和开阔地带的花园造成破坏。为了避开兔子，需要建立一个至少 1m 高的防护网，并埋入地下 7cm。同时要建立 2m 高的围栏，以防止鹿的破坏。如果你没有相应的资源，或者架设围栏并不可行，可以用它们不喜欢吃的植物（如忍冬属或连翘属植物）代替。

多年生植物，大型

凤尾蓍

这种多年生植物丛生着细裂的芳香绿叶。夏季在粗壮的茎干上绽放硕大的平顶形金黄色花序。花朵可剪下晾干保存。

↕ 1.2 m ↔ 60 cm

💧☼ ❄❄❄ H7 🐝

多年生植物，大型

欧乌头

这种直立型多年生植物生有深裂的深绿色叶片，仲夏至夏末抽出高耸的靛蓝色花穗。宜栽种于荫蔽处，茎干需额外支撑。

↕ 1.5 m ↔ 30 cm

💧☼ ❄❄❄ H7 ⓘ

灌木，大型

小花七叶树 🏆

落叶灌木，适合在大花园栽植。掌状叶片舒展，仲夏至夏末抽生轻盈的白色花穗。根系易萌发新株，逐渐蔓延成大型茎丛。

↕ 3 m

💧☼ ❄❄❄ H5 ⓘ 🐝

多年生植物，中型

银叶艾‘银皇后’

丛生的多年生植物。茎干直立。叶细长，有芳香，银灰色。夏季开花。花小、黄色，最好将其去除。

↕↔ 75 cm

💧☼ ❄❄❄ H6

多年生植物，中型

欧洲对开蕨 🏆

常绿蕨类。叶小，尖端细，坚韧，有光泽，晚春时生长旺盛。宜植于乔木和大灌木下方，或者在阴凉的花境中作为地被植物种植。

↕ 75 cm ↔ 45 cm

💧☼ ❄❄❄ H6

灌木，大型

欧黄栌

以多彩叶片著称，秋季会呈现火焰般的绚烂色彩，夏季则绽放烟絮状的花穗。‘御紫’（AGM，上图）拥有深紫色叶片和羽状花序。

↕↔ 5 m

💧☼ ❄❄❄ H5

多年生植物，中型

圆苞大戟

茂密的多年生植物。茎干红色。叶狭长，绿色。初夏绽放橙红色花簇。生长速度很快。动物不喜欢其乳白色、有毒的汁液。

↕ 75 cm ↔ 50 cm

💧☼ ❄❄❄ H7 ⓘ

灌木，小型

倒挂金钟‘拇指汤姆’ 🏆

这个矮生品种卵圆形的深绿色叶片四季常青，夏秋季会绽放铃铛状的红紫双色花朵。即便在春夏季遭鹿和兔子啃食，也能迅速恢复生机。

↕↔ 50 cm

💧☼☼ ❄❄ H4 🐝

多年生植物，小型

血红老鹳草

这种蔓生型多年生植物会形成整齐的株丛，长有深裂的墨绿色叶片，夏季绽放单瓣的紫红色花朵。既耐晒又耐阴，可种植在花园的各个位置。

↕ 25 cm ↔ 30 cm

💧☼☼ ❄❄❄ H7 🐝

多年生植物，中型

杂交铁筷子

这种常绿丛生型多年生植物的叶片浓密分裂。冬末至早春垂挂铃铛状的杯形花朵，花色呈白、粉或紫色。需及时摘除残花以避免自播繁殖。

↕↔ 60 cm

💧☼ ❄❄❄ H7 ⓘ 🐝

多年生植物，中型

紫景天

这种多年生植物以紫红色的肉质茎叶著称。夏末至秋季绽放粉白色的半球形花序，花干枯后仍可宿存至冬季。栽培时需提供支撑。

↕ 60 cm ↔ 30 cm

H7

灌木，小型

金丝桃‘西德科特’

一种常绿或半常绿灌木，具有浓密的深绿色叶片。仲夏到秋季开花，花大、量多、金黄色。可以作为防鹿和兔子的低矮屏障。

↕ 1.2 m ↔ 1.5 m

H5

多年生植物，小型

紫花野芝麻

一种半常绿矮生的多年生植物。叶绿色，具白色斑纹。春末会抽出兜帽状的花穗，花色呈白、粉或紫色。常作为地被植物栽培。

↕ 15 cm ↔ 1 m

H7

乔木，大型

北美枫香

叶片具芳香、光滑、绿色、分裂，秋季变为橙色、红色或紫色。可作为防鹿的屏障在花园边界种植。紧凑型品种可以种植在小型花园中。

↕ 25 m ↔ 12 m

H6 pH

多年生植物，中型

药用芍药

这种生命力顽强的丛生型多年生植物，长有深裂的墨绿色叶片，初夏至仲夏开出坚韧的碗状花朵，花色呈粉、红或白色。

↕↔ 75 cm

H6

多年生植物，中型

酸浆

一种蔓生的多年生植物。仲夏开花。奶白色的花朵凋谢后，结出具有装饰性的橙色灯笼般的浆果。需支撑茎干以防倒伏。

↕ 75 cm ↔ 90 cm

H7

多年生植物，中型

圣诞耳蕨

这种常绿蕨类植物，丛生，生长缓慢，是林地花园的理想选择。可植于较大的灌木之下。叶片坚韧，披针形，深绿色。

↕ 60 cm ↔ 45 cm

H5

灌木，大型

黄香杜鹃

落叶灌木。因在春季散发着芬芳的黄色花朵和秋季鲜艳的叶子而被栽培。喜凉爽的环境和肥沃的酸性土壤。可能具有入侵性。

↕↔ 4 m

H6 pH

多年生植物，中型

全缘金光菊

叶片绿色，狭窄。夏末至秋季绽放雏菊般的金色花朵，花心为褐色。花瓣凋谢后，花心仍可宿存至冬季。需支撑茎干以防倒伏。

↕ 90 cm ↔ 45 cm

H6

多年生植物，中型

金莲花

一种直立丛生的多年生植物。叶分裂为齿状，深绿色。晚春到早夏开花，花碗状，如毛茛般。‘柠檬女王’（上图）具有淡黄色的花朵。

↕ 60 cm ↔ 45 cm

H7

致谢

出版商感谢以下各方允许我们使用其图片。

（位置代号：a——上方，b——下方 / 底部，c——中心，f——远端，l——左侧，r——右侧，t——顶部）

2 Clive Nichols. 5 Alamy Stock Photo: Oksana Tkachuk (tr). 7 GAP Photos: Richard Bloom (r). 8 GAP Photos: Annaick Guitteny. 10 GAP Photos: Jacqui Dracup (tl). 11 GAP Photos: Carole Drake – Garden: Sir Harold Hillier Gardens; Owner: Hampshire County Council (bl); Clare Gainey (cla); Visions – visi153361 (crb); Neil Fletcher: (clb). 12 GAP Photos: (bl). 14 GAP Photos: Charles Hawes (r); Nicola Stocken (l). 15 GAP Photos: Robert Mabic (tr); Anna Omiotek-Tott – Designer: L.Urquhart and A.Hunt (br). 16 GAP Photos: Nicola Stocken (t, 1/b, 2/b, 3/b, 4/b, 5/b). 17 Richard Bloom: (br). Marianne Majerus Garden Images: Marianne Majerus (tr). Clive Nichols: (cl, cr). 18 GAP Photos: Jonathan Buckley (tr) (l, c, cb). 19 GAP Photos: Dave Bevan (cb) (c). 20 GAP Photos: (tl, tc, tr, cr). 21 GAP Photos: Jonathan Buckley (cr) (cl, tc, tr, c); GAP Photos/Rice/Buckland (cb); Paul Debois (br). 24 GAP Photos: Jo Whitworth (bl). 24-25 GAP Photos: Nicola Stocken. 25 GAP Photos: (tr). 26 GAP Photos: Jonathan Buckley (tr). Marianne Majerus Garden Images: Marianne Majerus – Design: Charlotte Rowe (bl). 27 GAP Photos: Matteo Carassale – Design: Gian Matteo Malchiodi – Italy (bl); Nicola Stocken – Designer: David Ward (tr); Hanneke Reijbroek – Design: Hugh Ryan (cr); Nicola Stocken (br). 28 Marianne Majerus Garden Images: Bennet Smith-RHS Garden Hyde Hall (t). 29 GAP Photos: Fiona Lea (3/b). Marianne Majerus Garden Images: Marianne Majerus – Beth Chatto Gardens, Essex (t). 30-31 Marianne Majerus Garden Images: Marianne Majerus – Coughton Court, Warwickshire.. 32 Alamy Stock Photo: Botanic World (tc); Antonio Siwiak (c). Dreamstime.com: Pjhpix (cl). 33 Alamy Stock Photo: Tim Gainey (bl). Dreamstime.com: Cadifor (tc); Simona Pavan (c). Getty Images: Universal Images Group Editorial (bc). 34 Shutterstock.com: Alex Manders (bc). 35 Alamy Stock Photo: Martin Hughes-Jones (bc). Dorling Kindersley: RHS Wisley/Mark Winwood (tc). 36 Alamy Stock Photo: Clare Gainey (bl). Dorling Kindersley: Mark Winwood/ Hampton Court Flower Show 2014 (c); Mark Winwood/RHS Wisley (cr). Dreamstime.com: Rob Lumen Captum (tl). 37 Alamy Stock Photo: BIOSPHOTO/Alain Kubacsi (c); RM Floral (tl); Zena Elea (c/Fascination). Dorling Kindersley: Lullingstone Castle, Kent/Mark Winwood (tc). 38 Dorling Kindersley: Mark Winwood/RHS Wisley (3/b); Mark Winwood/Hampton Court Flower Show 2014 (4/b). GAP Photos: Martin Hughes-Jones (1/b). 39 GAP Photos: Jason Ingram (3/b); Howard Rice (2/b). 40 Dorling Kindersley: Waterperry Gardens (tr); Alamy Stock Photo: Joan Gravell (c); Colin Varndell (bl). 41 Alamy Stock Photo: Botany vision (tl). 42 Alamy Stock Photo: Florapix (tr). Dorling Kindersley: RHS Tatton Park (tc). 43 Dreamstime.com: John Biglin (tc); Erik Koole (c). 44 Alamy Stock Photo: AY Images (bl); Trevor Chriss (tc); Nigel McCall (cr); Ste en Hauser/Botanikfoto (bc). Dorling Kindersley: Mark Winwood/ RHS Wisley (c). 45 Dreamstime.com: Wiertn (tc). 46 Dorling Kindersley: Waterperry Gardens/ Brian North (tl); RHS Wisley/Mark Winwood (tc). 48 Alamy Stock Photo: Cli ord Rhodes (cl); Dorling Kindersley: Zia Allaway (bc). 50 Alamy Stock Photo: Plantography (br). 51 Dreamstime.com: Rob Lumen Captum (tr). 52 Alamy Stock Photo: Botany vision (tc/Iris sibirica). Dorling Kindersley: RHS Wisley/Mark Winwood (br). Dreamstime.com: Amarosy (tc). 54 Alamy Stock Photo: Juan Carlos Juarez (bl). Getty Images/iStock: Wayra (bc). 55 Dreamstime.com: Pamela Brick (tc). GAP Photos: Marg Cousens (br). 58 GAP Photos: J S Sira (bc). 59 Marianne Majerus Garden Images: Marianne Majerus – Design: Marion Jay. 60 Dorling Kindersley: Debbie Patterson/Ian Cuppleditch (bc). GAP Photos: Nova Photo Graphik (bl). 61 Dorling Kindersley: RHS Wisley/Mark Winwood (bc). Shutterstock.com: Aniana (tc). 62 Dreamstime.com: Ihervas (tc). 63 Getty Images/iStock: AJT (cl). 65 Dorling Kindersley: RHS Wisley/Mark Winwood (c). 66 Shutterstock.com: Nita Corfe (c). 67 Dreamstime.com: Wirestock (tc). 68 Dreamstime.com: Juhku (cr). GAP Photos: Nova Photo Graphik (cl). 69 Alamy Stock Photo: Clare Gainey (br); Ed Gorochowski (tl); Matthew Taylor (tc). Dorling Kindersley: RHS Chelsea Flower Show 2012/Zia Allaway (tc/ Clematis Diamantina). GAP Photos: Nova Photo Graphik (bc). 70 Alamy Stock Photo: John Keates (bc). Dreamstime.com: Dreamstimetim82 (bl); Maksims Grigorjevs (cl); Sunfl ower3 (c). 71 GAP Photos: Martin Hughes-Jones (br); Andrea Jones (tr). 72 Alamy Stock Photo: JJCopland (tc). GAP Photos: Nova Photo Graphik (c). 73 Alamy Stock Photo: P Tomlins (cl). GAP Photos: Clive Nichols (tl); Dave Zubraski (cr); Howard Rice (bl). Shutterstock.com: Sergey V Kalyakin (c). 74 Alamy Stock Photo: Clare Gainey (bc); Jonathan Ward (tr). GAP Photos: Jason Ingram (c). Shutterstock.com: JHVEPhoto (tl). 75 GAP Photos: Ernie Janes (tc). Shutterstock.com: Joe Kuis (tr). 76 Alamy Stock Photo: MBP-Plants (bc). GAP Photos: Thomas Alamy (bl); Dave Bevan (3/br). 76-77 GAP Photos: Jenny Lilly (t). 77 Alamy Stock Photo: Deborah Vernon (br). GAP Photos: Adrian James (bc); Robert Mabic (bl). 78 Alamy Stock Photo: Jon Wilson (cr). Dorling Kindersley: RHS Wisley/Mark Winwood (bl, c). Dreamstime.com: Fotografi ecor (cl). GAP Photos: Ron Evans (c/Digitalis purpurea). 79 Alamy Stock Photo: S. Forster (c). Dorling Kindersley: RHS Wisley/Mark Winwood (cl). Getty Images/iStock: NNehring (bc). 80 Alamy Stock Photo: A.D.Fletcher (c); Blickwinkel/McPHOTO/E. Thielscher (br). Dreamstime.com: Wirestock (cr). GAP Photos: Dianna Jazwinski (bl); Geo Kidd (tc); J S Sira (bc). Shutterstock.com: Iva Vagnerova (cl). 81 Alamy Stock Photo: Florapix (tc). GAP Photos: Nova Photo Graphik (cl). 82 Alamy Stock Photo: Jit Lim (cr). Dreamstime.com: Craig Russell (cl). GAP Photos: Jenny Lilly (bc). 83 Dorling Kindersley: Mark Winwood/Ball Colegrave (bc). Dreamstime.com: Westhimal (tc). GAP Photos: Nova Photo Graphik (tr). 84 Alamy Stock Photo: Botanic World (bl); Ste en Hauser/botanikfoto (tl); REDA &CO srl/ Paroli Galperti (bc). Dreamstime.com: Jgottwi (br). 85 Alamy Stock Photo: Avalon.red/ Photos Horticultural (cl); Ed Callaert (c); John Richmond (cr). Dorling Kindersley: Mark Winwood/Ball Colegrave (tr). GAP Photos: Geo Kidd (bl). 86 Alamy Stock Photo: Detail Photography (cl); Deborah Vernon (c); Thrillerfi llerspiller (cr). Dreamstime.com: Marinodenisenko (tr). GAP Photos: Martin Hughes-Jones (bc); Fiona Lea (bl). 87 Alamy Stock Photo: imageBROKER.com GmbH & Co. KG/Christian Htter (tc). Getty Images/ iStock: Skymoon13 (bl). Shutterstock.com: Alla Mikhaylova (br). 88 Alamy Stock Photo: REDA &CO srl/Paroli Galperti (cr). Dorling Kindersley: RHS Wisley/Mark Winwood (tc). Dreamstime.com: Debu55y (cl). GAP Photos: Nova Photo Graphik (bc). Getty Images/ iStock: Olena Lialina (br). 89 Alamy Stock Photo: mike jarman (c); Joe (tl). GAP Photos: (bc). 90 Alamy Stock Photo: Botanic World (cl); Sue Davids (bc). 91 GAP Photos: Visions (tl). 92 GAP Photos: Liz Every (3/b); Visions (1/b); Tim Gainey (2/b); Jonathan Need (4/b). 92-93 GAP Photos: Nicola Stocken (t). 93 GAP Photos: Tim Gainey (1/b, 3/b); Visions (2/ b). 95 Alan Buckingham (c). Dorling Kindersley: (cl);Dreamstime.com: VittoriaChe (bc). 96 Lucy Claxton: (cr). Alan Buckingham (bl). Dorling Kindersley: (crb). 97 Alamy Stock Photo: McPHOTO (tc); Dorling Kindersley: (crb). 100 Alamy Stock Photo: RM Floral (bc). Dreamstime.com: Craig Russell (cl). 102 Alamy Stock Photo: Joan Gravell (br). 103 Dorling Kindersley: RHS Wisley/Mark Winwood (bl). 104 Alamy Stock Photo: Clare Gainey (tr). 106 Alamy Stock Photo: Krystyna Szulecka (c). 107 Alamy Stock Photo: Trevor Chriss (c). GAP Photos: Jonathan Buckley (bc). 108 Dorling Kindersley: Mark Winwood/ Lullingstone Castle, Kent (br). 108-109 GAP Photos: Nicola Stocken (t). 109 Dorling Kindersley: Mark Winwood/RHS Wisley (bc); Mark Winwood/RHS Chelsea Flower Show 2014 (br). 110 GAP Photos: Jenny Lilly (cr). 111 Dreamstime.com: Hellmann1 (bl). 114 Alamy Stock Photo: Matthew Taylor (cr). GAP Photos: Ian Thwaites (bc). Shutterstock. com: JohnatAPW (tl). 116 Alamy Stock Photo: Botanikfoto/Ste en Hauser (cl); Dorling Kindersley: Waterperry Gardens (bc). 117 Alamy Stock Photo: Anne Gilbert (bc). 118 Alamy Stock Photo: Detail Photography (bc). Dorling Kindersley: RHS Wisley/Mark Winwood (c). GAP Photos: J S Sira (tc). 119 GAP Photos: John Glover (tc). Shutterstock. com: Andrew Fletcher (c). 121 Alamy Stock Photo: RM Floral (bc). Dorling Kindersley: Neil Fletcher (tr). 122 Dorling Kindersley: Mark Winwood/RHS Wisley (tr). 123 Garden Exposures Photo Library: Andrea Jones. 124 Getty Images: Clive Nichols/Corbis Documentary (cr). 125 Dorling Kindersley: Hampton Court Flower Show 2014/Mark Winwood (bl). 126 Alamy Stock Photo: John Martin (tc). Dreamstime.com: Izanbar (bl). 127 Alamy Stock Photo: Gardeningpix (tr); Manfred Ruckszio (cr). 130 Alamy Stock Photo: Botanikfoto/Ste en Hauser (br). 132 Dreamstime.com: Adrian Eugen Ciobaniuc (cr); Robert Milert (tr). 133 Alamy Stock Photo: Zoonar GmbH/Peter Himmelhuber (tc). GAP Photos: Dave Bevan (c). 134 GAP Photos: Nova Photo Graphik (tc). 135 Alamy Stock Photo: Botany vision (cl). 136-137 Marianne Majerus Garden Images: Marianne Majerus – Design: Penny Snell. 138 Alamy Stock Photo: John Richmond (c). Dreamstime.com: Simona Pavan (tr). GAP Photos: J S Sira (br). 140 GAP Photos: Carole Drake (bc); Visions (tr); Tim Gainey (bc/Calycanthus Calycanthus Calycanthus 'Aphrodite'). 'Aphrodite'). Shutterstock.com: Chris Lawrence Travel (c); Dorling Kindersley: Waterperry Gardens (ca). 143 GAP Photos: Dave Zubraski (tc). 145 Alamy Stock Photo: C J Wheeler (c). 146 Dorling Kindersley: Mark Winwood/RHS Chelsea Flower Show 2014 (tc). GAP Photos: Mark Bolton (cl). 146-147 GAP Photos: Elke Borkowski. 147 GAP Photos: Carole Drake (tr); Dorling Kindersley: Noel Du y/Designer: RHS Hampton Court Flower Show 2008 (crb). 148 Phil Clayton: (br). 149 Alamy Stock Photo: Botany vision (bc). GAP Photos: Nicola Stocken (tl). 150 GAP Photos: Dave Bevan (br). 151 Dorling Kindersley: RHS Wisley/Mark Winwood (tc). GAP Photos: Rob Whitworth (tr). 153 Dorling Kindersley: RHS Wisley (tc). GAP Photos: Carole Drake (tl). 154 Alamy Stock Photo: Cli ord Rhodes (bc). 156 Getty Images/iStock: db_beyer (br). 158 GAP Photos: Visions (bc). 159 GAP Photos: Jonathan Buckley (br). 160 RHS: Mark Bolton (bl). 161 Alamy Stock Photo: blickwinkel (tr). 162 Alamy Stock Photo: Avalon.red (bc); Manfred Ruckszio (bl). GAP Photos: Carole Drake (br). Shutterstock.com: Eileen Kumpf (c). 162-163 Alamy Stock Photo: Zena Elea. 163 Dreamstime.com: Ihervas (br). GAP Photos: Nova Photo Graphik (bl). RHS: Mark Bolton (bc). 164 GAP Photos: Nova Photo Graphik (bl); Howard Rice (bc/Centre left). 166 GAP Photos: Maxine Adcock (br). 167 GAP Photos: Clive Nichols (tr); Nova Photo Graphik (br). 168 GAP Photos: Martin Hughes-Jones (br). 169 GAP Photos: Jonathan Buckley (tl). 170 Alamy Stock Photo: thrillerfi llerspiller (3/b). Dorling Kindersley: Mark Winwood/RHS Wisley (br). GAP Photos: Christa Brand (bl); Nicola Stocken (c). 171 Alamy Stock Photo: Avalon.red (3/t). Dreamstime.com: Kagab4 (4/t); Christian Weiß (bc). GAP Photos: Jonathan Buckley (bl); Visions (2/t). 172 Alamy Stock Photo: Botany vision (bc); Stephan Morris Photography (c); Paul Hobart (br). GAP Photos: Matt Anker (bl). 172-173 GAP Photos: Richard Bloom – Designed by Adrian Bloom. 173 GAP Photos: Richard Bloom (bc); Jo Whitworth (bl); Heather Edwards (br). 174 Dorling Kindersley: Mark Winwood/ Ball Colegrave (tr). GAP Photos: Matt Anker (tl); Nova Photo Graphik (l). 175 Alamy Stock Photo: John Richmond (2/c). GAP Photos: Nicola Stocken (3/c). Shutterstock.com: Sergey V Kalyakin (tl). 176 Alamy Stock Photo: thrillerfi llerspiller (c). 177 Kerley & Co: (tr). 178 Alamy Stock Photo: Zoonar / Charlotte Rameder (t); Mark Winwood/RHS Chelsea Flower Show 2014 (bl). GAP Photos: Sue Heath (br). 178–179 GAP Photos: Marianne Folling (t). 178-179 GAP Photos: Marianne Folling (t). 179 Dorling Kindersley: Mark Winwood/RHS Chelsea Flower Show 2014 (bc). GAP Photos: Nova Photo Graphik (br); Visions Premium (bl). 182 Getty Images: Photodisc/S. Solum/PhotoLink (tc/Peppermint); 123RF.com: dinodia (bl). 183 Alamy Stock Photo: McPHOTO (bc). 185 Alamy Stock Photo: Wenche Schjoll (br). GAP Photos: Lynn Keddie (bl). 187 Alamy Stock Photo: Naturefolio (2/t). GAP Photos: Fiona McLeod (3/t). 190 Alamy Stock Photo: blickwinkel (br). GAP Photos: Jonathan Buckley (bc). 191 GAP Photos: Jason Ingram (tr). 192 Alamy Stock Photo: Garey Lennox (2/b); C J Wheeler (1/bl). 193 GAP Photos: Martin Hughes-Jones (b). 194 Dorling Kindersley: Mark Winwood/RHS Wisley (br). GAP Photos: Tim Gainey (bl); Clive Nichols (bc); Dianna Jazwinski (t). 194-195 GAP Photos: Jenny Lilly (t). 195 GAP Photos: FhF_Greenmedia (bc); Jenny Lilly (br). 196 GAP Photos: Thomas Alamy (3/b). 197 GAP Photos: Dave Bevan (2/t); Robert Mabic (br); Martin Hughes-Jones (tl); Nova Photo Graphik (2/c). 198 Alamy Stock Photo: Florapix (3/t). 199 Dorling Kindersley: Mark Winwood/RHS Wisley (bl). GAP Photos: Jason Ingram (cl). 200 Dorling Kindersley: Mark Winwood/RHS Wisley (bl). 201 Alamy Stock Photo: amomentintime (bl); Ste en Hauser/ botanikfoto (tl). Shutterstock.com: Bob Hollister (3/b). 202 Alamy Stock Photo: Avalon.red (2/t). GAP Photos: Ernie Janes (2/c). 203 RHS: Mark Bolton (3/t). 204 Alamy Stock Photo: Sergey Kalyakin (tr). 205 GAP Photos: Jonathan Buckley – Design: Geo Ingham (c); Visions Premium (2/t); Graham Strong (3/t). 206 Marianne Majerus Garden Images: Marianne Majerus – Design: Declan Buckley (t). 207 GAP Photos: Jonathan Buckley (tr);

Nova Photo Graphik (c). 209 Alamy Stock Photo: Naturefolio (2/t). GAP Photos: Nova Photo Graphik (1/c). 210 GAP Photos: Heather Edwards (br); Maayke de Ridder – Design: Mark Gregory (2/t). 211 GAP Photos: FhF_Greenmedia (3/t). 212-213 Clive Nichols: . 214 GAP Photos: Richard Bloom (cr); Ellen Rooney (cl); Jerry Harpur (bl). 215 Dorling Kindersley: Jack Dunckley/Designer: RHS Hampton Court Flower Show 2012 (clb); Brian North (tr); GAP Photos: Matt Anker (br). 216 Dorling Kindersley: Arnie Maynardrhs/ Designer: RHS Chelsea Flower Show 2012. 218 Dorling Kindersley: RHS Wisley (3/b). GAP Photos: Martin Hughes-Jones (bl). 219 The Garden Collection: Jrgen Becker (3/t). Shutterstock.com: Alex Manders (br). 220 Alamy Stock Photo: Plantography (4/t). Dorling Kindersley: RHS Wisley (3/t). GAP Photos: Nicola Stocken (3/b). 221 Alamy Stock Photo: Zena Elea (3/b). GAP Photos: Fiona Lea (tc). 222 Alamy Stock Photo: Clare Gainey (br); mike jarman (tr). Dreamstime.com: Ihervas (cr). GAP Photos: Joanna Kossak (tl); Howard Rice (cl). 223 GAP Photos: Martin Hughes-Jones (3/t); Adrian James (c). 224 Alamy Stock Photo: Paulette Sinclair (cl). GAP Photos: Carole Drake (bl); FhF_Greenmedia (tr). 225 Dorling Kindersley: Mark Winwood/RHS Chelsea Flower Show 2014 (3/b). GAP Photos: Tim Gainey (2/c); Martin Hughes-Jones (tr). 226 Linda Sue Barnes: (2/t). Dorling Kindersley: Mark Winwood/RHS Wisley (2/b). GAP Photos: Heather Edwards – Design: Jonathan Snow (tr); Richard Wareham (2/c). 227 GAP Photos: Nova Photo Graphik (cr). 228 GAP Photos: Tim Gainey (3/b); Dave Zubraski (tr). 231 Dorling Kindersley: Mark Winwood/RHS Wisley (c/Clematis Clematis Clematis).). GAP Photos: Jonathan Buckley (bc); Heather Edwards (cr); Martin Hughes-Jones (c). 232 GAP Photos: Jonathan Need (tr). 235 Dorling Kindersley: Mark Winwood/RHS Wisley (2/c, 4/c). 236 GAP Photos: Jonathan Buckley (bl); Martin Hughes-Jones (cl). 238 GAP Photos: Thomas Alamy (tr); Geo du Feu (cl); Jonathan Buckley (bc). 239 Dorling Kindersley: Mark Winwood/RHS Wisley (tc). GAP Photos: Heather Edwards (3/b); Ernie Janes (tr); Visions Premium (3/c); Howard Rice (1/b). 240 Alamy Stock Photo: BIOSPHOTO (br); Thornton Cohen (2/c). Dreamstime.com: Kagab4 (1/c); Robert Milert (2/t). GAP Photos: Mark Bolton (3/t); Jo Whitworth (1/t). 241 Dorling Kindersley: Mark Winwood/Lullingstone Castle, Kent (1/c). GAP Photos: Tim Gainey (4/c) (2/t). 242 GAP Photos: Ron Evans (cr). 243 Alamy Stock Photo: Christian Htter (tc); Matthew Taylor (c); Martin Hughes-Jones (br). 244 Alamy Stock Photo: Bob Gibbons (bc). Dorling Kindersley: RHS Wisley/Mark Winwood (c). GAP Photos: Howard Rice (bl). 245 Alamy Stock Photo: Nigel McCall (tl); WILDLIFE GmbH (cl). 246 Dorling Kindersley: Debbie Patterson/Ian Cuppleditch (bl). GAP Photos: Jonathan Buckley (tc); Caroline Mardon (c); Dianna Jazwinski (tc). 247 Dreamstime.com: Anetkata (bc); Tom Cardrick (c). GAP Photos: Fiona Rice (bc/Lutescens). 248 Alamy Stock Photo: BIOSPHOTO (br). Dreamstime.com: Rob Lumen Captum (tr). 249 Alamy Stock Photo: Buiten-Beeld/Gerrit van Ommering (cl); Bob Gibbons (bl). GAP Photos: Nicola Stocken (c). 250 Alamy Stock Photo: BIOSPHOTO (br). GAP Photos: Mark Bolton (bl); Nicola Stocken (cr); Michael Howes (bc). 251 Alamy Stock Photo: klemen cerkovnik (2/c); imageBROKER.com GmbH & Co. KG (2/t). GAP Photos: Thomas Alamy (4/t); Rob Whitworth (1/t); Marcus Harpur (3/t); Geo du Feu (1/c). 252 Alamy Stock Photo: P Tomlins (3/b). GAP Photos: Marcus Harpur (tr); Stocks and Green (1/c); Rob Whitworth (2/b); Michael Howes – RHS Garden Hyde Hall (4/b). 253 Alamy Stock Photo: Matthew Taylor (1/t). Dorling Kindersley: Mark Winwood/RHS Wisley (4/b). GAP Photos: Mark Bolton (2/ b); Robert Mabic (2/t, 3/c, 4/c); Joanna Kossak (3/t); Visions (4/t); Liz Every (cl). 254 Alamy Stock Photo: Alexandra Glen (4/c). Dorling Kindersley: Mark Winwood/RHS Wisley (bc). GAP Photos: Neil Holmes (2/t); Jo Whitworth (3/c, bl); Fiona Lea (br). 255 Alamy Stock Photo: BIOSPHOTO/Alain Kubacsi (bl); Garey Lennox (bc). GAP Photos: Richard Bloom (c); GAP Photos – Designer: Luke Heydon. Sponsor: Thetford businesses and residents (tl); Nicola Stocken (cr); Charles Hawes (br). 258 Shutterstock.com: Lidia Kovacs (bl). 259 Alamy Stock Photo: John Richmond (cl). Dreamstime.com: Anna Nelidova (tr). 260 GAP Photos: Jonathan Buckley (c). 261 GAP Photos: Christina Bollen (tr). 262 GAP Photos: Nova Photo Graphik (bc). 263 Dreamstime.com: Srekap (tc). GAP Photos: Clive Nichols (cr); J S Sira (c). 264 Dorling Kindersley: RHS Wisley/Mark Winwood (br). 266 Alamy Stock Photo: Eugenie Robitaille (c). GAP Photos: Chris Burrows (br). 268 GAP Photos: Ernie Janes (bc); Visions (tc). 269 Dreamstime.com: Natalia Pavlova (tl). GAP Photos: Dave Bevan (tc). 270 Alamy Stock Photo: McPhoto/Rolf Mueller (c); John Richmond (tr); P Tomlins (bl). 271 Dorling Kindersley: RHS Tatton Park (bc). GAP Photos: Tim Gainey (cr); Clive Nichols (tc). 272 Alamy Stock Photo: Thrillerfi llerspiller (tl). Dorling Kindersley: RHS Wisley/Mark Winwood (cl). GAP Photos: Dave Bevan (tr); Modeste Herwig – White Cottage Daylilies. Nicholas Inigo Peirce (cr). 273 Alamy Stock Photo: John Richmond (bl). Shutterstock.com: Natali22206 (bc). 275 Alamy Stock Photo: Gardeningpix (tc). 276 Alamy Stock Photo: Kenebec Images/Val Duncan (br). Shutterstock.com: LifeCollectionPhotography (cl). 277 Dreamstime.com: Marinodenisenko (cr). GAP Photos: Martin Hughes-Jones (c). 278 Alamy Stock Photo: Detail Photography (tl). 279 Dorling Kindersley: RHS Wisley/Mark Winwood (tl). Dreamstime.com: Sanjiv Shukla (tc). GAP Photos: Nova Photo Graphik (bc). 281 Dorling Kindersley: Mark Winwood/RHS Wisley (bc). Shutterstock.com: Lin Mei Chen (cr). 282 GAP Photos: Geo Kidd (tc). 283 Alamy Stock Photo: Zena Elea (bc); John Martin (cl). Dorling Kindersley: RHS Wisley/Mark Winwood (c). 285 Alamy Stock Photo: Jos Mara Barres Manuel (c). GAP Photos: Geo du Feu (bl). 286 Phil Clayton: (c/Jasminum o cinale). GAP Photos: (cl); Matt Anker (tc); Elke Borkowski (c). 287 GAP Photos: Tim Gainey (tr); Rob Whitworth (cl). 288 GAP Photos: Jenny Lilly (cl); John Swithinbank (br). 289 Shutterstock.com: InfoFlowersPlants (tl). 290 © Frank P Matthews: (cl). 291 GAP Photos: Tim Gainey (bl). 292 Alamy Stock Photo: Fir Mamat (br). 293 Alamy Stock Photo: Alexandra Glen (tl). Dorling Kindersley: Mark Winwood/Ball Colegrave (tc). Dreamstime.com: Katerinatodorchyk (bl). GAP Photos: Ernie Janes (cr); Jo Whitworth (tr). 294 Alamy Stock Photo: Ste en Hauser/botanikfoto (cr). Phil Clayton: (tr). GAP Photos: Jonathan Buckley (bc). 295 Alamy Stock Photo: John Richmond (cr). Dorling Kindersley: RHS Wisley/Mark Winwood (bc). 296 Alamy Stock Photo: Matthew Taylor (tr). GAP Photos: Richard Bloom (cr); Dave Zubraski (bc); Justyn Willsmore: (br/Pittosporum tenuifolium). 297 Alamy Stock Photo: C J Wheeler (c). GAP Photos: Martin Hughes-Jones (cl). Shutterstock.com: Mike Russell (tl). 298 Dorling Kindersley: RHS Wisley/Mark Winwood (cr). Dreamstime.com: Tom Cardrick (c). 299 GAP Photos: John Glover (tr); Nova Photo Graphik (tl, bc). 300 GAP Photos: Sue Heath (c); Martin Hughes-Jones (tr). 301 Dreamstime.com: Mihail Ivanov (tc). GAP Photos: Jonathan Buckley – Design: Geo Ingham (bc). Shutterstock.com: Joe Kuis (cr). 302-303 Marianne Majerus Garden Images: Marianne Majerus – David Austin Roses. 304 Dorling Kindersley: Mark Winwood/RHS Wisley (cl). GAP Photos: Nova Photo Graphik (c). 305 Alamy Stock Photo: Ste en Hauser/botanikfoto (3/b). Dorling Kindersley: Mark Winwood/ Ball Colegrave (tr); Mark Winwood/RHS Wisley (2/b). GAP Photos: Nova Photo Graphik (c); Visions Premium (1/b). 306 Alamy Stock Photo: Ste en Hauser/botanikfoto (bl); Jon Wilson (tl). GAP Photos: Anna Omiotek-Tott (4/c); Sharon Pearson (3/c). 307 GAP Photos: Visions Premium (bl). 308 GAP Photos: BBC Magazines (tr); Geo Kidd (tl); Ernie Janes (tc). 309 Dorling Kindersley: Mark Winwood/RHS ACKNOWLEDGEMENTSWisley (3/t). GAP Photos: Annaick Guitteny (2/b). 310 GAP Photos: Adrian James (3/b); J S Sira (br). 312 Lucy Claxton: (bl). 313 Alamy Stock Photo: Ste en Hauser/botanikfoto (bl). 314 GAP Photos: Nova Photo Graphik (tl); Dave Zubraski (br). 315 Dorling Kindersley: RHS Tatton Park (cl). 316 Dorling Kindersley: Mark Winwood/RHS Chelsea Flower Show 2014 (tr). GAP Photos: Modeste Herwig – White Cottage Daylilies. Nicholas Inigo Peirce (3/b); Nova Photo Graphik (cr); Dave Zubraski (cr/Heuchera Heuchera Heuchera 'Wild Rose'). 'Wild Rose'). 317 Alamy Stock Photo: PURPLE MARBLES GARDEN (tr). 318 GAP Photos: John Glover (tr). 319 Dorling Kindersley: Mark Winwood/RHS Wisley (3/t). GAP Photos: Jenny Lilly (2/t). Hem Genetics: Marc de Boer (tr). 320 Alamy Stock Photo: Clare Gainey (tr). GAP Photos: Tim Gainey (cl). 321 GAP Photos: Lynn Keddie (bl). 322 GAP Photos: Visions (2/c). 323 Dorling Kindersley: Mark Winwood/Ball Colegrave (3/t). 324 Alamy Stock Photo: Jane Tregelles (br). 325 Dreamstime.com: Marinodenisenko (2/b). GAP Photos: Nova Photo Graphik (br). 326 Dorling Kindersley: Mark Winwood/RHS Wisley (2/ b). GAP Photos: Nova Photo Graphik (3/c). 327 Alamy Stock Photo: Botany vision (3/b); Thrillerfi llerspiller (tl). Dreamstime.com: Unique93 (bl). 328 Dorling Kindersley: Mark Winwood/Hampton Court Flower Show 2014 (bc). GAP Photos: FhF_Greenmedia (br). 329 GAP Photos: Heather Edwards (cl); Martin Hughes-Jones (3/t). 330 Alamy Stock Photo: McPhoto/Rolf Mueller (bc). GAP Photos: Carole Drake (bc/Borinda papyrifera). 331 GAP Photos: Nova Photo Graphik (c). 333 Alamy Stock Photo: Thrillerfi llerspiller (tc). 334 GAP Photos: Clive Nichols (cl). 335 Alamy Stock Photo: Botany vision (tr); P Tomlins (bl). GAP Photos: John Glover (cl). 336 Dorling Kindersley: RHS Chelsea Flower Show 2014/ Mark Winwood (bc); RHS Wisley/Mark Winwood (tc); Mark Winwood/Ball Colegrave (c). GAP Photos: Richard Wareham (br). 338-339 GAP Photos: Ernie Janes. 340 GAP Photos: J S Sira (c). Stephen Ryan Australia: (bc). 341 Alamy Stock Photo: Klaus Steinkamp (c). GAP Photos: Dianna Jazwinski (bl). 342 GAP Photos: S & O (tc). 343 GAP Photos: J S Sira (tc). 344 Alamy Stock Photo: Wirestock, Inc. (cl). 345 Dorling Kindersley: RHS Chelsea Flower Show 2014/Mark Winwood (bc). GAP Photos: Jonathan Buckley (tr). 346 Alamy Stock Photo: Agefotostock/Nikolay Kurzenko (c). Dreamstime.com: Ram Kumar Verma (cr). GAP Photos: Matt Anker (tc). 347 Alamy Stock Photo: P Tomlins (bc). Phil Clayton: (br). 348 Dreamstime.com: Viktoria Ivanets (c). GAP Photos: Ernie Janes (tl). 349 Alamy Stock Photo: RM Floral (cl); Kiki Streitberger (tl). Dorling Kindersley: RHS Wisley/ Mark Winwood (tc). GAP Photos: Martin Hughes-Jones (c). 350 Phil Clayton: (bc). 351 Alamy Stock Photo: Avalon.red/Michael Warren (c); Ste en Hauser/botanikfoto (cl). GAP Photos: Martin Hughes-Jones (bc); J S Sira (tl, bl); Matteo Carassale – Project by Marilu' Bi s. (br). RHS: (cr). 352 Alamy Stock Photo: Manfred Ruckszio (tl); Thrillerfi llerspiller (br). GAP Photos: Nova Photo Graphik (cl). 353 Alamy Stock Photo: Lee Rentz (bc). GAP Photos: Adrian James (cr); Nova Photo Graphik (c). 354 Alamy Stock Photo: Botany vision (c); McPHOTO/blickwinkel/HRM (tc). Dorling Kindersley: RHS Wisley/Mark Winwood (tr, bl). 355 Alamy Stock Photo: Anne Gilbert (cr). GAP Photos: J S Sira (br). 356 Alamy Stock Photo: Martin Parker (cr); Robert Wyatt (tl). GAP Photos: Christina Bollen (cl); John Glover (tr). RHS: (c). 357 GAP Photos: Nova Photo Graphik (tl); Dave Zubraski (tc); Rob Whitworth (bc). 359 GAP Photos: FhF Greenmedia (tc). 360 Dorling Kindersley: RHS Wisley (cr). Dreamstime.com: Ihervas (cl). GAP Photos: Visions Premium (bc). 361 Alamy Stock Photo: CFimages (bc). 362-363 GAP Photos: Matt Anker. 364 Alamy Stock Photo: Joan Gravell (bc). Dorling Kindersley: Mark Winwood/Ball Colegrave (cl). GAP Photos: Ernie Janes (tr). 368 Alamy Stock Photo: Marcus Harrison – plants (bc). Dorling Kindersley: Debbie Patterson/Ian Cuppleditch (bl). GAP Photos: Geo Kidd (cr). Shutterstock.com: Kateryna Puchka (tc). 369 Alamy Stock Photo: Clare Gainey (bl). Dorling Kindersley: Neil Fletcher (tr). Dreamstime.com: Florin Brezeanu (bc). GAP Photos: Dave Zubraski (cl). Getty Images/iStock: Barmalini (c). 370 Alamy Stock Photo: Biosphoto/ Frederic Tournay (tr); Florapix (bc); Zoonar/Peter Himmelhuber (br). Dorling Kindersley: Neil Fletcher (c). Shutterstock.com: Kateryna Puchka (tc). 371 Alamy Stock Photo: Florapix (cr); Martin Hughes-Jones (c). GAP Photos: BBC Magazines Ltd (tr); Nova Photo Graphik (tl). 372 Alamy Stock Photo: Arterra Picture Library/Clement Philippe (cl); McPHOTO/blickwinkel/HRM (tr). GAP Photos: Ron Evans (c); Dianna Jazwinski (c/ Dipsacus fullonum); Pat Tuson (bl). 373 Alamy Stock Photo: Gina Kelly (tr). Dreamstime. com: Anthony Baggett (tc/Leucojum aestivum); Bos11 (c). GAP Photos: Elke Borkowski (tl); Joanna Kossak (tc); Richard Wareham (bl). 374 Alamy Stock Photo: Botanic World (tr); imageBROKER.com GmbH & Co. KG/Christian Htter (cl); Joan Gravell (bl). Dorling Kindersley: RHS Wisley/Mark Winwood (c). GAP Photos: Ernie Janes (tc); Howard Rice (c/Danae racemosa). 375 Alamy Stock Photo: BIOSPHOTO (tc); Shapencolour (tr); REDA &CO srl/Paroli Galperti (bc); Krystyna Szulecka (bc/Pseudodictamnus, mediterraneus). Dorling Kindersley: RHS Wisley/Mark Winwood (tl). GAP Photos: Visions (c). 376 Alamy Stock Photo: Bob Gibbons (br); Deborah Vernon (cl). 378 Alamy Stock Photo: Paul Hobart (bc). 379 Alamy Stock Photo: Zoonar GmbH/Peter Himmelhuber (cl). Dorling Kindersley: Mark Winwood/RHS Wisley (c). 381 Dreamstime.com: Artur Bogacki (tc). GAP Photos: Nova Photo Graphik (bc). 382 Alamy Stock Photo: Florapix (cl). 383 Alamy Stock Photo: Martin Hughes-Jones (c). Dorling Kindersley: Mark Winwood/RHS Wisley (cl). 384 Alamy Stock Photo: Mic Clark Photography (tc). GAP Photos: Dave Zubraski (bc). 385 Shutterstock.com: Joe Kuis (cl). 387 Alamy Stock Photo: Thrillerfi llerspiller (c). 388 GAP Photos: Nova Photo Graphik (br)

Dorling Kindersley would like to thank the following: Joicy John for editorial assistance, Roohi Rais and Eleanor Ridsdale for design assistance, John Friend for proofreading, Vanessa Bird for indexing, and Peter Anderson and Brian North for photography

图书在版编目（CIP）数据

DK园艺植物百科 /（英）英国皇家园艺学会著；彭婷，袁玲，周洁译．—武汉：湖北科学技术出版社，2025.8

ISBN 978-7-5706-2641-0

Ⅰ．①D… Ⅱ．①英… ②彭… ③袁… ④周… Ⅲ．①观赏园艺－普及读物 Ⅳ．①S68-49

中国国家版本馆CIP数据核字（2023）第117443号

责任编辑：胡 婷 张丽婷 周 婧 罗晨薇
责任校对：王晓博 封面设计：曾雅明 邓子悦

出版发行：湖北科学技术出版社
地 址：武汉市雄楚大街268号（湖北出版文化城B座13—14层）
电 话：027-87679468 邮 编：430070

印 刷：佛山市南海兴发印务实业有限公司 邮 编：528247

710毫米×1000毫米 1/8 49.25印张 720千字
2025年8月第1版 2025年8月第1次印刷
定 价：298.00元

（本书如有印装问题，可找本社市场部更换）

混合产品
纸张｜支持负责任林业
FSC® C018179

www.dk.com